Ext JS
实战

IN ACTION

〔美〕 Jesus Garcia 著

石头狗 译

人民邮电出版社
北京

图书在版编目（CIP）数据

Ext JS实战 / （美）加西亚（Garcia,J.）著；石头
狗译. -- 北京：人民邮电出版社，2012.12
ISBN 978-7-115-29446-3

Ⅰ. ①E… Ⅱ. ①加… ②石… Ⅲ. ①JAVA语言－程序
设计 Ⅳ. ①TP312

中国版本图书馆CIP数据核字(2012)第219430号

版 权 声 明

Ext JS 实战

- ◆ 著　　　　　[美] Jesus Garcia

　　译　　　　　石头狗

　　责任编辑　　杜　洁

- ◆ 人民邮电出版社出版发行　　　北京市崇文区夕照寺街 14 号

　　邮编　100061　　电子邮件　315@ptpress.com.cn

　　网址　http://www.ptpress.com.cn

　　北京昌平百善印刷厂印刷

- ◆ 开本：800×1000　1/16

　　印张：28.75

　　字数：629 千字　　　　　　　2012 年 12 月第 1 版

　　印数：1－3 000 册　　　　　　2012 年 12 月北京第 1 次印刷

著作权合同登记号　图字：01-2011-0619 号

ISBN 978-7-115-29446-3

定价：69.00 元

读者服务热线：(010)67132692　印装质量热线：(010)67129223
反盗版热线：(010)67171154

内容提要

　　本书以示例方式对 Ext JS 这种用于创建前端用户界面的 Ajax 框架进行了详细讲解，内容丰富全面，易于理解。

　　本书共分为 5 个部分，包含 17 章内容，分别介绍了 Ext JS 基本概念、Ext JS 组件、数据驱动的组件等内容，此外还介绍了 Ext JS 框架中的其他高级内容，比如拖曳支持以及创建扩展和插件等内容。在本书最后一部分中，还通过构建 Web 程序的方式来帮助读者学习其中的关键概念，比如用命名空间和文件系统来组织类。

　　本书适合想要学习并在实际中应用 Ext JS，而且具有一定的 JavaScript、HTML、CSS 经验的开发人员阅读。

前言

2006 年初期，我曾花了很多郁闷的时光测试和学习互联网上的众多框架和库。似乎是因缘际会，我后来遇到了一个 YUI 扩展，即 YUI-ext，它是当时一个名不见经传的小子 Jack Slocum 开发的。

最后，就有了一个即容易使用又有详细文档的 Ajax 库。当时这一切都是为了完成一个合同期为 6 个月的小型 Web 应用程序。别忘了，当时还没有企业 Web 2.0 的概念，因此，我也算是冒险踏入了一个未知的领域。

2006 年后期，这个项目结束了，合同也结束了。我不得不重新审视我的职业目标。我有个强烈的预感，企业的富互联网程序一定会火起来，于是，我决定全力投入到 YUI-ext 社区，集中精力学习、实现和扩展框架。可以说，我成了个布道者。

时间一晃就到了 2008 年夏季，Manning 出版社的 Michael Setphens 联系我为他们的实战系列写书。我还从没想过自己能成为一本书的作者。

其实在这本书之前，我已经在 Ext JS 的论坛里花了许多时间帮助像你我这样的开发者解决问题。除此之外，我还在许多博客、电子杂志中发表文章、在线视频教程，有些视频教程甚至比电视节目还长！因此，Michael Stephens 找到我时，我立即对这种传播知识的途径感到兴奋。

为了让开发人员能够理解复杂的概念，我经历了无数个不眠之夜，牺牲了许多周末时光，前前后后差不多有一年半的时间。在那段时间，我一直和 MEAP（Manning Early Access Program）的读者和 Ext JS 社区保持沟通，根据反馈对这本书进行调整。

我期望这本书对你有所帮助，你有任何想法、评论或者建议都可以到 Manning Author 的在线论坛来反映。

关于本书

Ext（读作 Eee-ecks-tee）JS 3.0 是一个功能强大的 UI 框架，可以构造丰富、健壮的跨浏览器应用，它最初是由 Jack Slocum 在 2006 年开发出来的。从那时起，Ext JS 就经历了一个爆炸性的增长，因为它满足了 Web 开发人员对于一个真正的、有完整的组件和事件模型的 UI 框架的需要。这也使得它在竞争激烈的 Web 2.0 库领域独树一帜。

本书会带你对框架进行深度探索，会通过大大小小的例子演示 Ext JS 的高效使用方法。而且本书还使用了许多手绘的插图帮你加快学习的速度。

Ext JS 本身是一个很大的框架，而且随着版本发展还在不断变大。考虑到框架如此之大，本书的重点都放在对于开发有效的 Ext JS 应用必须的核心概念上，包括组件的生命周期、每一种布局、扩展和插件的创建等。

本书并没有把框架或模块内容面面俱到，比如状态管理、cookie 的管理、Direct 和 Designer。省掉 cookie 和状态管理是为了照顾其他更关键的主题，比如应用程序的开发。Ext Direct 是在服务器端远程地调用客户端的方法，同时客户端和服务器端之间还可以进行无缝的对接，这个内容之所以没有放在本书里是因为它需要对服务器端语言有了解，对于本书来说这些内容就有点儿太多了。Ext Designer 工具可以快速地创建基于 Ext JS 的富界面应用程序，本书之所以没有提及是因为在本书写作时，这个工具还无法使用。

谁该阅读本书

本书是给那些想学好、用好 Ext JS 的人准备的。本书并不仅仅是一个参考手册，本书会让读者由内而外对 Ext JS 的工作机制以及如何把它用在应用开发过程中有个彻底的了解。书中提供了示例，这使得这本书对 JavaScript 新手和专家来说都具有阅读的价值。

不过，要理解本书的内容还需要一些准备知识。需要对 JavaScript、HTML、CSS 有一定的经验，但不需要精通。如果你还负责服务器端代码的开发，你还需要加速学习如何用你的服务器端语言和你的数据库间进行交互。

内容结构

本书分成 5 个部分，复杂性逐渐递增。

第一部分 "Ext JS 介绍" 只是试试水，给本书的后面内容打个基础。这一部分的目的是让你对使用框架所需要的核心概念有所理解，这样才能更好地理解本书后面的内容。在这一部分结束时，你会知道需要掌握的框架的复杂性远超出本书。

第 1 章是框架之旅，在这个旅行过程中，我们走马观花地看了一些底层机制。这一章还有一个 "Hello World" 示例。

第 2 章是 Ext JS 的新手训练营，这里会谈到像 Ext JS 控件该如何正确地初始化之类的内容。这一章中，我们还会谈到 DOM 的操作，以及如何使用框架的模板引擎。

第 3 章用驱动整个框架的 4 个关键要素作为第 1 部分的结束。这些主题包括事件管理、组件模型和生命周期，以及 Ext JS 部件（即容器）是如何管理其他部件的。

在第二部分 "Ext JS 组件" 中，我们先从框架中那些非数据驱动的控件入手。我们先研究 TabPanel 和 Window，然后演示如何正确地实现各种布局。这一部分以对各种表单输入字段的全面练手结束。

第 4 章是对第 3 章的概念的延续，这一章研究了 TabPanel、Windows 以及 Ext JS 的 MessageBox 对话框怎么使用。

有了从第 4 章学到的内容后，第 5 章把框架中的各种布局管理器用了个遍。

第 6 章采用了实物讲解的方式，对框架里有的每一个表单输入字段都用了一遍，并解释了如何通过 Ajax 提交数据。最后又利用从第 5 章得到的布局知识构造了一个复杂的多标签页的 FormPanel。

在第三部分，"数据驱动的组件"中，你会学到由数据驱动的部件（比如 GridPanel、EditorGridPanel、DataViews、Charts 和 TreePanels）。这一部分的目的是帮助你了解这些复杂的部件以及它们底层的数据模型组件。

第 7 章对数据存储器 GridPanel 的机制做了一个详细的分析，并解释了它们的支持类是如何一起合作的。

第 8 章讲解了 EditorGridPanel 部件的用法，并介绍了和数据创建、更新、删除有关的重要概念。

第 9 章将利用名为数据存储器的东西来实现 DataView 和 ListView 部件。我们同时还会学到 XTemplate 工具的更多内容。

第 10 章是关于 Chart 的。我们会对它们的使用和定制方式一窥究竟。

第 11 章将会实现 TreePanel，并解释 TreePanel 的数据是如何使用的。

第 12 章讲的是 Toolbar、Menu 和 Button，还会讲到如何创建定制 Menu 和 ButtonGroup 的内容。

第四部分"高级 Ext"讲解了框架中的其他高级内容，比如拖放支持以及如何创建扩展和插件。拖放涉及的内容很多，因此被分成两章来介绍。

第 13 章是帮助你顺利地进入拖放的世界，这里你会认识框架中那些使拖放成为可能的类。这里我们会实现对页面上的 DOM 元素进行基本的拖放操作。

第 14 会继续讲解拖放的内容，主要是对 Ext JS 的 DataView、GridPanel、TreePanel 部件的拖放。

第 15 章解释了框架中的扩展和插件的工作方式。

第五部分"构造应用程序"会把你所学到的内容组织在一起，构造一个小 Web 应用程序。在这一部分，会学到一些关键概念，比如如何用命名空间和文件系统来组织你的类。你还会学着创建应用中可重用的组件。

第 16 章会教你理解需求，抽离并创建可重用组件，在这个过程中学到应用程序的基础知识。

第 17 章将把你在第 16 章创建的可重用组件整合起来。你会学到用事件整合用户的交互，提供数据记录的完整 CRUD 功能。

代码规范

本书使用下面的印刷约定：

- 所有的代码清单使用的都是 Courier 字体；
- 黑体用于强调以及介绍新术语；
- 对代码的解释放在代码注释中，对一些重要的概念或者代码进行强调（突出显示），有一些注释是这样的数字❶，代表后面的文字中会有对应的引用。

代码下载

你可以通过 http:// extjsinaction.com/examples.zip 下载到本书第 1 章到第 15 章的例子，也可以通过 http:// examples.extjsinaction.com/ 在线的方式查看和体验这些例子。源代码也可以通过 Manning 公司的 Web 站点 www.manning.com/ExtJSinAction 下载。

作者在线服务

购买了本书的读者可以免费访问 Manning 公司提供的一个论坛，你可以在那里对本书进行点评、提出技术问题、得到作者和其他用户的帮助。读者可以访问 www.manning.com/ExtJSinAction 并注册，这个页面会告诉你完成注册后如何进入论坛，你能得到什么样的帮助，以及论坛里要遵守的规定。

Manning 公司承诺提供一个能让读者和读者以及读者和作者之间进行沟通的场合，但不承诺给作者具体数额的报酬，作者对本书论坛的贡献是自愿和无偿的。你应该尽量问些有挑战性的问题，让他们保持兴趣。

只要本书还在印刷，发行商网站上的 The Author Online 论坛以及之前的讨论就会一直保留。增加的内容最终也会加到作者为本书建立的博客上，其地址为 http://extjsinaction.com。

关于书名

Manning 公司出版的"实战"系列图书综合了入门、概述、how-to 的示例，其目的是方便读者的学习和记忆。根据认知科学的研究，人们记得最牢固的还是那些在主动研究中所得到的知识。

尽管 Manning 公司中没有一个认知科学家，但是我们相信，要想把学到的内容长久地记住，必须要经历研究、运用，再把学到的东西讲出来这么个过程。人们只有在经过主动的研究之后理解并记住的新知识，才能说真的掌握了。"实战"系列图书的本质就是由案例驱动的。建议读者多做尝试，试试新的代码，研究新的思路。

另外，本书的书名还有一个很现实的原因：我们读者都很忙碌，他们使用一本书的目的是要完成一个任务或者解决一个问题。他们需要的是那些拿来就可以用的图书，他们需要的是可以辅助他们进行实践的图书，而 Manning 的"实战"系列的图书就是为这些读者准备的。

致谢

本书献给我的妻子 Erika 以及我们的两个儿子 Takeshi 和 Kenji。因为你们，我才有了动力。

Erika，谢谢你在本书的写作过程中给我的支持。你承揽了照顾那两个调皮小家伙的责任和家务琐事，这样我才能专注于本书的写作。生命中遇到你是我的福分，我爱你！

Takeshi 和 Kenji，谢谢你们总是缠着我，还有那些"就五分钟"。希望我的这个小小成就能够启发你们在未来实现你们自己心中的梦想。

非常感谢 Abe Elias、Aaron Conran、Tommy Maintz，以及其他的 Ext JS 开发团队成员。正是因为和你们以及你们的团队的直接交流，我才能找到答案，才可能有了这本书。

这本书能够出现，还要感谢我的策划编辑，Manning 的 Sebastian Stirling，他花了很多时间把那些毫无思绪的随笔重新梳理组织，让它们更好理解。谢谢你，Sebastian，是你让这本书成了现在的样子。还要感谢产品团队，其中包括 Mary Piergies、Linda Recktenwald、Katie Tennant 和 Dottie Marsico。我还要感谢 Mitchell Simoens（Ext JS 社区的一位耀眼明星），谢谢你在这本书印刷之前对原稿做技术上的把关。最后，还要谢谢 Michael Stephens 和 Marjan Bace，谢谢你们让我有机会成为一名图书作者。感谢你在整个项目中的大力支持，虽然这只是我个人的项目。

最后，还要感谢那些对原稿做出贡献的人，你们同样重要。Manning Early Access 的读者，以及 Ext JS 社区，感谢你们的无以伦比的帮助和反馈：对于在本书的写作过程中，你们能在百忙中抽时间和我交流，我的感谢难以言表。也感谢下面这些在不同阶段阅读这本书并提出宝贵意见的同行审稿人：Robert Anderson、 Robby O'Connor、Amos Bannister、Paul Holser、Anthony Topper、Orhan Alkan、Ric Peller、Dan McKinnon、Jeroen Benckhuijsen、Christopher Haupt、Patrick Dennis、Costantino Cerbo、Greg Vaughn、Nhoel Sangalang、Bernard Farrell、Chuck Hudson、George Jempty 和 Rama Vavilala。

关于封面

封面上的图片叫做"Le voyageur"，是一位各地游走的推销员。这个图片来自于 Sylvain Maréchal 的 4 卷地区服饰风俗汇编 19 世纪版（在法国出版）。其中每个插图都由手工精心地绘制和着色。这部内容丰富多彩的合集生动地告诉我们 200 年前世界上城市、地区之间的文化差异。人们说着不同的方言，不管是在大街上，还是在偏远的农村，通过服装就很容易分辨出他们来自哪里或者做什么买卖。

从那以后，服饰风格就发生了变化，当时那些丰富多彩的地区多样性也日渐模糊同化。现在来自五湖四海、不同城市地区的人很难再通过服饰来分辨。或许我们用更加个性化的生活——当然更多样化、更快节奏的技术元素——替换了文化的多样性。

现在计算机图书琳琅满目，Manning 公司使用基于两个世纪以前的多样化的地区生活来做封面，让这本汇编中的图片重现于世，并借此来赞美计算机业的创意、进取和乐趣。

目录

第一部分 Ext JS 介绍

第1章 独特的框架 3

1.1 认识 Ext JS 4
  1.1.1 和已有的站点相整合 5
  1.1.2 富 API 文档 6
  1.1.3 通过预置的部件进行快速
    开发 7
  1.1.4 与 Prototype、jQuery、YUI
    结合使用以及在 AIR 中
    使用 8
1.2 需要知道的事项 8
1.3 框架概览 9
  1.3.1 容器和布局一览 11
  1.3.2 实际应用中的其他
    容器 12
  1.3.3 网格、DataView 和
    ListView 12
  1.3.4 模仿一个 TreePanel 和
    叶子 14
  1.3.5 表单的输入字段 15
  1.3.6 其他部件 17
1.4 Ext JS 3.0 的新特性 19
  1.4.1 Ext JS 通过 Direct 完成远程
    操作 19
  1.4.2 数据类 19
  1.4.3 新的布局 19
  1.4.4 网格中 ColumnModel 的
    增强 20
  1.4.5 ListView 21
  1.4.6 Ext JS 中新增的图表
    功能 22
1.5 下载并配置 22
  1.5.1 检查 SDK 的内容 23
  1.5.2 第一次配置 Ext JS 24
  1.5.3 配置 Ext JS 使用其他
    框架 24
  1.5.4 配置 BLANK_IMAGE_
    URL 25
1.6 测试 26
1.7 小结 29

第2章 基础回顾 31

2.1 正确的开始 32
  2.1.1 准备好了再行动 32
  2.1.2 由 Ext JS 来触发 32
2.2 Ext.Element 类 34
  2.2.1 框架的核心 34
  2.2.2 与 Ext.Element 的第一次
    亲密接触 34
  2.2.3 创建子节点 36
  2.2.4 删除子节点 38
  2.2.5 Ext.Element 与 Ajax 一起
    使用 40
2.3 使用 Template 和
  XTemplate 41
  2.3.1 模板练习 41
  2.3.2 用 XTemplate 循环 43
  2.3.3 XTemplate 的高级用途 45
2.4 小结 46

第3章 事件、组件和容器 47

3.1 通过 Observable 管理
  事件 48

3.1.1 回顾 48
3.1.2 基于 DOM 的事件 48
3.1.3 DOM 中的事件流 49
3.1.4 把泡泡戳破 51
3.1.5 软件驱动的事件 52
3.1.6 注册事件和事件
监听器 53
3.2 组件模型 55
3.2.1 XType 和组件管理器 56
3.2.2 组件的渲染 58

3.3 组件的生命周期 59
3.3.1 初始化 60
3.3.2 渲染 61
3.3.3 销毁阶段 63
3.4 容器 64
3.4.1 学会掌控子元素 65
3.4.2 查询容器的层次结构 67
3.4.3 Viewport 容器 68
3.5 小结 69

第二部分   Ext JS 组件

第 4 章   组件的安身之所   73

4.1 Panel 74
4.1.1 构建一个复杂的面板 74
4.2 弹出窗口 78
4.2.1 进一步探讨窗口的配置
选项 80
4.2.2 用 MessageBox 取代 alert 和
prompt 81
4.2.3 MessageBox 的高级
技术 83
4.2.4 显示一个动画效果的
等待 MessageBox 84
4.3 组件也可以放在选项卡面
板里 86
4.3.1 记住两个选项 86
4.3.2 构建第一个 TabPanel 88
4.3.3 需要知道的选项卡管理
方法 90
4.3.4 缺陷与不足 91
4.4 小结 93

第 5 章   元素的摆放   94

5.1 简单的 ContainerLayout 94
5.2 AnchorLayout 97
5.3 FormLayout 100
5.4 AbsoluteLayout 102
5.5 让组件填满整个容器
空间 104
5.6 AccordionLayout 104
5.7 CardLayout 107
5.8 ColumnLayout 109

5.9 HBox 和 VBox 布局 112
5.10 TableLayout 115
5.11 BorderLayout 117
5.12 小结 122

第 6 章   Ext JS 的表单   123

6.1 TextField 124
6.1.1 密码和文件选择
字段 127
6.1.2 构建 TextArea 128
6.1.3 方便的 NumberField 128
6.2 ComboBox 的预先
输入 129
6.2.1 构建一个本地
ComboBox 130
6.2.2 使用远程的
ComboBox 131
6.2.3 剖析 ComboBox 134
6.2.4 定制自己的 ComboBox 135
6.2.5 时间 136
6.3 所见即所得 137
6.3.1 构造第一个 HtmlEditor 137
6.3.2 解决缺少校验的
问题 138
6.4 选择日期 138
6.5 Checkbox 和 Radio 139
6.6 FormPanel 141
6.7 数据提交和加载 147
6.7.1 传统的提交 147
6.7.2 通过 Ajax 提交 147
6.7.3 表单的数据加载 149
6.8 小结 151

第三部分　数据驱动的组件

7

第 7 章　历史悠久的
GridPanel 155

7.1　GridPanel 简介 155
　7.1.1　深入内部 156
7.2　数据存储器快速
　　　入门 157
　7.2.1　数据存储器的工作
　　　　　方式 158
7.3　构建一个简单的
　　　GridPanel 160
　7.3.1　配置一个 ArrayStore 161
　7.3.2　完成第一个
　　　　　GridPanel 162
7.4　高级 GridPanel 的
　　　构造 165
　7.4.1　目标 165
　7.4.2　用快捷方式创建数据
　　　　　存储器 165
　7.4.3　用自定义的渲染器
　　　　　构造 ColumnModel 167
　7.4.4　配置高级 GridPanel 169
　7.4.5　为 GridPanel 配置一个
　　　　　容器 170
　7.4.6　加上事件处理 172
7.5　小结 175

8

第 8 章　EditorGridPanel 177

8.1　近观 EditorGridPanel 178
8.2　构建第一个
　　　EditorGridPanel 178
8.3　EditorGridPanel 的
　　　导航 183
8.4　进入 CRUD 184
　8.4.1　添加保存和拒绝
　　　　　逻辑 184
　8.4.2　保存修改或拒绝
　　　　　修改 187
　8.4.3　添加创建和删除 188
　8.4.4　使用创建和删除 192
8.5　使用 Ext.data.Data

Writer 195
　8.5.1　走进 Ext.data.Data
　　　　　Writer 196
　8.5.2　给 JsonStore 添加
　　　　　DataWriter 196
　8.5.3　使用 DataWriter 199
　8.5.4　自动写数据存储器 201
8.6　小结 201

9

第 9 章　DataView 和
ListView 202

9.1　什么是 DataView 203
9.2　构建一个 DataView 203
　9.2.1　构造数据存储器和
　　　　　XTemplate 205
　9.2.2　构建 DataView 和
　　　　　Viewport 209
9.3　深入 ListView 211
　9.3.1　把 DataView 绑定到
　　　　　ListView 214
9.4　整合 215
　9.4.1　配置 FormPanel 216
　9.4.2　应用最后的绑定 218
9.5　小结 221

10

第 10 章　图表 222

10.1　定义 4 种图表 223
10.2　剖析图表 224
10.3　构建一个 LineChart 226
　10.3.1　ToolTip 的定制 229
　10.3.2　给 x 轴和 y 轴添加
　　　　　标题 230
　10.3.3　美化图表
　　　　　内容区 231
10.4　增加多个系列 232
　10.4.1　添加图例 235
10.5　构造 ColumnChart 236
　10.5.1　堆叠柱状图 237
　10.5.2　混合使用 Line 和
　　　　　Column 238
10.6　构造 BarChart 239
　10.6.1　配置一个 BarChart 241

10.7　PieChart 的一片　242
　　10.7.1　自定义的
　　　　　　tipRenderer　244
10.8　小结　245

第11章　树　247

11.1　TreePanel　247
　　11.1.1　分析 root　248
11.2　构建第一个
　　　　TreePanel　249
11.3　动态增长的
　　　　TreePanel　251
　　11.3.1　TreePanel　252
11.4　TreePanel 的 CRUD　254
　　11.4.1　给 TreePanel 添加
　　　　　　上下文菜单　254
　　11.4.2　Edit 的逻辑　258
　　11.4.3　实现删除　261
　　11.4.4　给 TreePanel 创建
　　　　　　节点　263
11.5　小结　266

**第12章　菜单、按钮和
　　　　　工具栏　267**

12.1　初识菜单　268
　　12.1.1　构建一个菜单　268
　　12.1.2　获得和使用图标　270
　　12.1.3　驾驭疯狂的图标　271
　　12.1.4　添加子菜单　271
　　12.1.5　添加分隔栏和
　　　　　　TextItem　273
　　12.1.6　选颜色和选择日期　274
　　12.1.7　可以勾选的菜单项　276
　　12.1.8　单选项　278
12.2　按钮的使用　280
　　12.2.1　构建按钮　280
　　12.2.2　把菜单和按钮绑
　　　　　　在一起　281
　　12.2.3　SplitButton　282
　　12.2.4　自定义按钮的布局　283
12.3　对按钮进行分组　284
12.4　工具栏　287
12.5　读取、设置和
　　　　Ext.Action　290
12.6　小结　291

第四部分　高级 Ext

第13章　拖放基础　295

13.1　仔细研究拖放　296
　　13.1.1　拖放的生命周期　296
　　13.1.2　从上向下观察
　　　　　　拖放类　297
　　13.1.3　关键在于重载　299
　　13.1.4　拖放总是成组
　　　　　　使用的　300
13.2　从简单的开始　300
　　13.2.1　创建一个小的
　　　　　　工作区　300
　　13.2.2　让元素可以拖曳　302
　　13.2.3　分析 Ext.dd.DD 的 DOM
　　　　　　改变　302
　　13.2.4　添加用作投放目标的
　　　　　　游泳池和热水池　304
13.3　完成拖放　305
　　13.3.1　添加投放邀请　305
　　13.3.2　添加有效投放　308
　　13.3.3　实现无效投放　309
13.4　使用 DDProxy　311
　　13.4.1　使用 DDProxy 的投放
　　　　　　邀请　311
13.5　小结　314

第14章　部件的拖放　315

14.1　快速回顾拖放类　316
14.2　DataView 的拖放　317
　　14.2.1　构造 DataView　317
　　14.2.2　添加拖曳　321
　　14.2.3　投放　325
14.3　GridPanel 的拖放　327
　　14.3.1　构造 GridPanel　328
　　14.3.2　启用拖曳　330
　　14.3.3　更好的投放邀请　331
　　14.3.4　添加投放　332
14.4　TreePanel 的拖放　336
　　14.4.1　构造 TreePanel　336

14.4.2 启用拖放 338
14.4.3 使用灵活的约束 339
14.5 小结 342

15

第15章 扩展和插件 343
15.1 Ext JS 的继承 344
15.1.1 JavaScript 的继承 345
15.1.2 Ext JS 的扩展 347
15.2 扩展 Ext JS 的组件 350
15.2.1 设想实现结果 350

15.2.2 扩展 GridPanel 351
15.2.3 扩展实战 355
15.2.4 扩展的局限性 357
15.3 插件 358
15.3.1 健壮的插件设计
模式 359
15.3.2 开发一个插件 360
15.3.3 插件实践 362
15.4 小结 366

第五部分 构建应用程序

16

第16章 可重用的开发 369
16.1 面向未来的开发 370
16.1.1 命名空间 370
16.1.2 命名空间的分段 371
16.1.3 大型应用程序的命名
空间分段 372
16.2 分析应用需求 373
16.2.1 可重用性的提取 373
16.2.2 Dashboard 界面 374
16.2.3 Manage Departments
界面 376
16.2.4 Manage Employees
界面 379
16.3 构造 ChartPanel
组件 381
16.3.1 ChartPanelBaseCls 381
16.3.2 CompanySnapshot
类 383
16.3.3 DepartmentBreakdown
类 385
16.4 构造列表面板组件 386
16.4.1 ListPanelBaseCls 387
16.4.2 DepartmentListView 和
EmployeeList 类 388
16.5 构造 EmployeeGrid
Panel 类 390
16.6 EmployeeAssociation
Window 类 392
16.7 form 命名空间 396

16.7.1 FormPanelBase
Cls 类 396
16.7.2 DepartmentForm 类 397
16.7.3 EmployeeForm 类 404
16.8 小结 413

17

第17章 应用层 414
17.1 开发应用程序命名
空间 415
17.1.1 回顾应用程序界面 415
17.1.2 设计应用程序的命名
空间 417
17.2 构造 Dashboard 界面 417
17.3 Manage Employees
界面 419
17.3.1 讨论工作流程 419
17.3.2 构造 Employee
Manager 420
17.4 Manage Departments
界面 430
17.4.1 导航和部门 CRUD
工作流 430
17.4.2 员工 CRUD 工作流 433
17.4.3 员工调动工作流 436
17.5 整合 437
17.5.1 工作区工作流 438
17.5.2 构造工作区单体 438
17.6 小结 445

第一部分

Ext JS 介绍

欢迎阅读《Ext JS 实战》，本书是对 Ext JS 世界的深度之旅。在本书中，不仅要学习如何利用 Ext JS 框架完成各种任务，还会学习构成框架的各种组件和部件之间的差异。

通过第 1 章到第 3 章的学习，我们能够对框架的基础部分有必要的理解。我们的旅途从第 1 章正式起航，在第 1 章会学习框架的基础知识。第 2 章是"热身"章，会了解一些能让应用程序正确运行的关键要素。第 3 章会涉及框架的一些内部机制，例如组件模型和容器模型。

学完这一部分后，就可以探索 Ext JS 中大量的部件了。

第 1 章　独特的框架

本章包括的内容：

- 全面了解 Ext JS
- 了解 3.0 中的新内容
- 下载并解压框架源代码
- 探讨一个基于 Ajax 的"Hello world"示例

不妨设想一下，现在要完成这样一个任务：要为用户开发一个包含菜单、Tab、数据表格、动态表单、漂亮的弹出窗口等典型 UI 部件（UI widget）*的应用程序。你可能会希望能有一些编程手段帮你控制这些部件的摆放，也就是能够控制布局。还希望有详细的、集中组织的文档可以帮助你降低框架的学习曲线。最后，这个应用程序需要是成熟的，能够尽快地通过 beta 阶段，也就是说，不需要在 HTML 和 CSS 上花费太多时间。那么，在开始输入第一行代码之前，必须确定下来使用哪种方法开发界面。你会选什么呢？

对市面上流行的函数库进行一番调查后，你很快就发现所有这些库都可以操作 DOM，但是其中只有两个带有成熟的 UI 库，这就是 YUI（Yahoo! User Interface）和 Ext JS。

---

* 译者注：关于 widget 的翻译。widget 现在翻译成中文有多种说法，搜狐翻译为"模块"，myspace 中国翻译为"挂件"，雅虎则翻译为"窗件"，而最被 Google 等互联网公司认可的中文译名则是中搜提出的"微件"。译者个人认为如果叫"模块"，那 module 就没法翻译了，叫"窗件"有点拗口，不像是中国话，"微件"又太故弄玄虚了，还是叫"部件"比较妥当些。因此，本书都把 widget 译为部件。

很有可能第一眼看到 GUI 就再也不想看它了。只要做几个 YUI 提供的例子，就会意识到，尽管它看起来好像很成熟，可是还不具备专业的品质，开发人员得自己去修改 CSS。开发人员可能都不愿意这么做。接下来，再看看 http://developer.yahoo.com/yui/docs 的文档。这些文档确实是集中组织的，而且技术上的讲述也很准确，不过在用户友好性上可差远了。要想找到一个方法或者一个类，得来回的滚动页面，仅仅由于左边的导航板太小的缘故，有些类甚至都被截断了。Ext JS 如何？肯定会更好一些吗？我们该如何选择呢？

这一章里，我们会好好看看 Ext JS，了解该框架中的一些部件。等完成了这一部分之后，我们就要下载 Ext JS 测试一下。

1.1　认识 Ext JS

由于要开发一个带有丰富图形界面（UI）控件的 RIA 程序（即富互联网应用），我们找到了 Ext JS，并且发现它确实名不虚传，Ext JS 提供一套丰富的 DOM 工具和部件。尽管那些示例页面所展现出来的东西已经让我们兴奋不已，但其实隐藏在底下的东西更会让让我们热血沸腾。Ext JS 带来了一整套的布局管理工具，我们完全可以按照自己的需要对 UI 元素进行管理和控制。这是因为有一层所谓组件模型（Component model）和容器模型（Container model），这两个模型在 UI 元素构建的过程中各自扮演着重要的角色。

> **组件模型和容器模型**
>
> 　　Ext JS 中的组件模型和容器模型对 UI 元素的管理扮演着至关重要的角色，这也是 Ext JS 要优于其他 Ajax 函数库和框架的原因之一。组件模型决定如何对 UI 部件实例化、如何渲染一直到如何销毁这么一个过程，这个过程也叫做组件的生命周期。而容器模型控制着每个部件如何管理（或者容纳）其他的部件。要想理解整个框架，这是两个关键部分，因此我们会在第 3 章在这两个主题上花费大量的篇幅。

Ext JS 框架中差不多全部 UI 部件都是高度可定制的，所有的特性都提供了启用和禁用的选项，提供了重载函数，可以自定义扩展和插件。一个充分利用 Ext JS 的 Web 应用实例就是 Conjoon。图 1-1 显示的就是一个 Conjoon 的真实截屏。

Conjoon 是一个开源的个人信息管理系统，它可以看作是用 Ext JS 开发的 Web 应用程序的缩影。它几乎使用了框架中所有的原生 UI 部件，并且还演示了如何把框架和类似 YouTubePlayer、LiveGrid 和 ToastWindow 的由用户定制的扩展进行很好地集成，可以访问 http://conjoon.org 获得 Conjoon 的副本。

现在，已经知道了 Ext JS 可以用于创建完全页面化的 Web 应用程序了。但是，如果面对的是一个已经投入生产线的应用程序又该怎么办呢？接下来，就要了解 Ext JS 是如何与已有的应用程序或者 Web 站点相整合的。

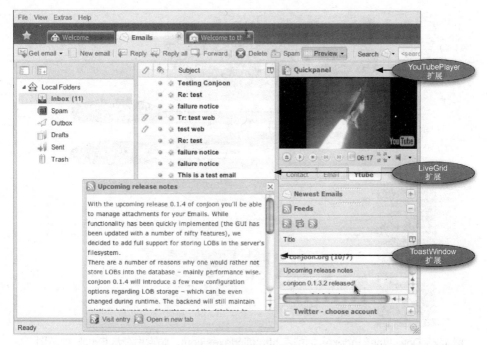

图 1-1　Conjoon 是一个开源的个人信息管理系统，它是一个很典型的 Wed 应用程序示例，
使用了框架来管理利用了整个浏览器窗口的用户界面，可以从 http://conjoon.ora/下载

1.1.1　和已有的站点整合

　　想在已有的 Web 页面或者站点中嵌入任意部件都很容易，而且可以给你的用户带来
如同两个世界的最好体验。Dow Jones Indexes 站点 http://djindexes.com 就是一个包含了
Ext JS 的引人入胜的站点范例，图 1-2 显示的就是 djindexes.com 中的一个集成了 Ext JS
的页面。

　　Dow Jones Indexes 的这个 Web 页面使用了 Ext JS 的 TabPanel、GridPanel 和 Window
（不可见）几个部件，它的访问者可以获得丰富的数据交互视图。用户可以在主 GridPanel
中选择的一行记录，很方便地对股票视图进行定制，这会触发一个到服务器的 Ajax 请
求，并在表格下面得到一个更新过的图形。单击下面的时间按钮，那些不属于 Ext JS 的
图形也会得到修改。

　　现在已经知道了 Ext JS 可以用于构建单页面的应用程序或者可以和已有的多页
面应用程序集成。但是还没有满足我们对于 API 文档的需求。Ext JS 又是如何解决
的呢？

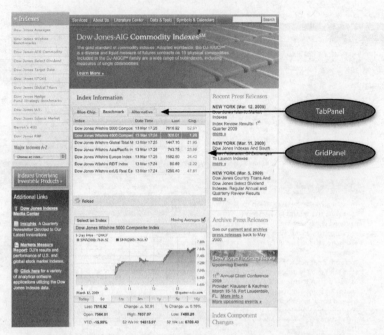

图 1-2   Dow Jones Indexes 的站点 http://jindexes.com，站点中继承 Ext JS 的范例

1.1.2   富 API 文档

第一次打开 API 文档时（见图 1-3），你就能够感受到这一框架的精良。和其他框架不同，Ext JS 的 API 文档完全是利用它自己的框架展示了一个清晰的、容易使用的文档工具，而且是通过 Ajax 来提供文档的。

我们会探讨 API 的全部特性，并会讨论在这个文档工具中用到的一些组件。图 1-3 说明了在这个 Ext JS API 文档程序中用到的一些组件。

API 文档工具用到了 6 个最常用的部件，包括 Viewport、TreePanel、嵌套了 TextField 和 Toolbar Buttons 的 Toolbar 以及 TabPanel。你肯定想知道这些部件都是什么，它们都是干什么用的。那么我们就先花点儿时间讨论一下这些部件。

我们从外向内看，Viewport 是一个利用了浏览器全部的可视空间的类，它为 UI 部件提供了一个由 Ext JS 管理的画布。它是构建完整的 Ext JS 应用程序的基础。BorderLayout 是常用的布局管理器，它把 Viewport（或者任何容器）分成了 5 个区域。在这个例子中用到了 3 个区域：North（顶部）区域，用于页面的标题、链接和 Toolbar；West（左侧）区域，包含了一个 TreePanel；Center 区域（右侧），包含了用来显示文档的 TabPanel。

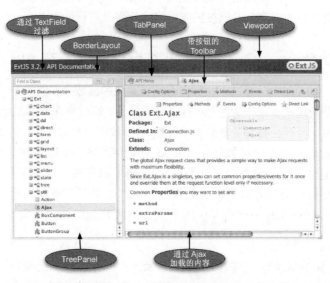

图1-3 Ext JS API 文档提供的信息非常丰富，是学习更多组件和部件的好地方。你需要知道的 API 内容
这里全部可以找到，包括构造配置选项、方法、事件、属性、组件层次关系等

Toolbar 可以用于展示诸如 Button 和 Menu 这类常见的 UI 组件，不过它也可以展示
任何一种属于 Ext.form.field 子类的东西，就像这个例子中所展示的。我喜欢把 Toolbar
等同于常见的"文件"→"编辑"→"查看"菜单，各种流行的操作系统和桌面应用程
序中都有这种熟悉的工具条。TreePanel 是以一种树状的形式展示具有层次关系的数据，
就像 Windows Explorer 中显示的磁盘目录一样。TabPanel 允许在一个画布上同时存在多
个文档或者控件，但某一时刻只能有一个是激活的。

使用这个 API 很容易。要查看哪个文档，在树上单击类节点即可。这样就发出一
个提取指定类的文档的 Ajax 请求。每个类的文档实际都只是一个 HTML 片段（不是
一个完整的 HTML 页面）。利用 Toolbar 上的 TextField，只需要敲几个键就可以轻而易
举地对类树进行过滤。如果能连接到网络，还可以在 API Home 选项卡中对 API 文档
进行搜索。

好了，完整的文档也有了。但对快速应用程序开发有什么好处呢？Ext JS 能加快开
发周期吗？

1.1.3 通过预置的部件进行快速开发

Ext JS 提供了许多必需的 UI 元素，这些元素都已经做好了，拿来就可以用，所以
利用 Ext JS 可以把开发人员的概念快速地转换成原型。还有，这些东西都已经是现成的，

不用我们再费事了，因此也可以大量地节省时间。而且绝大多数场合下，这些 UI 元素都是高度可定制的，完全可以按照应用程序的需求进行修改。

1.1.4 与 Prototype、jQuery、YUI 结合使用以及在 AIR 中使用

尽管我们一直在讨论 Ext JS 如何有别于其他的函数库，例如 YUI。不过，也可以配置 Ext JS 使用这些框架作为基础，这很容易做到。这就意味着如果已经正在使用其他的这些函数库，没有必要为了享受 Ext JS UI 的精致而放弃它们。

尽管我们不打算讨论如何在 Adobe AIR 中开发 Ext JS 应用，不过需要知道框架本身已经提供了一套完整的工具类帮助和 AIR 的集成。这些工具类包括例如音频管理、视频播放面板以及对桌面剪贴板的访问。本书不打算深入研究 AIR 的内容，但是对于在 Adobe AIR 中进行 Ext JS 开发所需要知道的这个框架的许多重要内容都会涉及。

注意：因为 Adobe AIR 是一个带有类似沙箱性质的开发环境，本书不会讨论如何用 AIR 开发应用
程序。要想了解更多关于 Adobe AIR 开发的内容，请访问 http://www.adobe.com/devnet/air。

在讨论更多的 Ext JS 内容之前，需要先知道要用好这个框架要具备哪些技能。

1.2 需要知道的事项

并不是说必须先是一个 Web 应用开发专家，然后才能用 Ext JS 进行开发。但是对于开发人员而言，在使用这个框架开始编写代码之前还是有一些核心的内容需要知道。

第一个技能就是对 HTML（超文本标记语言）和 CSS（层叠样式表）要有最基本的了解。对这些技术有实际经验尤为重要，因为 Ext JS 和其他 JavaScript UI 函数库一样，也是用 HTML 和 CSS 来构建它的 UI 控件和小挂件的。尽管这些东西看起来像典型的现代操作系统的控件，但最后它们都落到浏览器中的 HTML 和 CSS。

因为 JavaScript 是整合 Ajax 的粘合剂，所以建议最好把 JavaScript 编程的基础知识夯实。再说一次，你不必非得是专家才行，不过得对 JavaScript 中的一些关键概念，例如数组、引用和作用域，有很好的理解。如果你还熟悉 JavaScript 中的面向对象的基础知识，例如对象、类、原型继承，那就更好了。如果你是一个 JavaScript 新手也不要紧，因为你很幸运，JavaScript 差不多和互联网同时出现。W3Schools.com 是一个非常不错的起点，这里提供了大量的免费在线辅导材料，它甚至还提供了一个沙箱，可以在线尝试使用 JavaScript。可以通过 http://w3schools.com/JS/找到相关内容。

如果要开发服务器端的代码，你需要有一个能够和 Ext JS 交互的服务器端以及保存

数据的解决方案，要能够持久保存数据，需要知道所选择的服务器端语言是如何与数据库或者文件系统打交道的。

当然，可用的解决方案很多。但就这本书而言，我们不会关注某个特定的语言。相反，我们会使用 http://extjsinaction.com 这个在线资源，因为在这里我已经替你完成了服务器端的工作。这样一来，你就只需要把精力集中在对 Ext JS 的学习上了。

我们会从一个高的角度观察这个框架，进而开始 Ext JS 的探索之旅，期间你会了解功能的类别。

1.3　框架概览

Ext JS 作为一个框架，不仅提供了 UI 部件，还提供了许多其他特性。这些内容可以分成 6 大部分，即 Ext JS 核心、UI 组件、Web 远程调用、数据服务、拖放以及通用工具。图 1-4 说明了这 6 个部分。

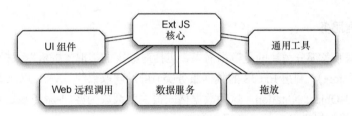

图 1-4　Ext JS 的 6 大部分，即 Ext JS 核心、UI 组件、Web 远程调用、数据服务、拖放及通用工具

了解这 6 大部分之间的区别以及各自的用途，有助于开发应用程序时划分边界，因此下面先讨论这 6 个部分。

Ext JS 核心

第一个功能集就是 Ext JS 核心，这一部分包括了许多基本功能，包括 Ajax 通信、DOM 操作和事件管理等基础功能。框架里的其他东西都依赖于这个核心，反之不然，也就是核心并不依赖于其他东西。

> **更进一步了解 Ext JS 核心**
>
> Ext JS 核心是一个函数库，属于 Ext JS 基础功能的一部分，可以看成与 jQuery、Prototype 和 Scriptaculous 等价。要想进一步了解 Ext JS 核心，可以访问 http://extjs.com/products/core/。

UI 组件

UI 组件包括所有可以与用户进行交互的部件。

Web 远程调用

Web 远程调用是一种让 JavaScript 可以（远程地）执行服务器端定义的方法的一种手段，也叫做远程过程调用或者 RPC。对于那些希望把服务器端的方法暴露给客户端，又不想被烦人的 Ajax 方法管理所困扰的开发环境来说，Web 远程调用是很方便的。

进一步了解 Ext JS Direct

因为 Direct 是一个聚焦于服务器端的产品，本书中不会涉及相关内容。Ext JS 有许多在线资源可以学习 Direct，包括许多流行的服务器端解决方案的示例。要想进一步了解 Direct，可以访问 http://extjs.com/products/direct/。

数据服务

数据服务部分关注的是数据需求，包括对数据的提取、解析以及把信息加载到数据存储器（store）。利用 Ext JS 的数据服务类，可以读取数组、XML 以及 JSON（JavaScript Serialized Object Notation，这种数据格式很快就会成为客户-服务端之间的通信标准）。而给 UI 组件提供数据的是数据存储器。

拖放

拖放很像是 Ext JS 内的一个迷你框架，可以对页面上的 Ext JS 组件或者任意 HTML 元素进行拖放操作。它包含了支持完整的拖放操作需要的所有必需元素。拖放本身是一个很复杂的主题，本书会在第 13 章和第 14 章完整地讨论这个主题。

工具

工具部分包含一些很酷的工具类，它能帮助开发人员更容易地处理一些常见任务。Ext.util.Format 就是这样的一个例子，这个类让开发人员可以容易地对数据进行格式化或者转换。另外一个优雅的工具是 CSS 单体，可以用这个工具创建、更新、交换以及删除样式表，同时要求浏览器更新其缓存。

现在，已经对框架的主要功能划分有了大概的理解，接下来介绍一些 Ext JS 所提供的常用 UI 部件。

1.3.1 容器和布局一览

尽管在第 3 章还会更详细地探讨这个主题，现在也应该花点时间了解容器和布局，容器和布局这两个术语会在这本书中大量出现，因此在继续深入之前应该对它们有些最基本的了解。之后，我们再继续探讨 UI 函数库中那些可见的部件。

容器

容器本身也是一个部件，不过它是可以管理一个或者多个子元素的部件。而子元素就是被容器或者父元素所管理的任何一个部件或者组件，这就形成了父子关系。在 API 部分已经见到实际例子了。TabPanel 本身就是一个容器，它管理着一个或者多个子元素，这些子元素可以通过选项卡访问。务必记住容器这个术语，等到更进一步学习如何使用框架中的 UI 单元时，会经常用到这个术语。

布局

容器是通过布局完成对容器所包含的子元素的可视化摆放的。Ext JS 中有 12 种布局可供选择，第 5 章将更加详细地讨论这些布局，并分别演示每一种布局。现在已经对容器和布局有了一个宏观的理解，现在来看一些实际的容器。

在图 1-5 中，看到的是 Container 的两个子类——Panel 和 Window，每一个都有父子关系。

图 1-5　这里有两个父容器，Panel（左边）和 Window（右边），管理子元素，嵌套子元素

图 1-5 中的 Panel（左边）和 Window（右边）每个都有两个子元素。每个父容器的 Child Panel 1 包含的都是 HTML 内容，而 Child Panel 2 用的都是简单的 ContainerLayout 布局，它们又管理着一个子 Panel。ContainerLayout 布局是其他所有布局的基础类。这个父子关系就是 Ext JS 中所有 UI 管理的关键，本书会反复强化和使用这个关系。

现在知道容器是管理子元素的，使用布局进行可视化的摆放。现在已经掌握了这些重要的概念了，继续讨论其他的实际容器。

1.3.2   实际应用中的其他容器

在学习容器时，已经看过了 Panel 和 Window。图 1-6 显示了其他一些常用的 Container 的子类。

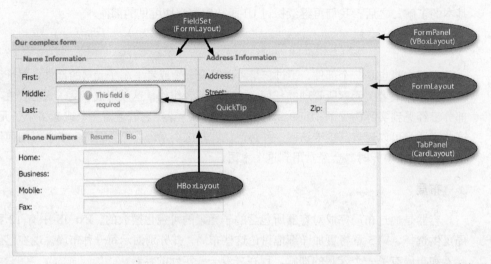

图 1-6   Container 常用的子类——FormPanel、TabPanel、FieldSet、QuickTip 以及使用的布局，
我们会在第 6 章实现这个页面，到时就会用到表单

在图 1-6 中，可以看到 FormPanel、TabPanel、FieldSet、QuickTip 这些部件。FormPanel 使用 BaiscForm 类对一个表单中的字段及其他子元素进行了封装。

如果从父子的角度来看，FormPanel 管理了 3 个子元素：两个 FieldSet 的实例和一个 TabPanel 的实例。

FieldSet 一般用于在表单中显示字段，就像 HTML 中典型的 Field 标签一样。这两个 FieldSet 也都管理着子元素，即文本字段。TabPanel 管理着 3 个直接的子元素（选项卡）；第一个选项卡（电话号码）中也管理着许多子元素，这些都是文本字段。QuickTip 是用于显示的，当鼠标悬停在某个元素上时可以显示出帮助文本，不过它并不属于任何一个 Ext JS 组件的孩子。

将在第 6 章花些时间来打造这个相对复杂的 UI，那时读者会更进一步地学习 FormPanel。现在，继续看看框架必须提供的展示数据的部件。

1.3.3   网格、DataView 和 ListView

现在已经知道了框架中的数据服务部分是负责数据的加载和解析工作的。对数据存储器来说，它的最大用户就是 GridPanel 和 DataView 了，以及 DataView 的子类 ListView。

图 1-7 所示为 Ext JS 的 GridPanel 在现实应用中的的一个截屏。

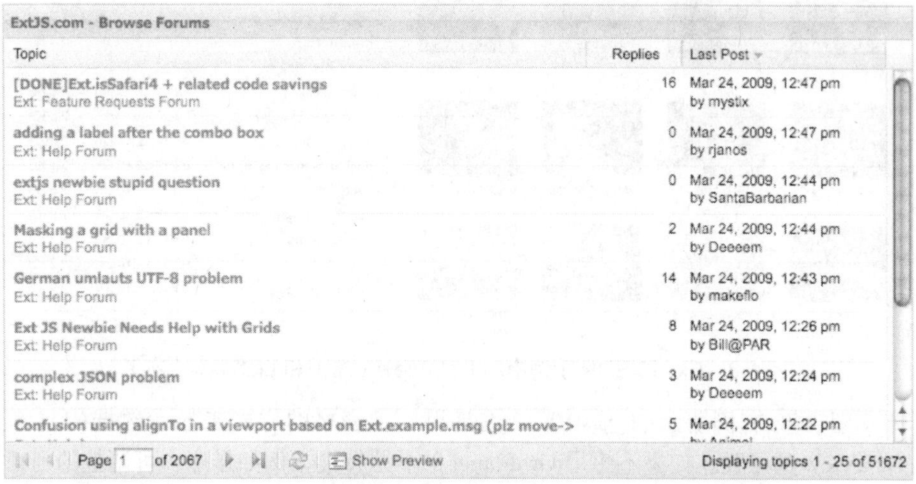

图 1-7　Ext JS SDK 所提供的 Buffered Grid 示例中的 GridPanel

　　GridPanel 是 Panel 的一个子类，它把数据以表格的样式展现出来，但是它的功能又远远地超出了传统的表格，还可以排序，可以调整大小，可以移动列头，以及类似 RowSelectionModel 和 CellSelectionModel 的选择模式。完全可以按照自己的意愿定义它的外观和体验，它还可以和 PagingToolbar 一起使用，从而对大数据集可以通过分区并按页显示。GridPanel 自己也有子类，例如 EditorGridPanel，这个类所创建的数据表格是允许用户对表格中的数据进行编辑的，编辑时又可以利用 Ext JS 的任何一种数据输入部件。

　　用表格显示数据非常棒，不过如果每一行数据都包含很多的 DOM 元素，那么计算代价就过于昂贵了。想要解决这个问题，可以把 GridPanel 和 PagingToolbar 合起来一起使用，或者使用一个更轻量级的部件来显示数据，这些部件包括 DataView 以及它的子类，ListView，如图 1-8 所示。

　　DataView 类从数据存储器（Store）中获取数据，然后再根据一个模板（Template）把这些数据绘制到屏幕上，同时它还提供一个简单的选择模型。Ext JS 的模板其实就是一个 DOM 工具，可以创建一个模板，在里面放上代表数据元素的占位符，这些占位符最后会被来自于数据存储器中的记录填充，并充实 DOM 内容。在图 1-8 中，DataView（左侧）显示的就是来自于数据存储器中的数据，这些数据包含了对图片的引用。它所使用的是一个已经预先定义好的模板，这个模板中有图片标签，用每个记录来填充图片的区域。于是模板就对每一条记录都填充了一个图片标签，最后就是一个非常漂亮的照片拼图了。DataView 可以用于显示数据存储器中的任何内容。

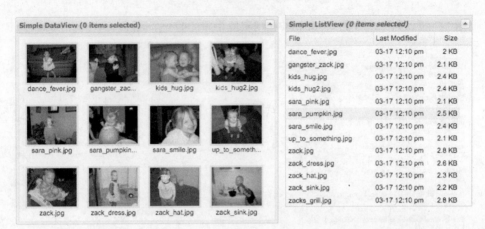

图 1-8 Ext JS SDK 示例中的 DataView（左）和 ListView（右）

图 1-8 右侧所示的 ListView 也是用一种表格的样式来显示数据的，不过它是 DataView 的子类。如果不想用 GridPanel 的一些特性，例如排序、可调整的列，但是又想用表格化的形式展示数据，那么 DataView 确实是一个不错的选择，它可以避免 GridPanel 的笨重。

要在屏幕上展现数据，GridPanel 和 DataView 绝对是最关键的工具，不过它们都有一个局限。它们所显示的都只能是列表形式的记录。它们都不能显示层次化的数据，而这正是 TreePanel 大展身手的地方。

1.3.4 模仿一个 TreePanel 和叶子

TreePanel 这个部件可以说是所有使用数据的 UI 部件中的一个异类，因为它所使用的数据并不是来自于数据存储器的。相反，它使用的是借助 data.Tree 类实现的层次化的数据。图 1-9 所示为 Ext JS 的 TreePanel 部件的一个示例。

图 1-9 中的 TreePanel 所显示的是安装目录的父子关系数据。TreePanel 会利用 TreeLoader 通过 Ajax 远程获取数据，也可以通过配置使用浏览器端的数据。还可以通过配置支持拖放功能，而且它有自己的选择模型。

前面在讨论容器的时候，已经看到了用在表单中的 TextField。接下来，我们来看看框架所提供的其他一些输入字段。

图 1-9 Ext JS 树，它是来自 Ext JS SDK 的实例

1.3.5　表单的输入字段

在 Ext JS 的调色板上一共有 8 个输入字段,从最简单的 TextField(这个已经介绍过了)到 ComboBox 和 HtmlEditor 这类复杂的字段。图 1-10 所示为一些可用的 Ext JS 表单字段。

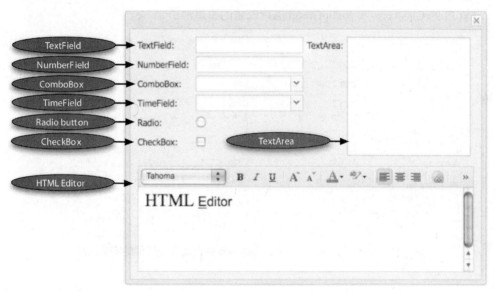

图 1-10　所有的表单元素

有一些表单输入字段看起来就是对应的原始 HTML 字段的美化版本,如图 1-10 所示。不过二者的相似之处也就到此为止。Ext JS 表单字段还另有一番风光!

每个 Ext JS 字段(除了 HtmlEdirot)都自带了一套工具,可以进行类似 get 和 set 的操作、把字段置成无效状态、重置字段内容、对字段进行校验等一系列操作。也可以通过正则表达式或者自定义的校验方法进行自定义校验,这就可以对录入到表单的数据进行完整的控制了。而且可以在用户录入数据的同时就进行数据的校验,从而为用户提供实时的反馈信息。

TextField 和 TextArea

TextField 和 TextArea 类可以看成是与之对应的普通的 HTML 字段的扩展。NumberField 是 TextField 的一个子类,也是一个很好用的类,因为它通过正则表达式来保证用户只能输入数字。通过使用 NumberField,可以配置小数的精度以及指定录入值的范围。与其他的字段相比,ComboBox 和 TimeField 两个类需要更长的篇幅进行讲解,因此现在先暂时跳过这两个类，稍后再介绍它们。

Radio 和 Checkbox

　　与 TextField 类似，Radio 和 Checkbox 这两个输入字段也是对旧版本的 Radio 和 Checkbox 的扩展，不过它拥有所有的 Ext JS 元素管理的全部优雅性，并且有方便的类创建自动布局管理的 Checkbox 和 RadioGroup。图 1-11 所示的就是如何用复杂的布局对 Ext JS 的 Checkbox 和 RadioGroup 进行配置的简单例子。

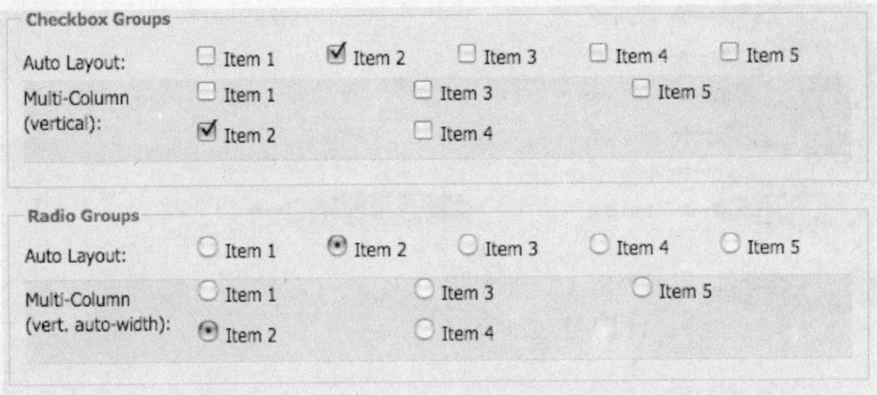

图 1-11　使用 Checkbox 和 RadioGroup 的自动布局管理的实际效果

Radio 和 Checkbox 的全部例子
要想看看完整的示例集，可以访问 http://extjs.com/deploy/dev/examples/form/check-radio.html。

HtmlEditor

　　HTML 编辑器是个 WYSIWYG 工具，它就像打了兴奋剂的 TextArea 一样。HtmlEdirtor 利用的是当前浏览器的 HTML 编辑功能，可以把它看作是字段的一个异类。因为它天生的复杂性（使用了 IFrame 和其他东西），所以没有诸如校验等许多功能，也不能被标识成无效状态，关于这个字段还有更多的内容要讨论，这些讨论都留到第 6 章。不过现在，我们要再回到 ComboBox 和它的子类 TimeField。

ComboBox 和 TimeField

　　ComboBox 轻而易举地就成为最复杂的可配置的表单输入字段之首。它可以模拟传统的下拉选择框或者可以通过数据存储器使用远程的数据集。可以配置文本的自动补齐，也叫做输入探测，可以在用户输入时进行远程或者本地的数据过滤。也可以使用用户自己的模板，还可以自定义下拉区域中的列表，也叫做 ListBox。图 1-12 所示为一个自定义的 ComboBox 的实际例子。

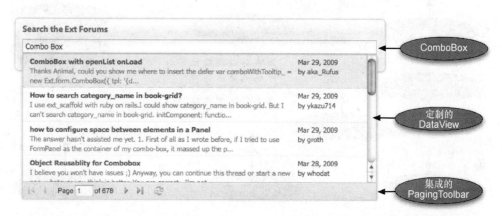

图 1-12　这是一个自定义的 ComboBox，它集成了一个分页工具栏，你从下载的 Ext JS 示例中找到

在图 1-12 中使用了一个自定义的组合框来搜索 Ext JS 论坛。这个 ComboBox 用一个列表框显示帖子的标题、日期、作者以及内容片段等的内容。因为数据集范围太大，因此还配置了一个翻页工具栏，用户可以在结果数据中前后翻页。因为 ComboBox 是高度可配置的，还可以在结果数据集中加上图片，这样就可以更漂亮地展现结果了。

好了，这就是我们的 UI 之旅的最后一站了。现在会把其他的一些 UI 组件快速的浏览一遍。

1.3.6　其他部件

还有一批 UI 部件也很优秀，它们并不属于常用的组件，不过对于一个庞大的 UI 计划来说却起着重要的作用。如图 1-13 所示，我们来看看有哪些 UI 部件，以及它们有哪些功能。

工具条（Toolbar）

工具条本身也是一个部件，不过差不多可以把任何其他部件都塞进去。开发人员通常会把菜单和按钮放进去。在讨论自定义的 ComboBox 时，已经看过 Toolbar 的子类，即 PagingToolBar。Panel 以及差不多它的任何子类都可以把这些工具栏放在内容区域的顶部或者底部。Button 部件是普通的 HTML 按钮的美化版本，可以带有图标和文本。

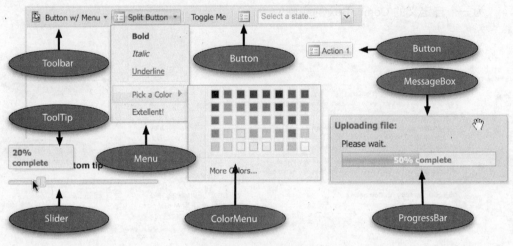

图 1-13　其他 UI 部件

菜单（Menu）

可以通过单击工具条上的一个按钮的方式显示菜单，或者根据需要在屏幕的任意 X、Y 坐标处显示菜单。典型的菜单包括的都是菜单项，例如上面显示的项目和带颜色的菜单条目，菜单项也可以包含像 ComboBox 这样的部件。

消息框（MessageBox）

MessageBox 是一个工具类，有了这个类以后，就可以很容易地给用户提供反馈信息，而无须再使用一个 Ext.Window 的实例了。图 1-13 所示的实例中，消息框中用一个动态的 ProgressBar 向用户显示加载的进度。

滑动条（Slider）

Slider 是一个通过拖拉手柄来改变值的部件。可以用图片和 CSS 对滑动条进行美化，并对它的外观进行定制。可以限制滑动条的手柄只能以递增的方向移动。在这个例子中，滑动条的手柄上带了一个 ToolTip，它可以在用户移动柄时显示滑动的值。除了缺省的水平方向，滑动条也可以配置成垂直的。

现在，我们知道 Ext JS 是如何通过一大堆的部件帮助我们完成任务了。我们可以推荐大家都使用 Ext JS 来开发应用程序，无须接触哪怕少量的 HTML，或者也可以把它集成到已有的站点中。现在我们对整个框架有了一个自顶向下的考察，包括 UI 之旅。不过目前我们所讨论的这些内容是自从 Ext JS 2.0 以来就有的。接下来讨论 Ext JS 3.0 中有哪些新东西。

1.4 Ext JS 3.0 的新特性

Ext JS 2.0 中引入的一些变化是颠覆性的，这就导致从 1.0 升级到 2.0 相当困难。这主要是因为这一版引入了一个更加现代的布局管理器以及一个崭新的、健壮的组件层次，许多 Ext JS 1.x 的代码都会因此而崩溃。值得庆幸的是，由于 Ext JS 2.0 的良好的工艺设计，从 Ext JS 2.0 到 3.0 的移植就非常容易了。尽管 Ext JS 3.0 新增的内容并不怎么神奇，不过最新的版本还是可圈可点的，有些新增的特性还是值得讨论的。

1.4.1 Ext JS 通过 Direct 完成远程操作

Web 远程调用是一种可以在 JavaScript 中很容易地执行服务器端定义的方法的机制。如果希望把服务器端的方法暴露给客户端，但又不希望和 Ajax 的连接管理打交道，用这种方法就非常方便了。Ext.Direct 会替我们管理 Ajax 请求，并充当客户端的 JavaScript 与任意一种服务器端语言之间的桥梁。

这个功能有很大的好处，包括对方法的集中管理以及方法的统一。框架中有了这个技术后就能保证客户间的一致性，例如数据类。既然说到这里，我们就看看这个新增的 Ext.Direct 给数据类带来了哪些新的类。

1.4.2 数据类

Ext.data 这个类是整个框架中处理所有数据的中枢。这个数据类负责数据管理的方方面面，包括数据的抽取、读、解析、创建记录，以及把记录加载到数据存储器。通过新加的 Direct，Ext JS 还同时增加了几个好用的 Data 类，包括 DirectProxy 和 DirectStore，进一步简化了与 Web 远程调用的整合。

接下来，看看框架后台的变化和新增的一些 UI 部件。

1.4.3 新的布局

在 Ext JS 3.0 中出现了 6 个新的布局，包括 AutoLayout、MenuLayout、BoxLayout、VBoxLayout 和 HBoxLayout。MenuLayout 是对 2.0 版中菜单项的组织形式的一个改进。类似地，ToolbarLayout 也给 Toolbar 增加了重要的特性，例如溢出管理，如图 1-14 所示。这两种布局既不是给它们的目标部件用的，也不是给最终用户用的。

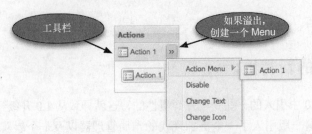

图 1-14　新的 ToolbarLayout 负责检查工具栏的大小，并且在菜单项要发生溢出时创建一个菜单存根

如图 1-14 所示，ToolbarLayout 会检测到工具条中内容发生了溢出，然后会自动地创建一个菜单来包括并罗列剩余的项目，正是 MenuLayout 的变化才给这个功能提供了支持。

BoxLayout 类是一个抽象类，也就是说，它并不是给最终用户使用的，而是为 VBoxLayout 和 HBoxLayout 类提供基本功能。VBoxLayout 和 HBoxLayout 是对最终用户可用的，它是布局列表有用的补充。HboxLayout 使得能够在水平方向上拆分容器的内容区域，而 VBoxLayout 的功能类似，不过是在垂直方向上拆分，如图 1-15 所示。

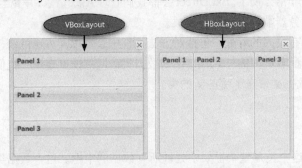

图 1-15　VBox 和 HBox 布局实例

许多有经验的 Ext JS 开发人员可能会觉得 HBoxLayout 看起来像是 ColumnLayout。尽管从提供的功能来看，二者确实相似，不过 HBoxLayout 的功能远超过了 ColumnLayout 的功能，它可以根据权重把它的子元素在垂直或者水平方向上拉伸，这也叫做弹性收缩。不过和 ColumnLayout 比起来，子元素不会在容器内折行。这两种布局把框架的布局功能引领到了一个新的高度。

除了在布局上的变化，GridPanel 的支持类 ColumnModel 也有一些根本的变化。下面先看看这些变化，并弄清楚为什么这些变化有助于我们的开发。

1.4.4　网格中 ColumnModel 的增强

GridPanel 部件用 ColumnModel 控制列的组织方式、大小设置以及显示。在 Ext JS 3.0 之前，每个列都是一个配置对象列表，这个列表用于 ColumnModel。

对于 ColumnModel 中的每个列，都可以通过自定义的渲染器增强或者修改数据的显示方式，所谓渲染器其实就是一个方法，每一列的每个数据点都会调用这个方法，然后返回格式化的数据或 HTML。这也就是说，如果要把日期格式化或者以某种特定方式进行显示，就必须自己配置。后来人们发现这种工作实在太多了。因此到了这一版，ColumnModel 就朝着简化我们工作的方向进行了改变。

ColumnModel 中的单个列进行了抽象，并创建了一个叫做 grid.Column 的全新的类。从此开始，许多好用的 Column 子类也就出现了，包括 NumberColumn、BolleanColumn、TemplateColumn 以及 DateColumn，每一种都可以按用户的要求来显示数据。例如可以使用 DateColumn 并指定一个格式来显示格式化的日期数据。另一个可喜的变化是 TemplateColumn，可以把 XTemplate 用于 GridPanel，这样就可以很容易地把数据变成自己的 HTML 片段。不管使用哪一种 Column 的子类，都无须自定义渲染器。当然需要的时候也可以自定义渲染器。

许多应用程序都需要用表格的形式展示数据。尽管 GridPanel 是个不错的方案，但是对于只需要很少甚至完全不需要用户交互的普通数据展示来说，计算的代价还是太大。这时，ListView 或 DataView 的扩展就有了用武之地了。

1.4.5　ListView

有了框架的这些新特性后，现在再用表格的形式展示数据就没有性能的损失了。图 1-16 显示了 ListView 的实际效果。尽管看起来和 GridPanel 一样，但是为了保证最佳性能，这里牺牲了例如拖放、列的重新排序以及用键盘导航等功能。这主要是因为 ListView 并没有例如之前讨论的 ColumnModel 之类的精致的、功能丰富的支持类。

用 ListView 来显示数据可以保证 DOM 操作的快速响应，不过别忘了它没有类似 GridPanel 的那些功能。到底用哪一个取决于应用程序的需求。

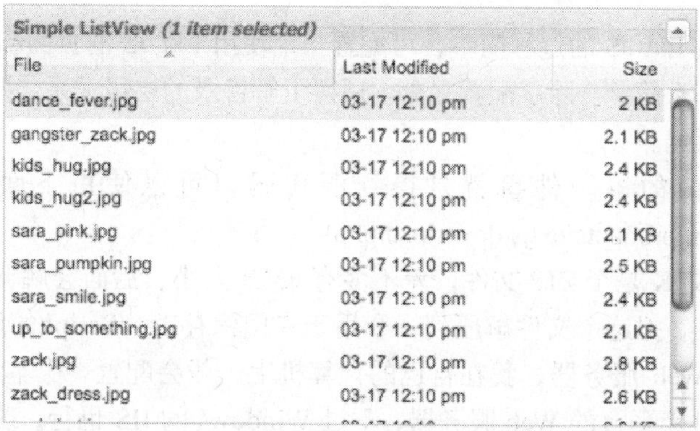

Simple ListView (1 item selected)		
File	Last Modified	Size
dance_fever.jpg	03-17 12:10 pm	2 KB
gangster_zack.jpg	03-17 12:10 pm	2.1 KB
kids_hug.jpg	03-17 12:10 pm	2.4 KB
kids_hug2.jpg	03-17 12:10 pm	2.4 KB
sara_pink.jpg	03-17 12:10 pm	2.1 KB
sara_pumpkin.jpg	03-17 12:10 pm	2.5 KB
sara_smile.jpg	03-17 12:10 pm	2.4 KB
up_to_something.jpg	03-17 12:10 pm	2.1 KB
zack.jpg	03-17 12:10 pm	2.8 KB
zack_dress.jpg	03-17 12:10 pm	2.6 KB

图 1-16　新的 Ext.ListView 类，很像一个轻量级的 DataGrid

如果在屏幕上显示的数据总是文本数据，Ext JS 确实不错，不过它缺少图形化的数据展示方式。我们看看 Ext JS 3.0 中又有些什么变化。

1.4.6　Ext JS 中新增的图表功能

Ext JS 2.0 中缺少的就是图表。值得庆幸的是，开发团队对社区的抱怨没有不闻不问，在 Ext JS 3.0 中引入了图表。这也是一个非常好的扩展，并且遵循了 Ext JS 的布局模型。

不过，要使用这些图表，需要安装 Adobe Flash，可以从 http://get.adobe.com/flashplayer/ 下载。除了图 1-17 所示的折线图（Line）和柱状图（Colwn）处，框架还提供有条形图（Bar）、饼图（Pie）以及笛卡儿坐标 Cartesian，图表满足数据可视化的需求。

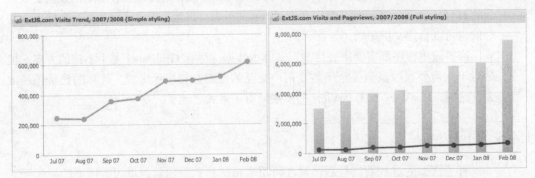

图 1-17　这些图表给框架带来了丰富的趋势数据，不过要注意这个新挂架需要 Flash

现在所有的铺垫都做得差不多了。不过，还要先把框架下载下来并配置好，然后再讨论开发。

1.5　下载并配置

尽管下载 Ext JS 的过程简单，可配置一个使用 Ext JS 的页面却不像在 HTML 中引用一个文件那么简单。除了配置之外，还得了解目录的层级关系，要知道都有哪些目录以及它们的用途。

我们要做的第一件事就是得到源代码。可以使用下面这个网址下载：http://extjs.com/products/extjs/download.php。

下载的 SDK 是个 ZIP 文件，差不多有 6MB 大小。后面会解释为什么这些文件会这么大。现在，把这个文件解压到一个用于专门保存 JavaScript 的地方。要使用 Ajax，需要有一个 Web 服务器。我在自己的计算机上一般会配置一个本地的 Apache，它是个免费的而且跨平台的 Web 服务器，不过 Windows 的 IIS 也行。现在看看刚刚解压出来的内容。

1.5.1 检查 SDK 的内容

如果像我一样检查一下解压之后 SDK 文件的大小，可能会感到非常惊讶。是的，一个差不多有 30MB 的 JavaScript 框架。图 1-18 显示了解压后的内容。

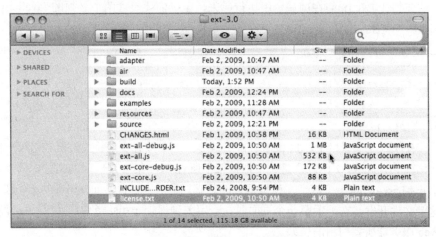

图 1-18 Ext JS SDK 的内容

看看 SDK 的内容，会发现许多东西。之所以有这么多的目录和文件，是因为下载下来的包中有多份代码和 CSS 的拷贝。这样做是为了开发人员可以自由地按照适合自己的方式构建或者使用 Ext JS。表 1-1 说明了包含哪些目录及其作用。

表 1-1 Ext JS SDK 的内容

目录	作用
adapter	这个目录中包括 ext-base.js，这是 Ext JS 的基础库，用于所有 Ext JS 的配置。如果想把 Prototype、jQuery 或者 YUI 函数库作为基础，它还包括必须的适配器版本
air	这个目录包括了要把 Ext JS 和 Adobe AIR 集成在一起所需要的函数库
build	这个目录包含了构成 Ext JS 框架的所有文件，并去掉了不必要的空格。这是原目录的一个压缩版本
docs	这个目录包含完整的 API 文档
examples	这个目录包含所有的示例的源代码，要想通过例子进行学习，这是一个很好的资源（的确如此）
resources	这个目录包含了使用 UI 小挂件时所必须的图片和 CSS。它包含着按照挂件拆分的 CSS 文件和一个 ext-all.css，这是框架中所有 CSS 的拼接
src	这个目录包含整个框架，包括全部的注释
ext-all.js	这是一个迷你版的框架，用于生产环境的应用程序
ext-core.js	如果只用核心函数库，也就是说不用任何一个 UI 控件，就可以用 ext-core.js 来配置页面
*debug.js	所有名字中带有 debug 字样的文件都意味着已经去掉了注释，以减少文件的空间，不过必须的缩进还保留不变。在开发阶段时，要使用 ext-all-debug.js

尽管发布包中有这么多的文件和目录，不过要想让框架能够在浏览器中运行起来，只要很少的一部分就够了。现在谈谈该如何根据需要配置 Ext JS。

1.5.2 第一次配置 Ext JS

要想让 Ext JS 能在浏览器中运行起来，至少需要包含两个必须的 JavaScript 文件和至少一个 CSS 文件：

```
<link rel="stylesheet" type="text/css"
    href="extjs/resources/css/ext-all.css" />
<script type="text/javascript" src="extjs/adapter/ext/ext-base-debug.js">
</script>
<script type="text/javascript" src="extjs/ext-all-debug.js">
</script>
```

作为一个完整的 Ext JS 配置，这里链接了 3 个核心文件。我们所做的第一件事就是链接到 ext-all.css 文件，这是一个把框架中所有 CSS 集中在一起的文件。接下来，包含了 ext-base-debug.js，这个文件是框架的基础。最后，包含了 ext-all-debug.js 文件，要用这个文件开发。在配置第一个页面时，一定要确保把 extjs 路径替换成自己开发环境中 Web 服务器所要引用的框架。

如果还要想用其他的基础框架该怎么做呢？应该如何包含它们呢？

1.5.3 配置 Ext JS 使用其他框架

要想让 Ext JS 能使用之前提到的那些框架，在引用这些外部基础框架之前首先要加载一个适配器（adapter）。这个适配器会把 ext-base 方法映射到所选择的外部函数库，这是最关键的一步。如果想使用 Ext JS 之外的其他 3 种基础框架，可以使用下面的模式。

先看 Prototype 函数库：

```
<link rel="stylesheet" type="text/css"
    href="extjs/resources/css/ext-all.css" />

<script type="text/javascript"
    src="extjs/adapter/prototype/prototype.js">
</script>

<script type="text/javascript"
    src="extjs/adapter/prototype/scriptaculous.js?load=effects.js">
</script>

<script type="text/javascript"
    src="extjs/adapter/prototype/ext-prototype-adapter-debug.js">
</script>
<script type="text/javascript"
    src="extjs/ext-all-debug.js"></script>
```

可以看出来，除增加了两个 JS 文件以外，剩下的和普通的 Ext JS 设置类似。Prototype 和 Scriptaculous 取代了 ext-base，ext-prototype-adapter.js 把外部的函数库方法映射到 Ext。注意，仍然要加载 ext-all-debug.js。对另外两个例子也如此炮制。

下一个是 jQuery：

```
<link rel="stylesheet" type="text/css"
    href="extjs/resources/css/ext-all.css" />

<script type="text/javascript"
    src="extjs/adapter/jQuery/jQuery.js">
</script>

<script type="text/javascript"
    src="extjs/adapter/jQuery/ext-jquery-adapter-debug.js">
</script>

<script type="text/javascript"
     src="extjs/ext-all-debug.js"></script>
```

配置 jQuery 和 Prototype 类似。YUI 的配置也类似，区别就在于要加载不同的基础函数库和不同的适配器文件。

最后一个是 YUI：

```
<link rel="stylesheet" type="text/css"
    href="extjs/resources/css/ext-all.css" />

<script type="text/javascript"
    src="extjs/adapter/yui/yui-utilities.js">
</script>

<script type="text/javascript"
    src="extjs/adapter/yui/ext-yui-adapter-debug.js">
</script>

<script type="text/javascript"
     src="extjs/ext-all-debug.js"></script>
```

现在已经掌握了配置 Ext-all 和其他 3 种基础 JS 函数库的秘诀了。继续，还是要用 Ext-all 配置，只不过可以自由选择用哪个基础函数库。在到达代码层面之前，还需要谈谈 Ext 配置的最后一个关键步骤，即配置对于 s.gif 的引用。

明智地使用 BLANK_IMAGE_URL 配置

建议在对 Ext JS 文件的包含之后紧接着就设置这个参数，或者放在应用代码被解析之前。等要测试 Ext JS 时，会通过一个例子告诉你在哪放置这个参数。

1.5.4　配置 BLANK_IMAGE_URL

开发人员经常忽略的一个步骤就是配置 Ext.BLAND_IMAGE_URL，这会导致应用程序中 UI 渲染出现问题。BLANK_IMAGE_URL 属性所指向的是一个 1×1 像素的透明图片的位置（也叫做一个垫片），它是框架的 UI 部分的一个关键内容，是用来创建图标的。可以把 BLANK_IMG_URL 指向 http://extjs.com/s.gif。对大部分用户来说，这样做是可以的，不过如果所在的地区无法访问 extjs.com，这就有问题了。如果用的是 SSL 的话，对 s.gif 的请求是通过 HTTP 而不是 HTTPS 发出的，这又是个问题，因为这会触发浏览器发出安全警告。为了避免这些问题，应该把 Ext.BLANK_IMAGE_URL 指向 Web 服务器本地的 s.gif，如：

```
Ext.BLANK_IMAGE_URL = 'extjs/resources/images/default/s.gif';
```

差不多了，了解了这么多内容后，我们已经按耐不住要使用 Ext JS 了，那还等什么？现在这就开始吧。

1.6　测试

在这个练习中，要创建一个 Ext JS 的 Window，然后通过 Ajax 请求一个 HTML 文件，并把文件的内容展现在 Window 的内容区域。现在从创建主 HTML 文件开始，然后是所有的 JavaScript 文件。

代码 1-1　创建 helloWorld.html

```html
<link rel="stylesheet" type="text/css"
    href="/extjs/resources/css/ext-all.css" />          ❶ 包含 ext-all.css

<script type="text/javascript"
  src="/extjs/adapter/ext/ext-base-debug.js">            ❷ 加载 ext-base.js 和
</script>                                                   ext-all-debug.js

<script type="text/javascript"
    src="/extjs/ext-all-debug.js"></script>             ❸ 配置 Ext.BLANK_
                                                           IMAGE_URL
<script type="text/javascript">
    Ext.BLANK_IMAGE_URL = '/extjs/resources/images/default/s.gif';
</script>

<script type="text/javascript" src='helloWorld.js'>    ❹ 很快就要创建的
</script>                                                  helloWorld.js
```

代码 1-1 是典型的只有 Ext 配置的 HTML 标记，包含了合并版的 CSS 文件，ext-all-css❶和两个必须的 JavaScript 文件 ext-base.js 和 ext-all-debug.js❷。接着，又创建了一个 JavaScript 块❸，这里对重要的 Ext.BLANK_IMAGE_URL 属性进行了设置。最后，把很快就要创建的 helloWorld.js 文件包括进来❹。

你可能还没注意到，对于框架的引用使用的是绝对路径的方式。如果路径不一样，一定要改过来。接下来，要创建 helloWorld.js 这个文件，这个文件会包含主要的 JavaScript 代码。

代码 1-2　创建 helloWorld.js

```
function buildWindow() {
    var win =  new Ext.Window({                    ❶ 创建新的
        id       : 'myWindow',                        Ext.Window 实例
        title    : 'My first Ext JS  Window',
        width    : 300,
        height   : 150,
        layout   : 'fit',                          ❷ autoLoad 配置对象
        autoLoad : {                                  实例
            url       : 'sayHi.html',
            scripts : true
        }
    });                                            ❸ 调用窗口的 show()
    win.show();
}                                                  ❹ 把 buildWindow 传给
Ext.onReady(buildWindow);                             Ext.onReady
```

　　在代码 1-2 中，创建了 buildWindow 函数，这个函数又被传递给 Ext.onReady 以备稍后执行。在 buildWindow 中，创建了一个新的 Ext.Window 实例，并通过 win 引用这个实例❶。给 Ext.Window 传递了一个配置对象，这个对象中包括了初始化窗口实例所需要的一切配置属性。

　　在这个配置对象中，把 id 设为'myWindow'，以后 Ext.getCmp 方法就可以根据这个 id 找到这个窗口。接着又指定了这个窗口的标题，标题会以蓝色字体显示在窗口的最顶部区域，也就是叫做标题栏的地方。接下来，指定了窗口的高度和宽度。然后把 layout 设置成'fit'，这可以保证不管这个窗口中放的是什么内容，这个内容都会填满窗口的内容空间。我们又继续指定了一个 autoLoad 配置对象❷，这个对象通知窗口自动取出一个 HTML 片段内容 (通过 url 属性指定的)，如果里面有 JavaScript，还会运行这些代码 (通过 scripts:true 指定)。

> **HTML 片段 (HTML fragments)**
> 　　所谓 HTML 片段就是没有用 head 和 body 标签包围起来的 HTML，因此不会被认为是一个完整的页面。Ext JS 之所以要加载 HTML 片段，是因为一个页面中只能有一个 HEAD 和 BODY 标签。*

　　完成了 Ext.Window 实例的配置对象之后，接下来，又调用了 win.show❸，这个方法是渲染窗口。这些就是对 buildWindow 内容的总结。最后一件事就是调用 Ext.onReady❹并把 buildWindow 方法传进去。这可以保证在正确的 buildWindow，也就是在 DOM 完全就绪之后并且在获取任何图像之前执行。下面看看窗口是怎么渲染的。在浏览器打开 helloWorld.html。如果之前的所有代码都正确，应该看到图 1-19 所示的一个窗口，在"Loading…"文本旁边会有一个转动的图标，这个图标其实是加载指示符，表示数据还在加载中。

---

* 译者注：此处的意思是：Ext JS 所在的 HTML 页面中肯定已经有了 HEAD 和 BODY 标签，因此再加载的内容就不能再有 HEAD 和 BODY 标签，因此加载的也就只能是 HTML 片段了。

图 1-19   通过 Ajax 装载内容的 Ext JS 窗口

　　为什么会看到这个消息呢？这是因为还没有 sayHi.html 页面，在 autoLoad 配置对象的 url 属性中指向的就是这个页面。事实上，这里是在让 Ext JS 加载某些还不存在东西。接下来，就要处理这个 sayHi.html 了，下面会在这个文件中建一个 HTML 片段，其中还会包含一些 JavaScript。

代码 1-3　创建 sayHi.html

```
<div>Hello from the <b>world</b> of Ajax!</div>        ①  "Hello world" DIV 标签
<script type='text/javascript'>
  function highlightWindow() {
    var win    = Ext.getCmp('myWindow');               ②  高亮窗体
    var winBody = win.body;
    winBody.highlight();
  }
                                                       ③  延迟一秒执行
  highlightWindow.defer(1000);
</script>
```

　　在代码 1-3 中，创建的是一个带有 HTML 片段的文件 sayHi.html。这个片段中有一个 DIV ①，"Hello world" 消息就放在这里。接着，又用了一个 script 标签和一些 JavaScript 代码，浏览器加载这个片段时就会运行这段代码。在这部分代码中，创建了一个名为 highlightWindow 的新函数 ②，这个函数会延迟一秒执行。在函数内部，对窗口的内容区域执行了一个 highlight 的效果。highlightWindow 的执行延迟一秒 ③。这个方法是这么工作的。

　　首先通过使用一个名为 Ext.getCmp 的辅助方法取得在 helloWorld.js 文件中创建的 Window 的引用，Ext.getCmp 根据 id 查找 Ext JS 组件。在创建这个窗口时给它的 id 是 'myWindow'，传给 Ext.getCmp 的就是这个 id。之所以能够这么做，是因为所有的组件（部件）在初始化时都会用 ComponentMgr 进行注册。在程序的任何地方都可以通过 Ext.getCmp 根据 id 得到引用。

　　在得到了窗口的引用之后，又用窗口的 body 属性得到了窗口内容区的引用，winBody。然后调用它的高亮方法，这个方法会对元素进行高亮操作（从黄色渐变成白色）。这些内容就是对 highlightWindow 方法的总结。

这段 JavaScript 代码块所做的最后一件事就是调用 highlightWindow.defer 使用的值是 1000，这会让 highlightWindow 的执行延迟 1000 毫秒（或者 1 秒）。

如果说从来没听说过 JavaScript 中有个 defer，不要紧，因为这是个 Ext 引入的方法。Ext JS 利用了 JavaScript 的可扩展性对一些核心的语言类，例如 Array、Date、Function、Number、String 添加了许多好用的方法。这就意味着这些类的每个实例都有了新的好用的方法。就这个例子而言，用到的是 defer，它是 Function 的一个扩展。如果经验足够丰富，可能会问，"为什么不用 setTimeout 呢？"。第一个原因是因为更简单，调用任何方法的.defer，然后传入一个时间就可以延迟其执行。第二个原因是因为可以对被延迟执行的方法执行的作用域进行控制，并传入定制的参数，这也是 setTimeout 所欠缺的。

现在就可以结束这个 HTML 片段了，Window 也能取到这个片段了。刷新 helloWorld.html 后，可以看到如图 1-20 所示的内容。

图 1-20　Ext JS Window 加载 HTML 片段（左）对内容区使用高亮效果

如果一切正确，看到的结果也应该与图 1-20 一样，首先内容区域会用 HTML 片段更新（左），经过 1 秒钟之后，窗口的内容区域会用黄色高亮显示（右）。很酷吧？建议你花些时间调整一个这个例子，例如用 API 修改高亮效果的颜色。提示一下：从 Ext JS > Fx 下载有效果的列表以及对应的参数。

1.7　小结

通过这部分对于 Ext JS 的介绍，已经知道了如何用它构建健壮的 Web 应用程序，或者和现有的 Web 站点集成。也知道如何和市面上的其他流行框架相权衡，也知道它是唯一基于 UI 的框架，包含类似 Component、Container、Layout 以 UI 为中心的支持类。记住 Ext JS 可以放在 jQuery、Prototype 和 YUI 的上面。

本章对框架所提供的一些核心 UI 组件进行了一些探讨，并展示了这些内置的部件为快速应用开发带来效果。此外，还谈到了 Ext JS 3.0 引入的一些变化，例如 Flash 图表。

最后，讨论了下载，以及如何通过每个独立的基础框架来配置框架。我们创建了一

个 "Hello world" 的例子，演示了一个 Ext JS 的 Window 是如何只用了少量的几行 JavaScript 代码就能通过 Ajax 获取 HTML 片段的。

　　在下一章中，会深入探讨 Ext JS 是如何工作的。这些知识能够让你在构建结构良好的 UI 时做出最好的决策，还会让你更有效地利用这个框架。这会是一个非常有趣的旅途。

第 2 章 基础回顾

本章包括的内容：

- 如何正确地启动 JavaScript 代码
- 通过 Ext.Element 来管理 DOM 元素
- 通过 Ajax 加载 HTML 片段
- 简单的 HTML 元素高亮效果练习
- 使用 Template 和 XTemplate

在编写程序时，我经常形象思维，这会有助于在头脑中形成与概念对应的等价物。例如，我喜欢把启动一个应用程序想象成航天飞机的发射，因为二者都可能成功或者无法挽回地失败。要想操作 DOM，最重要的一点是要知道应该在什么时候启动 JavaScript 代码。在这一章里，会学习如何用 Ext 运行 JavaScript 代码，而且还得保证这些代码在每个浏览器上都能在最恰当的时机初始化。然后再讨论如何通过 Ext.Element 操作 DOM。

你肯定也知道，对 DOM 的操作是程序员花费时间最多的编码任务。不管是增加一个元素或者是删除一个元素，如果你以前曾用过 JavaScript 的内置方法来完成这些任务的经历，一定会觉得痛苦不堪。毕竟，截止到目前为止，DHTML 作为动态 Web 页面的核心已经存在很长时间了。

我们还会看到 Ext 的核心，一个名为 Ext.Element 的类，这是一个强健的跨浏览器的 DOM 元素管理工具包。你将学到如何用 Ext.Element 在 DOM 中增加或者移除节点，并且还会看到它让这个工作变得多么轻松。

熟悉了 Ext.Element 类之后，接着就要学习如何通过模板把 HTML 内容加到 DOM 中去，我们要深入了解 XTemplate 的用法，这个类继承自 Template，而且你将会学到如何通过它轻松地遍历数据，并能够注入行为调整的逻辑。这会是很有趣的一章。不过，在开始输入代码之前，首先必须要知道的是启动代码的正确方法。

2.1　正确的开始

早前的时候，大多数开发人员所采用的初始化 JavaScript 的方法是在被加载的 HTML 页面的<body>标签加上一个 onLoad 属性：

```
<body onLoad='initMyApp();'>
```

用这种方法触发 JavaScript 的确有效，不过对于那些使用了 Ajax 的 Web 2.0 站点或者应用程序来说，这并不是一个理想的方法。因为对于不同的浏览器而言，onLoad 代码被触发的时间并不完全相同。例如，有的浏览器是在 DOM 已经准备就绪，而且所有的内容都已经加载完毕、浏览器也已经渲染完毕之后才触发。对于 Web 2.0 来说，这可不是什么好事，因为一般都希望能在 DOM 准备就绪之后，但是加载任何图片之前启动代码，从而管理和操作 DOM 元素。这就需要在时机和结果之间找到最好的平衡点，我喜欢把这个时间点叫做页面加载周期中的“最佳时点”。

在浏览器的世界中，每种浏览器都有它自己的方式判断什么时候 DOM 节点可以操作。

2.1.1　准备好了再行动

每个浏览器都有自己的原生方案用来检测 DOM 就绪，不过在不同浏览器间这些方案并不统一。例如，Firefox 和 Opera 会触发 DOMContentLoaded 事件。IE 要求在文档中放一个带 defer 属性的脚本标签，一旦 DOM 就绪就会触发它。WebKit 不会触发任何事件，不过会把 document.readyState 属性置成 complete，因此必须通过一个循环不断地检查这个属性，然后再触发一个客户事件通知代码 DOM 已经就绪了。真够乱的吧!

2.1.2　由 Ext JS 来触发

幸运的是，现在有了 Ext.onReady，它解决了这个时机问题，可以用作应用代码的启动基点。Ext JS 通过检测代码在哪种浏览器执行，并管理对 DOM 就绪状态的检测，从而实现了跨浏览器的兼容性，保证了在正确的时间执行代码。

Ext.onReady 其实是对 Ext.EventManager.onDocumentReady 的引用，它接收 3 个参

数：要调用的方法、调用该方法的作用域以及传给该方法的选项。如果初始化方法需要在一个特定的作用域中执行，那么第二个参数，即作用域参数，就会被使用。

获取作用域的处理方法

作用域是许多 JavaScript 开发人员在他们的职业生涯早期一直纠结的概念。我认为它是每个 JavaScript 开发人员都要掌握的一个概念。了解作用域的一个不错的资源是 http://www.digital-web.com/articles/scope_in_javascript/.d。

自己写的那些基于 Ext 的 JavaScript 代码可以放在引入 Ext JS 脚本之后的任何地方。这一点很重要，因为 JavaScript 文件的请求和加载是同步进行的。如果命名空间中还没有 Ext 的定义时就调用 Ext 的方法会导致异常，同时代码也就无法启动。下面就是一个简单的例子，这个例子通过 Ext.onReady 触发一个 Ext 的 MessgeBox 警告窗口：

```
Ext.onReady(function() {
    Ext.MessageBox.alert('Hello', 'The DOM is ready!');
});
```

在这个例子中，把一个所谓的匿名函数作为唯一的参数传给 Ext.onReady，一旦 DOM 就绪，这个匿名函数就会被执行。这里的匿名函数只包含了一行代码，即调用 Ext.MessageBox，如图 2-1 所示。

匿名函数就是没有被任何变量或者任何对象中的键引用的函数。Ext.onReady 登记了我们提供的匿名函数，当内部的 docReadyEvent 事件被触发时，就会执行这个函数。简单地说，事件很像是说明已经发生了什么事情的消息。而监听器是一个被注册的方法，当有事件发生时，这个方法就会被执行，也可以说是被调用。

图 2-1　Ext.onReady 调用 Ext.MessageBox 的结果

当 Ext 的页面加载周期到达了执行我们提供的匿名函数和其他注册的监听器的精确时点（还记得之前提到的最佳时点吗）时，就会触发这个 docReadyEvent 事件。如果事件这个概念听起来很迷糊，不要担心。事件管理本身就是一个复杂的主题，我们会在第 3 章介绍。

Ext.onReady 的重要性毋庸置疑。所有的示例代码（乃至最终应用程序代码）都必须用这种方法来启动。如果说这个例子中的 Ext.onReady 还不够详细，那就先记住必须用它来启动代码，而且必须要用下面这种方式来封装示例代码：

```
Ext.onReady(function() {
  // ... Some code here ...
});
```

既然适应了通过 Ext.onReady 启动代码，就要花些时间探讨 Ext.Element 类，它是框架的核心。操作 DOM 是一个贯穿整个框架的关键主题。

2.2　Ext.Element 类

所有使用了 JavaScript 的 Web 应用程序都会围绕着一个核心，也就是 HTML 的 Element。JavaScript 对 DOM 节点的访问能力让我们能够随意、灵活地操作 DOM，包括增加、删除、美化或者修改文档中的任意节点内容。通过 ID 引用一个 DOM 节点的传统方法是：

```
var myDiv = document.getElementById('someDivId');
```

这个 getElementById 方法很好用，可以执行一些类似改变 innerHTML 的内容，或者美化和配置一个 CSS 类这样的基本任务。不过要是想对该节点做更多的事情，例如管理它的事件，在有鼠标点击时应用某个样式，或者替换一个 CSS 类？必须自己管理全部代码，还要不断地对代码进行更新，以保证能够全部浏览器的兼容性。老实说，我想不起还有什么事情会比这个更费劲了。幸运的是，Ext 都替我们完成了这些任务。

2.2.1　框架的核心

先看一下 Ext.Element 这个类，Ext JS 社区公认这个类是 Ext JS 的核心，框架中的每个 UI 部件中都有它的身影，通过 getEl()方法或者 el 属性都可以得到它。

Ext.Element 类是一个完整的 DOM 元素管理包，包含了许多宝贵的工具，正是因为它的存在，才使得框架能够对 DOM 施展魔法，并提供健壮的 UI 供我们使用。这个工具集及其全部的功能对于最终的开发人员都是可用的。

按照 Ext JS 的设计理念，这个类不仅仅是对 DOM 元素的简单管理，还能处理各种复杂的任务，例如能够很容易地管理大小、对齐以及坐标。也可以很容易地利用 Ajax 更新一个元素，管理子节点、动画，使用完整的事件管理以及更多的内容。

2.2.2　与 Ext.Element 的第一次亲密接触

Ext.Element 是很容易上手的，而且可以简化一些最困难的任务，为了练习 Ext.Element，需要配置一个基本页面。按照第 1 章介绍的方法，配置一个包含了 Ext JavaScript 和 CSS 的页面。接下来，要包含下面的 CSS 和 HTML：

```
<style type="text/css">
    .myDiv {
        border: 1px solid #AAAAAA;
```

```
        width: 200px;
        height: 35px;
        cursor: pointer;
        padding: 2px 2px 2px 2px;
        margin: 2px 2px 2px 2px;
    }
</style>

<div id='div1' class='myDiv'> </div>
```

　　这些只是给我们的示例搭建一个舞台，确保 div 标签有明确的大小和边框，这样在页面上能够清晰地看到效果。这里用了一个 id 是 'div1' 的 div，它就是要操作的目标。如果页面设置正确无误，应该可以清楚地看到这个样式化的，如图 2-2 所示。这幅图片展示的是一个普通的 HTML 框，下面就用它来练习基本的 Ext.Element 方法。

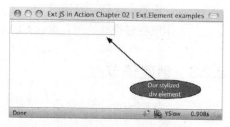

图 2-2　带有样式化的 div 的基础页面，用于各种 Ext 元素操作

注意：所有的关于 Ext.Element 的示例代码都会引用刚刚配置的基本页面。如果想真切地看到 DOM 发生的改变，建议用 Firefox 内置的多行的 Firebug 文本编辑器。如果不熟悉 Firebug，可以通过 http://getfirebug.com/wiki/index.php/Main_Page 进一步了解。相反，可以把这些示例放在一般的脚本块中。只是记住要使用 Ext.onReady()。

　　按照这个 CSS 定义，属于 muDiv 类的 div 都会是 35 个像素高和 200 个像素宽，看起来有点怪异。我们要做的就是，通过把高度改成 200 个像素，让这个 div 变成一个完美的正方形。

```
var myDiv1 = Ext.get('div1');
myDiv1.setHeight(200);
```

　　上面这两行代码的执行非常重要。第一行使用的是 Ext.get，传给这个方法一个字符串'div'，返回的结果是一个 Ext.Element 的实例，返回的实例通过变量 myDiv1 进行引用。Ext.get 使用的也是 document.getElementById，只不过是按照 Ext 的元素管理方法对它进行了包装而已。

　　得到这个 Ext.Element 实例 myDiv1 之后，通过调用它的 setHeight 方法，并传入一个整数值 200，就把这个方框的高度增加到了 200 个像素。类似地，也可以用 setWidth 方法改变元素的宽度，不过下面会跳到一些更有趣的内容。

　　"一个完美的正方形。不错！"好了，再把大小改变一下，这次使用的是 setSize。把 width 和 height 都设成 350 个像素。还是利用已经创建好的引用，myDiv1：

```
myDiv1.setSize(350, 350, {duration: 1, easing:'bounceOut'});
```

　　执行这行代码会发生什么呢？是不是动起来了，有一种生动的效果？更好了！

实际上，setSize 方法是 setHeight 和 setWidth 方法的组合。对这个方法，传递的
是宽度，高度以及一个带有两个属性的对象，这两个属性是 duration 和 easing。如果
定义了第 3 个属性，会让 setSize 以动画的效果展现元素大小的改变。如果不在乎动
画效果，那就可以忽略第 3 个参数，这个框的大小立刻会发生改变，就像之前改变
高度那样。

设置大小还只是通过 Element 类管理元素的众多功能之一。Ext.Element 更强大的能
力体现在轻松地处理元素的 CRUD 操作（创建、读取、更新和删除）。

2.2.3   创建子节点

JavaScript 的好处之一就是操纵 DOM 的能力，这其中就包括 DOM 节点的创建。
JavaScript 中的有很多原生方法也具有这个能力。Ext JS 用 Ext.Element 类很方便地把这
些方法包装起来。下面看看如何创建子节点。

要想创建一个子节点，要用的是 Element 的 createChild 方法：

```
var myDiv1 = Ext.get('div1');
myDiv1.createChild('Child from a string');
```

这段代码给目标 div 的 innerHTML 添加了一个字符串节点。如果想创建一个元素该
怎么做呢？很简单：

```
myDiv1.createChild('<div>Element from a string</div>');
```

createChild 会给 div1 的 innerHTML 追加一个内容是字符串'Element from a string'的
子 Div。我不喜欢用这种方法追加子元素，因为这种用字符串代表元素的形式太混乱了。
Ext 通过接收一个配置对象而不是一个字符串帮我们解决了这个问题：

```
myDiv1.createChild({
    tag  : 'div',
    html : 'Child from a config object'
});
```

这里是通过配置对象来创建子元素的。将 tag 属性设成'div'，给 html 属性指定了一
个字符串。单从技术的角度来看，这个方法和之前的 createChild 实现是一样的，不过看
起来更清晰，更能说明我们的意图。如果想注入一个嵌套的标签又该怎么做呢？还是通
过配置对象的方法，可以很容易地实现：

```
myDiv1.createChild({
    tag     : 'div',
    id      : 'nestedDiv',
    style   : 'border: 1px dashed; padding: 5px;',
    children : {
        tag   : 'div',
        html  : '...a nested div',
        style : 'color: #EE0000; border: 1px solid'
    }
});
```

在这段代码中，创建了最后一个子元素，它有一个 id、一些样式以及一个子元素，这个子元素是一个带有更多样式的 div。图 2-3 显示了 div 所发生的变化。

图 2-3　用 myDiv1.createChild()添加一个复合元素

在图 2-3 中，可以看到添加到 myDiv1 的全部内容，以及 Firebug 所展示的一副生动的 DOM 视图，这里增加了一个字符串节点和 3 个子 div，其中一个还有它自己的子 div。

如果想在列表的顶端插入一个子元素，还可以使用好用的 insertFirst 方法，例如：

```
myDiv1.insertFirst({
    tag  : 'div',
    html : 'Child inserted as node 0 of myDiv1'
});
```

Element.insertFirst 总是在位置 0 插入一个新的元素，即使 DOM 结构中还没有一个子元素也一样。

如果想在一个特定的位置插入一个子节点，createChild 方法也可以完成这个任务。我们所要做的就是把新创建节点的位置传进去，例如：

```
myDiv1.createChild({
    tag  : 'div',
    id   : 'removeMeLater',
    html : 'Child inserted as node 2 of myDiv1'
}, myDiv1.dom.childNodes[3]);
```

在这段代码中，我们给 createChild 传入了两个参数。第一个参数是个配置对象，代表着新创建的 DOM 元素，第二个参数是目标节点的引用，createChild 用它作为新建节点的容身之所。记住你给这个新创建元素指定的 id；我们很快就会用到它。

注意，这里用到了 myDiv1.dom.childNodes。Ext.Element 的 dom 属性让我们具有了利用通用浏览器元素管理优雅性的机会。

注意：Element.Dom 属性和 document.getElementById()返回的是同样的 DOM 元素引用。

图 2-4 显示了在页面上看到的插入节点的样子，以及在 Firebug 的 DOM 探测工具中看到的 DOM 层次结构。从图 2-4 中可以看到，节点插入的结果和我们设想的一样。用 insertFirst 在列表的顶端插入一个新节点，用 createChild 在子节点 3 的上面插入一个节点。记住，对子节点的计数总是从数字 0 开始的，而不是从 1 开始的。

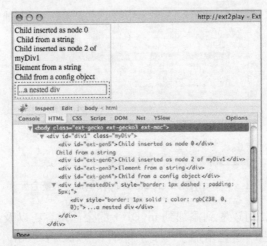

图 2-4   用指定位置的 createChild() 和 inserFirst() 在 DOM 元素中添加后的结果

作为一名 Web 开发人员，添加元素对我们来说是家常便饭。毕竟，这是 DHTML 的一部分。不过删除也同样重要。下面再看看如何用 Ext.Element 删除一些子元素。

2.2.4   删除子节点

节点的删除看起来要比添加简单一些。我们所需要做的就是通过 Ext 找到该节点，然后调用节点自己的 remove 方法就行了。为了练习子节点的删除操作，以一个干净的画板开始。请新建一个页面，然后输入下面的 HTML 代码：

```
<div id='div1' class="myDiv">
    <div id='child1'>Child 1</div>
    <div class='child2'>Child 2</div>
    <div class='child3'>Child 3</div>
    <div id='child4' class='sameClass'>
            <div id="nestedChild1" class='sameClass'>Nest Child 1</div>
    </div>
    <div>Child 5</div>
</div>
```

检查这段 HTML 代码，看到了一个 id 是'div1'的父 div。它有 5 个直系的后代，第 1 个的 id 是'child1'。第 2 个和第 3 个没有 id，不过其 CSS 类分别是'child2'和'child3'。第 4 个子元素的 id 是'child4'，并且其 CSS 类是'sameClass'。类似地，它也有一个 id 是'nestedChild1'的直系后代，并且用的是和父亲相同的 CSS 类。Div1 的最后一个孩子没有

id，也没有 CSS 类。之所以准备这些素材，是因为要先从 CSS 选择器 *开始，然后再到直接利用元素的 id。

在添加子节点的例子中，一直是把父 div（id='div1'）包装成 Ext.Element 后加以引用，然后用它的 create 方法创建节点。要想删除一个节点，就要用不同的方法了，因为需要明确地定位到要删除的节点。对于这个新的 DOM 结构，我们会用几种方法来实现。

要尝试的第一个方法是通过一个已经包装好的 DOM 元素删除一个子节点。先要创建一个包装 div1 的 Ext.Element 实例，然后再用 CSS 选择器找到它的第一个子节点。

```
var myDiv1 = Ext.get('div1');
var firstChild = myDiv1.down('div:first-child');
firstChild.remove();
```

这个例子中，通过 Ext.get 得到了对 div1 的引用。然后又调用了 Element.down 方法，传给这个方法的是一个伪类选择器，这会让 Ext 沿着这棵 DOM 树向下查找，一直到找到第一个孩子，它是一个 div，然后 Ext 把它包装成一个 Ext.Element 的实例，最终得到的就是对第一个子元素的引用，即 firstChild 的引用。

Element.down 方法查找的是给出的 Ext.Element 的一级 DOM 节点。找到的结果恰好是一个 id 是'child1'的 div。然后调用 firstChild.remove，这个节点就从 DOM 中删除了。

下面是通过选择器删除列表中的最后一个节点：

---

*译者注：CSS 通过选择器来确定样式所要作用的元素。CSS 中有以下几种选择器。

■ 元素类型选择器（Element Type Selector）：例如 h1{...}匹配的就是所有的<h1>...</h1>。

■ 元素组选择器（Group Selector）：例如 p,h1,h2 {...}匹配的就是所有的<p>..</p>、<h1>...</h1>、<h2>...</h2>。

■ 后代选择器（Descendant Selector）：也叫做上下文选择器，是用来匹配位于特定父元素中的子元素的，例如 p em{...}就是与在<p>...</p>中的<em>相匹配，而不在<p>...</p>中的<em>就不受影响。

■ ID 选择器（ID Selector）：用#表示，例如 li#l1 {...}匹配的就是<li id='l1'>...</li>。因为在一个文档中 id 是唯一的，因此也可以省略元素类型，那么就变成了#l1 这种表示法，但含义还是相同的。

■ 类选择器（Class Selector）：用来匹配若干个有相同属性的元素，例如 p.myclass {....}匹配的就是<p class='myclass'>...</p>元素，也可以不用加元素类型，此时.myclass 匹配的就是所有带着 class='myclass'属性的元素了。

■ 伪类选择器（Pseudoclass Selector）：在 CSS 中最常见的就是 a:link、a:visited、a:hover、a:active，分别代表着链接的不同状态。

■ 伪元素选择器（Pseudoelement Selector）：这些元素要跟在其他元素后面使用，要用:和元素名分隔开。例如 p:fist-line{...}、p:first-letter{...}分别设置第一行文本或者第一个文本字符。

```
var myDiv1 = Ext.get('div1');
var lastChild = myDiv1.down('div:last-child');
lastChild.remove();
```

　　这个例子和前一个类似，最大的区别在于用的是选择器'div:last-child'，这个选择器找到 div1 的最后一个 childNode，然后再用一个 Ext.Element 的实例把它封装起来。最后，再调用 lastChild.remove，这个节点就没有了。

注意：CSS 选择器是一个强大的 DOM 元素查询方法。Ext JS 支持 CSS3 选择器规范。如果对
　　　　CSS 选择器还不熟悉，强烈建议看看下面这个 W3C 的网页，这里提供了丰富的选择器
　　　　的知识： http://www.w3.org/TR/2005/WD-css3-selectors-20051215/#selectors。

　　如果想根据 id 找到目标元素该怎么办呢？可以让 Ext.get 完成这个工作。这次，没有必要创建引用，用链（Chaining）完成这个工作就可以了：

```
Ext.get('child4').remove();
```

　　执行这行代码会把 id 是'child4'的子节点删掉，包括该节点的子节点。记住，如果一个节点有子节点，那么删除这个节点的同时，它的所有子节点也都会被删除。

注意：如果想了解关于链的更多内容，在 Dustin Diaz（一个业界领先的开发者）的站点提供了
　　　　一篇不错的文章：http://www.dustindiaz.com/javascript-chaining/。

　　关于 Ext.Element 要了解的最后一项内容就是执行 Ajax 请求，从服务器远程加载 HTML 片段并把它们注入到 DOM 中。

2.2.5 Ext.Element 与 Ajax 一起使用

　　Ext.Element 类具有执行 Ajax 的能力，可以取得远程的 HTML 片段，并把这些片段注入到它自己的 innerHTML 中。做练习之前，先写一个将要被加载的 HTML 片段：

```
<div>
    Hello there! This is an HTML fragment.
    <script type="text/javascript">
        Ext.getBody().highlight();
    </script>
</div>
```

　　这个 HTML 片段中，只放了一个简单的 div，还嵌入了一个 script 脚本，里面调用的是 Ext.getBody，然后又通过链调用它的 highlight 方法。要想得到对 document.body 的引用，Ext.getBody 非常好用，现在把这个文件保存成 htmlFragment.html。

　　接着，要加载以下内容。

```
Ext.getBody().load({
    url     : 'htmlFragment.html',
    scripts : true
});
```

这段代码中，调用的是 Ext.getBody 所返回的对象的 load 方法，并给这个方法传入一个配置对象，其中 url 指定的要加载的目标 htmlFragment.html，scripts 被设为 true。这段代码执行起来会怎么样呢？可以参见图 2-5。

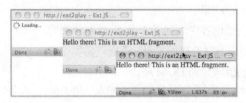

图 2-5 把 HTML 片段加载到文档体

这段代码执行后，可以看到文档体通过 Ajax 请求获取了 htmlFragment.html 文件。在获取这个文件的过程中，会一直显示一个代表正在加载的指示符，一旦请求完成，这段 HTML 片段就被插入到 DOM 中了。接着会看到整个内容区都用黄色高亮显示，这就意味着 JavaScript 代码得到了执行。现在，应该知道 Ext.Element.load 方法要比手工调用 Ext.Ajax.request 方便多了。

看到了吧，用 Ext.Element 给 DOM 添加内容或者删除内容就是小菜一碟。Ext 还有更简单的办法添加元素，尤其是当要增加的是那种重复的 DOM 结构。这就要用到 Template 和 XTemplate 两个辅助工具类。

2.3 使用 Template 和 XTemplate

Ext.Template 是一个很强大的核心工具，借助它可以创建一个预先留好插槽的 DOM 层次结构，以后再用数据填补这些插槽。一旦定义好了模板，可以用它复制出一个或者多个预定义好的 DOM 结构，并用数据填充这些插槽。精通模板有助于用模板管理 UI 部件，例如 GridPanel、DataView 和 ComboBox。

2.3.1 模板练习

先从创建一个相当简单的模板开始，然后继续创建一个更加复杂的模板。

```
var myTpl = new Ext.Template("<div>Hello {0}.</div>");

myTpl.append(document.body, ['Marjan']);
myTpl.append(document.body, ['Michael']);
myTpl.append(document.body, ['Sebastian']);
```

这个例子中，创建了 Ext.Template 的一个实例，这个模板的内容是一个预留着插槽的 div 字符串，插槽就是一对大括号和它围起来的内容，这里使用变量 myTpl 引用这个模板。现在可以调用 myTpl.append 了，传给它的是目标元素 document.body 以及用来填充插槽的数据，在这个例子中就是一个只有一个元素的数组，数组的内容是姓名。

这里连续调了 3 次，结果就是在 DOM 中加了 3 个 div，各自的插槽中填的都是不同的名字。图 2-6 所示的就是添加后的结果。

已经看到了，文档内容中添加了 3 个 div，每个都有不同的名字。使用模板的好处显而易见。模板只需要设置一次，然后用不同的值填充到 DOM 中。

在前一个例子中，花括号里的插槽是个整数，传入的也是一个只有一个元素的数组。模板也可以用简单对象的 key/value 映射。下面这段代码就是创建了这样一个模板的语法，如代码 2-1 所示。

图 2-6　用第一个模板给 DOM 添加节点后从 Firebug 中看到的结果

代码 2-1　创建一个复杂的模板

```
var myTpl = new Ext.Template(
    '<div style="background-color: {color}; margin: 10px;">',
        '<b> Name :</b> {name}<br />',
        '<b> Age :</b> {age}<br />',
        '<b> DOB :</b> {dob}<br />',
    '</div>'
);

myTpl.compile();

myTpl.append(document.body,{
    color : "#E9E9FF",
    name  : 'John Smith',
    age   : 20,
    dob   : '10/20/89'
});

myTpl.append(document.body,{
    color : "#FFE9E9",
    name  : 'Naomi White',
    age   : 25,
    dob   : '03/17/84'
});
```

❶ 创建一个复杂模板

❷ 对模板进行预编译，这可以加快响应速度

❸ 用模板向文档添加内容

对于这个复杂模板的创建代码❶，首先注意到的可能是传入的是几个参数，这是因为在创建模板时，这种用 tab 分隔样式的伪 HTML 代码看起来要比一个长字符串容易阅读。Ext 开发人员要喜欢这个方式， Template 构造函数会接收所有的传入参数，而不管有多少个。

这个模板的伪 HTML 代码中，有 4 个数据点的槽位。第一个是 color，这个用于元素的背景。其他 3 个数据点分别是 name、age 和 dob，在添加这个模板时可以立即看到效果。

接着，对这个模板进行编译（Compile）❷，这么做会通过减少正则表达式的开销加速不少。从技术上来说，就这么两个操作没有编译的必要，因为感觉不到速度上有什么好处，不过如果是一个大型的应用程序，里面可能会有很多的模板要填充，这时编译就很有用处了。

出于安全起见，每次实例化之后我总是要对模板进行编译。

最后，调用了两次 append❸，同时传入了一个元素引用和数据对象。与在第一个模板示例中看到的不同，传入的不再是数组，而是一个数据对象，这个对象的键正好和模板中槽位相匹配。图 2-7 就显示了这个复杂的模板在 Firebug 的 DOM 视图中的效果。

图 2-7　这个复杂的模板在 Firebug 的 DOM 视图中看到的效果

通过使用模板，可以得到两个不同风格的 DOM 元素。如果有一个对象数组该怎么办呢？例如，如果一个 Ajax 请求返回的是一个数据对象数组，难道要对每个数据对象使用模板吗？一个方法就是对数组进行遍历，一个普通的 for 循环就能做到这点，而更健壮的方式使用 Ext.each 方法。但我不会用这种方法，相反地我会使用 XTemplate，这样代码会更加清晰。

2.3.2　用 XTemplate 循环

从技术上说，XTemplate 也可以用于一个数据对象，不过用它循环处理一个数据数组会更容易。XTemplate 本身也是扩展自 Template，并且功能更强。我们的探讨会从创建一个数据对象数组开始，然后创建一个 XTemplate，再用后者生成一段 HTML 代码，如代码 2-2 所示。

代码 2-2　使用 XTemplate 循环处理数据

```
var tplData = [{
    color : "#FFE9E9",
    name  : 'Naomi White',
    age   : 25,
    dob   : '03/17/84',
    cars  : ['Jetta', 'Camry', 'S2000']
},{
    color : "#E9E9FF",
    name : 'John Smith',
    age  : 20,
```

给 XTemplate 准备 ❶ 的数据

```
        dob  : '10/20/89',
        cars : ['Civic', 'Accord', 'Camry']
}];
var myTpl = new Ext.XTemplate(
        '<tpl for=".">',
            '<div style="background-color: {color}; margin: 10px;">',
                '<b> Name :</b> {name}<br />',
                '<b> Age :</b> {age}<br />',
                '<b> DOB :</b> {dob}<br />',
            '</div>',
        '</tpl>'
);

myTpl.compile();

myTpl.append(document.body, tplData);
```

❷ 新建一个 XTemplate 的实例

添加 HTML 内容 ❸

在这段代码中，首先创建了一个数据对象数组❶，这个数组和上一个模板中的数据对象类似，增加的 cars 也是个数组，接下来的例子就要用到这个数组。

接下来，创建了一个 XTemplate 的实例❷，看起来和上一个模板的配置也很像，所不同的是用一个定制的 tpl 标签把 div 容器封装起来，这个 tpl 标签有个属性 for，值是 "."❸。tpl 标签相当于是模板的一个逻辑或行为修饰符，它有两个操作符，for 和 if，这两个操作符会调整 XTemplate 生成 HTML 内容的方式。在这个例子中，"." 这个值告诉 XTemplate 从这个数组的根开始遍历，并按照 tpl 标签封装的伪 HTML 代码生成 HTML 内容。如果查看渲染后的 HTML，会看到 DOM 中根本没有 tpl 标签。最后的结果和 Template 例子中是一样的，如图 2-8 所示。

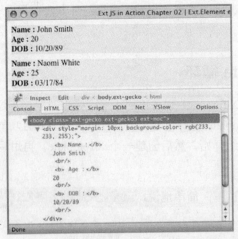

图 2-8　用 XTemplate 时从 Firebug 看到的内容

记住，这个例子中使用 XTemplate 所带来的好处是不用再写循环遍历对象数组的代码了，这些工作都由框架替我们完成了。XTemplate 的功能不仅仅是遍历数组，它的用途还很多。

2.3.3 XTemplate 的高级用途

我们还可以通过配置 XTemplate 实现对数组内的数组的遍历，甚至可以加上条件逻辑。下面这段代码就演示了 XTemplate 的灵活程度，并演示了许多高级概念，如代码 2-3 所示。有些语法对你来说可能是陌生的。不要害怕，我会一一道来。

代码 2-3 XTemplate 的高级用途

```
var myTpl = new Ext.XTemplate(
    '<tpl for=".">',
        '<div style="background-color: {color}; margin: 10px;">',
            '<b> Name :</b> {name}<br />',
            '<b> Age :</b> {age}<br />',
            '<b> DOB :</b> {dob}<br />',
            '<b> Cars : </b>',                                    ① 对 cars 进行遍历
            '<tpl for="cars">',
                '{.}',                                            ② 显示数组的所有数据
                '<tpl if="this.isCamry(values)">',
                    '<b> (same car)</b>',                         ③ 执行 this.isCamry 方法
                '</tpl>',
                '{[ ( xindex < xcount) ? ", " : "" ]}',          ④ 判断是不是到了数组的结尾
            '</tpl>',
            '<br />',
        '</div>',
    '</tpl>',                                                     ⑤ 有一个方法的对象
    {
        isCamry : function(car) {
            return car === 'Camry';
        }
    }
);

myTpl.compile();

myTpl.append(document.body, tplData);
```

这一部分用到了 XTemplate 的一些高级概念，第一个就是循环中的循环❶。记住，for 属性让 XTemplate 遍历一个列表。在这个例子中，for 属性值是'cars'，这不同于第一个属性值 "．"。这是告诉 XTemplate 对每一个 car 遍历这个伪 HTML 代码块。记住，cars 本身也是一个字符串数组。

在这个循环中是一个 "{.}" 字符串，这其实是告诉 XTemplate 把对数组循环遍历所获得的当前值放到这里。简单地说，就是把 car 的名字放在这里。

接下来，看到的是一个带有 if 属性❸的 tpl 行为修饰器，即传入 values 并执行 this.isCamry。this.isCamry 方法是在 XTemplate 的最后生成的❺。这里我们多说一点。if 属性很像是 if 条件，如果 if 条件能够满足，XTemplate 就会产生 HTML 片段。就这个例子而言，要生成在 tpl 标签中的内容，this.isCamry 必须返回 true。

Values 属性是对遍历的数组中的值的引用，由于遍历的是一个字符串数组，所以这个引用的就是一个字符串，也就是汽车的名字。

接下来同样执行任意的 JavaScript 代码❹。凡是放在花括号和方括号（{{[...JS 代码]}}）里面的任何内容都会被当做普通的 JavaScript；这些代码可以访问 XTemplate 提供的局部变量，而且可以在每次循环中修改它们。这个例子中，检查的是当前索引值（xindex）是否小于数组的元素个数（xcount），根据检查结果返回一个逗号空格或者一个空字符串。这个内联测试能够确保汽车名字的后面正确地加上逗号。

最后一个有趣的内容是带有 isCamry 方法的对象❺。在 XTemplate 的构造器中传入一个带有若干成员的对象（或者对象引用），可以保证在这个 XTemplate 中可以直接使用这些成员。这也是为什么能在 tpl 的行为修饰符为元素 if 条件中可以直接使用 this.isCamry。所有这些成员方法都是在它们所传入的 XTemplate 实例的作用域内调用的。这个概念非常强，不过也很危险，因为有可能会覆盖已有的 XTemplate 成员，因此一定要确保方法或者属性是唯一的。IsCamry 方法用 JavaScript 的简写形式测试传入的字符串 car，如果等于"Camry"则返回 true，否则返回 false。图 2-9 所示为这个高级 XTemplate 的结果。

这个高级 XTemplate 练习的结果显示，这里行为注入确实已经如愿以偿。所有的汽车都罗列出来了，逗号也正确地加上了。可以看到注入的 JavaScript 工作了，因为 Camry 的右侧被加上了"（some car）"。

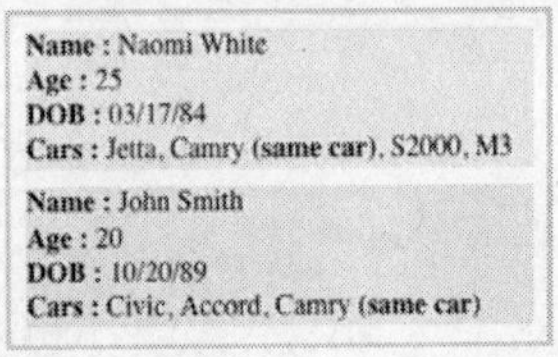

图 2-9　这个高级 XTemplate 的结果

就像所看到的，Template 和 XTemplate 和普通的用 Ext.Element 填充 HTML 内容比较起来明显好得多。我建议你仔细地看一下 Template 和 XTemplate 的 API 文档，更详细地了解使用这些工具的例子。等后面谈到如何创建一个自定义的 ComboBox 时，还会探讨 Template 的用法。

2.4　小结

在这一章里，讨论了以前的 JavaScript 程序是如何通过<body>元素的 onLoad 处理方法启动的。由于各种浏览器通常都有自己发布 DOM 就绪事件的方法，这就导致了代码管理的噩梦。通过对 Ext.onReady 的练习，我们知道了不管对哪一种浏览器，它都能处理代码的启动，这样我们就可以把精力放在更重要的内容上，也就是应用程序的逻辑上。

接着对 Ext.Element 类做了深入分析，它封装了 DOM 节点，并提供了端对端的管理。通过一些增加元素和删除元素的练习体会了它的管理功能，所有的 UI 挂件都用到了 Ext.Element，因此它是核心框架最主要的组件。每个挂件的元素都可以通过 getEl 方法（公有）或 el 属性（私有）进行访问，不过必须要等到渲染之后才能获得。

最后，学习了通过 Template 类在 DOM 中注入 HTML 内容。还体验了 XTemplate 高级技术，并演示了如何在模板定义中植入按照数据内容修改行为逻辑，并产生结果。

接下来，我们要把精力放在框架的 UI 上，将会接触到驱动整个框架的核心概念和模型。

第3章 事件、组件和容器

本章包括的内容：

- 学习使用 Observable 的软件驱动事件
- 了解组件模型和组件的生命周期
- 探讨 Ext JS 的容器模型
- 管理部件的父子关系
- 使用容器模型的工具方法

当初接触 Ext 框架的时候，我是通过研究例子和阅读 API 文档开始的。我在那些最重要的核心 UI 概念上下了很大的功夫，例如，增加用户的交互能力、部件的可重用性以及包含和控制另外一个部件的方法。例如，怎么样才能在单击一个锚标签时显示一个 Ext 的窗口？当然，JavaScript 中有通用的添加事件处理程序的方法，不过我希望能够通过 Ext JS 实现。同样，我还要知道怎么才能让部件之间相互通信。例如，如何在单击了 GridPanel 的一行之后，触发另一个 GridPanel 的重新加载？还有，如何动态地从 Panel 中添加或者删除元素？或者如何根据字段类型在表单面板中找到一个特定的字段？

这一章就要介绍这些核心的概念，要想用 Ext 框架实现一个表现丰富、引人入胜的用户界面，这些概念是非常关键的。在第 2 章已经介绍了 Ext.Element，现在就要用这些知识来配置一个最原始的 DOM 元素的单击事件处理，这样就能了解 DOM 中的事件工作流是什么样的。我们还会了解一个部件的事件从注册一直到触发的整个过程是怎样的。

我们会对最基本的 UI 元素 Component 类进行深入分析，它之所以能成为所有 UI 部件的核心模型，是因为它提供了一个标准的行为模板，这套模板也叫做**组件的生命周期**（Component lifecycle）。

最后，还会花些篇幅讨论 Container 类，那时就会对部件是如何管理子元素的有更加深入的理解。此外，还会学到如何动态地给部件（例如 Panel）添加和删除元素，这样就实现了一个动态更新的 UI。

3.1　通过 Observable 管理事件

对我个人来说，Web 应用程序的开发过程中最有趣的任务就是编写管理事件的代码。如何理解事件呢？可以把事件想象成当有某些事情发生时，从事件源头发出来的信号，这些信号有可能是请求进一步的行动。事件是一个核心概念，必须要熟悉这个概念，它对开发用户界面，实现真正的丰富用户交互非常有帮助。例如，要想在用户右键单击 GridPanel 中的一行时显示一个上下文菜单，那就得为 rowcontextmenu 事件设置一个事件处理，再由后者创建上下文菜单并显示出来。

同样，理解 Ext 组件之间是如何通过事件实现彼此通信的也很重要，这一部分也会提供这些基础知识。

3.1.1　回顾

你可能还没有意识到，我们每天所接触的操作系统其实也是事件驱动的。所有现代的用户界面都是事件驱动的，这些事件一般来自鼠标或键盘等输入设备，不过也可以用软件方式进行合成。发来的事件有可能是被触发的，也可能是其他地方转发过来的。对这些事件做出响应的方法就是通过监听器（listener），有时也叫做事件处理（handler）。

与现代操作系统一样，浏览器本身也有一个事件模型，用户的输入就会触发事件。有了这个强大的模型后，就可以根据用户的输入执行复杂的任务，例如刷新一个数据表格或者进行数据过滤。基本上每次与浏览器的交互都会触发事件，这就是所谓的基于 DOM 的事件。

3.1.2　基于 DOM 的事件

事件可能是来自于用户的输入，也可能是由软件合成的。下面先研究一下基于 DOM 的事件，这些事件都是用户输入而触发的，然后才能了解基于软件的事件。很多传统的 Web 开发人员会直接把监听器加在 HTML 元素上，例如下面这个 onclick 属性。

```
<div id="myDiv" onclick="alert(this.id + ' was clicked');">Click me</div>
```

这种添加事件处理程序的方法早在多年以前就已经被 Netscape 作为标准方法了, 不过当今的许多 JavaScript 开发人员都觉得这种方法已经过时了。因为这种方法会增加 HTML 与内嵌 JavaScript 的之间的依赖性, 会导致代码维护的噩梦, 而且许多浏览器会出现的内存泄露。建议你无论如何都要避免使用这种方法。

浏览器间不兼容的问题还硝烟未尽, 不同的浏览器对事件管理方法的差异更是火上浇油。不过还算幸运, 因为 Ext JS 会替我们处理这些问题, 而且提供了一个统一的接口供我们使用:

```
var el = Ext.get('myDiv');
el.on('click', doSomething);
```

这里用到了 Ext.get 这个工具方法, 这个方法其实是将想要操作的元素用 Ext 的元素管理类 Ext.Element 封装起来, 然后返回一个引用, 这样就能自由地控制这个元素。每个 Ext.Element 实例本来就具有 Ext 的事件管理引擎 Ext.util.Observable。这里的要点是, Ext 的所有事件管理都是基于 Ext.util.Observale 的, 它是需要管理事件的 DOM 元素以及组件的基石。

接下来, 用 el.on 添加一个监听器, 传递的参数是想要处理的原生事件, 以及响应该事件的方法。Ext 对注册监听器的控制更深入了一步, 它还允许传入一个作用域 (scope) 的引用, 这就会用这个作用域来调用该事件处理程序, 包括参数也是来自于这个作用域:

```
var el = Ext.get('myDiv');
el.on('click', doSomething, scopeRef, [opt1, opt2]);
```

重要的是, 默认的作用域总是事件处理定义时所在的对象。如果没有显式地给它一个作用域, 那么方法 doSomething 就是用对象 el 的作用域调用的, 对象 el 是 Ext.Element 的一个实例。[*]

现在已经学习了 Element, 并做了一些简单的事件处理, 下面快速地浏览一下 DOM 中的事件流。

3.1.3 DOM 中的事件流

互联网的早期, 网景公司和微软公司对事件流的处理用的是两套完全独立的方法。在网景公司的模型中, 事件的流动是从文档体向下一直流到事件源, 这个过程也叫做**事件捕获** (event capture)。而微软公司的事件模型叫做**冒泡** (bubbling) 模型, 它与事件的捕获正好是反向的, 事件从用户动作所在的节点产生, 然后一直向上冒泡 (bubbles up) 到文档对象 (document), 后者再根据单击的节点类型执行一个默认的动作。值得庆幸的是, W3C 的模型

---

[*] 译者注: 这其实是在说闭包。

把这两个模型整合到了一起，如图 3-1 所示，这个模型也是现在要用的。

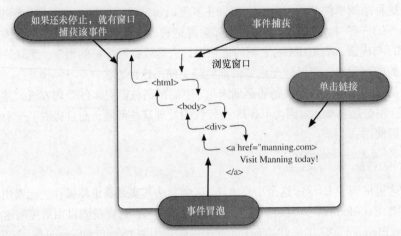

图 3-1　W3C 事件模型，事件首先是向下流动（捕获），然后再向上（冒泡）

就像图 3-1 所示的，用户单击锚标签这个动作会产生一个 DOM 级别的单击事件。这就是事件的捕获阶段，这个事件会沿着 DOM 树层层下传，最终到达目标节点，也就是锚标签。如果事件没有被停止，这个事件又会一直向上冒泡，最后回到浏览器的窗口，这就会导致浏览器位置的发生改变。

注意：如果是 DOM 事件的新手，想了解更多的内部机制，Peter-Paul Koch 的网站上有一篇很不错的文章，他在这篇文章中详细地解释了本书所讨论的浏览器事件。这篇文章的链接是 http://www.quirksmode.org/js/events_order.html。

在开发 DOM 事件处理程序的过程中，大多数情况下都需要考虑冒泡。为了能更清楚地理解其重要性，需要先构造一份 HTML 并给其中的节点加上事件处理程序。需要要用 Firebug 的控制台回显消息。如果不想用 Firebug，也可以使用通用的 JavaScript 警告框。

假设有下面的 HTML 代码，想给 div 和 anchor 两个标签分别使用不同的单击事件监听器：

```
<div id="myDiv">
    MyDiv Text
    <a href="#" id="myHref">
        My Href
    </a>
</div>
```

要给最外层的元素 myDiv 注册一个单击处理程序，这里用的是链（chaining）语法，这样就不需要为 Ext.get 方法的返回结果建立一个静态的引用了。传入的第 2 个参数是一个匿名函数，而不是对已有函数的引用：

```
Ext.get('myDiv').on('click', function(eventObj, elRef) {
  console.log('myDiv click Handler, source element ID: ' + elRef.id);
});
```

等页面就绪后，打开 Firebug，然后单击 anchor 标签。将会看到 Firebug 控制台有一条消息出现，提示已经单击了 myHref 标签。别着急——刚才只是给 anchor 的父元素，'myDiv'，配置了一个监听器。怎么会这样呢？

这就是事件冒泡在起作用。从 anchor 标签产生的 click 事件一直向上冒泡到容器 div，而我们给这个容器添加了 click 处理程序。这个冒上来的事件触发了事件处理程序，导致其运行，于是就看到了控制台消息。

接下来，给 anchor 标签加上一个 click：

```
Ext.get('myHref').on('click', function(eventObj, elRef) {
  console.log('myHref click handler, source element ID: ' + elRef.id);
});
```

刷新页面，然后再次单击 anchor；会看到两个事件都被触发了，如图 3-2 所示。

两个事件监听器都被触发不仅有问题，而且还浪费资源，尤其是当只需要一个的时候。为了阻止这种情况，需要在 anchor 的 click 事件处理中结束事件的继续冒泡（传播）。也只有在这里才能把 anchor 和 div 两个元素的 click 事件处理程序隔离开。

图 3-2 Firebug 控制台中显示的 click 事件处理的结果

3.1.4 把泡泡戳破

为了避免两个事件处理程序都被触发，必须对 anchor 的 click 事件处理进行调整，在其中加上对传给事件处事程序的 Ext.EventObject 实例（eventObj）的 stopEvent 方法的调用：

```
Ext.get('myHref').on('click', function(eventObj, elRef) {
    eventObj.stopEvent();
    console.log('myHref click handler, source element ID: ' + elRef.id);
});
```

刷新页面，再次单击 anchor。这次会看到每个单击只产生一条 Firebug 控制台消息消息的内容是你已经单击了 anchor 标签。类似地，单击 div 元素会产生一条表示你已经单击了 div 的消息。

调用 eventObj.stopEvent 方法会终止事件的冒泡。这点很重要，因为可能还有其他某些交互也需要取消对事件的传播，例如 contextmenu 事件，肯定都希望只显示自己的上下文菜单，而不是浏览器的默认菜单。

　　要达到这个效果，需要修改这个例子，给 contextmenu 事件加上一个监听：

```
Ext.get('myDiv').on('contextmenu', function(eventObj, elRef) {
    console.log('myDiv contextmenu Handler, source el ID: ' + elRef.id);
});

Ext.get('myHref').on('contextmenu', function(eventObj, elRef) {

    eventObj.stopEvent();
    console.log('myHref contextmenu Handler, source el ID: ' + elRef.id);

    if (!this.ctxMenu) {
        this.ctxMenu = new Ext.menu.Menu({
            items : [{
                text : "This is"
            },{
                text : "our custom"
            },{
                text : "context menu"
            }]
        });
    }
    this.ctxMenu.show(elRef);

});
```

　　这个例子中，给 div 和 anchor 两个元素注册的事件不再是 click，而变成了 contextmenu。在 div 的事件处理程序中，显示了一个控制台消息，用来表示该事件处理程序确实被触发了。而对于 anchor 的事件处理程序，我们终止事件的继续传播，在 Firebug 控制台中记录下事件的触发，并创建了一个新的 Ext 菜单，然后在 anchor 元素的下方显示这个菜单。

　　用右键单击 div，出现的是默认的浏览器上下文菜单。但如果右键单击的是 anchor（见图 3-3），出现的就是自己定义的上下文菜单，这是因为已经终止了 contextmenu 事件的继续传播，因此也就阻止了它通过冒泡机制传到浏览器。

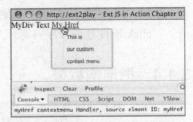

图 3-3　通过 contextmenu 事件处理程序显示自定义的上下文菜单

　　因此可以看出，为 DOM 节点注册事件处事程序是比较简单的，不过是否阻止事件冒泡却是有技巧的。当然，目前我暂时就能想起 contextmenu 这一个事件，而且基本上各种场合下这个事件都要被阻止，基本上定性为一个总是要被阻止的浏览器的默认行为。

　　接下来，我们会把注意力集中在由软件驱动的事件上，这是框架中的另外一个关键概念，因为在框架中，广泛地使用了控件之间的事件。

3.1.5　软件驱动的事件

　　差不多每个 Ext 控件或者组件都有可由它自行触发的事件。例如，当一个控件在

DOM 中的渲染结束后，就会触发 render 事件。

所谓天下武功出少林，正是因为 Ext 中差不多所有东西都是出自 Ext.util.Observable，所以才会这样。也正是它赋予了控件强大的展示能力，才能够实现像桌面那样复杂的 UI 效果。控件所抛出的事件既有基于 DOM 的可以冒泡的事件，例如 click 和 keyup，也包括 Ext 的内部事件，例如 beforerender 和 datachanged。

要想了解 Observable 的某个特定子类所具有的事件，API 文档绝对是一个好地方。每个 API 页面的最后一节介绍的就是可以让其他组件进行监听的、进而采取行动的公开事件。

3.1.6　注册事件和事件监听器

要想触发一个基于 Ext 的事件，必须先把这个事件添加到该 Observable 实例的事件列表中。这一般都是用 addEvent 方法完成的，这个方法也出自 Observable 类。下面创建一个 Observable 的新实例，然后添加一个定制事件：

```
var myObservable = new Ext.util.Observable();

myObservable.addEvents('sayHello');
myObservable.addEvents('sayGoodbye');
```

要想同时注册多个事件，可以把每个事件都当作一个参数传递进去：

```
myObservable.addEvents('sayhello', 'saygoodbye');
```

作为另一种可选方法，也可以传入一个配置对象，这个对象包含一个由事件标签以及默认情况下该事件是否启用的列表，例如：

```
myObservable.addEvents({
 'sayHello'   : true,
 'sayGoodbye' : true
});
```

现在完成了对事件的注册，接着要注册事件处理程序。这些代码看起来也很熟悉：

```
myObservable.on('sayHello', function() {
   console.log('Hello stranger');
});
```

这次给自定义事件 sayHello 提供了一个事件处理程序。读者应该注意到了，这与对 DOM 事件的注册如出一辙。这个事件处理程序会在 Firebug 上记录一个控制台消息，用来表示它被执行了。由于已经定义了一个自己的事件，并且也注册了一个监听器，接下来要做的是触发这个事件，这样就可以看到事件处理程序的确被调用了：

```
myObservable.fireEvent('sayHello');
```

从图 3-4 可以看到，事件的触发导致执行事件处理程

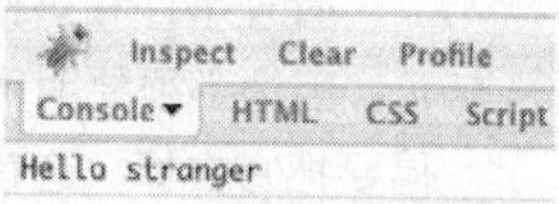

图 3-4　Firebug 控制台消息，表明已注册的 sayHello 事件处理程序被触发了

序，结果就是在 Firebug 控制台上显示消息。

框架中的很多事件在触发时都会有参数传递；其中一个参数是触发该事件的控件的引用。不妨给刚才定义的 sayGoodbye 事件创建一个事件处理程序，这个事件处理程序可以接受两个参数，firstName 和 lastName：

```
var sayGoodbyeFn = function(firstName, lastName) {
    console.log('Goodbye ' + firstName + ' ' + lastName + '!');
};
myObservable.on('sayGoodbye', sayGoodbyeFn);
```

这次定义了一个名为 sayGoodbyeFn 的方法，这个方法接受两个参数。然后调用的是 myObservable.on，它是 myObservable.addListener 的简写，注册了事件处理句柄 sayGoodbyeFn。

接下来，触发'sayGoodbye'事件，并传入姓名：

```
myObservable.fireEvent('sayGoodbye', 'John', 'Smith');
```

在调用 fireEvent 时，第一个参数——也就是事件的名字是唯一一个必需的参数。后面的参数都被转发给事件句柄。最终结果就是'sayGoodbye'事件被触发，而传给它的 firstName 和 lastName 参数应该出现在 Firebug 控制台上，如图 3-5 所示。

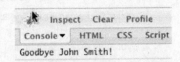

图 3-5 Firebug 控制台的消息显示 sayGoodbye 事件被触发

如果在注册事件处理程序时没有指定作用域，那么它就是在触发该事件的组件的作用域内调用的。随着 Ext JS 之旅的继续，还会看到其他事件，因为只有通过事件才能把控件绑在一起的。

和注册事件处理程序同样重要的对事件处理程序的解除，这才能确保一旦某个事件处理程序没用了，它能够被正确地清理。幸运的是，完成这项任务要调用的方法也极其简单：

```
myObservable.removeListener('sayGoodbye', sayGoodbyeFn);
```

这次，调用的是 myObservable.removeListener，传递的参数是待解除监听的事件以及要解除的监听器方法。removeListener 的等价简写是 un（和 on 正好相反），框架和应用代码中也经常这么用。之前等价的代码简写如下：

```
myObservable.un('sayGoodbye', sayGoodbyeFn);
```

管理事件和事件监听器就是这么直截了当。如果用的是匿名函数就不能用这种方法了，因为必须要明确指出要从监听器中删除哪一个函数。当不需要事件处理程序时要记得要把它去掉。这有助于减少应用程序的内存消耗，而且可以帮助避免因为不恰当的事件处理程序触发而造成的异常情况。

现在已经熟悉了 DOM 元素的事件注册以及掌握了由软件驱动的事件，可以朝着框架的 UI 部分前进了。不过，在深入控件的配置和构建之前，需要先知道组件模型（Component model），它是所有 UI 控件的基础模型。对 Ext JS 3.0 中的组件模型理解透彻会帮助我们更好地利用框架中的 UI 部分，尤其是当要管理容器中的子元素时。

3.2 组件模型

Ext 的组件模型是一个集中式的模型，组件的很多基本任务都是由这个模型提供的，这个模型有一套完整的规则，描述组件如何初始化、如何渲染以及如何销毁，这套规则也叫做组件的生命周期。

所有的 UI 控件都是 Ext.Component 的子类，也就是说所有的控件都会遵循该模型所描述的规则。图 3-6 描述了部分直接或者间接源自于 Component 的子类。

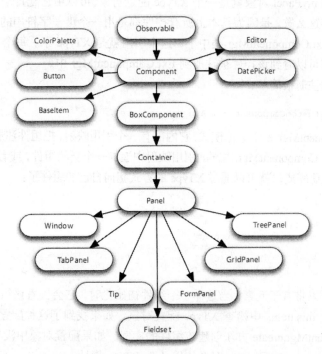

图 3-6 本 Ext 类层次图主要描述 Ext.Component 的一些常见子类，
可见 Component 模型在框架中的广泛影响

知道每个 UI 控件是怎么工作的，不仅可以增进架构的稳定性，还能对其行为做出预见。组件模型既支持直接实例化，也支持延迟实例化，后者也叫做 XType 的方式。在恰当的时候使用恰当的方式可以增强应用程序的响应能力。

3.2.1　XType 和组件管理器

　　Ext 2.0 引入了一个崭新的概念，叫做 XType，它实现了组件的延迟实例化，复杂的用户界面可以用这个方法提速，也能一定程度上让代码更清晰。

　　简单地说，XType 只不过就是一个简单 JavaScript 对象，这个对象会带有一个名为 xtype 的属性，属性值为字符串，这个属性用来说明 XType 用于哪个类。下面就是一个实际的 XType 示例：

```
var myPanel = {
    xtype   : 'panel',
    height  : 100,
    width   : 100,
    html    : 'Hello!'
};
```

　　这里的 myPanel 对象就是一个 XType 配置对象，可以用它配置一个 Ext.Panel 控件。之所以能够这么做，是因为基本上所有控件都是用一个唯一字符串的键值和对该类的引用注册到 Ext.ComponentMgr 类中了，这个引用就是 XType 了。每个 Ext UI 控件类代码的最后，都可以看到该控件被注册到 Ext.ComponentMgr 中。

　　控件的注册很简单：

```
Ext.reg ('myCustomComponent', myApp.customClass);
```

　　ComponentMgr 是个单体模式，它内部有一个引用映射，把组件注册到 ComponentMgr 其实就是在 ComponentMgr 内部的引用映射中追加一个新的组件，或者替换一个已有的组件。一旦注册完成，就可以通过 XType 的方式指向自己的组件了：

```
new Ext.Panel({
    ...
    items : {
        xtype : 'myCustomComponent',
        ...
    }
});
```

　　组件可以带有子元素，当这样一个组件初始化时，它会去看该组件是否有 this.items 属性，并从 this.items 中检查 XType 配置对象。如果找到了这种配置对象，它就会尝试用 ComponentMgr.create 方法创建该组件的实例。如果配置对象中没有定义 xtype 属性，则调用 ComponentMgr.create 时会使用 defaultType 属性。

　　第一次接触这些内容可能会有些糊涂。看个例子可能会对这个概念理解得更透彻一些。下面这个例子中，会创建一个使用手风琴布局的窗口，这个窗口中有两个子元素，其中一个没有 xtype 属性。首先，我们先给这两个子元素创建配置对象：

```
var panel1 = {
    xtype : 'panel',
    title : 'Plain Panel',
    html  : 'Panel with an xtype specified'
};
var panel2 = {
    title : 'Plain Panel 2',
    html  : 'Panel with <b>no</b> xtype specified'
};
```

注意，panel1 有一个显式的 xtype 属性，属性值是'panel'，也正因为有了这个值，所以创建出来的是个 Ext.Panel 的实例。对象 panel1 和 panel2 类似，不过有两点不同。对象 panel1 被指定了 xtype，而 panel2 却没有。接下来就要创建窗口了，这里会用到这些 xtype：

```
new Ext.Window({
    width        : 200,
    height       : 150,
    title        : 'Accordion window',
    layout       : 'accordion',
    border       : false,
    layoutConfig : {
        animate : true
    },
    items : [
        panel1,
        panel2
    ]
}).show();
```

在这个 Ext.Window 的新实例中，传入了 items，它是一个数组，数组内容是之前创建的两个配置对象。渲染后的窗体看起来如图 3-7 所示。单击某个收缩的面板会展开该面板，同时把其他面板收缩起来，而单击一个展开的面板又会把它缩起来。

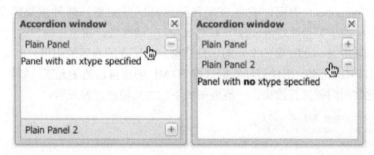

图 3-7　XType 的练习结果：一个 Ext 窗口，它带有两个源自 XType 配置对象的子面板

大多数人可能不知道使用 XType 的另一个好处，那就是可以写出更清晰的代码。因为可以使用简单对象表示法，把所有 XType 元素在行内列出来，从而得到更清晰流畅的代码。下面的代码是将之前的实例进行了格式的调整，这次把所有的子元素都包含进来：

```
new Ext.Window({
    width        : 200,
    height       : 150,
    title        : 'Accordion window',
    layout       : 'accordion',
    border       : false,
    layoutConfig : {
        animate : true
    },
    items : [
        {
            xtype : 'panel',
            title : 'Plain Panel',
            html  : 'Panel with an xtype specified'
        },
        {
            title : 'Plain Panel 2',
            html  : 'Panel with <b>no</b> xtype specified'
        }
    ]
}).show();
```

正如所看到的，把全部子元素的配置内容都放在了 Window 的配置对象中。就这个简单的例子而言，XType 对改善性能的作用还不是很明显。不过随着应用程序越来越庞大，基于 XType 的性能提升就会越明显，需要初始化的组件数量越大，效果会越明显。

Component 类还可以改善其他的性能——延迟渲染。也就是说只有在需要时才对组件进行渲染。

3.2.2　组件的渲染

Ext.Component 类同时支持直接和延迟（根据需要）两种渲染模型。如果某个 Component 的子类是通过 renderTo 或者 applyTo 属性进行初始化的，这时发生的就是直接渲染。其中 renderTo 是一个指向组件渲染自己所在的容器的引用，而 applyTo 引用的是一个 HTML 元素，组件可以根据这些 HTML 创建自己的子元素。如果希望一个组件在初始化的同时就进行渲染，一般要按如下的方式使用这些元素：

```
var myPanel = new Ext.Panel({
    renderTo : document.body,
    height   : 50,
    width    : 150,
    title    : 'Lazy rendered Panel',
    frame    : true
});
```

这段代码会触发 Ext.Panel 的立即渲染，这种做法有时会很好，有时也不好。尤其是想把渲染工作向后延迟一段时间再做，或者组件又是其他组件的孩子时候。

如果希望延迟组件的渲染，完全可以忽略 renderTo 和 applyTo 这两个属性，等以后需要的时候（或者使用代码）再调用组件的 render 方法，如下所示。

```
var myPanel = new Ext.Panel({
    height : 50,
    width  : 150,
    title  : 'Lazy rendered Panel',
    frame  : true
});
// ... some business logic...
myPanel.render(document.body);
```

在这个例子中，创建了一个 Ext.Panel 的实例，然后又创建一个指向这个实例的引用 myPanel。经过一些假设的应用逻辑后，调用 myPanel.render 同时传入了一个指向 document.body 的引用，于是就在文档主体上渲染 Panel。

也可以给 render 方法传递一个元素 ID：

```
myPanel.render('someDivId');
```

如果给 render 方法传递的是元素 ID，Component 类会把 ID 交给 Ext.get，得到的元素保存在 Component 的 el 属性中，Component 是这么管理元素的。回顾第 2 章在讨论 Ext.Element 时说过的，要得到对一个控件的引用有两个方法，通过访问控件的 el 属性，或者通过访问器（Accessor）方法*getEl。

不过，这个规则也有例外。如果一个组件是另外一个组件的子元素的时候，就绝对不能指定 applyTo 或者 renderTo 属性。如果一个组件包含着其他的组件，这就构成了一种父子关系，也叫做容器模型（Container Model）。如果一个组件是另一个组件的孩子，那需要通过配置对象的 items 属性指明，父元素就会在必要的时候调用子元素的 render。这就叫做惰性或者延迟渲染。

本章的后面会研究容器模型，到时我们会了解到组件有关父子关系的更多内容。不过现在需要先知道组件的生命周期，包括组件是如何创建的、怎么渲染的、以及最终的销毁。知道每个阶段到底是怎么样的能更好地帮助我们构建强健的动态界面，并有助于问题的解决。

3.3　组件的生命周期

和世间万物一样，Ext 的组件也有从创建、使用，直到销毁这样一个完整的生命周期。这个生命期可以划分成三个主要的阶段：初始化、渲染以及销毁，如图 3-8 所示。

要想更好地使用框架，必须仔细地理解生命周期的细节。尤其是如果要创建扩展、插件或者复合组件时这一点尤其重要。生命期的每一个阶段都会经历若干步骤，这一切都是由基础类 Ext.Component 控制的。

---

* 译者注：访问器方法属于设计模式之一。

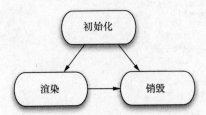

图 3-8 Ext 组件的生命周期，总是开始于初始化，总是终止于销毁。
待销毁的组件无须进入到渲染阶段

3.3.1 初始化

组件一诞生就进入到了初始化阶段。所有必须的配置设置、事件注册以及渲染前的
处理都发生在这个阶段，如图 3-9 所示。

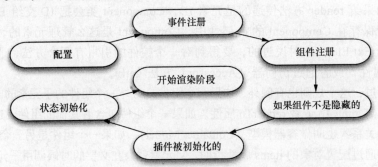

图 3-9 Component 生命周期的初始化阶段执行一些重要的步骤，
例如事件和 Component 注册，以及调用 initComponent 方法。
很重要的一点是 Component 可以被初始化，但不一定要被渲染

下面探讨初始化阶段的每个步骤。

1 应用配置——当初始化 Component 的实例时，要提供一个配制对象，这个对象
里涵盖了所有必须的参数和引用，这样组件才能按照预期工作。在
Ext.Component 基础类的开头几行就完成了这件事。

2 基础组件事件的注册——在组件模型中，Ext.Component 的每个子类默认都有一
整套从基类继承过来的核心事件。这些事件在某些行为的之前或之后触发，这些
行为包括组件的启用、禁用、显示、隐藏、渲染、销毁、状态的恢复、状态的保
存。"之前"事件在行为之前触发，这里会对注册事件句柄的返回值进行判断，
判断成功与否，进而在行为还没来得及发生之前取消该行为。例如，调用
myPanel.show 时会触发 beforeshow 事件，后者会导致作为事件句柄注册的方法
的执行。如果 beforeevent 事件句柄的返回值是 false，则就不会显示 myPanel 了。

3 ComponentMgr 注册——每个初始化的 Component 都会用一个由 Ext 产生的、

并且唯一的字符串 ID 注册到 ComponentMgr。也可以用传给构造器的配置对象的 id 参数去覆盖由 Ext 生成的 ID。不过这么做时要小心，因为如果用非唯一的 ID 请求注册，最新的注册就会覆盖掉之前的注册。如果希望使用自己的 ID 体系，一定要小心确保 ID 的唯一性。

4 执行 initComponent——对于 Component 的子类来说，initComponent 是主要的工作场所，例如对子类特有事件的注册、对数据存储器的引用以及创建子组件都是在这里完成的。initComponent 用于对构造器补充，也是 Component 或者任何子类的主要扩展点。后面会详细描述扩展 initComponent。

5 插件的初始化——如果构造器的配置对象中传入了插件，这些插件的 init 方法会被调用，会将父组件的引用传递给它。要点是插件的调用顺序是按照它们的引用顺序进行的。

6 状态初始化——如果组件是有状态的，它会通过全局的 StageManager 类注册其状态，很多 Ext 控件都是有状态的。

7 组件渲染——如果构造器中传入了 renderTo 或者 applyTo，这时就会开始渲染阶段；否则，组件进入休眠状态，一直等到它的 render 方法被调用。

组件生命周期的这个阶段通常是最快的，因为所有的工作都是用 JavaScript 完成的。尤其重要的是，要销毁的组件不必被渲染。

3.3.2 渲染

渲染阶段是一个已经成功初始化的组件能被看见的阶段。如果因为某些原因初始化阶段失败了，组件就不会被正确渲染或者根本不被渲染。对于复杂的组件，这个阶段会消耗大量的 CPU，因为浏览器需要绘制屏幕，并且还要进行计算以保证组件的所有元素都能正确地摆放和布局。图 3-10 说明了渲染阶段的步骤。

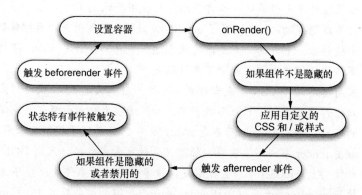

图 3-10 组件生命周期的渲染阶段会消耗大量的 CPU，因为需要把元素添加到 DOM，并进行计算以保证大小合适并进行管理

如果没有指定 renderTo 或 applyTo 属性，就必须调用 render 方法触发这个阶段。如果组件不属于其他 Ext 组件的子元素，必须在代码中调用 render 方法，并传递一个 DOM 元素的引用：

```
someComponent.render('someDivId'');
```

如果组件是其他组件的孩子，它的 render 方法是其父组件调用的。下面探讨一下渲染阶段的各个步骤。

1 触发 beforerender 事件——组件会触发 beforerender 事件，并检查所有注册事件处理程序的返回值。只要有一个注册事件处理程序返回了 false，组件就会停止渲染动作。回忆一下初始化阶段的第 2 步注册组件子类的核心事件，"before"事件可以终止行为的发生。

2 设置容器——每个组件都需要有一个安身之所，这个所在就叫做它的容器。如果用 renderTo 引用一个元素，组件就会给被引用的元素添加一个子 div 元素，这个被引用的元素就是容器，并在这个新加的子节点中渲染该组件。如果指定了 applyTo 元素，则 applyTo 参数所引用的元素本身就成为组件的容器，组件只把那些渲染所必须的内容追加到被引用元素。而 applyTo 所引用的 DOM 元素本身也就交由这个组件完全管理。如果一个组件是另外组件的孩子，通常不用传递任何参数，这是父组件就是容器。有一点需要特别注意，只能使用 renderTo 或 applyTo 中的一个，而不能两个都用。后面还会探讨 renderTo 和 applyTo，那时就会对控件有更多的了解。

3 执行 onRender——对于 Component 的子类来说，这是关键的一步，所有的 DOM 元素都要在这里插入，从而保证组件的渲染以及绘制到屏幕上。在扩展 Ext.Component 或者任何一个后续子类时，每个子类都会先调用其 superclass.onRender，这保证了 Ext.Component 基类可以插入渲染组件所需的核心 DOM 元素。

4 如果组件不是隐藏的——许多组件都会用默认的 Ext CSS 类，例如'x-hidder'被渲染成隐藏的。如果设置了 autoShow 属性，任何用来隐藏组件的 Ext CSS 类都会被移除。重要的一点是，要注意这一步并不会触发 show 事件，因此针对该事件的任何监听器也就都不会被触发了。

5 应用自定义的 CSS 类或者样式——用户自定义的 CSS 类和样式可以在组件初始化时通过 cls 或 style 参数指定。如果这些参数被设置了，它们将被用于组件的容器。建议使用 cls 而不是 style，因为 CSS 的继承规则可以用于组件的孩子。

6 触发 render 事件——现在，所有必需的元素都已经注入到 DOM 中，而且样式也被用上。render 事件会被触发，该事件的注册事件处理程序也会触发。

7 执行 afterRender——afterRender 是一个关键的渲染后方法，Component 基类的 render 方法会自动调用它，可以用它来设置容器的大小或者执行其他的渲染后期功能。Component 的所有子类都要调用它们的 superclass.afterRender 方法。

8 组件是隐藏的和/或禁用的——如果配置对象中的 hidden 或者 disabled 被设置成 true，就会调用 hide 或者 disable 方法，这会触发对应的 before\<action\>事件，这些是可以取消的。如果两个都是 true，而且所有的 before\<action\>的注册事件处理程序都不返回 false，该组件就会隐藏，同时被禁用。

9 触发状态特有事件——如果组件是有状态的，组件就会用 Observable 初始化状态特有的事件，并把 this.saveEvent 内部方法作为每一个状态事件的事件处理程序注册。

10 一旦渲染阶段结束，只要该组件不是禁用或者隐藏，那它就可以和用户交互了。它会一直保持活跃，直到调用了它的 destroy 方法，这时就会开始销毁阶段。

渲染阶段通常会占据组件生命周期的大部分时间，然后进入销毁阶段。

3.3.3 销毁阶段

像真实的生命一样，组件的死亡也是其生命周期中的一个关键阶段。组件在销毁时也会执行一些关键任务，例如从 DOM 树中移除自己以及所有的子元素，从 ComponentMgr 中注销组件以及注销事件监听器，如图 3-11 所示。

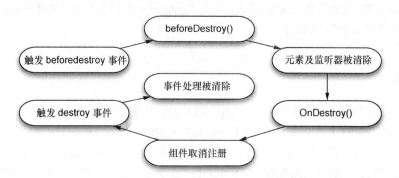

图 3-11　组件生命周期的销毁阶段和初始化阶段同样重要，
因为事件的监听器和 DOM 元素必须要取消注册
并且被移除，从而减少内存的消耗

组件的 destroy 方法可能是被父容器调用的，也可能是被自己的代码调用的。下面就是组件生命周期最后一个阶段的步骤。

1 触发 beforedestroy 事件——这个事件和许多 before\<action\>事件一样，也是一个可以取消的事件，如果该事件处理程序返回 false，就会阻止组件的销毁。

2 调用 beforeDestroy——这个方法是在组件的 destroy 方法中第一个被调用的方法，这里是删除任何非组件元素的好地方，例如工具栏或者按钮，任何 Component 的子类都应该调用它的 superclass.beforeDestroy。

3 清除 Element 和 Element 监听器——如果组件已经被渲染了，任何注册给它的 Element 的处理程序都会被移除，同时该 Element 也会从 DOM 中移除。

4 调用 onDestroy——尽管 Component 类并没有在 onDestroy 方法中执行任何操作，子类还是应该用这个方法执行销毁后的工作，例如删除数据集。Container 类是 Component 的间接子类，也通过 onDestroy 方法来管理所有已经注册的子元素的销毁，从而减轻了最终开发人员的工作。

5 从 ComponentMgr 注销组件——ComponentMgr 类中对这个组件的引用被删除。

6 触发 destroy 事件——任何注册的事件处理程序都会被这个事件触发，这意味着该组件不再存在于 DOM 之中了。

7 组件的事件处理程序被清除——所有的事件处理程序都从组件注销。

现在，已经对组件的生命周期有了深入的了解了，这也是 Ext 框架如此强大和成功的特性之一。

如果要开发自定义组件，千万不要忽略组件生命周期中的销毁阶段，很多开发人员因为忽略了这个关键步骤而遇到麻烦，代码中还残留着不断查询 Web 服务器的数据集，或者没有清除干净的 DOM 元素事件监听器，结果出现异常，导致关键逻辑的执行终止。

接下来，要看的是 Container 类，它是 Component 的子类，这个类赋予 Component 管理带有父子关系的组件的能力。

3.4 容器

容器模型属于一个幕后的类，也因而经常会被开发人员所忽视，它为组件提供了管理子元素的基础。这个类提供了一个工具包，其中有增加、插入、移除子元素的方法，还有一些查询、冒泡和级联工具方法。大部分子类会用到这些方法，包括 Panel、Viewport 和 Window。

为了帮助理解这些工具是如何起作用的，需要先打造一个带有一些子元素的容器。下面的代码相当啰嗦和复杂，不过还是耐着性子先看下去，马上就会有所收获。

代码 3-1 构建第一个容器

```
var panel1 = {
    html   : 'I am Panel1',          ❶ 第1个、第2个子面板
    id     : 'panel1',
    frame  : true,
    height : 100
};

var panel2 = {
    html   : '<b>I am Panel2</b>',
    id     : 'panel2',
    frame  : true
};
```

```
var myWin = new Ext.Window({
    id     : 'myWin',
    height : 400,
    width  : 400,
    items  : [
        panel1,
        panel2
    ]
});
// myWin.show();
```

❷ 最后一个子元素，一个表单面板

看一下代码 3-1，它所做的第一件事就是创建了两个普通的面板❶，然后创建一个 Ext.Window 的实例 myWin❷，它包含了之前定义的两个面板。渲染后的 UI 如图 3-12 所示。

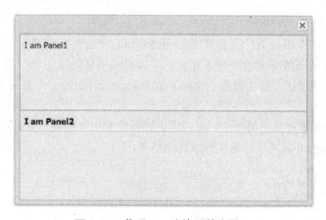

图 3-12　代码 3-1 渲染后的容器 UI

在 myWin 的底部还留出一些空间，如果要添加元素，这些空间会很有用。每个容器都通过 items 属性保存对它的子元素的引用，这个属性可以通过 someContainer.items 来访问，这个属性也是 Ext.util.MixedCollection 的一个实例。

MixedCollection 是框架用来保存混合数据集并支持索引的工具，这个集合可以包含字符串、数组以及对象，并且还提供了一套方便的方法。可以把它理解成是一个数组（Array）。

现在已经完成了容器的渲染，接下来就开始给这个容器添加更多的子元素。

3.4.1　学会掌控子元素

现实生活中，学会掌控子元素最让人心力憔悴、早生华发，因此必须要学会利用各种工具。掌握这些工具方法后就能动态地更新 UI 了，这也是 Ajax Web 页面的精髓所在。

增加组件是一个简单的工作，可以使用两种方法：add 和 insert。add 方法只是在容器的层次结构中追加一个子元素，而 insert 允许在容器的特定索引位置插入一个元素。

开始给代码 3-1 创建的容器添加元素。这次，利用现有的 Firebug JavaScript 控制台：

```
Ext.getCmp('myWin').add({
    title : 'Appended Panel',
    id    : 'addedPanel',
    html  : 'Hello there!'
});
```

运行上面的代码会给容器添加一个元素所示的。但是为什么看不到这个新的面板呢？为什么这个容器看起来与图 3-12 中所示的没什么区别呢？之所以还看不到，是因为还没有调用容器的 doLayout 方法。下面看看调用了 doLayout 之后会发生什么：

```
Ext.getCmp('myWin').doLayout();
```

能看到了，不过为什么这样呢？ doLayout 方法会强制容器和容器子元素重新计算，并且渲染任何尚未渲染的子元素。不需要调用它的唯一场合就是当容器不可渲染时。必须要经过这个痛苦过程，这样才能学到运行时添加子元素后要调用 doLayout 的宝贵教训。

追加子元素还算是简单的，有时需要在指定索引处插入元素。通过 insert 方法然后再调用 doLayout 就可以容易地完成这个任务：

```
Ext.getCmp('myWin').insert(1, {
    title : 'Inserted Panel',
    id    : 'insertedPanel',
    html  : 'It is cool here!'
});
Ext.getCmp('myWin').doLayout();
```

在索引 1 这个位置插入了一个新的面板，正好在 Panel1 的下面。因为在插入动作之后立即调用了 doLayout 方法，立即就能在窗口上看到新插入的面板如图 3-13 所示。

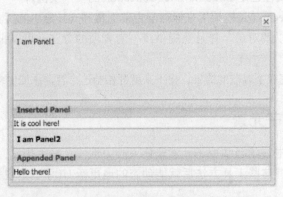

图 3-13　动态添加和插入子面板后的渲染效果

正如所看到的，不管是添加或者插入一个子元素都算是很简单的事。元素的删除也同样简单，需要两个参数，第一个参数是对要删除子元素的引用或者是组件 ID 的引用。而第二个参数用来指明是否要调用该组件的 destroy 方法，这个参数给我们提供了极大的灵活性，甚至可以把一个组件从一个容器移到另一个容器中。下面就是如何把刚刚用 Firebug 控制台增加的那个子面板删掉：

```
var panel = Ext.getCmp('addedPanel');
Ext.getCmp('myWin').remove(panel);
```

一旦这段代码执行完毕，会发现那个面板立刻消失了。这是因为我们并没有指定第二个参数，那么默认值就是 true。可以把父容器的 autoDestroy 设置成 false，进而覆盖这个默认参数。还有，无须调用父容器的 doLayout 方法，因为被删除元素的 destroy 方法会调用它，这就触发了它的销毁阶段，并且最终删除了 DOM 元素。

如果想把子元素移到另一个容器中，需要把 remove 的第二个参数设置成 false，然后再在新的父容器中添加或者插入，如下所述：

```
var panel = Ext.getCmp('insertedPanel');
Ext.getCmp('myWin').remove(panel, false);
Ext.getCmp('otherParent').add(panel);
Ext.getCmp('otherParent').doLayout();
```

上面的代码段假设已经初始化了一个 ID 是'otherParent'的父容器。得到了之前插入的面板的引用，然后执行了一个非破坏性的删除。接着，把它加到新的父容器中，然后调用该父容器的 doLayout 方法，最终完成了子元素向新的父容器转移的 DOM 级别操作。

Container 类所提供的工具远不止子元素的添加和删除。它还提供了沿着容器的层次深入查找子元素的能力，如果希望收集指定类型的或者满足特殊条件的子元素列表，然后对它们执行某种操作，这个功能尤其有用。

3.4.2 查询容器的层次结构

在提供的所有查询方法中，最简单的应该是 findByType，这个方法会沿着容器的层次结构一直向下寻找属于指定的 XType 的元素，然后返回结果列表。例如，下面就是如何在一个指定容器中寻找所有的文本字段的代码：

```
var fields = Ext.getCmp('myForm').findByType('field');
```

上面的代码操作的是 ID 等于'myForm'的容器，操作的结果是一个字段元素列表，这些字段元素可能出现在任意层次上。findByType 利用了 Container 的 findBy 方法，这个方法也可以拿来使用。下面会探讨 findBy 是如何工作的。请尽量跟上本书的进度，因为一开始它看起来可能没什么用。

方法 findBy 接受两个参数：一个用做搜索条件的用户自定义方法，另一个是调用自定义方法的作用域。对于每个容器，都会调用这个自定义的方法，并会把调用子组件的引用传递给它。如果能够满足用户自定义的检索条件，这个自定义的方法就需要返回 true，这就通知 findBy 把这个最新引用的组件添加到一个列表中去。一旦所有的组件都被检查过了，findBy 就返回一个列表，这个列表包括满足条件的所有组件。

有了这些基础知识后，下面就通过代码探讨这些概念。为了便于讨论，假设希望找出所有隐藏的子元素。可以这么用 findBy：

```
var findHidden = function(comp) {
    if (! comp.isVisible()) {
        return true;
    }
}
var panels = Ext.getCmp('myContainer').findBy(findHidden);
```

这是一个相当简单的 findHidden 查询方法，所做的就是看看组件是否不可见。只要 Component 的 isVisible 方法返回的不是 true，findHidden 方法就返回 true。接着就对 ID 是'myContainer'的容器调用 findBy，并把自己的 findHidden 方法传进去，把返回的结果保存在 panels 中。

现在，已经掌握了管理子元素所必需的核心知识了。接下来，通过探讨一些常用的 Container 的子类来展示一下 Ext UI 的力量。你会看到如何利用 Ext 创建一个充分利用浏览器的全部可视空间的 UI。

3.4.3　Viewport 容器

Viewport 类管理着浏览器的全部视窗或显示区域，对于那些只用 Ext 构建的 Web 应用程序来说，这个类就是它们的基础了。这个类只有 20 多行代码，可以说是相当的轻巧和高效了。因为这个类是直接继承自 Container 类，因此容器的所有子元素管理方法和布局功能都可以使用。要想使用 viewport，可以使用下面的示例代码：

```
new Ext.Viewport({
    layout : 'border',
    items  : [
        {
            height : 75,
            region : 'north',
            title  : 'Does Santa live here?'
        },
        {
            width  : 150,
            region : 'west',
            title  : 'The west region rules'
        },
        {
            region : 'center',
            title  : 'No, this region rules!'
        }
    ]
});
```

这段代码中对 Viewport 的渲染使用了整个浏览器的可视部分，显示的 3 个面板是按照 border 布局方式排列的。如果改变浏览器窗口的大小，会注意到中央面板也会自动地调整大小，这就展示 Viewport 是如何对浏览器窗口的 resize 事件进行监听和响应的，如图 3-14 所示。

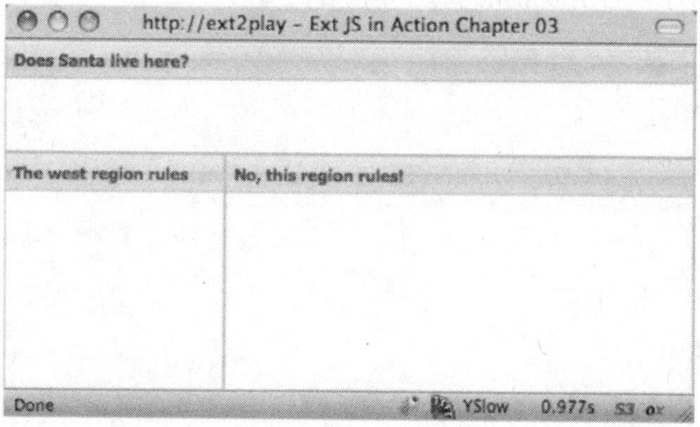

图 3-14　第一个 Viewport 占据了浏览器全部可用的可视区域

对于那些把 Ext 框架当作全部浏览器解决方案的 RIA 程序来说，Viewport 类的确是其基石。

很多开发人员都尝试在一个完全 Ext JS 的页面中创建多个 Viewport，这样可以显示多个屏幕内容，结果却撞了南墙。要想实现这个效果，可以把 viewport 和 card 布局一起使用，从而实现多个应用程序屏幕的翻阅，而且可以按照 viewport 调整大小。第 5 章将会深入讨论布局的内容，那时我们就会理解布局中像"适配"（fit）和"翻阅"（flip）之类的关键术语了。

现在已经探讨了一些重要的核心主题了，这些内容会帮助我们管理容器中的子元素。我们也知道了如何通过 Viewport 管理浏览器的全部可视区域和 Ext UI 的布局了。

3.5　小结

这一章深入探讨了 Ext JS 的 3 个基本内容。通过这部分内容，我们已经知道了如何管理 DOM 级别，也练习了 DOM 元素事件监听器的注册，也知道如何阻止事件沿着 DOM 层次结构向上冒泡。此外，还看到了组件级别的事件，并且演示了如何注册一个事件和触发事件。

本章深入探讨了组件模型，这个模型赋予 Ext 框架统一的组件实例管理方法。组件的生命周期是框架的 UI 部分最重要的概念，因此在深入了解更多的控件之前先介绍了这个主题。

最后探讨了容器，并且演示了如何用它们来管理子组件。同时，还了解了 Viewport 类以及它是如何成为完全基于 Ext JS 的 Web 应用程序的基石的。

现在已经有了扎实的基础，这个基础能够加快我们掌握这台 UI 机器。接下来，就要探讨 Panel 了，它是最常用到的显示内容的 UI 控件。

第二部分

Ext JS 组件

到目前为止，我们已经对框架的使用要点有所了解。在这一部分，会对 Ext JS 中的非数据驱动组件进行探讨，并对各种不同的布局管理器进行深度探索。

这一部分从第 4 章开始，第 4 章会学习容器，会用到第 3 章学到的内容。第 5 章介绍如何有效地利用布局。第 6 章介绍 FormPanel 以及各种不同的输入元素。

这一部分结束时，你会对 Ext JS 所提供的许多组件和布局管理器有深刻的了解。

第 4 章 组件的安身之所

本章包括的内容:

- 探讨 Panel
- 使用 Panel 的各个内容区域
- 显示 Ext.Window
- 使用 Ext.MessageBox
- 了解并创建 TabPanel

对于初次尝试用 Ext 开发应用程序的人来说,一般都是从复制下载的 SDK 中的示例程序开始的。尽管用这种方法学习使用某个特定布局确实不错,但却不能解释其工作原理(知其然,不知其所以然),遇到问题头疼在所难免。在这一章里,我会介绍一些核心的主题,这些主题是打造一个成功的 UI 所必需的。

这一章要讨论容器,容器提供了对子元素的管理功能,属于 Ext 框架中最重要的概念之一。本章还会深入到 Panel 的工作方式,并对它展示内容和 UI 部件的内容区域进行研究。接下来会讨论 Window 和 MessageBox,它们浮动在页面所有其他内容之上。最后,会深入到 TabPanel 的使用,并就这个部件使用过程中可能会遇到一些可用性问题进行分析。

学完本章后,将能够控制容器及其子元素完整的 CRUD(Create、Read、Update、Delete)生命周期了,在进行应用程序开发时也会依赖这个生命周期。

4.1 Panel

Panel 是 Container 的直接后代，是框架中的另一只"老黄牛"，因为大多数开发人员都是用它来展现 UI 部件的。一个完整的 Panel 可以分成 6 个内容区域，如图 4-1 所示。既然 Panel 是 Component 的后代，这也就意味着它也遵循 Component 的生命周期模型。在接下来的讲解过程中，我用容器（Container）指代 Container 的一切后代。这么做是因为我想强化 UI 控件都是 Container 的后代这个概念。

图 4-1　一个完全加载的 Panel 示例，带有图标和工具的标题栏，
顶部和底部的工具栏以及底部的按钮条

Panel 的标题栏是用得最多的地方，它为最终用户提供可见的和可交互的内容。就像微软公司的 Windows 一样，也可以在 Panel 的左置角放置一个图标，直观地提示用户他们看到的是什么类型的面板。除了图标以外，也可以在 Panel 上显示标题。

标题栏最右边的区域是用来放置工具图标的，最小化图标可以在这里显示，单击图标就会触发一个事件处理。Ext 提供了许多工具图标，包括很多常用的与用户有关的功能，例如帮助、打印、保存。要想知道有哪些可用的工具，请查看 Panel 的 API。

在这 6 个区域中，Panel 主体毫无疑问是最重要的，这里也是安放主要内容或者子元素的区域。在 Container 类时已经说过了，容器初始化时必须要指定一个布局。如果没有指明布局，默认会使用 ContainerLayout。和布局有关的一个重要特性就是布局是不能够动态切换的。

下面构建一个带有顶部和底部工具栏的复杂面板，每个工具栏都有两个按钮。

4.1.1　构建一个复杂的面板

因为要在工具栏上放置按钮，需要先为这些按钮的单击事件定义一个方法：

```
var myBtnHandler = function(btn) {
  Ext.MessageBox.alert('You Clicked', btn.text);
}
```

单击工具栏上的任何一个按钮，都会调用这个方法。工具栏按钮在调用事件处理时，会把按钮自己的引用作为参数传递给这个方法，这个引用叫 btn。接下来定义工具栏，如代码 4-1 所示。

代码 4-1　构建一个 Panel 中的工具栏

```
var myBtnHandler = function(btn) {                            按钮的单击事件
    Ext.MessageBox.alert('You Clicked', btn.text);          ❶ 处理方法
}

var fileBtn =  new Ext.Button({                     ❷ 文件按钮
    text    : 'File',
    handler : myBtnHandler
});

var editBtn = new Ext.Button({                      ❸ 编辑按钮
    text    : 'Edit',
    handler : myBtnHandler
});
                                                    ❹ "贪婪"的塞到工
var tbFill = new Ext.Toolbar.Fill();                   具栏中

var myTopToolbar = new Ext.Toolbar({                顶部工具栏初
    items : [                                      ❺ 始化
        fileBtn,
        tbFill,
        editBtn
    ]
});
                                            ❻ 底部工具栏数组
var myBottomToolbar = [                         配置
    {
        text    : 'Save',
        handler : myBtnHandler
    },
    '-',
    {
        text    : 'Cancel',
        handler : myBtnHandler
    },
    '->',
    '<b>Items open: 1</b>',
];
```

在代码 4-1 中，演示了两种定义工具栏及其子元素的方法。首先，定义了 myBtnHandler❶，默认情况下，每个按钮的处理被调用时都会有两个参数，即按钮自己以及用 Ext.Event 对象包装起来的浏览器事件。这里用到的只是传入的 Button 引用（btn），并用 Ext.MessageBox.alert 展示按钮的文本，以确定单击的是哪一个按钮。

接下来，初始化了 File❷、Edit❸按钮以及一个"贪婪的"工具栏分割区❹*，它会把在其后面的全部内容都挤到工具栏的最右边。myTopToolbar 是一个新的 Ext.Toolbar 实例❺，它的 items 数组引用的就是刚刚创建的按钮和间隔区。

* 译者注：Ext.Toolbar.Fill 是一个辅助类，它是一个把工具栏塞满的空白元素。既保证了工具栏和窗口同等宽度，又保证了所有按钮都在工具栏右边，保证了美观。

图 4-2　代码 4-1 的渲染结果，创建了一个复杂的可折叠的面板，
带有顶部和底部工具栏，每个工具栏都带有按钮

　　完成一个字体简单的工具栏就要做这么多工作。之所以这么做，就是想让读者
对用旧方法的"痛苦"有个直观感受，这样才能更好地体会到用 Ext 快捷方式和 Xtype
如何省时省力（包括最终代码）。myBottomToolbar❻只是一个由对象和字符串组成
的简单数组，只要父容器觉得有必要，Ext 就会把这个数组翻译成合适的对象。要
想得到顶部工具栏的引用，可以使用 myPanel.getTopToolbar()，相反地，要得到对
底部工具栏的引用，用 myPanel.getBottomToolbar()就可以了。已经通过两种方法向
每个工具栏动态地添加或者删除元素。后面还会更加详细地讨论工具栏。接下来创
建 Panel：

```
var myPanel = new Ext.Panel({
    width        : 200,
    height       : 150,
    title        : 'Ext Panels rock!',
    collapsible  : true,
    renderTo     : Ext.getBody(),
    tbar         : myTopToolbar,
    bbar         : myBottomToolbar,
    html         : 'My first Toolbar Panel!'
});
```

　　之前已经创建过 Panel，因此这段代码看起来应该很熟悉了，除了 tbar 和 bbar 两个属性，
它们是对最近创建的 Toolbar 的引用。还有一个 Collapsible 属性；如果把这个属性设置成 true，
Panel 就会在标题栏的右上角创建一个 toggle 按钮。经过渲染后，这个 Panel 看起来如图 4-2
所示。单击任何一个工具栏按钮都会出现一个 Ext.MessageBox 消息框，消息框的内容是按
钮的文本，这种可视化的方式确认句柄被调用了。

　　如果要在面板主体之外放置些内容、按钮或者菜单，工具栏绝对是一个好地方。还
有两个部分需要探讨，Button 和 Tool。要了解这两个内容，需要在 myPanel 的示例中添
加下面的代码，不过对于其他的配置选项，用的是 XType 这种 Ext 简写方法。

代码 4-2　向已有的面板中添加按钮和工具

```
var myPanel = new Ext.Panel({                    ❶ 前面例子中提到
    ...                                             的属性
    buttons    : [                                          ❷ 按钮数组的开始
        {
            text    : 'Press me!',                ❸ "Press me!" 按钮
            handler : myBtnHandler
        }
    ],                             ❹ 工具数据的开始
    tools      : [
        {                                         ❺ 'gear'工具以及内置
            id      : 'gear',                         的单击处理程序
            handler : function(evt, toolEl, panel) {
                var toolClassNames = toolEl.dom.className.split(' ');
                var toolClass      = toolClassNames[1];
                var toolId         = toolClass.split('-')[2];

                Ext.MessageBox.alert('You Clicked', 'Tool ' + toolId);
            }
        },
        {                                         ❻ 'help'工具以及内置
            id      : 'help',                        的单击处理程序
            handler : function() {
                Ext.MessageBox.alert('You Clicked', 'The help tool');
            }
        }
    ]
});
```

　　在代码 4-2 中；在刚才那个配置对象中添加了两个数组❶，一个用于 button，另一个用于 tool。由于提供了一个按钮数组❷，因此在对面板进行渲染的时候，面板就会创建一个页脚 div，这也是一个 Ext.Toolbar 的实例，不过它用的是特殊的 CSS 类 x-panel-fbar，这个工具栏会被渲染到这个新建的页脚 div 中。"Press my!" 按钮❸会在这个新建的页脚中的 Toolbar 中进行渲染，一旦单击了按钮就会触发之前定义的 myBtnHandler 方法。

　　如果看看代码 4-1 中的 myBottomToolbar 快捷数组以及代码 4-2 中的 buttons 数组，会发现两个很类似。这是由于所有的面板工具栏（包括 tbar、bbar 以及 buttons）都可以用相同的简洁语法定义，因为它们都会被翻译成 Ext.Toolbar 的实例，然后在面板中的合适位置进行渲染。

　　代码中还指定了一个工具数组❹配置对象，不过和工具栏的定义方法有所区别。为了给工具设置图标，必须为工具指定 id，例如'gear'❺或者'help'❻。对于在这个数组中指定的每个工具都会创建一个图标。Panel 还会给每一个工具分配一个单击事件处理程序，继而触发在工具的配置对象中指定的句柄。这个最新修改后的 myPanel 的渲染结果如图 4-3 所示。

　　这个例子所演示的是 Panel 可以使用各种元素，不过对于一个优雅实用的用户界面设计而言，这个例子并不是最好的。尽管在面板上放上按钮和工具栏挺有吸引力的。但

是，千万要小心不要在一个面板上放太多的小零碎，这不仅会浪费宝贵的屏幕空间，也会让用户疯掉的。

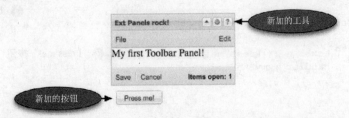

图 4-3   代码 4-2 的结果，在按钮栏加了个按钮，并在标题栏加了个工具

现在，对面板（Panel）类已经有了一些经验了，接下来看一个它的直系后代，窗口（Window），它可以显示浮动的内容，可以用它来取代传统的基于浏览器的弹出方法。

4.2   弹出窗口

Window 这个 UI 部件也是基于 Panel 的，用它可以实现把 UI 组件浮摆在页面其他内容上的效果。利用 Window 可以提供一个模式对话框*，它能把整个窗口都遮罩起来，强迫用户关注对话框，防止用户用鼠标与页面其他部分进行任何的交互操作。图 4-4 所示例子很好地演示了如何利用这个类来聚焦用户的注意力，并且提示用户输入。

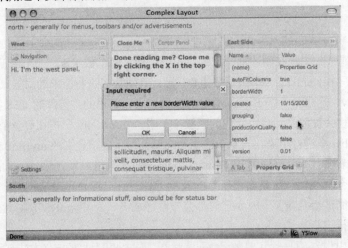

图 4-4   一个 Ext 的模式窗口，遮盖了整个浏览器视窗

---

* 译者注：模式对话框和非模式对话框，相信本书的大部分读者都没有接触过这个概念。这个概念最早见于 Win 32 编程。读者使用过 Word，"字体"对话框就是典型的模式对话框，如果不关闭"字体"对话框就没办法继续录入文字或者修改内容。和模式对话框相对的就是非模式对话框，同样是 Word，"查找"对话框就是典型的非模式对话框，可以在不关闭它的情况下继续编辑文档。读者不妨自己体会一下二者的区别。

Window 类的使用和 Panel 类有些类似，需要考虑的问题是：是不是要对用户调整窗口大小的功能进行限制，或者是不是要把窗口限制在浏览器视窗边界内。先看看如何构建一个窗口。需要先准备一个没有任何元素的最普通的 Ext 页面，如下所示。

代码 4-3　构建一个动画窗口

```
var win;                                   ❶ 创建新窗口的
var newWindow = function(btn) {               事件处理
    if (!win) {                                    ❷ 实例化一个新
        win = new Ext.Window({                        的窗口

            animateTarget : btn.el,
            html          : 'My first vanilla Window',  ❸ 关闭窗口是不是要
            closeAction   : 'hide',                         销毁窗口
            id            : 'myWin',
            height        : 200,            ❹ 限制窗口只能在浏览
            width         : 300,               器的视窗里
            constrain     : true
        });
    }
    win.show();
}                                          ❺ 创建一个按钮，这个按
new Ext.Button({                               钮会触发窗口
    renderTo : Ext.getBody(),
    text     : 'Open my Window',
    style    : 'margin: 100px',
    handler  : newWindow
});
```

为了能够看到窗口的关闭（close）和隐藏（hide）的动画效果，在代码 4-3 中采取了一些不一样的措施。首先，创建了一个全局变量 win，这个变量用来引用将要创建的窗口。其中创建了一个方法，newWindow，❶这个方法是后面的按钮的单击处理方法，这个按钮负责创建新窗口❷。

现在花点时间看一下这个窗口的配置选项。要想让窗口能够在显示和隐藏的时候以动画方式进行，方法之一就是通过指定 animateEl 这个属性，这个属性也是指向 DOM 中的某个元素或者元素 ID 的引用。如果没有在配置对象中指定这个元素，也可以在调用 show 或者 hide 方法时指明，所使用的参数是完全相同的。这个例子中，指定的是一个按钮元素。另外一个重要的配置选项是 closeAction❸，这个选项缺省是 close，即单击关闭时会销毁这个窗口。就这个例子而言，并不希望这么做，因此把它设置成隐藏，这就通知关闭（close）工具调用 hide 方法而不是 close 方法。此外，还把 constrain❹参数设置为 true，这就防止了在对窗口进行拖曳时把窗口移到浏览器窗口的外边去。

最后，创建了一个按钮❺，当单击这个按钮时，就会调用 newWindow 方法，结果就是窗口从按钮那里慢慢地出现，单击（x）关闭工具会隐藏这个窗口。最后的渲染效果如图 4-5 所示。

因为当单击关闭时，窗口并没有被销毁，可以反复地显示和隐藏这个窗口，如果打算反

复使用这个窗口，这是个很不错的方法。当确定需要销毁这个窗口时，可以调用其 destroy 或 close 方法。现在我们已经练习了如何创建一个可以反复使用的窗口了，可以继续探讨窗口的其他配置选项，从而进一步地调整窗口的行为。

图 4-5　代码 4-3 的渲染效果，当单击按钮时，动画式地创建窗口

4.2.1　进一步探讨窗口的配置选项

有时需要让窗口的行为能够符合应用程序的需求。这一部分，会了解一些最为常用的配置选项。

有时需要创建一个模式*窗口。要想达到这个效果，需要设置几个配置选项，如代码 4-4 所示。

代码 4-4　创建一个严格的模式窗口

```
var win = new Ext.Window({
        height     : 75,
        width      : 200,
        modal      : true,                              ❶ 确保页面被遮盖
        title      : 'This is one rigid window',
        html       : 'Try to move or resize me. I dare you.',
        plain      : true,
        border     : false,                             ❷ 不能调整窗
        resizable  : false,                                口太小          ❸ 使窗口无法被移动
        draggable  : false,
        closable   : false,
        buttonAlign : 'center',                         ❹ 不能关闭窗口
        buttons    : [
            {
                text    : 'I give up!',
                handler : function() {
                    win.close();
                }
            }
        ]
})
win.show();
```

----

* 译者注：这里的模式是指模式对话框，也就是窗口遮盖浏览器窗口，窗口独占输入焦点。模式对话框不能够调整大小。

在代码 4-4 中，创建了一个相当严格的模式窗口。要达到这个效果，必须设置几个选项。首先设置 modal❶，这会让这个窗口用一个半透明的 div 遮盖页面的其他部分。接下来将 resizable❷设置为 false，这样就不能通过鼠标调整窗口的大小了。为了不让窗口在页面上移动，把 draggable 设置成 false❸。这里希望只能通过中间的按钮关闭窗口，因此 closable❹也设置成 false，这就把关闭（close）工具隐藏起来。最后，还设置了一些装饰用的参数，plain、border 和 buttonAlign。把 plain 设置成 true 会使得内容区的背景透明。如果同时把 boder 设置成 false，窗口看起来就是一个单元格。因为要在中间放置一个按钮，因此指定了 buttonAlign 参数。渲染后的效果如图 4-6 所示。

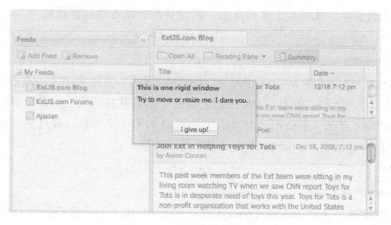

图 4-6　一个严格的模式窗口

有时希望减少对窗口的限制。例如，可能需要一个能够调整大小、但又不超过一定大小的窗口。这时候，就应该允许调整大小（resizable）并指定 minWidth 和 minHeight 参数。不幸的是，不能简单地设置一个窗口最大能到多少。

尽管可能有多个理由创建自己的 Window，但很多时候需要的是一种更快捷、更简单的方法给用户显示消息或给用户数据提示。Window 有一个叫做 MessageBox 的子类可以满足这个需求。

4.2.2　用 MessageBox 取代 alert 和 prompt

MessageBox 类是一个可重用的、同时也是用途广泛的类，它只需要一个简单的方法调用，可以用它来取代常用的浏览器的消息框例如 alert 和 prompt。有关 MessageBox 类最重要的一点是它并不会像传统的 alert 或者 prompt 那样中断 JavaScript 的执行，这是一个优点。当用户还在消化理解所提供的信息或者用户还在录入的时候，代码可以执行 Ajax 查询或者操作 UI。如果事先约定好了的话，MessageBox 还可以在窗口消失时执行一个回调方法。

在开始使用 MessageBox 类之前，先创建一个回调方法，稍后会用到这个方法。

```
var myCallback = function(btn, text) {
    console.info('You pressed '  + btn);
    if (text) {
        console.info('You entered : ' + text)
    }
}
```

如果单击了按钮，或者录入了某些文本，这个 myCallback 方法会通过 Firebug 控制台把这些行为展示出来。MessageBox 只会给该回调方法传入两个参数：按钮 ID 和输入的文本。既然有了回调方法，就先从一个警告消息框开始。

```
var msg   = 'Your document was saved successfully';
var title = 'Save status:'
Ext.MessageBox.alert(title, msg);
```

这次，调用的是 MessageBox 的 alert 方法，这个方法会产生一个窗口，看起来如图 4-7（左）所示，单击了 OK 按钮之后这个窗口就会消失。如果希望在消失时调用 myCallback 方法，那就把这个方法作为 alert 的第 3 个参数。看过了 alert，再看看如何通过 MessageBox.prompt 方法来请求用户的输入：

```
var msg   = 'Please enter your email address.';
var title = 'Input Required'
Ext.MessageBox.prompt(title, msg, myCallback);
```

这次调用的是 MessageBox.prompt 方法，把回调函数的引用传了进去，效果如图 4-7（右）所示。可以输入一些文本然后单击 Cancel 按钮。从 Firebug 的控制台上能看到被单击的按钮 ID 以及录入的文本。

图 4-7　MessageBox 的 alert（左）和 prompt（右）模式对话窗口

到目前为止，已经快速地介绍了 MessageBox 的 alert 和 prompt 方法，这两个方法很方便，因为不需要自己去创建 UI 控件。如果也想用 Window 类实现类似的需求，也不妨试试使用这两个方法。

Alert 和 promt 这两个方法实际上是一个更庞大的，更加可配置的 MessageBox.show 方法的简化版。接下来这个例子就是如何用 show 方法来显示一个带有图标的多行

TextArea 输入框。

4.2.3 MessageBox 的高级技术

MessageBox 的 show 方法作为一个接口，可以对多达 24 个的选项进行随意组合，然后显示 MessageBox。和之前探讨的简化方法*不同，show 接受一个典型的配置对象作为参数。下面的代码显示了一个带有图标的多行 TextArea 输入框：

```
Ext.Msg.show({
    title      : 'Input required:',
    msg        : 'Please tell us a little about yourself',
    width      : 300,
    buttons    : Ext.MessageBox.OKCANCEL,
    multiline  : true,
    fn         : myCallback,
    icon       : Ext.MessageBox.INFO
});
```

这个例子的结果是如图 4-8（左）所示的模式对话框。接下来，看看如何创建一个带有一个图标和 3 个按钮的警告框。

```
Ext.Msg.show({
    title      : 'Hold on there cowboy!',
    msg        : 'Are you sure you want to reboot the internet?',
    width      : 300,
    buttons    : Ext.MessageBox.YESNOCANCEL,
    fn         : myCallback,
    icon       : Ext.MessageBox.ERROR
})
```

这段示例代码会显示带有 3 个按钮的模式警告对话窗口，如图 4-8（右）所示。

尽管这两个 MessageBox 的内容都一目了然，不过有两个配置选项需要着重强调，给这两个选项传递的是 MessageBox 的公有属性。

图 4-8　带有图标的多行输入框（左）和带有 3 个按钮的警告框（右）

参数 buttons 用来定义需要显示哪些按钮。尽管传入的是一个已知的属性，

---

* 译者注：作者指的是 alert 和 prompt 两个方法。

Ext.MessageBox.OKCANCEL，也可以通过把 buttons 属性设置成一个空的对象，例如{}来显示一个没有按钮的窗口。另外，可以定制要显示哪些按钮。例如要显示 Yes 和 Cancel 按钮就用{yes:true,cancel:true}，诸如此类。MessageBox 已经提供了一整套预定好的流行的组合方法，包括 CANCEL、OK、OKCANCEL、YESNO、YESNOCANCEL 等。

　　参数 icon 的使用方式和参数 button 是一样的，只不过它是一个字符串。MessageBox 类有 3 个预定义的值：INFO、QUESTION 和 WARNING。这些字符串都是 CSS 类的引用。如果想要显示自己的图标，就创建自己的 CSS 类，然后把该 CSS 的类名作为图标属性传递进去，下面就是一个自定义的 CSS 类的例子：

```
.icon-add {
    background-image: url(/path/to/add.png) !important;
}
```

　　现在已经接触到了一些高级 MessageBox 技术，可以探讨如何利用 MessageBox 显示一个具有动画效果的对话框，通过这种对话框，可以给用户提供一个生动的不断更新的进度信息条。

4.2.4　显示一个动画效果的等待 MessageBox

　　在停止某项工作时，必须显示某种模式消息框，可能是一个简单的烦人的带有"请稍候"字样的模式对话框。我喜欢通过一个有动画效果的"等待"对话框给应用程序加上一点特效。通过 MessageBox 类，可以毫不费力地创建无限循环的进度条：

```
Ext.MessageBox.wait("We're doing something...", 'Hold on...');
```

　　这会生成一个如图 4-9 所示的等待框。这个语句的语法看起来可能有点奇怪，因为第一个参数是消息体文本，而第二个参数是标题。和调用 alert 或者 prompt 时的顺序正好相反。要是想在动画的进度条内显示文本，可以传入第三个参数，这个参数只有一个文本属性，例如{text:'loading your items'}。图 4-9（右）显示的就是添加了进度栏文本后的效果。

图 4-9　一个简单的具有动画效果的等待对话框 MessageBox，其中的
进度条 ProgressBar 按照预定的固定时间间隔无限循环（左），
以及一个带有文本进度条的类似消息框（右）

　　尽管这个对话框看起来挺酷，但是由于文本是静态的，而且也不能控制进度条的

状态，所以显得交互性并不好。不过还是可以通过给好用的 show 方法传入一些参数对等待对话框进行定制。有了这个方法后，对进度条的前进幅度就有了充足的回旋余地。要想创建一个自动更新的等待对话框，需要创建一个有点复杂的循环，如代码 4-5 所示。

代码 4-5　构建一个动态更新的进度条

```
Ext.MessageBox.show({
    title      : 'Hold on there cowboy!',
    msg        : "We're doing something...",
    progressText : 'Initializing...',
    width      : 300,                            ❶ 显示进度条
    progress   : true,
    closable   : false
});

var updateFn = function(num){                   ❷ 更新进度文本
    return function(){
        if(num == 6){
            Ext.MessageBox.updateProgress(100,  ❸ 更新百分比和文本
                'All Items saved!');
            Ext.MessageBox.hide.defer(1500,
                Ext.MessageBox);                   延迟 MessageBox
        }                                       ❹ 的消失过程
        else{
            var i = num/6;
            var pct = Math.round(100 * i);
            Ext.MessageBox.updateProgress(i,    ❺ 更新进度
                pct + '% completed');
        }
    };
};
for (var i = 1; i < 7; i++){                     ❻ 循环，按照 0.5 的倍
    setTimeout(updateFn(i), i * 500);              数设置超时
}
```

这段代码中，显示 MessageBox 的时候把 progress 选项设置成了 true，这会显示进度条。接下来，定义了一个相当复杂的更新函数，如果传给这个函数的数字等于 6，就让进度条的进度达到 100%，并且显示完成的文本。同时让这个消息框在 1.5 秒后消失。如果不是 6，就计算一个比例，然后用相应的文字更新进度条。最后，用一个循环调用 setTimeout 6 次。图 4-10 就是这个例子的最后效果。

图 4-10　自动更新的等待 MessageBox（左）
和自动消失之前更新完成状态（右）

这样一来，我们就可以在用户继续操作之前，通过一个不断更新的操作状态来提示用户了。

这一节，我们同时学到了如何用死板的、有弹性的窗口来吸引用户的注意，同时我们也研究了如果通过几种不同的手段利用 Ext 的超级单体 Ext.MessageBox 类。接下来，我们把注意力转移到 TabPanel 上，这个类可以同时提供多屏 UI，不过每次只显示一个。

4.3　组件也可以放在选项卡面板里

Ext.TabPanel 类是 Panel 的扩展类，可以用它来创建一个健壮的选项卡样式的界面，用户可以使用任意一个选项卡上的 UI 控件。TabPanel 中的每个选项卡可以是不允许关闭的、允许关闭的、禁用的，甚至可以是隐藏的，如图 4-11 所示。

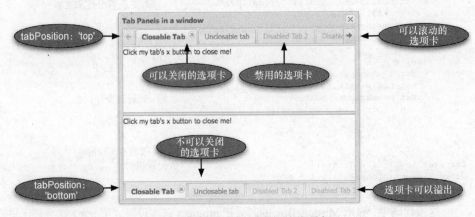

图 4-11　位于顶部和底部的选项卡

Ext 的 TabPanel 不像其他的选项卡，只支持在顶部或者底部放置选项卡这两种配置。这主要是因为许多现代浏览器还不支持 CSS 4.0，只有这个版本才可以使用垂直文本。尽管从 API 上看配置一个 TabPanel 还是很直观的，不过有两个选项如果不注意的话，最后的效果会让人崩溃。

4.3.1　记住两个选项

有两个选项可能会让开发人员被人骂死，只好自掏腰包请同事喝咖啡吃饭。那么了解这两个选项就可以让你不挨骂，免于破费。正因如此，我觉得有必要先把这两个选项卡讲清楚，这样才能愉快地开始使用 TabPanel。

　　CardLayout 之所以能够很快地引起开发者关注的原因之一就在于它对它的子元素使用了一个常用的所谓惰性渲染或者延迟渲染的技术。这是通过参数 deferredRender 控制的，这个参数的默认值就是 true。延迟渲染意味着只有当一个选项卡被激活时才进行渲染。对于 TabPanel 来说，同时具有多个子面板而每个面板又带着复杂的 UI 控件是很常见的。如图 4-12 所示，渲染会需要大量的 CPU 时间。只在子面板被激活时才进行渲染可以加速 TabPanel 的初始化过程，给用户一个表现良好的组件。

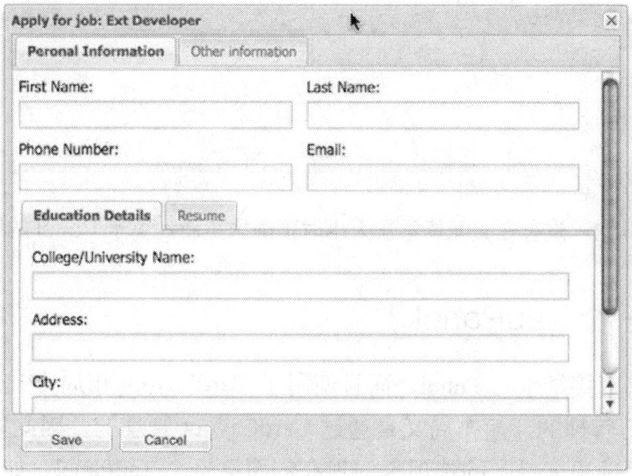

图 4-12　带有复杂布局子元素的 TabPanel

　　不过把 deferredRender 设成 true 有一个最大的缺点，那就是它与表单面板的工作方式有关的。表单的 setValues 方法是不会给那些尚未渲染的字段赋值的，这也就意味着，如果希望更新选项卡上的表单，一定切记要把 deferredRender 设置成 false，否则挨骂是难免的。

　　另一个经常被开发人员忽略的配置选项是 layoutOnTabChange，当选项卡被激活时，它会强制调用所有子元素的 doLayout 方法。这个选项之所以重要，是因为对那些嵌套很深的布局而言，父元素的 resize 事件有时可能无法正确地向下级联传递，也就无法触发子元素的重新计算，也就无法和父容器的内容区域相匹配。如果 UI 界面一开始看起来挺时髦的，如图 4-13 所示，建议还是把这个配置选项设置成 true，这样就不会有刚才说的问题了。

　　建议只有在有问题时才把 layoutOnTabChange 设置成 true。doLayout 方法所引起的强制计算对于那些有复杂嵌套的布局来说可能需要大量的 CPU 时间，这会让程序表现得哆哆嗦嗦的。既然已经了解了 TabPanel 的基本知识，那就开始创建第一个 TabPanel 吧。

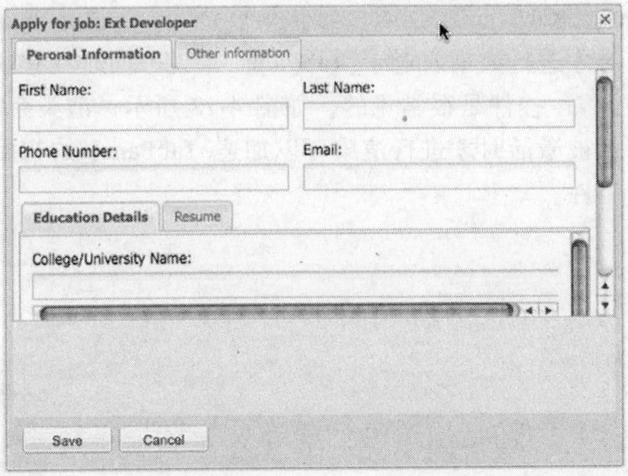

图 4-13　没有在父元素重置大小时正确地重新计算子 Panel 的布局

4.3.2　构建第一个 TabPanel

TabPanel 直接继承自 Panel，而且使用了 CardLayout 布局方式。因为子元素是通过 Container 进行管理的，而布局又是通过 CardLayout 管理的，因此留给 TabPanel 的主要任务就是管理选项卡栏上的选项卡。现在创建第一个 TabPanel，如代码 4-6 所示。

代码 4-6　探索 TabPanel

```
var disabledTab = {                          ❶一个简单的静态
    title    : 'Disabled tab',                  选项卡
    id       : 'disabledTab',
    html     : 'Peekaboo!',
    disabled : true,
    closable : true
}
                                             ❷一个简单的可关
var closableTab = {                             闭的选项卡
    title    : 'I am closable',
    html     : 'Please close when done reading.',
    closable : true
}
                                             ❸一个可关闭的但
var disabledTab = {                             是禁用的选项卡
    title    :'Disabled tab',
    id       : 'disabledTab',
    html     : 'Peekaboo!',
    disabled : true,
    closable : true
```

```
}
var tabPanel = new Ext.TabPanel({              ←④  TabPanel
    activeTab       : 0,
    id              : 'myTPanel',
    enableTabScroll : true,
    items           : [
        simpleTab,
        closableTab,
        disabledTab,
    ]
});
new Ext.Window({                               ⑤  用来放 TabPanel
    height : 300,                              ←┘  的容器
    width  : 400,
    layout : 'fit',
    items  : tabPanel
}).show();
```

尽管可以把这个代码段中的所有项目放到一个大对象中，不过我觉得还是分开来最好，因为这样代码看起来更清晰一些。前 3 个变量以普通对象的格式定义 TabPanel 中的子元素，因为对于 TablPanel 类来说，它的 defaultType（默认的 XType）就是 Panel。第一个是一个简单的不可以关闭的选项卡。需要注意的一点是，默认时所有的选项卡都是不允许关闭的，这也是为什么要把第二个选项卡的 closable 设置为 ture 的原因，接下来又有了一个既可以关闭、又可以禁用的选项卡。

接着开始初始化 TabPanel。选项卡把 activeTab 参数设置为 0。这么做是因为希望当 TabPanel 渲染完后，被激活的是第一个选项卡。TabPanel 的 item 是一个混杂集合的数组，数组的第一个元素是从 0 开始的，可以指定这个数组中的任何一个索引值。这里还把 enableTabScroll 设置成 true，这样一来，如果全部选项卡的宽度之和超过了标签栏的宽度，TabPanel 就会把标签滚动显示。最后，给 TabPanel 的 items 数组指定这 3 个标签。

再接下来，为 TabPanel 创建了一个容器，这是一个 Ext.Window 的实例。对这个窗口使用 Fit 布局，并把 tabPanel 作为它的唯一一个子元素。这段代码渲染后的效果如图 4-14 所示。

现在，就完成了第一个 TabPanel，可以用它来开始做游戏了。可以关闭"I am closable"这个选项卡，不会有任何问题，关闭后只剩下两个选项卡，即"My first tabl"和"Disable Tab"。

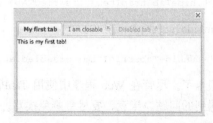

图 4-14 第一个 TabPanel 在一个窗口中

4.3.3　需要知道的选项卡管理方法

由于 TabPanel 类是 Container 的子类，因此所有常用的子元素管理方法都可以拿来使用，包括 add、remove 和 insert 方法。不过，要想充分地利用 TabPanel，还需要了解其他的一些方法。

第一个就是 setActiveTab，它会激活一个选项卡，就像用户在标签栏上选中了这个选项卡一样，这个方法可以接受选项卡索引或者元素的 ID。

```
var tPanel = Ext.getCmp('myTPanel');

tPanel.add({
    title : 'New tab',
    id    : 'myNewTab'
});

tPanel.setActiveTab('myNewTab');
```

上面的代码执行后，会出现一个标题为"New Closable Tab"的选项卡，并且被自动激活。在 add 操作之后调用 setActiveTab，这等价于调用容器的 doLayout 方法。也可以在运行过程中启用或者禁用选项卡，不过这需要一些特殊的手段，并不是仅仅调用 TabPanel 的某个方法就能完成的。

TabPanel 并没有启用或者禁用方法，因此，要想启用或者禁用一个选项卡，需要调用这些子元素本身的那些方法。可以通过下面的代码来启用或者禁用选项卡。

```
Ext.getCmp('disabledTab').enable();
```

就这样，标签栏上的元素（选项卡 UI 控件）已经反映出来了，现在这个子元素不再是禁用的了。你可能也猜到了，TabPanel 是通过订阅子元素的 enable 和 disable 事件来管理标签栏上的元素的。

除了启用和禁用选项卡外，还可以隐藏他们。不过对于隐藏一个选项卡，TabPanel 确实提供了一个工具方法，hideTabStripItem。这个方法只接受一个参数，可以使用三种值：选项卡的索引值、Component ID 或者 Component 实例的引用。在这个例子中使用的是 ID，因为知道它的 ID 是什么：

```
Ext.getCmp('myTPanel').hideTabStripItem('disabledTab');
```

对应的反方法是 unhideTabStripItem：

```
Ext.getCmp('myTPanel').unhideTabStripItem('disabledTab');
```

现在可以管理选项卡了。尽管在 Web 程序中使用 TabPanel 有许多好处，但也需要研究一些使用中可能遇到的问题。毕竟，要尽量避免挨骂。

4.3.4 缺陷与不足

尽管 TabPanel 为 UI 控件打开了新的大门，但它还是有一些缺陷需要我们知道。其中有两个是关于选项卡的大小和 TabPanel 所在展示区域的宽度的。如果选项卡宽度的总和超出了可视范围，选项卡就会被推到幕后去了。如果选项卡的宽度太宽，或者选项卡的总数超出了可视范围就会出现这个问题。一旦发生了这个问题，TabPanel 的可用性就打折扣了。

为了缓解这个缺陷，可以配置 TabPanel 自动地对选项卡进行大小重置（resize），或者在超出视窗时卷起显示。尽管这些手段可以一定程度地缓解这个问题，但是并不能完全解决。

为了让读者能够完理理解这些问题，要做更进一步研究。先在 ViewPoint 中放一个 TabPanel，如代码 4-7 所示。

代码 4-7　探索可滚动的选项卡

```
Ext.QuickTips.init();
new Ext.Viewport({                          ❶ 内嵌了 TabPanel 的
    layout : 'fit',                            Viewport
    title  : 'Exercising scrollable tabs',
    items  : {
        xtype          : 'tabpanel',
        activeTab      : 0,
        id             : 'myTPanel',
        enableTabScroll : true,
        items          : [
            {
                title : 'our first tab'
            }
        ]
    }
});

                                            ❷ 延迟执行的匿名函
(function (num) {                               数
    for (var i = 1; i <= 30; i++) {
        var title = 'Long Title Tab # ' + i;
        Ext.getCmp('myTPanel').add({
            title    : title,
            html     : 'Hi, i am tab ' + i,
            tabTip   : title,
            closable : true
        });
    }
}).defer(500);
```

在这段代码中，创建一个带 TabPanel 的 Viewport，这个 TabPanel 中只有一个选项卡。接着，创建了一个匿名函数，并让这个函数延迟半秒执行。在 for 循环中，把要动态创建的选项卡的数量设置成 30 个。对于每个新建的选项卡，在选项卡的 title、html 和 tabTip 中带上这个数字。这段代码产生的选项卡面板如图 4-15 所示。

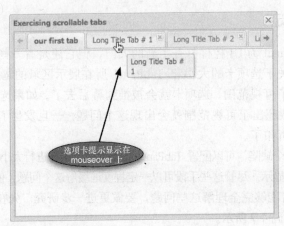

图 4-15　带着滚动条的 TabPanel，它为动态的选项卡包含了 mouseover 工具提示

现在这个 TabPanel 已经显示出来了，滚动找找 "Long Title Tab #14"。得花一会时间才行。就算是相当宽，选项卡还是卷起来了。这个问题的一个补救措施就是设置一个最小宽度，把这个例子改一下，在 TabPanel 的 XType 配置对象中添加下面的配置参数：

```
resizeTabs  : true,
minTabWidth : 75,
```

修改后的 TabPanel 如图 4-16（下）所示，这些选项卡不是不能用，就是很难用。把 resizeTabs 设置成 true 是让 TabPanel 尽量减少选项卡的宽度，以尽可能用不卷起来的方式显示选项卡。如果选项卡的标题不会被截断或者隐藏起来，自动调整选项卡大小确实有用。这也是为什么说 TabPanel 的用途大打折扣的原因。如果一个选项卡的标题不是完全可见，用户就必须激活每一个选项卡才能找到需要的那个。就算启用了选项卡的工具提示，用户也必须要把鼠标放在每一个选项卡上才能找到想要使用的那一个。如图 4-16 所示，尽管工具提示可以帮助用户加快找到选项卡的速度，但是无助于问题的彻底解决。

不管是通过哪一种手段实现 TabPanel，一定要牢记太多的选项卡会造成可用性降低，甚至会降低 Web 程序的性能。

在对 TabPanel 的研究过程中，我们学到了如何创建静态的、可控制的、禁用的或者是隐藏的选项卡，以及通过程序来控制它们。此外我们还学习了两个配置选项，deferredRender 和 layoutOnTabChange。我们练习了一些常见的选项卡管理方法，并且讨论了这种 UI 控件的一些缺点。

到目前为止，我们已经看到了创建一个卷动的 TabPanel 有多容易了。切记，当选项卡数量多到超过了 TabPanel 的宽度时，一定要启用卷动。

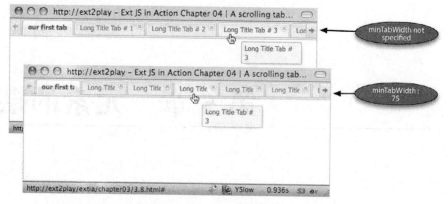

图 4-16　没有指定选项卡最小宽度的 TabPanel（上）和指定 tab 的
最小宽度是 75 的 TabPanel（下）

4.4　小结

本章讲解了可视 UI 部架中的瑞士军刀 Panel，它可以让任何一个开发者头疼。在对
Panel 这个类的研究过程中，看到了它是如何通过一大堆选项来显示用户界面元素的，
包括工具栏、按钮、标题栏图标以及小工具。

我们知道了 Window 类是一个通用的容器，并掌握了动态增加和删除子元素的艺术，
现在可以动态地、彻底地改变整个 UI，某个部件或者控件的样子。

在对窗口和它的孪生兄弟消息框的练习中，我们知道了如何换掉普通的警告和提
示对话框以引起用户的注意和要求用户输入。对于动画效果的等待消息框也有了愉快
的体验。

最后，还看到了 TabPanel，并演示了如何动态地管理选项卡项目，以及这个 UI 控
件所带来的一些可用性缺陷。

在下一章中，会探讨许多 Ext 布局模型，那时，将会学到这些控件的用途和注意
事项。

第 5 章　元素的摆放

本章包括的内容：
- 学习各种布局系统
- 开发布局类继承模式
- 练习和运用 CardLayout 的程序化管理

　　在开发一个应用程序的时侯，很多开发人员都要耗费大量的精力去研究如何摆放 UI 元素，以及借助什么样的工具能完成这种摆放工作。在这一章中，会通过一些必要的练习帮助读者做出一些更为专业的判断。本章会探讨所有的布局模型，进而找出一些最佳的实践方式，并且会探讨可能要遇到的一些常见问题。

　　布局管理模式负责 Ext 部件在屏幕上的可视化形式。有最简单的布局模型，例如 Fit 模式，在这种模型中，每一个容器只能有一个子元素，这个子元素会占据容器的全部内容区域；也有一些复杂的布局模型，例如 BorderLayout，这种模型会把容器的内容区域切分为 5 个分片或区域分别管理。

　　在研究这些布局模型的时候，会遇到一些非常冗长的或者非常啰嗦的例子，不过这些例子都是整个布局学习过程中的良好起点。先来看看 ContainerLayout，并以此作为本章的开始，这是整个布局层次结构中的核心元素。

5.1　简单的 ContainerLayout

　　读者可能还记得，ContainerLayout 是所有 Container 实例的默认布局，这种布局模型的效果是把元素一个接一个地叠放在屏幕上。

不过 ContainerLayout 不会明确地重置子元素的大小,如果没有限制一个子元素的宽度,它可以占据容器的全部内容区域。它同时也作为所有其他布局的基类,为这些子类布局提供了许多的基本功能。图 5-1 所示为 Ext 布局类的层次关系。

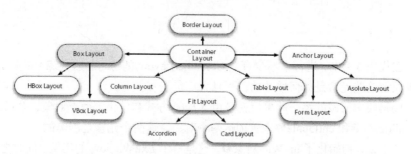

图 5-1 布局类的层次结构,所有的布局都是 ContainerLayout 的子类

ContainerLayout 是最容易使用的,只需要添加或者删除子元素就可以了。为了得到这个效果,要构建一个动态的例子,这个例子中使用了许多组件,如代码 5-1 所示。

代码 5-1 实现 ContainerLayout

```
var childPnl1 = {
    frame   : true,
    height  : 50,
    html    : 'My First Child Panel',
    title   : 'First children are fun'
};
var childPnl2 = {
    width   : 150,
    html    : 'Second child',
    title   : 'Second children have all the fun!'
};
var myWin = new Ext.Window({
    height      : 300,
    width       : 300,
    title       : 'A window with a container layout',
    autoScroll  : true,
    items       : [
        childPnl1,
        childPnl2
    ],
    tbar : [
        {
            text    : 'Add child',
            handler : function() {
                var numItems = myWin.items.getCount() + 1;
                myWin.add({
                    title       : 'Child number ' + numItems,
```

❶ 第一个子元素,一个面板

❷ 第三个子元素,另一个面板

❸ 带两个子元素的窗口

❹ 允许内容区域滚动

❺ 引用子元素

❻ 带有添加子元素按钮的工具栏

```
        height      : 60,
        frame       : true,
        collapsible : true,
        collapsed   : true,
        html        : 'Yay, another child!'
    });
    myWin.doLayout();
  }
 }
 ]
});
```

在代码 5-1 中，进行了不少有关 ContainerLayout 的练习，这些练习的目的是为了让读者理解这些元素是如何堆叠的，而且大小也没有重置。

代码段中所做的第一件事情就是用 XType 方式初始化了两个对象，并通过 Window 的 childpnl1❶和 childpnl2❷来管理这两个对象。这两个元素是静态的。

接下来，初始化了 myWin 对象❸，这是一个 Ext.Window 的实例。同时把 autoScroll 属性设置成 true❹。这实际上是要告诉容器自动添加 overflow-x 和 overflow-y 两个 CSS 属性，而且把这两个属性设置成 auto，也就是通知浏览器在必要的时候显示滚动条。

注意，这里把子元素的 items 属性❺设置成了一个数组。任何容器的 items 属性既可以是一个数组的实例，这样就可以用来容纳很多个子元素，也可以是只有单独一个子元素的对象引用。Window 带有一个工具栏❻，这个工具栏只有一个按钮，当单击这个按钮的时候，就会动态地给 Window 添加一个元素。这个窗口渲染之后的效果如图 5-2 所示。

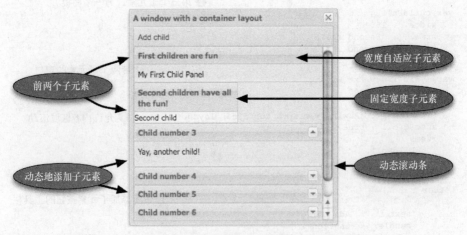

图 5-2 实现第一个 ContainerLayout 的效果。前两个子元素是动态添加的子元素：
宽度自适应子元素和固定宽度子元素，右边有动态滚动条

尽管 ContainerLayout 在设置子元素大小方面提供的功能优先，不过它也不是一无是处的。和它的子类比较起来，它还算是轻量级的，如果想显示的子元素有固定的尺寸，它还是很理想的。但是有些时候，可能会希望这些子元素能够根据容器的空间大小动态地进行大小调整，这时，AnchorLayout 就很有用处了。

5.2 AnchorLayout

AnchorLayout 和 ContainerLayout 类似，其相似之处在于它也是把子元素一个一个地堆叠摆放。不同之处在于它可以通过给子元素指定 anchor 参数来实现动态尺寸调整。子元素的大小是用父容器的空间大小和 anchor 参数动态地计算出来的。可以是按照百分比，也可以按照偏移量，这些都是整数。anchor 参数本身是字符串类型，使用的格式如下：

```
anchor : "width, height" // or "width height"
```

在代码 5-2 中，使用百分比实现了一个 anchor 的布局。

代码 5-2　使用百分比的 AnchorLayout

```
var myWin = new Ext.Window({          ← ❶ 父容器
    height      : 300,
    width       : 300,
    layout      : 'anchor',           ← ❷ 布局设为'anchor'
    border      : false,
    anchorSize  : '400',
    items       : [
       {
         title  : 'Panel1',
         anchor : '100% # 25%',       ← ❸ 父元素宽度的100%，
         frame  : true                    父元素高度的25%
       },
       {
         title  : 'Panel2',
         anchor : '0 # 50%',          ← ❹ 父元素宽度的100%
         frame  : true                    父元素高度的50%
       },
       {
         title  : 'Panel3',
         anchor : '50% # 25%',        ← ❺ 父元素宽度的50%，
         frame  : true                    父元素高度的25%
       }
    ]
});
myWin.show();
```

在代码 5-2 中，先创建了一个 Ext.Window 的实例 myWin❶，同时指定它的布局是'anchor'❷的。它的第一个子元素 Panel1 设置了一个 anchor 参数❸，这个参数指定子元素的宽度是父元素宽度的 100%，而高度是父元素高度的 25%。Panel2 也有 anchor 参数

❹，它的参数设置有些不同，其中 width 参数设置为 0，实际上这是 100%的简写形式。Panel2 的高度设置为 50%。Panel3 的 anchor 参数❺width 设置为 50%，height 设置为 25%。渲染后的效果如图 5-3 所示。

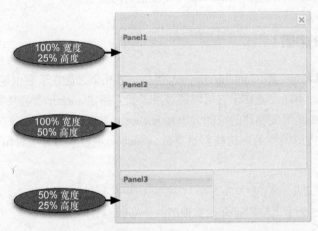

图 5-3　第一次使用 AnchorLayout 的渲染结果

　　用百分比方式设置相对大小效果很好，不过还可以用偏移量的方式来设置，这能够让 Anchor 的布局变得更加灵活。

　　偏移量是用容器空间的大小加上偏移量计算得出来的。一般来说偏移量*是用负数的形式来指定的，这样才能确保能看见这个子元素。先来回忆一下数学，一个数字加上一个负数就等于减去一个正数，如果指定一个正的偏移量，会让这个子元素的大小比容器空间还要大，这时候就会需要一个滚动条了。

　　还是用上面的例子来说明一下偏移量的使用，把代码 5-2 中子元素的 XTypes 改成下面的内容：

```
items : [
  {
    title     : 'Panel1',
    anchor    : '-50, -150',
    frame     : true
  },
  {
    title     : 'Panel2',
    anchor    : '-10, -150',
    frame     : true
  }
]
```

_____

* 译者注：偏移量定义的是宽度和高度相对于容器的值，而不是坐标。

经过上面的修改，得到一个新的 Panel，如图 5-4 所示。这里将子元素的数量减少到两个，这样可以更加容易地看到偏移量是如何工作的，以及它们又是如何给我们带来更多麻烦的。

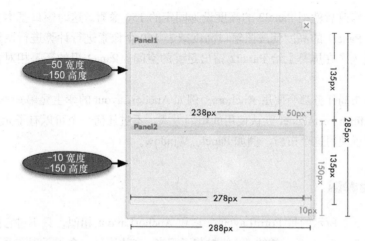

图 5-4　AnchorLayout 用偏移量的方式计算尺寸

要想弄清楚到底是怎么回事，需要做一些数学运算。先用 Firebirdug 工具研究一下它的 DOM，我们知道 windows 的内容空间高度是 285 个像素，宽度是 288 个像素。通过简单的算数运算，可以计算出 Panel1 和 Panel2 的大小，具体如下：

```
Panel1 Width  = 288px - 50px  = 238px
Panel1 Height = 285px - 150px = 135px

Panel2 Width  = 288px - 10px  = 278px
Panel2 Height = 285px - 150px = 135px
```

可以看到，两个子 Panel 都很容易很完美地放到了 Window 中。如果增加两个 Panel 的高度，可以看到它们还是能够适应的，总的高度只有 270 个像素。但是如果要在垂直方向调整窗口大小，会发生什么呢？会看到一些奇怪的事情发生吗？只要把窗口高度的增加幅度超过 15 个像素，就会导致 Panel2 被挤出屏幕，同时窗体中会出现滚动条。

再回忆一下这种布局模式，子元素的大小是通过将父容器的大小减去一个常量得到的，这个常量就是偏移量。为了解决这个问题，可以把 anchor 的偏移量和固定的大小结合起来使用。为了解释这个概念，只需要对 Panel2 的 anchor 参数进行修改，增加一个固定高度，如下面的代码所示：

```
{
    title    : 'Panel2',
    height   : '150',
    anchor   : '-10',
    frame    : true
}
```

这样修改后就把 Panel2 的高度设为固定的 150 像素。这时窗口基本上可以任意调整大小，Panel1 的高度就按照窗口高度减去 150 个像素进行计算进行调整，这 150 个像素就是为了在屏幕上给 Panel2 留出足够的空间。Pane2 用的还是相对宽度，这一点也不错。

许多布局任务都会使用 Anchors。例如 AnchorLayout 的孪生兄弟——FormLayout，这是 Ext.form.FormPanel 默认使用的布局方式，不过任何一个可以有子元素的容器或者子类都可以使用这个布局，例如 Panel、Window。

5.3   FormLayout

代码 5-3 所示的是 FormLayout，它和 AnchorLayout 相似，只不过它把每一个子元素都用一个 x-form-item 类的 div 给封装了起来，这就让每一个子元素在垂直方向上进行排列，就像大纲一样。它会在每一个子元素前面都加上一个 label 元素，这个元素的 for 属性定义的是当单击这个元素的时候，应该把焦点放在哪个子元素上，如代码 5-3 所示。

代码 5-3   FormLayout

```
var myWin = new Ext.Window({
    height     : 240,
    width      : 200,
    bodyStyle  : 'padding: 5px',
    layout     : 'form',                ❶ 使用 Formlayout    ❷ 设置域标签宽度为 50px
    labelWidth : 50,
    defaultType : 'textfield',
    items      : [                      ❸ 设置默认的 Xtype 为'field'
        {
            fieldLabel : 'Name',
            width      : 110            ❹ 第 1 个子元素具有静态宽度
        },
        {
            fieldLabel : 'Age',
            width      : 25
        },
                                        ❺ 第 3 个子元素，一个下拉列表框
        {
            xtype      : 'combo',
            fieldLabel : 'Location',
            width      : 120,
            store      : [ 'Here', 'There', 'Anywhere' ]
        },
                                        ❻ 第 4 个子元素，一个文本区
        {                                  a TextArea
            xtype      : 'textarea',
```

```
        fieldLabel : 'Bio'
    },
    {
        xtype          : 'panel',
        fieldLabel     : '',
        labelSeparator : '',
        frame          : true,
        title          : 'Instructions',
        html           : 'Please fill in the form',
        height         : 55
    }
    ]
});

myWin.show();
```

❼一个带有指令的面板

在这里用相对长的代码实现了一个较为复杂的表单布局。和所有其他的布局一样，首先把窗口的布局❶设置成'form'。此外还设置了一个这种布局所特有的属性，labelWidth❷，把这个属性设置为 50 个像素。还记得之前讨论的那个标签元素吗？这个属性就是设置那个标签宽度的。接下来，通过将' defaultType '❸设置成' field '指定了一个默认的 XType，这个默认的 XType 用于第 1 个❹和第 2 个子元素，这会自动地创建一个 Ext.form.Field 的实例。而第 3 个子元素❺是一个静态的、自动填充的下拉列表框，名为 combo box 或 Ext.form.ComboBox。第 4 个子元素❻是一个文本区，而最后一个子元素❼是一个复杂的 xtype 对象，是一个 Panel。

要想既保留这些字段的标签元素，同时又不显示任何文本，必须把 fieldLabel 属性设置成一个只有一个空白字符的字符串。还必须去掉标签的分隔字符，这个分隔字符默认是一个冒号（:），把它设置成一个空字符串。这段代码渲染后的效果如图 5.5 所示。

记住表单布局是 AnchorLayout 的祖先，因此它也具有动态调整子元素大小的能力。尽管图 5-5 的布局还不错，可惜它是个静态的，还可以进一步改进。如果希望 Name、Location 和 Bio 这些字段可以根据它们父元素的大小进行动态调整，该怎么做呢？还记得 Anchor 参数吗？接下来就用偏移量的方式来改进 FormLayout 的使用，如代码 5-4 所示。

图 5-5　使用 formLayout

代码 5-4　使用偏移量的 FormLayout

```
{
    fieldLabel : 'Name',
    anchor     : '-4'
},
```

```
{
    fieldLabel : 'Age',
    width      : 25
},
{
    xtype      : 'combo',
    fieldLabel : 'Location',
    anchor     : '-4',
    store      : [ 'Here', 'There', 'Anywhere' ]
},
{
    xtype      : 'textarea',
    fieldLabel : 'Bio',
    anchor     : '-4, -134'
},
{
    xtype         : 'panel',
    fieldLabel    : ' ',
    labelSeparator : '',
    frame         : true,
    title         : 'Instructions',
    html          : 'Please fill in the form',
    anchor        : '-4'
}
```

在代码 5-4 中，将代码 5-3 中定义的子元素加上了一个 anchor 参数。渲染后的效果如图 5-6 所示。如果调整窗口的大小，可以看到这些子元素的大小是如何根据父容器的大小很好地进行调整的。

图 5-6　用偏移量方式创建更丰满的表单

一定别忘了 FormLayout 是 AnchorLayout 的一个直接子类。这样就不会在实现动态调整的表单时忘了正确地设置 anchor 参数。

有时候可能需要对控件的布局位置进行完全控制。AbsoluteLayout 能够完美地满足这个需求。

5.4　AbsoluteLayout

继 ContainerLayout 之后，AbsoluteLayout 是一个最容易使用的布局。它通过把子元素的 CSS 的"position"属性设置成'absolute'来对这些元素进行定位，并用这些子元素的 x 和 y 参数来设置它们的 top 和 left 属性。很多设计人员会用 position：absolute 这种 CSS 来摆放 HTML 元素，不过 Ext 利用 JavaScript 的 DOM 管理机制来设置元素的属性，而不是混用 CSS。

在代码 5-5 中，创建的就是一个使用 AbsoluteLayout 的窗口。

代码 5-5 AbsoluteLayout

```
var myWin = new Ext.Window({
    height     : 300,
    width      : 300,
    layout     : 'absolute',           ❶ 使用 AbsoluteLayout
    autoScroll : true,
    border     : false,
    items      : [
        {
            title  : 'Panel1',         ❷ Panel 1 的 x 和 y 坐标
            x      : 50,
            y      : 50,
            height : 100,
            width  : 100,
            html   : 'x: 50, y:50',
            frame  : true
        },
        {
            title  : 'Panel2',         ❸ Panel 2 的 x 和 y 坐标
            x      : 90,
            y      : 120,
            height : 75,
            width  : 77,
            html   : 'x: 90, y: 120',
            frame  : true
        }
    ]
});
myWin.show();
```

到目前为止，除了少量新参数外，代码 5-5 中很多代码看起来都已经很熟悉了。第一个最明显的变化无疑是把窗口的 layout❶设置为'absolute'了，还给窗口追加了两个成员。由于使用的是 AbsoluteLayout 布局模式，需要指定这两个成员的 x、y 坐标。

对于第一个子元素 Panel1，它的 x 坐标❷（CSS 的 left 属性）被设置为 50 像素，y 坐标（CSS 的 top 属性）被设置为 50 像素。对于第二个子元素 Panel2，x 坐标❸和 y 坐标分别被设置为 90 像素和 120 像素。代码 5-5 渲染后的效果如图 5-7 所示。

这个例子有一个很明显的特征，就是 Panel2 被叠加在 Panel1 之上。之所以 Panel2 被放在上面，是根据它在 DOM 树中的位置决定的。Panel2 在 Dom 树的次序上位于 Panel1 的下面，而且因为 Panel2 的 CSS 位置属性被设置为了'absolute'，它就会被放在 Panel1 的上面。当使用这种布局模式的时候，一定要记住可能会出现这种重叠的风险。

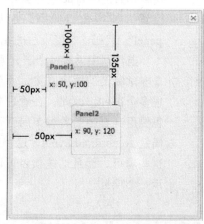

图 5-7 AnchorLayout 的效果

同样，因为这些子元素的位置都是固定的，因此，对于可能会动态调整父元素的情况，

AbsoluteLayout 并不是一个理想的方案。

如果只有一个子元素，而且希望这个子元素能够根据它的父元素进行动态调整，那么 FitLayout 就是最好的方案。

5.5 让组件填满整个容器空间

代码 5-6 显示的是 FitLayout，使用这种布局的容器只有一个子元素，而且这个子元素会被强制填满整个容器的空间，这也是最容易使用的一种布局。

代码 5-6 FitLayout

```
var myWin = new Ext.Window({
    height      : 200,
    width       : 200,
    layout      : 'fit',        ❶ 窗口布局设置为'fit'
    border      : false,
    items       : [
        {                        ❷ 单个子部件
            title : 'Panel1',
            html  : 'I fit in my parent!',
            frame : true
        }
    ]
});

myWin.show();
```

图 5-8 首次使用 FitLayout

在这个例子中，将窗口的 layout 设置成了'fit'❶，并且实例化了一个子元素，这是个 Ext.Panel 的实例❷。这个元素的 XType 类型会根据窗口的 defaultType 属性设置，按照窗口原型这个属性会被自动地设置成 'panel'。代码 5-5 渲染后的结果如图 5-8 所示。

当容器中只有一个子元素的时候，FitLayout 是一个非常完美的解决方案。不过，一个容器中通常会有很多个部件。因此，在管理多个子成员的时候，经常也要用到其他的各种布局管理模式。一个最好看的布局是 AccordionLayout，这种布局模型可以垂直地摆放这些项目，而且这些项目可以收缩，每次只给用户展示一个项目。

5.6 AccordionLayout

代码 5-7 使用的就是 AccordionLayout，它是 FitLayout 的一个直接子类，当要在垂直方向上摆放多个 Panel 的时候，这种布局是很有用的，这种布局只有一个面板会被展开或收缩。

代码 5-7 AccordionLayout

```
var myWin = new Ext.Window({
    height      : 200,
    width       : 300,
    border      : false,
    title       : 'A Window with an accordion layout',
    layout      : 'accordion',                              ❶ 窗口布局设为'accordion'
    layoutConfig : {
        animate : true                                      ❷ 布局配置选项
    },
    items       : [
        {
            xtype     : 'form',                             ❸ 第 1 个子面板 FormPanel
            title     : 'General info',
            bodyStyle : 'padding: 5px',
            defaultType : 'field',
            labelWidth : 50,
            items     : [
                {
                    fieldLabel : 'Name',
                    anchor     : '-10'
                },
                {
                    xtype      : 'numberfield',
                    fieldLabel : 'Age',
                    width      : 30
                },
                {
                    xtype      : 'combo',
                    fieldLabel : 'Location',
                    anchor     : '-10',
                    store      : [ 'Here', 'There', 'Anywhere' ]
                }
            ]
        },
        {
            xtype  : 'panel',                               ❹ 一个面板，包含了文本区
            title  : 'Bio',
            layout : 'fit',
            items  : {
                xtype : 'textarea',
                value : 'Tell us about yourself'
            }
        },
        {
            title : 'Instructions',                         ❺ 带有一些工具的空面板
            html  : 'Please enter information.',
            tools : [
                {id : 'gear'}, {id:'help'}
            ]
        }
    ]
});

myWin.show();
```

　　代码 5-7 所示的是 AccordionLayout 的用法。首先，初始化了一个窗口 myWin，它的 layout 被设置为 'Accordion'❶。这里用到一个之前没见过的配置选项 layoutConfig❷。有一些布局模式有一些特有的配置选项，可以在组件的构造函数中定义这些选项。

　　这些 layoutConfig 参数可以改变布局的行为方式或者功能。在这个例子中，将 AccordionLayout 的 layoutConfig 设置成了 animate:true，这样的配置会让 AccordionLayout 用一种动画的效果收缩或者展开它的子面板。另外一个能够改变布局行为的配置选项是 activeOnTop，如果把这个选项设置成 true，就可以把这些激活的面板摆放在最上方。如果是第一次使用这种布局模型，建议还是先看一下 API 文档，看看到底能够使用哪些选项。

　　接下来，开始定义这些子面板，这些定义用到了之前所学到的知识，第一个子面板是 FormPanel❸，这里使用了在本章之前学到的 anchor 参数。接下来，又设置了一个 Panel❹，并且把它的 layout 属性设置为 'fit'，只包含一个 TextArea 的子元素。接着，定义了最后一个子面板❺，这是一个 Panel，其中带有一些工具。这段代码渲染后的效果如图 5-9 所示。

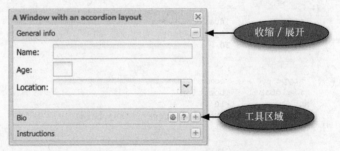

图 5-9　当我们要把多个字段作为一个单独的元素来展示的时候，
AccordionLayout 是一个非常不错的方法

配置布局的另一种方式

　　除了同时使用 layout（字符串）和 layoutConfig（对象）这种配置方式，还可以用一个 Object 来设置 layout 的配置选项，在这个 Object 中，同时包括布局类型和其他的一些选项，例如：

```
layout      :{
    type        : 'accordion',
    animate     : true
}
```

关于 AccordionLayout 有一点很重要，需要引起我们的重视，这种布局只有在用于 Panel 以及其两个子类 GridPanel 和 TreePanel 的时候，才表现得很好。这是因为只有 Panel 以及其两个子类才具有让 AccordionLayout 正常工作的条件。如果希望在一个 AccordionLayout 中再放置一些其他的东西，例如 TabPanel，那么需要先把它用一个 Panel 封装起来，然后再把这个 Panel 做成一个具有 AccordionLayout 布局模型的容器的子元素才行。

如果想在屏幕上显示多个 Panel，虽然说 AccordionLayout 是一个非常好的解决方案，然而它也有一些局限性。例如，如果想在一个容器里放 10 个组件，这些元素标题栏的高度和就可能会占去了大量宝贵的屏幕空间。这时候 CardLayout 就是一个非常合适的解决方案了，因为用这种布局可以显示或隐藏子面板，或者在这些面板间切换。

5.7　CardLayout

CardLayout 是 FitLayout 的一个直接子类，它能够保证其所有子成员恰好适合容器的大小。但是 CardLayout 和 FitLayout 又有不同，它可以同时控制多个子元素。利用这个工具，就可以灵活地创建面板，从而模拟出一种向导式界面。

除了第一个活动项之外，CardLayout 把所有的切换工作都留给最终的开发人员完成，并通过它所提供的 setActiveItem 方法来进行控制。要想创建出一个向导风格的界面，就需要一个方法来控制这些卡片间的切换，如下所示。

```
var handleNav = function(btn) {
    var activeItem    = myWin.layout.activeItem;
    var index         = myWin.items.indexOf(activeItem);
    var numItems      = myWin.items.getCount() - 1;
    var indicatorEl   = Ext.getCmp('indicator').el;

    if (btn.text == 'Forward' && index < numItems - 1) {
        index++;
        myWin.layout.setActiveItem(index);
        index++;
        indicatorEl.update(index + ' of ' + numItems);
    }
    else if (btn.text == 'Back' && index > 0) {
        myWin.layout.setActiveItem(index - 1);
        indicatorEl.update(index + ' of ' + numItems);
    }
}
```

在上面这段代码中，根据活动项的索引值，以及到底单击的是前进按钮还是后退按钮来确定活动项，从而控制这些卡片的滚动。同时还要更新底部工具栏的提示文本。接下来，就要实现这个 CardLayout 了。代码 5-8 这段实例代码很长，也很复杂，建议读者坚持把它读完。

代码 5-8　CardLayout 实战

```
var myWin = new Ext.Window({
    height      : 200,
    width       : 300,
    border      : false,
    title       : 'A Window with a Card layout',    ❶ 设置布局为'card'
    layout      : 'card',
    activeItem  : 0,
    defaults    : { border : false },               ❷ 设置容器的 active item 为 0
    items       : [
        {
            xtype       : 'form',
            title       : 'General info',
            bodyStyle   : 'padding: 5px',
            defaultType : 'field',
            labelWidth  : 50,
            items       : [
                {
                    fieldLabel : 'Name',
                    anchor     : '-10',
                },
                {
                    xtype      : 'numberfield',
                    fieldLabel : 'Age',
                    width      : 30
                },
                {
                    xtype      : 'combo',
                    fieldLabel : 'Location',
                    anchor     : '-10',
                    store      : [ 'Here', 'There', 'Anywhere' ]
                }
            ]
        },
        {
            xtype : 'panel',
            autoEl : {},
            title : 'Bio',
            layout : 'fit',
            items : {
                xtype : 'textarea',
                value : 'Tell us about yourself'
            }
        },
        {
            title : 'Congratulations',
            html  : 'Thank you for filling out our form!'
        }
    ],
    bbar : [
        {                                           ❸ 退回和前进按钮
            text    : 'Back',
            handler : handleNav
        },'-',
        {
            text    : 'Forward',
            handler : handleNav
```

```
      },'->',
      {                                          ❹ BoxComponent 的 id 为'indicator'
         xtype  : 'box',
         id     : 'indicator',
         style  : 'margin-right: 5px',
         autoEl : {
            tag  : 'div',
            html : '1 of 3'
         }
      }
   ]
});
myWin.show();
```

代码 5-8 创建了一个窗口，用的是 ContainerLayout 布局。尽管大部分内容看起来都很熟悉，但还是想强调几点。首先最明显的就是把 layout❶属性设成了'card'。接下来是 activeItem❷这个属性，这个属性是在渲染时由容器传递给它的。这里把它设置成了 0，这其实是告诉布局，在渲染容器的时候要调用子元素的 render方法。

接下来，又定义了一个底部的工具栏，这个工具栏有一个 Forward 和一个 Back按钮❸，这两个按钮会调用之前所定义的handleNav 方法，同时还有一个BoxComponent❹，这个元素是用来显示当前活动项的索引值的。这个窗口渲染后的效果如图 5-10 所示。

单击 Forward 或者 Back 按钮都会触发handleNav 方法，这个方法管理卡片的切换，同时会更新 BoxComponent 中的提示内容。对于 CardLayout 要注意的是，活动项

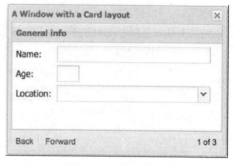

图 5-10   实现的第一个 CardLayout，它的工具栏具有完整的交互导航功能

目的全部切换逻辑，完全都是由程序员来进行创建和管理的。

除了之前讨论过的这些布局之外，Ext 还提供了一些其他的模式。对于那些要用列的形式进行展现的开发人员来说，ColumnLayout 布局模型是他们最喜欢用的一种模式。

5.8   ColumnLayout

把元素用列的方式组织起来，就可以在容器中一列列地显示多个元素。和AnchorLayout 一样，在使用 ColumnLayout 的时候，也可以用绝对或相对宽度的方法设置子元素。使用这种布局的时候有一些注意事项。后面将把这些注意事项列出来，不过还是用代码 5-9 先做一个 ColumnLayout 窗口出来。

代码 5-9   探索 ColumnLayout

```
var myWin = new Ext.Window({
    height      : 200,
    width       : 400,
    autoScroll  : true,                    ❶ 自动滚动容量
    id          : 'myWin',
    title       : 'A Window with a Card layout',
    layout      : 'column',                ❷ 设置布局为'column'
    defaults    : {
        frame : true
    },
    items       : [
        {
            title     : 'Col 1',
            id        : 'col1',            ❸ 设置相对宽度为30%
            columnWidth : .3
        },
        {
            title     : 'Col 2',
            html      : "20% relative width",
            columnWidth : .2
        },
        {
            title : 'Col 3',
            html  : "100px fixed width",   ❹ 设置固定宽度为 100 像素
            width : 100
        },
        {
            title     : 'Col 4',
            frame     : true,
            html      : "50% relative width",   ❺ 另一个相对宽度
            columnWidth : .5
        }
    ]
});

myWin.show();
```

　　总地来说 ColumnLayout 还是很容易使用的。声明子元素，然后指定它们的相对或绝对宽度，或者组合使用两种宽度，就像在代码 5-9 中所做的那样就行了。在代码 5-9 中，要把容器的 autoScroll 属性❶设置为 true，这就可以保证子元素的大小万一超出了容器的大小能够出现滚动条。接下来又把 layout 的属性设置为'column'❷。接着，声明了 4 个子元素，第一个子元素是通过 columnWidth❸属性，定义的是 30%的相对宽度。第二个子元素的相对宽度是 20%。第三个子元素用了一个绝对宽度，设置了 100 个像素❹，现在情况有些扑朔迷离了。最后一个子元素又设置了一个相对宽度❺，是 50%。这个例子渲染后的效果如图 5-11 所示。

　　如果统计一下这些相对宽度，就会发现它们加起来的总和是 100%。这是怎么回事呢？这 3 个元素就已经占据了 100%的宽度，另外却还有一个固定宽度的子元素？要想了解为什么这样，就需要仔细地研究 ColumnLayout 是如何设置它的这些子元素的大小的。需要再回忆一下我们所学的数学知识。

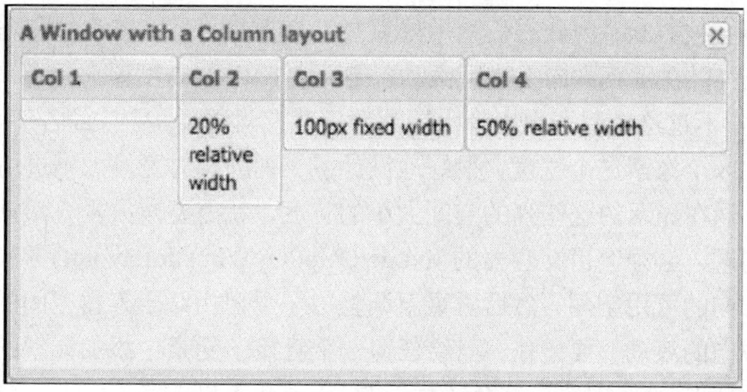

图 5-11　第一个 ColumnLayout 布局，使用相对列宽度，并固定整个宽度

　　ColumnLayout 的关键在于它的 onLayout 方法，这个方法会计算容器空间的大小，在这个例子中是 388 个像素。然后它会扫描其所有直接子元素，扫描的目的就是要确定可以分配给那些用相对宽度方法定义的子元素的空间的大小。

　　具体是怎么实现的呢？首先它用容器的大小减去所有用绝对宽度方法定义的子元素的宽度。在这个例子中，有一个子成员是使用绝对宽度的方法定义的，宽度为 100 个像素。ColumnLayout 就会计算出 388 和 100 之间的差值，等于 288 个像素。

　　现在这个 ColumnLayout 已经知道在水平方向上还剩余了多少空间，接下来它就会根据百分比来设置每个子元素的大小。它又扫描每个子元素，按照容器在水平方向上还剩下的可用宽度，它把这个可用宽度乘以百分比，计算出每一个子元素的大小。一旦计算结束后，这些用相对方法设置的子元素的宽度的总和，就等于 288 个像素。

　　现在已经知道这种布局中宽度的计算方式了，接下来再来看这些子元素的高度的计算方法。细心的读者会发现这些子元素的高度并不等于容器的高度。**这是因为 ColumnLayout 这种布局并不会管理子元素的高度**。这就会导致一个问题，这些子元素的高度有可能会高于容器空间的高度。这也恰恰是为什么要把窗口的 autoScroll 属性设置为 true。可以试验一下，在 Firebug 的 JavaScript 输入控制台中输入下面这段代码，其功能就是增加一个非常大的子元素，再向浏览器中拷贝这段代码的时候，一定要保证是一个非常干净的拷贝。

```
Ext.getCmp('col1').add({
    height : 250,
    title  : 'New Panel',
    frame  : true
});
Ext.getCmp('col1').doLayout();
```

　　现在会看到在 'col1' 面板中已经嵌入了一个 Panel，它的高度已经超出了窗口的大小。注意这个窗口中滚动条的样子。如果没有把 autoScroll 的属性设置为 true，这些 UI

元素就可能会被截断，因此它们的用处就会大打折扣。可以在水平和垂直方向上进行滚动。之所以可以在垂直方向上进行滚动，是因为 col1 的高度要大于窗口的高度。这还是可以接受的。不过这个例子中出现水平滚动条就有问题了。我们回忆一下，ColumnLayout已经根据 288 个像素这个宽度，很好地设计了 3 列的相对宽度。不过由于出现了一个垂直滚动条，现在显示的这些列的空间大小的宽度，就需要减去垂直滚动条的宽度。为了解决这个问题，必须调用父容器的 Ext.getCmp('myWin').doLayout()方法，这会强制重新计算水平方向的可用空间，然后再重新调整每一个列相对于容器空间的尺寸，从而避免出现水平方向的滚动。要记住，当给任何一个直接子元素中添加元素的时候，一定要调用父容器的 doLayout 方法，这会让我们的 UI 看起来更加完美。

　　如你所见，ColumnLayout 在用列的方式组织子元素的时候是非常不错的。不过在使用这种布局模型的时候，还是有两个局限性。所有子元素都要被重新调整，而且父容器不会管理它们的高度。Ext 利用 HBoxLayout 这种布局克服了 ColumnLayout 布局的这种局限性和这些限制。

5.9　HBox 和 VBox 布局

　　HBox 和 VBox 两种布局是在 3.0 版本中新出现的。HBoxLayout 的行为和ColumnLayout 的行为有些类似，它也是用列的形式来展示这些元素，不过它可以更加灵活地进行调整。例如，可以改变这些子元素在垂直方向和水平方向上的对齐方式。这种布局的另一个好处就在于如果需要的话，它可以让这些列或行进行扩展，以填满它的父元素的整个空间。先来看 HBoxLayout，在代码 5-10 中，创建了一个容器，这个容器可以操作 3 个子面板。

代码 5-10　HBoxLayout，使用 pack 配置

```
new Ext.Window({                              ❶ 设置布局为'hbox'
    layout      : 'hbox',
    height      : 300,
    width       : 300,
    title       : 'A Container with an HBox layout',
    layoutConfig : {                          ❷ 指定布局配置
        pack : 'start'
    },
    defaults : {
        frame : true,
    },
    items : [
      {
        title  : 'Panel 1',
        height : 100
      },
```

```
        {
            title  : 'Panel 2',
            height : 75,
            width  : 100
        },
        {
            title  : 'Panel 3',
            height : 200
        }
    ]
}).show();
```

在代码 5-10 中，把 layout 设置成了'hbox'❶，并且指定了 layoutConfig ❷配置对象。接着又创建了 3 个子 Panel，这 3 个子 Panel 大小也都不规则，这样一来，就可以很好地测试一下 pack 和 align 这两个配置参数了，其中 pack 指的是"垂直方向上的对齐"，而 align 指的是"水平方向上的对齐"。了解这两个参数的含义非常重要，因为在 HBoxLayout 和 VBoxLayout 这对孪生布局模型中，它们的意思正好相反。pack 参数可以有 3 个值 start、center 和 end。在这里，我更愿意将它们看做 left、center 和 right。图 5-12 就是修改代码 5-10 中这些参数后的一个结果。Pack 属性的缺省值是'start'。

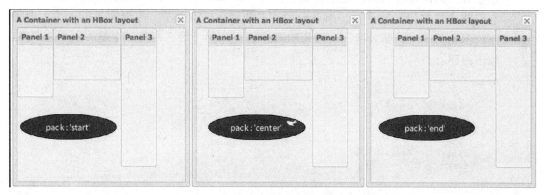

图 5-12 3 种 pack 设置的效果

align 参数可以有 4 个值，'top'、'middle'、'stretch' 和 'stretchmax'。要记住，对于 HBoxLayout 来说，align 的属性指定的是垂直方向上的对齐。

align 参数的缺省值是'top'。要想调整这些子面板在垂直方向上的对齐方式，可以用容器的 layoutConfig 对象来修改这个缺省值。图 5-13 所示的就是不同的组合方式对于这些子元素的大小和排列方式的影响。

把 align 属性设置成'stretch'时，会让 HBoxLayout 根据容器的大小重新调整子元素的高度，这样就能克服 ColumnLayout 的局限性。

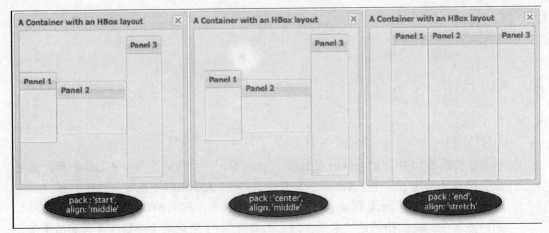

图 5-13　用'stretch'的对齐方式时会忽略给子元素指定的高度

必须要解释的最后一个配置参数是 flex，这个参数和 ColumnLayout 中的
ColumnWidth 参数类似，也是用于指定子元素的。不过与 ColumnWidth 参数不同，
flex 参数可以看成权重或优先级，而不是列的百分比。下面来进行具体说明，例如，
想让每一列都具有相同的宽度，那就把每列的 flex 值设成相等的值就可以了，这样
它们就会具有相同的宽度。如果希望其中两列正好占据了父容器宽度的一半，而第
三列占据另一半，那么就让头两列的 flex 值正好等于第三列的一半就可以了。例如，
以下段码：

```
items : [
    {
        title : 'Panel 1',
        flex  : 1
    },
    {
        title : 'Panel 2',
        flex  : 1
    },
    {
        title : 'Panel 3',
        flex  : 2
    }
]
```

如果要在垂直方向上来摆放这些元素，在 VBoxLayout 中也是可以的，它使用的语
法和 HBoxLayout 中是完全一样的。要想使用 VBoxLayout，需要修改代码 5-10，把 layout
改为'VBox'，然后重新刷新页面就可以了。接着就可以像前面所说的那样来调整 flex 参
数，这样就可以让每个 Panel 和它们的父 Container 在高度上有某种关系。我更喜欢将
VBoxLayout 看作是 ContainerLayout 的增强版。

比较一下 VBoxLayout 和 HBoxLayout，有一个参数需要修改。回忆一下，
HBoxLayout 的 align 参数可以接受一个 top 值。不过对于 VBoxLayout，需要使用 left，

而不是 top。

现在，已经掌握了 HBox 和 VBox 两种布局，下面要把注意力转移到 TableLayout 上，在这种布局中，可以定位子元素，就像是传统的 HTM 表格一样。

5.10 TableLayout

TabelLayout 提供了展示组件时的完全控制。很多人都习惯于用代码来编写 HTML 表格。不过要是构建一个 Ext 的表格组件就有一点不一样，因为它使用用一维数组来指定表格的内容，这一点可能有些不好理解。不过我敢打包票，一旦做完了下面这个练习，就会成为这种布局的专家了。代码 5-11 中我建的是一个 3×3 的 TabelLayout。

代码 5-11 一个 TableLayout

```
var myWin = new Ext.Window({
    height      : 300,
    width       : 300,
    border      : false,
    autoScroll  : true,
    title       : 'A Window with a Table layout',      ❶ 指定布局为'table'
    layout      : 'table',
    layoutConfig : {                                    ❷ 表格有 3 栏
        columns : 3
    },                                                  ❸ 单元格的默认尺寸为 50×50
    defaults    : {
        height : 50,
        width  : 50
    },
    items       : [
        {
            html : '1'
        },
        {
            html : '2'
        },
        {
            html : '3'
        },
        {
            html : '4'
        },
        {
            html : '5'
        },
        {
            html : '6'
        },
        {
            html : '7'
        },
```

```
        {
            html : '8'
        },
        {
            html : '9'
        }
    ]
});

myWin.show();
```

代码 5-11 中所创建的窗口是一个 3×3 共有 9 个单元格的表格，如图 5-14 所示。到目前为止，对我们来说，这段代码中的很多内容都已经看起来很熟悉了，但是还是想要强调几点。最明显的就是应该把 layout 这个参数❶设置成' table '。接着又设置了一个 layoutConfig 对象❷，这个对象设置了列数。在使用这种布局模型的时候一定要记得设置这个属性。最后对所有子元素都设置了一个 50 像素宽、50 像素高的默认尺寸❸。

图 5-14 第一个简单的表格布局

经常需要让表格的某个单元跨越多行或多列。要想实现这一点，必须使用 rowspan，或 colspan 参数来明确地指定这些子元素。下面对这个表格做点改动，好让它们可以跨越多行或者多列，如代码 5-12 所示。

代码 5-12 开发 rowspan 和 colspan

```
items : [
    {
        html    : '1',          ❶ 设置 colspan 为 3，宽度为 150px
        colspan : 3,
        width   : 150
    },
    {
        html    : '2',          ❷ 设置 rowspan 为 2，高度为 100px
        rowspan : 2,
        height  : 100
    },
    {
        html : '3'
    },
    {
        html    : '4',          ❸ 设置 rowspan 为 2，高度为 100px
        rowspan : 2,
        height  : 100
    },
    {
        html : '5'
    },
```

```
  {
    html : '6'
  },
  {
    html : '7'
  },
  {
    html : '8'
  },
  {
    html     : '9',
    colspan : 3,
    width   : 150
  }
]
```

❹ 设置 colspan 为 3，宽度为 150px

在代码 5-12 中，重用了代码 5-11 中容器的代码，并对它的 items 数组进行了替换。代码 5-12 把第一个面板❶的 colspan 属性设置成了 3，然后手工将其宽度设置为表格的宽度，也就是 150 个像素。要记住，这是一个有 3 列，每列都默认是 50×50 的子容器。再接下来，把第二个单元❷的 rowspan 设置为 2，并且把它的高度设置为两行的高度，也就是 100 个像素。对于面板 4❸，我们是如法炮制。最后一个修改是针对面板 9 的，它和面板 1❹具有完全相同的属性。最后的渲染效果如图 5-15 所示。

在使用 TableLayout 的时候要注意几点。首先，必须要确定好要用的列的总数，然后在 layoutConfig 这个参数中明确指定它。同样，如果想让这个组件跨越多行或者多列，一定要相应地设置它们的尺寸；否则，这些组件就不能正确对齐。

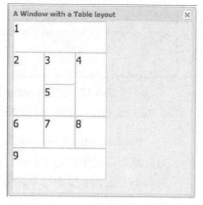

图 5-15　在使用 TableLayout 时，可以给某个组件设定 rowspan 和 colspan，这就实现跨越多行或多列

TableLayout 是一个相当强大的布局模型，可以用它创建出任何所能想到的各种布局，这种布局的主要限制就是这种模型没有父-子大小的管理功能。

现在我们的 Ext 布局之旅即将到达终点，最后一站就是曾经很流行的 BorderLayout 布局，在这种布局模型中，可以把每一个容器拆分成 5 个可折叠的区域，然后再分别管理子元素的大小。

5.11　BorderLayout

BorderLayout 最早出现在 2006 年，当时 Ext 还不过是 YUI 库的一个扩展，这个库已经非常成熟了，能够提供非常灵活并且非常容易使用的布局模型，能够对它的各个区域进行非常完整的控制。这些区域按照地理坐标被命名为 North、South、East、West 和 Center。图 5-16 所示为用 Ext SDK 实现的 BorderLayout。

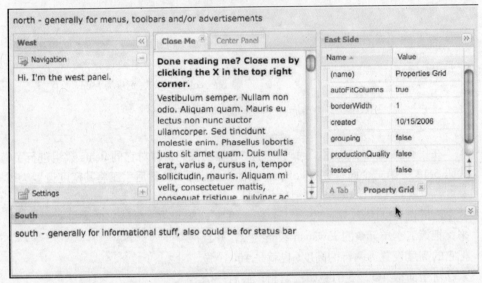

图 5-16　正是 BorderLayout 吸引了许多开发着对 Ext 框架的兴趣，
它也被广泛地用于许多应用程序中，把一个屏幕按照任务划分成功能区

　　BorderLayout 的每一个区域都是通过 BorderLayout.Region 类来进行管理的，这个类为区域提供了全部的 UI 和程序控制。用户可以用所提供的配置选项对这个区域重新定义大小，或者干脆把这个区域收缩起来。也可以通过选项来限制调整大小，或者就干脆禁止调整大小。

　　为了研究 BorderLayout 和 Region 这两个类，需要使用 Viewport 这个类，因为这个类可以让我们更容易地观看最终的测试结果，如代码 5-13 所示。

代码 5-13　BorderLayout

```
new Ext.Viewport({
    layout   : 'border',              ❶ 分割区域，可以调整大小
    defaults : {
        frame : true,
        split : true
    },
    items : [
        {
            title    : 'North Panel',          ❷ 静态的 North 区域
            region   : 'north',
            height      : 100,
            minHeight   : 100,
            maxHeight   : 150,
            collapsible : true
        },
```

```
    {
        title    : 'South Panel',                     ❸ 静态且可调整大小的 South 区域
        region   : 'south',
        height   : 75,
        split    : false,
        margins  : {
            top : 5
        }
    },
    {
        title    : 'East Panel',              ←❹ East 区域
        region   : 'east',
        width    : 100,
        minWidth : 75,
        maxWidth : 150,
        collapsible : true
    },
    {                                               ❺ 可收缩到最小的 West 区域
        title      : 'West Panel',
        region     : 'west',
        collapsible : true,
        collapseMode : 'mini'
    },
    {
        title  : 'Center Panel',
        region : 'center'
    }
    ]
});
```

在代码 5-13 中，只使用了很少的代码就让 Viewport 完成了很多事情。先把 layout 设置成'border'❶，然后把 split 设置为 true。效果马上就出来了，图 5-17 显示了这段代码渲染后的效果。

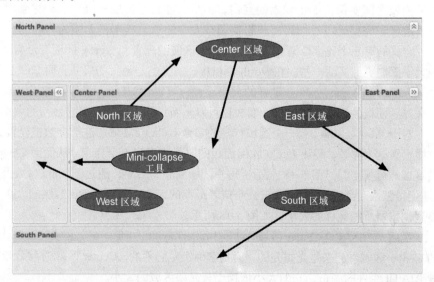

图 5-17　由于 BorderLayout 的易用性和功能丰富，它在基于 Ext 的 RIA 开发中广为流行

尽管从技术上看所有这些区域是被分开的，split 参数会让 BorderLayout 在中央和其他区域之间显示一个 5 个像素高（或宽）的分隔条。可以通过分隔条来调整这些区域的大小。BorderLayout 是通过 BorderLayout.SplitRegion 类达到这个效果的，这个类创建了一个用绝对坐标表示的不可见的 div，这个 div 用来接收用户的单击和拖曳行为。当拖曳动作发生的时候，会出现一个代理 div，这个代理的 div 是分隔条 div 的兄弟，这样，用户就可以精确地看到调整后这个区域所达到的宽度和高度了。

接下来，开始实例化这些子元素，这些子元素都有 BorderLayout.Region 的参数。为了能够看到之前所说的效果，需要让这些区域彼此之间有所差异。

对于第一个子元素❷，将它的 region 属性设置为' north '，这样保证它会显示在 BorderLayout 的顶部。在设置 BoxComponent-特有的参数 height，以及 region-特有的参数 minHeight 和 maxHeight 的时候，我们使用了一点小技巧。把 height 设置为 100，实际上是指在渲染面板时的初始高度是 100 个像素，而 minHeight 让这个区域最小的高度是 100 个像素，这样再拖动分割条的时候不会超出坐标。对于 maxHeight 参数也是同样的，只不过它所设置的是区域扩展的最大高度。同时将 Panel 特有的参数 collapsible 设置为 true，当这个区域被收缩的时候，最大高度是 30 个像素。

接下来定义了 viewport 的第二个成员❸，也就是 South 区域，这次用的还是同样的技巧，这次不允许调整大小，不过区域之间 5 个像素的分隔条仍然保留。通过将 split 参数设置为 false，告诉这个区域不可以调整大小。这样做也会让区域减去那 5 个像素的分隔条，但是这样会让布局看起来有些不完整。为了能够实现一个装饰作用风格的分隔条，可以指定这个区域所特有的 margins 参数，这个参数指定了 South 区域和它上方的内容之间要保留 5 个像素的空白。但是，在这里需要提醒一点，尽管现在这个布局看起来很完整，不过如果用户想要调整大小的话，其实是无能为力的。

定义的第三个元素❹是 East 区域。这个区域的配置和 North 面板有点类似，不过它的大小限制更加灵活一些。在 North 区域中，定义的是最大的尺寸，而 East 区域定义的是 minWidth 和 maxWidth。这样的大小设置，可以让 UI 以一种默认的或者是建议的大小来显示面板的尺寸，同时这个面板还可以重新设置大小，超出它最初的大小。

对于 West 区域❺，有一个区域特定的参数 collapseMode，这个参数被设置为' mini '。这样设置这个参数，是让 Ext 在收缩面板的时候收缩到 5 个像素，从而为 Center 区域提供更多的可视空间。图 5-18 显示了这个区域到底有多小。通过把 split 参数保留为 true（还记得默认对象吗），而不指定最小或者最大的大小参数，Weste 区域的大小可以被调整到浏览器所能允许的大小，如图 5-18 所示。

最后一个区域是 Center 区域，这是 BorderLayout 中唯一一个必须的区域。尽管这里的 Center 区域看起来是光秃秃的，但是它确实是必须的。Center 区域通常是开发人员放置 RIA UI 组件的画布，它的大小依赖于其兄弟区域的大小。

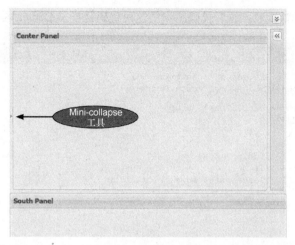

图 5-18   在这个 BorderLayout 中，North 和 East 两个区域以正常方式收缩，
而 West 区域缩到最小

除了这些优势之外，BorderLayout 也有一个非常大的缺点，一旦某个区域中定义了
或者创建了一个子元素，这个子元素就不能再被修改了。**因为 BorderLayout.Region 是
一个基类，并不是扩展于 Container，一旦它被实例化了，就不能再对子元素进行替换
了。**要解决这个问题也是很容易的。对于那些要替换组件的区域来说，把这些区域指定
为 Container 就行。下面还是来做个练习，把代码 5-13 中的 Center 区域替换掉。

```
{
    xtype  : 'container',
    region : 'center',
    layout : 'fit',
    id     : 'centerRegion',
    autoEl : {},
    items  : {
        title : 'Center Region',
        id    : 'centerPanel',
        html  : 'I am disposable',
        frame : true
    }
}
```

记住只可以创建一次 Viewport，因此需要刷新一下页面。刷新后的 Viewport 看起来
与图 5-18 很相似，只不过现在的 Center 区域中有一个 HTML 元素，表明它是可以被调
整的。在前面这个例子中，在定义容器的 XType 的时候，把 layout 设置成了 fit，同时
指定了一个 id，在 Firebug 的 JavaScript 控制台中可以利用这个 id。

回忆一下之前关于在一个容器中添加或删除子元素的例子，还能想起来如何通过 id
来获得对组件的引用，然后再删除一个子元素吗？如果能够回忆起来，那非常好！如果
回忆不起来，代码 5-14 可供参考。不过一定要复习前面的单元，因为这些内容对于管

理 Ext 的 UI 非常重要。看看代码 5-14，这段代码替换了 Center 区域的子元素。

代码 5-14　在 Center 区域中更换元素

```
var centerPanel  = Ext.getCmp('centerPanel');
var centerRegion = Ext.getCmp('centerRegion');

centerRegion.remove(centerPanel, true);
centerRegion.add({
    xtype       : 'form',
    frame       : true,
    bodyStyle   : 'padding: 5px',
    defaultType : 'field',
    title       : 'Please enter some information',
    defaults    : {
        anchor : '-10'
    },
    items       : [
        {
            fieldLabel : 'First Name'
        },
        {
            fieldLabel : 'Last Name'
        },
        {
            xtype      : 'textarea',
            fieldLabel : 'Bio'
        }
    ]
});
centerRegion.doLayout();
```

代码 5-14 中利用了到目前为止已经学到的 Components、Containers 和 Layouts，可以灵活地对 Center 区域中的子元素进行替换，例如用一个 FormPanel 替换 Panel。可以用这种模式把任何一个区域中的任何一个子元素换掉。

5.12　小结

我们花了大量的时间来解释 Ext 布局模式的功能。在这个过程中，了解到了它们的强项、弱点以及陷阱。记住，尽管很多布局模型做的事情都差不多，但是它们却各有各的用途。如果你还是一个 UI 设计的新手，不太容易判断该用哪个布局来显示这些 Components，还是需要多做一些练习。

如果在这章结束的时候，还不能够完全地领会这章的内容，建议你还是回过头沉淀一下以前的内容。

现在，已经了解了很多核心的主题了，此刻需要系好安全带了，下面要进入一个蛮荒地带，将会学习到更多如何使用 Ext 的 UI 组件的内容，那先从表单 Panel 开始吧。

第6章　Ext JS 的表单

本章包括的内容：

- 了解 FormPanel 输入字段的基础知识
- 创建自定义的 ComboBox 模板
- 创建复杂布局的 FormPanel

刚刚学习了如何利用 Ext 框架中的各种布局管理器来组织的 UI 小挂件。从现在开始，要开始学习如何实例化和管理 Ext JS 的表单元素。毕竟，一个没有用户输入的应用程序是没什么意义的。

对于 Web 开发人员来说，开发和设计表单无疑是一个日常任务。在过去的几年中，JavaScript 主要用于表单的验证。但是 Ext JS 不仅仅可以提供传统的表单验证，还能在基本的 HTML 输入字段之上提供一些额外的功能，从而增强用户的体验。举个例子，假如一个用户需要在一个表单中输入 HTML 内容，如果使用传统的 TextArea 输入字段，用户必须手工输入 HTML 的内容，不过有了 Ext JS 的 Html-Editor 之后就不需要这么做了，这是一个功能完整的所见即所得（WYSIWYG）的输入字段，用户可以很容易地输入和操作这些富格式的 HTML 内容。

我们在这章里会探讨 FormPanel 的内容，你会了解到很多的 Ext JS 表单输入类。会看到如何利用之前所学的各种布局和容器模型构建一个复杂的表单，以及如何通过 Ajax 实现数据的提交和加载。

因为输入字段牵扯到的内容太多，因此这一章更像是一个使用手册。在这一章，我会带领你见识各种各样的输入字段，并讨论如何使用它们。一旦对这些输入字段有了深刻的理解，就可以把这些内容集中在一起来讨论并使用 FormPanel 类了。

6.1 TextField

Ext 的 TextField 给原始的 HTML 输入字段增加了很多功能，例如基本的验证、验证方法的自定义、大小的自动调整以及对键盘输入的过滤。要想使用一些更强大的功能，例如键盘输入过滤（也叫做掩码）和自动字符裁剪，需要了解一些正则表达式的知识。

> **了解更多 JavaScript 的正则表达式**
>
> 如果刚刚接触正则表达式，网上有很多这方面的信息可以利用。关于这个主题我个人最喜欢的网站是 http://www.regularexpressions.info/javascript.html。

本节会讨论 TextField 的很多特性。请跟上我的进度，因为其中的一些实例代码会比较长。

TextField 是 Component 的一个子类，既可以通过 renderTo 或 applyTo 把这些元素直接放到页面上，也可以把它们当成是 FormPanel 的子元素来进行构造，这样能提供更好的展示效果。在开始之前，需要先创建一个 items 数组，这个数组中存放的是不同 TextFields 的 XType 定义，如代码 6-1 所示。

代码 6-1   我们的文本字段

```
Ext.QuickTips.init();

var fpItems =[
    {
        fieldLabel : 'Alpha only',          ← ❶ 字段标签      ❷ 启用基本的空白验证
        allowBlank : false,
        emptyText  : 'This field is empty!',
        maskRe     : /[a-z]/i                           ❸ 空字段
    },                                        ❹ 只接受字母字符
    {
        fieldLabel : 'Simple 3 to 7 Chars',
        allowBlank : false,
        minLength  : 3,
        maxLength  : 7                       ❺ 允许的最小/最大字符数
    },
    {
        fieldLabel  : 'Special Chars Only',
        stripCharsRe : /[a-zA-Z0-9]/ig
    },                                        ❻ 仅允许特定的字符
    {
        fieldLabel : 'Web Only with VType',
        vtype      : 'urlOnly'
    }                                         ❼ 使用自定义的 VType
];
```

在代码 6-1 中，可以从多个角度体会一个简单的 TextField 所具有的威力，在 fpItems 数组中创建了 4 个文本字段。这些子元素共有的一个属性是 fieldLabel❶，这个属性是用来告诉 FormLayout（FormLayout 是 FormPanel 的默认布局）字段元素的标签要放什么文本。

对于第一个字段，通过把 allow-Blank❷设置为 false 来确保字段内容不能为空，这里用到了 Ext 的一个最基本的字段验证，同时还给 emptyText❸设置了一个字符串值，这样就会显示一段帮助文本，也会用作默认值。需要知道的是，当这个表单被提交的时候，这个值也会作为字段的值被传递出去，这一点很重要。接下来，又设置了maskRe❹，这是一个正则表达式，用来对那些输入的非字母字符进行过滤。第二个文本字段的构建规则是这样的：内容不能是空，而且必须要包含 3~7 个字符才可以。这里是通过设置 minLength❺和 maxLength 两个参数来保证这一点的。第三个文本字段可以为空，不过它使用了自动的字母数字字符分离。通过给 stripCharsRe❻参数设置一个有效的正则表达式来实现这个功能。对最后一个字段用到了 VTypes❼，稍后探讨相关内容。

最后一个元素是一个纯文本字段，用到了自定义的 VType❼，现在就要构造这个对象。一个 VType 就是一个自定义的验证方法，当这个字段失去焦点或在字段内容被修改之后被自动调用这个验证方法。要想创建自己的 VType，需要使用一个正则表达式，也可以是一个自定义的函数。VType 的组成很简单，可以包含 3 个成员。验证方法是唯一一个必需的元素，而代表输入掩码的正则表达式以及无效文本字符串是可选的。VType 的名字就是验证方法，而 Mask 或 Text 这两个属性的名字是用 VType 的名字和 Mask 和 Text 两个单词拼接起来的。下面来创建一个自定义的VType：

```
var myValidFn = function(v) {
    var myRegex = /https?:\/\/([-\w.]+)+(:\d+)?(\/([\w/_.]*(\?\S+)?)?)?/;
    return myRegex.test(v);
};

Ext.apply(Ext.form.VTypes, {
    urlOnly     : myValidFn,
    urlOnlyText : 'Must be a valid web URL'
});
```

这个正则表达式看起来挺恐怖。不过它确实提供了我们想要的功能，稍后就会看到。我们的验证方法叫 myValidFn，其中有一个恐怖的正则表达式，然后它返回了测试的结果，传入的 v 是 TextField 的值。当 VType 的验证方法被调用的时候，就会把这个值传进去。接下来，给 Ext.form.VTypes 这个单体使用了一个对象，它包含了 urlonly——对验证函数的引用。现在 Ext.form.VTypes 就知道 VType 是 urlonly，这也是为什么会这样设置最后一个 TextField 的 VType 属性。这里还为 VType 设置了 urlOnlyText 属性，这个字符串用作一个自定义的错误消息。现在，就完成了对 VType 的研究，下面来构建一个表单，把 TextField 放在里面，如代码 6-2 所示。

代码 6-2 为 TextFields 构建 FormPanel

```
var fp = new Ext.form.FormPanel({
    renderTo      : Ext.getBody(),
    width         : 400,
    height        : 160,
    title         : 'Exercising textfields',
    frame         : true,
    bodyStyle     : 'padding: 6px',
    labelWidth    : 126,
    defaultType   : 'textfield',          ❶ 设置默认的 XType 为 textfield
    defaults      : {
        msgTarget : 'side',
        anchor    : '-20'                 ❷ 设置验证消息目标
    },
    items         : fpItems
});
```

因为已经学习了 FormLayout，所以代码 6-2 中的许多内容看起来都很熟悉。不过还是要回过头来复习一些与 FormLayout 和组件模型有关的重要内容。通过把 defaultType❶属性设置为'textfield'、修改了组件的默认 XType，这样就能确保对象都会被按照一个文本字段进行处理。这里还设置了一些默认值❷，这可以保证将错误消息放在字段的右边，同时也设置了 anchor。最后，把 FormPanel 的 items 属性设置为之前所创建的 fpItems 变量，这个变量包含了 4 个 TextFields。这个 FormPanel 渲染后的效果如图 6-1 所示。

注意，在图 6-1 中，在 TextFields 的右边有一个明显的空白区域。这是因为希望校验产生的失败消息可以准确无误地放在这个字段的右侧展示。这也是为什么在的 FormPanel 定义中要将 msgTarget 设置为'side'的原因。校验方法在两种情况下会被调用：焦点的变化（包括得到焦点和失去焦点），或者是调用表单的 isValid 方法，也就是 fp.getForm().isValid()。图 6-2 显示的就是校验发生之后字段的样子。

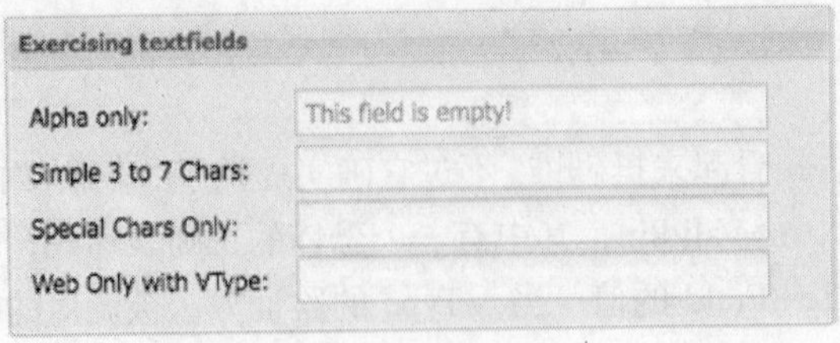

图 6-1 有 4 个 TextField 的 FormPanel 的效果

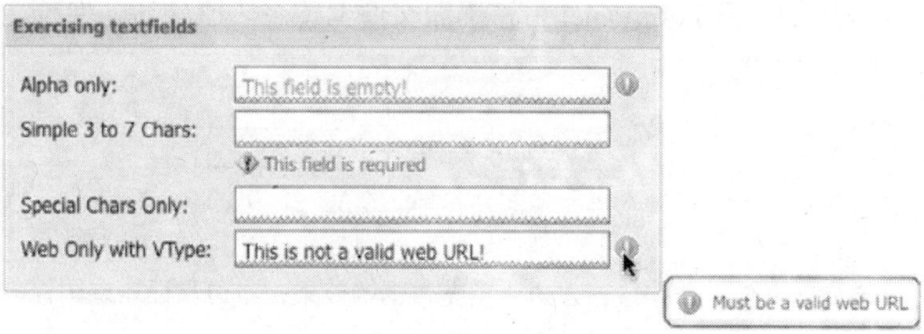

图 6-2 'side'效果的验证失败消息

每一个字段都可以有它自己的 msgTarget 属性，这个属性的取值可以是下面 5 值中的一个。

- qtip: 当把光标移到上面的时候出现 Ext 的一个快速小帮手。
- title: 在浏览器的缺省标题区域显示错误。
- under: 把错误消息显示在区域的下面。
- side: 在字段的右边显示一个惊叹号的图标。
- [element id]: 把错误消息文本加入到目标元素的 innerHTML 中。

要注意，msgTarget 这个属性影响的只是当字段被放在一个 FormLayout 中时，错误消息是如何显示的。如果 TextField 是作为页面上的一个任意元素进行展示的（也就是通过 renderTo 或 applyTo 方法），那么 msgTarget 只可以被设置成 title。建议你花点时间设置不同的 msgTarget 值；只有真的要开始构建一个表单的时候，才能对它们的工作机制有一个很好的理解。下面来看如何通过 TextField 创建一个密码和文件上传字段。

6.1.1 密码和文件选择字段

要在 HTML 中创建一个密码字段，要将 type 属性设置为'password'。同样，对于一个文件输入字段，需要把 type 设置为'file'。要在 Ext 中产生这些字段，可以使用下面的代码：

```
var fpItems =[
  {
    fieldLabel : 'Password',
    allowBlank : false,
    inputType  : 'password'
  },
  {
    fieldLabel : 'File',
    allowBlank : false,
    inputType  : 'file'
  }
];
```

图 6-3 显示的就是 FormPanel 中密码和文件上传字段渲染后的样子。

图 6-3　密码和文件上传字段，左边为填充数据的效果，右边验证错误图标的效果

在使用文件上传字段的时候，记住要给底层表单配上 fileUpload : true；否则这个文件是永远不会被提交的。同样，如果你有注意到的话，图 6-3 中的文件上传字段并没有一个红框。这是因为浏览器的安全模型不允许对文件上传字段进行样式化。

已经了解了许多有关 TextField 的内容了：包括字段的验证、密码、文件上传字段。现在需要继续看一下其他的上传字段。

6.1.2　构建 TextArea

TextArea 扩展了 TextField，是一个允许多行录入的字段。构建一个 TextArea 和构建一个 TextField 是一样的，只不过必须要把组件的高度也考虑进去。下面就是一个 TextArea 的例子，这个例子有固定的高度，但是宽度却是相对的：

```
{
    xtype     : 'textarea',
    fieldLabel : 'My TextArea',
    name       : 'myTextArea',
    anchor     : '100%',
    height     : 100
}
```

就是这么简单，下面我们来看看 NumberField，它是 TextField 的另一个子类。

6.1.3　方便的 NumberField

有时候需要只允许用户输入数字，当然可以用 TextField 然后加上自己的验证来完成这个工作，不过没有必要重复地发明轮子。NumberField 已经替我们做好了整数和浮点数的验证。接下来创建一个 NumberField，这个 NumberField 只能接受精度到千分位的浮点数，只允许特定的值。

```
{
    xtype            : 'numberfield',
    fieldLabel       : 'Numbers only',
    allowBlank       : false,
    emptyText        : 'This field is empty!',
    decimalPrecision : 3,
    minValue         : 0.001,
    maxValue         : 2
}
```

在这个例子中，创建了 NumberField 的配置对象。为了满足需求，指定了 decimalPrecision、minValue 和 maxValue 三个属性。这就保证了任何超出这个精度的浮点数都会被四舍五入。同样，minValue 和 maxValue 这两个属性也确保这个值的范围是从 0.001 到 2。任何超出这个范围的值都会被认为是无效的，Ext 会给出提示。NumberField 看起来是和 TextField 是一样的，NumberField 的属性的一些。更加详细的内容可以参考 API 的文档，地址为：http://extjs.com/docs/?class=Ext.form.NumberField。

现在，已经看过了 TextField 及其两个子类，TexArea 和 NumberField，下面来看它的远亲 ComboBox。

6.2 ComboBox 的预先输入

ComboBox 输入字段是所有文本输入字段中的"瑞士军刀"。它是由一个常见的文本输入字段和一个下拉框组成的复合体，这个复合体可以提供一个很灵活、高度可配置的输入字段复合体。ComboBox 的文本输入字段具有自动的文本补齐功能，叫做**预先输入**（*type-ahead*），同时它还有远程数据存储器，它可以和服务器端交互并对结果数据进行过滤。如果 ComboBox 要处理是一个远端的大数据集，还可以通过设置 pageSize 属性来启动对结果集的分页。图 6-4 所示为一个具有远程加载和分页功能的 ComboBox。

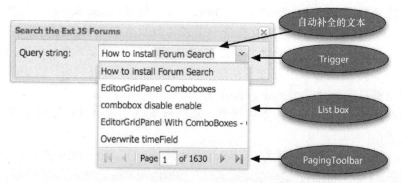

图 6-4　ComboBox 的预先输入、远程数据加载和分页的例子

在开始了解 ComboBox 机制之前，需要先探讨一下如何构建一个 ComboBox。既然已经熟悉了怎么摆放子元素，那现在是一个好机会，可以趁热打铁演练一下刚刚获得的经验。说干就干吧，因为现在要讨论的是一些没有子元素的元素，例如 fields，容器的创建工作就由读者来做吧。提示一下：可以用代码 6-2 中的 FormPanel。

6.2.1　构建一个本地 ComboBox[1]

与打造 ComboBox 比起来，创建一个 TextField 还是相对比较简单的。这是因为 ComboBox 和一个叫做数据存储器的类有直接的依赖关系，而后者是整个框架中管理数据的主要工具。这一章里，只会走马观花地看一下这个类，而更深入的探讨会放到第 7 章进行。在代码 6-3 中，创建了第一个 ComboBox，利用的也是 XType 方式的配置对象。

代码 6-3　构建第一个 ComboBox

```
var mySimpleStore = new Ext.data.ArrayStore({        ⬅━❶ 构建第一个 ArrayStore
    data  : [
        ['Jack Slocum'], ['Abe Elias'], ['Aaron Conran'], ['Evan Trimboli']
    ],
    fields : ['name']
});

var combo = {
    xtype       : 'combo',
    fieldLabel  : 'Select a name',          ❷ 指定 ComboBox 中的存储器
    store       : mySimpleStore,      ⬅━
    displayField : 'name',                   ⬅━❸ 设置显示字段
    typeAhead   : true,
    mode        : 'local'        ⬅━
};                                  ┗ 设置 ComboBox 为本地模式
                            ❹
```

在代码 6-3 中，构建了一个简单的数据存储器，这个数据存储器是从数组中读取的是数据，因此也叫做 ArrayStore❶（这是 Ext.data.Store 一个预先配好的扩展类，可以用这个类很容易地构造一个使用数组数据的数据存储器）。向数组中填充一些数据，然后把它设置为配置对象的 data 属性。接下来，把 fields 的属性设置为一个列[2]数组，数据存储器从这里读取数据并组织成记录。因为在数组中，每个数组都只有一列，因此也只指定了一个列，并且把这一列命名为'name'。同样，稍后会详细探讨数据存储器的细节，那时候就会了解到从记录到连接代理等全部内容了。

通过把 xtype 属性设置为'combo'，从而把 combo 作为一个简单的 POJSO 对象（Plain Old JavaScript Object），这样就可以确保父容器能调用正确的类。又把 Store 属性指定为之前创建的简单数据存储器❷。还记得刚才给这个 store 设置了 fields 属性吗？不错，ComboBox 的 displayField❸就是直接绑定到 ComboBox 的数据存储器的字段的，因为这个数据存储器只有一个字段，因此把 displayField 直接设置为这个字段就可以了，也就是'name'。最后，把 mode❹设置为'local'，这可以确保数据存储器不会去远端获取数据。

---

[1] 译者注：本地的意思是指数据来自于浏览器本地，而不是远程服务器或者其他地方。

[2] 译者注：原文是 data point，数据点，不过翻译成列读者会更容易理解和接受。

这一点非常重要，因为这个属性的默认值是**'remote'**，也就是说所有数据是通过远程请求获得的。如果忘了把它设置为'local'，就会出现一些问题。图 6-5 就是这个 ComboBox 渲染后的效果。

现在就可以在文本框中输入一些东西，体验一下过滤和 type-ahead 两个功能。虽然记录集目前只有 4 条记录，不过也足以让我们感受到它是如何工作的了。在文本字段中输入一个"a"，就会对这个列表进行过滤，然后在列表框中只显示两个名字。同时，ComboBox 的 type-ahead 还会把第一条匹配项的内容显示出来，也就是'be Elias'。同样，输入"aa"以后，只会过滤出 1 条记录，然后在文本框中自动填入'ron Conran'，还是 type-ahead。很好，现在有了一个很不错的本地 ComboBox。

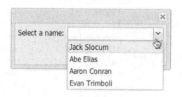

图 6-5　代码 6-3 中的 ComboBox 渲染后的效果

如果只有少量的静态数据，使用一个本地的 ComboBox 是非常不错的。不过它既有好处，也有缺点。最主要的好处是数据不需要从远端获取，如果有大量的数据，这就又变成一个主要缺点，因为它会让 UI 变得很慢，甚至是挂起，会显示出讨厌的"This script is taking too long"的错误消息框。这时就应该使用远程加载的 ComboBox 了。

6.2.2　使用远程的 ComboBox

和一个静态的实现比较起来，使用一个远程的 ComboBox 相对来说有些复杂，这是因为需要使用服务器端的代码，会用到一些服务器端的数据，例如数据库。为了不分散注意力，可以使用在我的站点上已经写好的一个 PHP 代码，网址为 http://extjsinaction.com/dataQuery.php，这段代码会随机地生成名字和地址，下面就开始实现这个远程的 ComboBox，如代码 6-4 所示。

代码 6-4　使用远程加载 ComboBox

```
var remoteJsonStore = new Ext.data.JsonStore({
    root            : 'records',
    baseParams      : {                         ◄┐❶ 指定 root 属性
        column : 'fullName'
    },
    fields          : [
        {
            name    : 'name',
            mapping : 'fullName'
        },
        {
            name    : 'id',
            mapping : 'id'
        }
    ],
```

```
    proxy : new Ext.data.ScriptTagProxy({
        url : 'http://extjsinaction.com/dataQuery.php'
    })
});

var combo = {
    xtype         : 'combo',
    fieldLabel    : 'Search by name',
    forceSelection : true,
    displayField  : 'name',
    valueField    : 'id',
    hiddenName    : 'customerId',
    loadingText   : 'Querying....',          ❷ 自动补齐的字符数
    minChars      : 1,
    triggerAction : 'name',
    store         : remoteJsonStore
};
```

在代码 6-4 中，把数据存储器的类型设置为 JsonStore❶，这也是一个预先配置好的 Ext.data.Store 的扩展类，利用它可以很容易地构造出一个使用 JSON 数据的数据存储器。对于这个数据存储器，要指定 baseParams 属性，这个属性保证了这些基本参数能在每次请求中传递。对于这个例子来说只有一个参数 column，这个参数被设置为'fullName'，它指明这一列是来源于 PHP 代码查询的数据库中的哪一列。接下来，指定了 fields，现在它是一个只有一个对象的数组，通过 name 和 mapping 这两个属性把进来的'fullName'属性翻译为'name'。也可以给每个记录的 ID 都创建一个映射，在提交的时候会用到它。也可以把字段设置成一个字符串数组，就像之前那个本地 ArrayStore 一样，不过这样一来，映射就和顺序有了依赖关系，如果用的是名字和映射，那么每条记录中字段的顺序是无关紧要的，这也是我们喜欢使用的方法。最后对于这个数据存储器，把它的 proxy 属性设置为一个 ScriptTagProxy 的实例，这个类是一个实现了跨域请求数据的工具，通过 url 属性来告诉 ScriptTagProxy 从哪个 URL 来加载数据。

在创建这个 ComboBox 的时候，把 forceSelection 设置成 true，对于远程过滤（同样包括 typeAhead）来说这很有用的，不过它会限制用户输入任意数据。接下来，把 displayField 设置成'name'，这样一来 TextField 中显示的就是 name 列的内容，然后又把 valueField 设置成'id'，这样就确保在提交 combo 的数据的时候传递的是 ID 的内容。hiddenName 属性经常会被忽视，不过这个属性可是非常重要的。因为显示的内容是人的名字，但提交的内容是他们的 ID，因此需要 DOM 能够提供这样的一个元素来放置这些值。由于之前已经指定了 valueField，于是会创建一个隐藏的输入字段来保存这些被选择的记录的值。为了能操作这些名字，把 hiddenName 设置成'customerId'。

用 loadingText 字符串属性设置了一个当列表框正在进行数据加载时所要显示的文本。minChars❷属性的含义是：最少要输入多少个字符后 ComboBox 才会执行数据存储器的加载，这个值默认是 4，我们覆盖了这个默认值。最后，把 triggerAction 设置成'all'，

它让 Combo 执行一个全量的数据加载，所创建的 Combo 如图 6-6 所示。

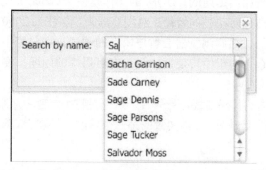

图 6-6 代码 6-4 中远程加载数据的 ComboBox 的例子

体验一下这个成果，你会感觉到对于一个用户来说，能够使用远程过滤是多么开心的事。下面来看看来自服务端的这些数据是如何被格式化的，如图 6-7 所示。

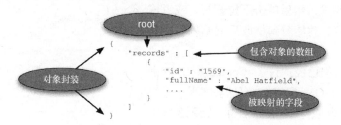

图 6-7 服务器端提供的 JSON 片段的展开视图

检查一下图 6-7 中的 JSON 片段，可以看到在这个远程 combo 的 JSON 数据存储器中所指定的 root 元素以及所映射的 fullName 字段。Root 里面包含了一个对象数组，数据存储器会对这里的数据进行翻译，并取出那些在 fields 中所映射的属性。注意，记录中 id 是第一个属性，fullName 是第二个属性，由于数据存储器的fields 数组中使用了 name 和 mapping，数据存储器就会忽略掉 id 以及记录的所有其他属性。

服务器端的代码也要按照图 6-6 中的数据格式，这样才能确保我们的 JSON 能够被正确地格式化。如果你不是很有把握的话，有一个免费的在线工具可以使用，这个工具在 http://jsonlint.com，你可以把你的 JSON 贴进去，然后看看能不能通过解析和校验。

在用代码 6-4 中的这些代码做练习的时候，可能已经注意到了，每次一开始的瞬间，UI 上的旋转条会有短暂的停顿，这是因为数据库中这 2000 条记录都要被送到浏览器并进行解析，DOM 操作会清空这个列表框，并创建一个节点。对于这个数据集来说，数据的传输和解析是相当迅速的，DOM 的操作是使 JavaScript 变慢的一个主要原因，这也是为什么会看到旋转动画的暂停。对浏览器来说，注入 2000 个 DOM 元素所需要的资源还是相当大的，因此浏览器会暂停所有的动画，主要着手这个工作。另外，一次给用户这么多记录，对于用户使用来说也有可用性的问题。要解决这个问题，可以使用分页。

首先，服务端的代码需要进行修改，这也是整个转变中最难的一部分。幸运的是，我们的 PHP 代码已经改好了，需要做的第一个修改就是在 JSON 数据存储器中加入下面的内容：

```
totalProperty : 'totalCount'
```

接下来，需要启动 ComboBox 的分页，只需要加上 pageSize 这个属性就可以了。

```
pageSize : 20
```

Ext 现在可以对 Combo Box 进行分页了。刷新一下代码，然后单击下拉箭头，或者输入一些字符，就能看到修改后的结果了，如图 6-8 所示。

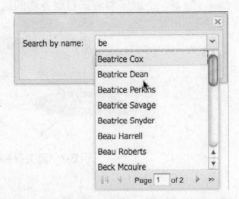

现在我们已经探讨了 ComboBox，分别用 Array 和 JSON 两种数据存储器实现了本地和远程两个版本。虽然目前已经讨论了 ComboBox 的许多内容，但是还只不过是把它当成一个增强版的下拉列表框，还没有讨论如何定制这些结果数据的展现形式。要想弄明白接下来要做的修改，例如使用模板和 itemSelector，需要先看一下 combo 的内部机制。

图 6-8 给远程的 ComboBox 加上分页功能

6.2.3   剖析 ComboBox

ComboBox 内部依赖于两个助手类，现在已经接触过了数据数据存储器，它负责的是数据获取和加载功能，另一个还未讨论的是 DataView，它要负责的是在列表框中显示结果数据，同时提供了必须事件，以支持用户对数据的选择。DataView 通过订阅数据存储器的'beforeload'、'datachanged'和'clear'等事件实现了与数据存储器的绑定。它又用到了 XTemplate，能按照提供的 HTML 模板来操作 DOM 并完成 HTML。现在要快速看一下 ComboBox 的组件了，先创建自己的 ComboBox。

6.2.4 定制自己的 ComboBox

当在 ComboBox 中启用分页的时候，只看到了名字。如果想同时看到名字和完整的地址该怎么办呢？数据存储器需要知道这些字段。把代码 6-4 改一改，需要加上对地址、城市、地区和编码的映射关系。读者自己完成这个任务。

在开始创建一个 Template 之前，必须创建一些必须的 CSS，如下所示。

```
.combo-result-item {
  padding:  2px;
  border:   1px solid #FFFFFF;
}

.combo-name {
  font-weight:      bold;
  font-size:        11px;
  background-color: #FFFF99;
}
.combo-full-address {
  font-size:  11px;
  color:      #666666;
}
```

在上面的 CSS 中，给 Template 中的每个 div 都创建了一个类，现在需要创建一个新的 Template，这样列表框才可以显示需要的数据。在创建 Combo 之前，先输入下面的代码：

```
var tpl = new Ext.XTemplate(
  '<tpl for="."><div class="combo-result-item">',
    '<div class="combo-name">{name}</div>',
    '<div class="combo-full-address">{address}</div>',
    '<div class="combo-full-address">{city} {state} {zip}</div>',
  '</div></tpl>'
);
```

这里不打算深入地探讨 Teamplte，因为它本身就值得用一整章来说明。有一点需要注意，任何用大括号{}括起来的字符串都会被直接映射到记录中。留意一下这里是如何处理除了'id'以外的数据列的，因为 id 列只是用来提交，并不需要显示。最后一点修改就是对 combo 本身的修改。需要一个新建的模板，然后新建一个 itemSelector：

```
tpl           : tpl,
itemSelector  : 'div.combo-result-item'
```

itemSelector 属性本身属于一种名为 Selectors 的伪语言，它描述的是 DOM 查询要匹配的样式。就这个例子而言，当单击任何子元素的时候，都由 Ext.DomQuery 类来选择属于'combo-result-item'类的 div。现在可以测试一下。如果一切正确的话，效果如图 6-9 所示。

目前所做的 ComboBox 定制还只是冰山一角!因为可以完整地掌控列表框的显示,甚至可以在列表框中加上图片或者是 QuickTips。

在这一部分,已经学会了如何创建一个本地的或远程的 ComboBox。也学会了 ArrayStore 和 JsonStore 这两个数据存储器类。还在远程版本中实现了分页功能,并详细地分析了 ComboBox,还做了列表框的定制。ComboBox 还有一个子类叫做 TimeField,可以帮助创建一个从指定范围内选择时间的 ComboBox。接下来看看如何创建一个 TimeField。

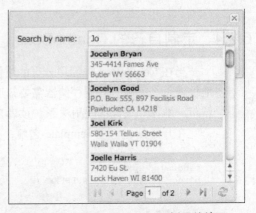

图 6-9　自定义 ComboBox 例子的效果

6.2.5　时间

TimeField 也是一个好用的类,使用它可以很容易地在表单中加上一个时间选择字段。要想构造一个通用的 TimeField,我们可以创建一个 xtype 是'timefield'的配置对象,然后就可以得到一个范围从 12:00 A.M.到 11:45 P.M.的 ComboBxo 了,如下代码:

```
{
    xtype     : 'timefield',
    fieldLabel : 'Please select time',
    anchor    : '100%'
}
```

图 6-10 就是这个字段渲染后的效果。

TimeField 也是可配置的,可以设置时间的范围、增幅、甚至是时间格式,对这个 TimeField 做些改动,加上下面这些属性,这样可以使用从 9:00 A.M.到 6:00 P.M.,以 30 分钟为增幅的时间了。

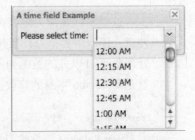

```
...
    minValue  : '09:00',
    maxValue  : '18:00',
    increment : 30,
    format    : 'H:i'
```

图 6-10　TimeField 渲染效果

在这个属性列表中,设置了 minValue 和 maxValue 两个属性,这两个属性定义了 TimeField 的时间范围。把增幅属性设置为 30,格式设置为'H:i',或者 24 小时和 2 个数字的分钟。Format 的属性值必须是 Date.parseDate 方法允许的合法值。如果要使用定制格式,需要参考完整的 API 文档,网址为:http://extjs.com /docs/?class= Date&member=

parseDate。

既然已经看到了 ComboBox 和它的子类 TimeField 是怎么用的了，接下来就再看看 HTMLEdirot。

6.3 所见即所得

Ext 的 HtmlEditor 就是个所见即所得（WYSIWYG）的编辑器。这是一个好东西，用户不需要精通 HTML 和 CSS 就可以录入 HTML 的富文本格式。它允许对其工具栏上的按钮进行配置，阻止用户的某些交互行为。下面创建第一个 HtmlEdirot。

6.3.1 构造第一个 HtmlEditor

构造一个普通的 HTML 编辑器和构造一个 TextField 一样简单：

```
var htmlEditor = {
    xtype     : 'htmleditor',
    fieldLabel : 'Enter in any text',
    anchor    : '100% 100%'
}
```

这个 HtmlEditor 如图 6-11 所示。

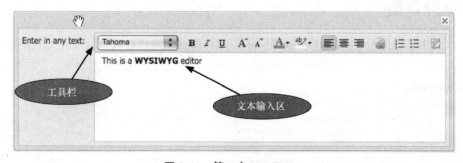

图 6-11　第一个 HtmlEditor

接下来，看如何通过配置让 HtmlEditor 的工具栏不显示某些元素。只要把 enable<someTool>属性设置成 false 就可以很容易地做到这点。例如，如果想禁用字体和大小选择菜单项，可以把下面这些属性设置成 false。

```
enableFontSize : false,
enableFont    : false
```

非常简单，改好之后，刷新页面。现在就看不见字体下拉菜单和改变字体的按钮了。

要想了解都有哪些选项可用，还是得去看 API。HtmlEditor 的确是一个好工具，不过和其他工具一样，也有其局限性。

6.3.2　解决缺少校验的问题

对于 HtmlEditor 而言，一个最大的局限就是它甚至不具备最基本的校验功能，也没有办法把这个字段设为无效。要想把这个字段放在表单上，必须创建自己的校验方法。可以像下面这样创建一个简单的 validateValue 方法完成校验：

```
var htmlEditor = {
    xtype        : 'htmleditor',
    fieldLabel   : 'Enter in any text',
    anchor       : '100% 100%',
    allowBlank   : false,
    validateValue : function() {
        var val = this.getRawValue();
        return (this.allowBlank ||
            (val.length > 0 && val != '<br>')) ? true : false;
    }
}
```

尽管内容为空或者只有一个换行时，validateValue 方法会返回 false，它仍然无法标记。本章后面会讨论如何在提交之前测试表单内容的有效性。现在还是先看看日期字段。

6.4　选择日期

DateField 是一个有趣的表单小部件，用户既可以通过输入字段录入一个日期，也可以利用 DatePicker 部件选择一个日期，它把 UI 的优雅表现得淋漓尽致。下面构建一个DateField：

```
var dateField = {
    xtype      : 'datefield',
    fieldLabel : 'Please select a date',
    anchor     : '100%'
}
```

就这么简单。图 6-12 所示的就是 DateField 渲染后的效果。

可以通过设置一个日期属性来配置不允许选择哪些天，这个属性是一个能和 format属性相匹配的字符串数组。format 属性默认是 m/d/Y，即 01/01/2001。下面就是通过默认格式禁止日期的例子：

```
["01/16/2000", "01/31/2009"] disables these two exact dates
["01/16"] disables this date every year
["01/../2009"] disables every day in January for 2009
["^01"] disables every month of January
```

现在，已经适应了 DateField 和 TextField 的其他子类了，继续研究 Checkbox 和 Radio

字段，看看如何利用 CheckboxGroup 和 RadioGroup 这两个类创建字段的集合。

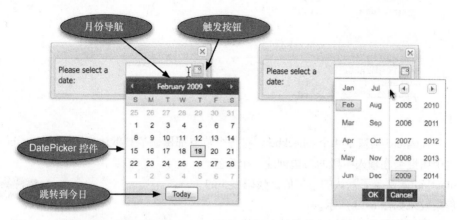

图 6-12 展开了 DatePicker 的 DateField（左），以及选择年月的 DatePicker（右）

6.5 Checkbox 和 Radio

这一节，不仅要关注如何实例化 Checkbox 和 Radio，还要演示如何把它们并排的、一个叠一个地摆放。这有助于我们开发支持复杂数据选择的表单。

Ext 的 Checkbox 字段在原始的 HTML Checkbox 字段周围封装了 Ext 元素管理，同时还包括了布局控制。就像使用 HTML 的 Checkbox 一样，可以指定 Checkbox 的值，覆盖默认的布尔值。先建几个 Checkbox 看看，这次用的是自定义的值，如代码 6-5 所示。

代码 6-5　构建 Checkbox

```
var checkboxes = [
    {
        xtype       : 'checkbox',
        fieldLabel  : 'Which do you own',      ❶ 设置标签文本
        boxLabel    : 'Cat',
        inputValue  : 'cat'                    ❷ 默认的输入值
    },
    {
        xtype        : 'checkbox',
        fieldLabel   : '',
        labelSeparator : ' ',
        boxLabel     : 'Dog',
        inputValue   : 'dog'
    },
    {
        xtype        : 'checkbox',
        fieldLabel   : '',
```

```
        labelSeparator : ' ',
        boxLabel       : 'Fish',
        inputValue     : 'fish'
    },
    {
        xtype          : 'checkbox',
        fieldLabel     : '',
        labelSeparator : ' ',
        boxLabel       : 'Bird',
        inputValue     : 'bird'
    }
];
```

　　代码 6-5 构造了 4 个 Checkbox，对每个节点都覆盖了其默认的 inputValue。boxLable

这个属性会在输入字段的右边创建一个标签，
inputValue 覆盖了默认的布尔值。代码 6-5 的
渲染效果如图 6-13 所示。

　　尽管代码 6-5 在大部分表单上都能工作，
不过对较大的表单来说，这么做会很浪费屏幕
空间。在代码 6-6 中，用 CheckboxGroup 完成
Checkbox 的自动摆放。

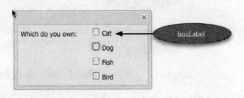

图 6-13　我们第一个四选项 CheckBox

代码 6-6　使用 CheckboxGroup

```
var checkboxes = {
    xtype      : 'checkboxgroup',
    fieldLabel : 'Which do you own',
    anchor     : '100%',
    items      : [
        {
            boxLabel   : 'Cat',
            inputValue : 'cat'
        },
        {
            boxLabel   : 'Dog',
            inputValue : 'dog'
        },
        {
            boxLabel   : 'Fish',
            inputValue : 'fish'
        },
        {
            boxLabel   : 'Bird',
            inputValue : 'bird'
        }
    ]
};
```

　　如果这样使用 CheckboxGroup，它会把 Check Box 在水平方向上排成一列，如图 6-14
所示。指定列数也很简单，只需要把 columns 属性设置成想要的列数就可以了。

图 6-14　CheckboxGroup 的两种用法，水平一行（左）以及两列摆放（右）

怎么用 CheckboxGroup 完全取决于需求。Radio 和 RadioGroup 两个类的用法和 Checkbox 和 CheckboxGroup 的用法基本一样。最大的区别就在于可以通过给 Radio 一个相同的名字对他们进行分组，这就达到每次只选一个项的目的了。还是构建一组 Radio 吧，如图 6-15 所示。

图 6-15　单列的 Radios

因为 RadioGroup 类扩展自 CheckboxGroup，二者的使用方法也是相同的，因此就不再重复了。现在已经研究了 Check 和 Radio 两个类以及各自的 Group 类，接下来就要把这些内容放在一起，更深入地研究 FormPanel 了，到时会学到如何进行表单级别的检查以及更复杂的表单布局。

6.6　FormPanel

借助于 FormPanel，可以通过 Ajax 提交和加载数据，也可以在发现某个字段内容无效时给用户及时的反馈。因为 FormPanel 是 Container 类的子类，可以很容易地添加、移除输入字段，从而创建一个真正动态的表单。

> **文件上传不是真正的 Ajax**
>
> 大部分浏览器的 XMLHttpRequest 对象是不能提交文件数据的。为了表现得像是一个 Ajax 提交，Ext JS 使用了一个 IFRAME 来提交那些包含文件上传元素的表单。

使用 FormPanel 的另外一个好处是它可以利用其他的布局或组件（Component），例如使用 CardLayout 的 TabPanel，这就可以创建出一个占屏幕空间更小的健壮的表单，而不是那种传统的占了整整一页的表单。由于 FormPanel 也是 Panel 的一个子类，可以使用 Panel 的全部特性，包括顶部工具栏、底部工具栏以及底部的按钮条。

和其他 Container 的子类一样，FormPanel 类可以利用框架中的所有布局创建一个精致布局的表单。为了帮助对字段分组，FormPanel 有一个叫做 Fieldset 的胞兄。开始构建组件之前，先看一下最终要实现什么效果。

要构造这个复杂的表单，必须先构造两个 FieldSet：一个用于姓名信息，另一个用于地址信息。除了这两个 FieldSet，还需要一个 TabPanel，用来放置其他 TextField 和两个 HtmlEdirot。

在这个任务中，会用到目前已经学到的所有内容，也就是说会遇到大量的代码。

既然已经知道了要做什么，那么就从 FieldSet 开始，这个 FieldSet 包含的是与名字信息有关的 TextField，如代码 6-7 所示。

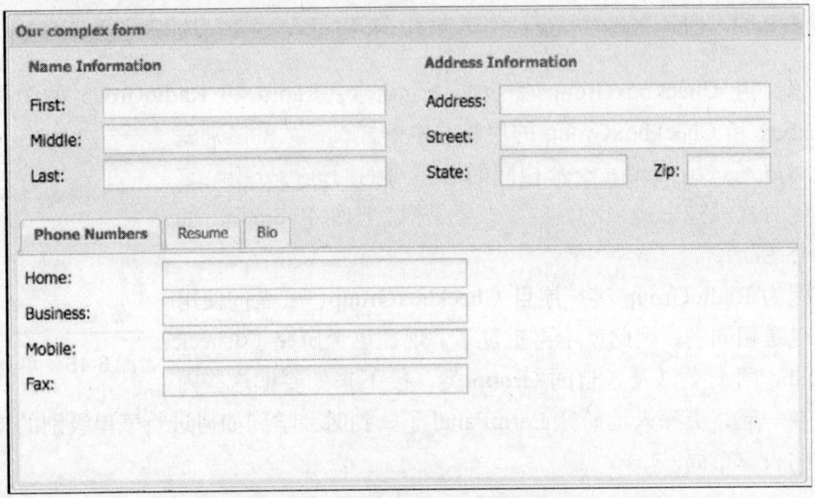

图 6-16　将要实现的复杂的 FormPanel

代码 6-7　构造第一个 FieldSet

```
var fieldset1 = {
    xtype     : 'fieldset',              ◁⌐ 设置 xtype 为'fieldset'
    title     : 'Name',            ❶
    flex      : 1,
    border    : false,
    labelWidth : 60,
    defaultType : 'field',
    defaults  : {
        anchor    : '-10',
        allowBlank : false
    },
    items : [
        {
            fieldLabel : 'First',
            name       : 'firstName'
        },
        {
            fieldLabel : 'Middle',
            name       : 'middle'
        },
        {
            fieldLabel : 'Last',
            name       : 'firstName'
        }
    ]
};
```

构造第一个 fieldset（xtype）用到的参数看起来和 Panel 或 Container 的参数差不多。

因为 FieldSet 类也是从 Panel 扩展来的，在 collapse 方法中添加了一些功能，可以在表单中添加字段或者删除字段。这个例子使用 FieldSet 的原因是因为这个组件会在顶上提供一个简洁的小标题作为说明。

这里跳过了第一个 FieldSet 的渲染，因为稍后会把它放在一个 FormPanel 中。继续构造第二个 FieldSet，它包含的是地址信息，如代码 6-8 所示。这段代码很长，请跟上我的步伐。

代码 6-8 构建第二个 FieldSet

```
var fieldset2 = Ext.apply({}, {                    ← ❶ 从第一个 FieldSet 复制属性
    flex        : 1,
    title       : 'Address Information',
    items       : [
        {
            fieldLabel : 'Address',
            name       : 'address'
        },
        {
            fieldLabel : 'Street',
            name       : 'street'
        },
        {
            xtype      : 'container',               ← ❷ ColumnLayout 容器
            border     : false,
            layout     : 'column',
            anchor     : '100%',
            items      : [
                {
                    xtype : 'container',            ← ❸ FormLayout 容器
                    layout : 'form',
                    width  : 200,
                    items  : [
                        {
                            xtype      : 'textfield',    ← ❹ State TextField
                            fieldLabel : 'State',
                            name       : 'state',
                            anchor     : '-20'
                        }
                    ]
                },
                {
                    xtype        : 'container',     ← ❺ 另一个 FormLayout 容器
                    layout       : 'form',
                    columnWidth  : 1,
                    labelWidth   : 30,
                    items        : [
                        {
                            xtype      : 'textfield',    ← ❻ ZIP 编码 TextField
                            fieldLabel : 'Zip',
                            anchor     : '-10',
                            name       : 'Zip'
                        }
                    ]
                }
```

```
        ]
      }
    ]
}, fieldset1);
```

代码 6-8 中用到了 Ext.apply，这可以把 fieldset1 中的很多属性直接复制到 fieldset2。
这个方法通常用于从一个对象向另一个对象复制属性或覆盖属性。等以后研究 Ext 的工
具箱时会更多地讨论这个方法。为了实现让 State 和 ZIP 编码两个字段并排放置的布局，
必须创建一个嵌套。第二个 FieldSet 的子元素是个容器，它的 layout 被设置成 column。
这个容器的第一个子元素是一个 FormLayout 的容器，这个容器中又包含着 State
TextField。ColumnLayout 容器的第二个子元素又是一个 FormLayout 的容器，它里面是
ZIP 编码 TextField。

为什么要有这么多嵌套容器呢？或者为什么要用这么长的代码呢？要想在不同的
布局中使用其他的布局时是需要容器嵌套的。可能一下子无法消化理解，但等看到这个
表单时一切就都明白了。现在继续为这两个 FieldSet 搭建一个容身之所。

为了实现并排摆放的表单效果，需要创建一个容器，并让这个容器使用
HBoxLayout。为了保证在 HBoxLayout 中的宽度相同，必须把两个 FieldSet 的 stretch 属
性设置成 1。代码 6-9 给这两个 FieldSet 安个家。

```
var fieldsetContainer = {
    xtype        : 'container',
    layout       : 'hbox',
    height       : 120,
    layoutConfig : {
      align : 'stretch'
    },
    items  : [
      fieldset1,
      fieldset2
    ]
};
```

在代码 6-9 中，创建了一个有固定高度，但没设置宽度的容器。这么做是因为容器
的宽度是通过 VBox 布局自动进行设置的，后面 FormPanel 就会用到。

接下来，要打造一个有 3 个选项卡的 TabPanel，一个用于电话号码的内容，其他两
个用于 HtmlEditor。这些东西会放在 FormPanel 的下半部分。接下来就要把这几个选项
卡都配出来，因此代码 6-9 会相当长。

代码 6-9　构建带有表单的 TabPanel

```
var tabs = [
    {
        xtype    : 'container',        ❶ 包含 4 个 TextField 的容器
        title    : 'Phone Numbers',
        layout   : 'form',
        bodyStyle : 'padding:6px 6px 0',
```

```
        defaults  : {
            xtype : 'textfield',
            width : 230
        },
        items: [
            {
                fieldLabel : 'Home',
                name       : 'home'
            },
            {
                fieldLabel : 'Business',
                name       : 'business'
            },
            {
                fieldLabel : 'Mobile',
                name       : 'mobile'
            },
            {
                fieldLabel : 'Fax',
                name       : 'fax'
            }
        ]
    },
    {
        title : 'Resume',                        ❷ 两个 HtmlEditors 用作选项卡
        xtype : 'htmleditor',
        name  : 'resume'
    },
    {
        title : 'Bio',
        xtype : 'htmleditor',
        name  : 'bio'
    }
];
```

这一段中的大部分代码是在构造一个由 3 个选项卡组成的数组，它将用于后面的 TabPanel。第一个选项卡是一个使用了 FormLayout 的容器，里面有 4 个 TextField。第二个和第三个选项卡都是 HtmlEditor，分别用于录入简历和自述。接下来就构造这个 TabPanel。

```
var tabPanel = {
    xtype             : 'tabpanel',
    activeTab         : 0,
    deferredRender    : false,
    layoutOnTabChange : true,
    border            : false,
    flex              : 1,
    plain             : true,
    items             : tabs
}
```

在上面这段代码中，配置了一个 TabPanel 对象来包括这些选项卡。我们把 deferredRender 设置为 false，这是因为我们希望能够确保在开始加载数据的时候就能够把选项卡构造出来并放在 DOM 中。我们同时也把 layoutOnTabChange 设置成 true，这样可以保证选项卡被激活时，它的 doLayout 方法也会被调用，这才能保证 tab 大小被正确地调整。

接下来的任务就是要构造 FormPanel 了，不过这个任务相对于之前那些子元素来说就微不足道了，如代码 6-10 所示。

代码 6-10　拼凑在一起

```
var myFormPanel  = new Ext.form.FormPanel({
    renderTo     : Ext.getBody(),
    width        : 700,
    title        : 'Our complex form',
    height       : 360,
    frame        : true,
    id           : 'myFormPanel',
    layout       : 'vbox',
    layoutConfig : {
        align : 'stretch'
```

现在，终于要创建这个 FormPanel 了。这里设置了 renderTo，确保 FormPanel 能够自动渲染。为了保证 fieldsetContainer 和 TabPanel 能有正确的大小，使用了 VBoxLayout 布局，并把 layoutConfig 的 align 属性设置成'stretch'。对于 fieldsetContainer，只设置了个高度。这么做是因为除了 fieldsetContainer 的高度，还让 VBoxLayout 来管理 FormPanel 的子元素的大小。表单如图 6-17 所示。

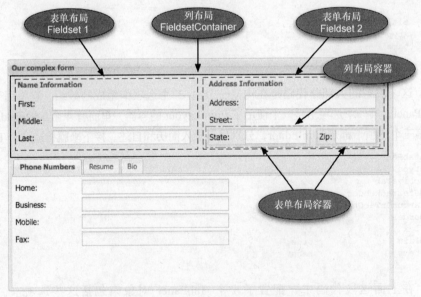

图 6-17　第一个由不同容器组成的复杂布局的表单

在图 6-17 中，强调了组成这个表单头半部分的不同容器，包括 fieldsetContainer，两个 FieldSet 以及它们的子元素。通过使用这么多容器，已经可以完整地控制 UI 的摆放了。就一个如此复杂的 UI 而言，这么多代码是很正常的。测试一下这个新建的 FormPanel，可以在 3 个选项卡间切换，观察底下的那个 HtmlEdirot。

到目前为止，已经看到了如何通过结合多种组件和布局，在保证可用性的同时，又能节省空间。现在需要把注意力集中在表单数据的提交和加载了，否则这个表单就没啥用处了。

6.7　数据提交和加载

通过基本的表单提交方法来提交数据是许多开发新人最经常被绊倒的地方。因为这么多年来，我们已经习惯了提交表单然后刷新页面这个模式了。在 Ext 中，提交表单需要一点技巧。同样，加载表单数据也会有一点让人迷惑，下面就这些内容进行探讨。

6.7.1　传统的提交

之前说过，用传统的方式提交表单数据很简单，不过需要把 standardSubmit 属性设置成 true 来配置 FormPanel 的底层表单。在提交时，需要如下调用：

```
Ext.getCmp('myFormPanel').getForm().submit();
```

这会调用常规 DOM 表单的 submit 方法，这是通过传统的方式提交表单。如果想这么用 FormPanel，建议还是关注一下通过 AJAX 进行的提交，这种提交方式会有传统的表单提交方法所没有的新特性。

6.7.2　通过 Ajax 提交

要进行表单提交，必须访问 FormPanel 的 BasicForm 组件。可以通过 getForm 这个访问器方法或者 FormPanel.getForm()得到这个组件，有了这个组件后，就可以访问 BasicForm 的提交方法了，用它就可以通过 AJAX 发送数据，如代码 6-11 所示。

代码 6-11　提交表单

```
var onSuccessOrFail = function(form, action) {
    var formPanel = Ext.getCmp('myFormPanel');
    formPanel.el.unmask();

    var result = action.result;                     ❶ 显示由 JSON 驱动的消息
    if (result.success) {
```

```
        Ext.MessageBox.alert('Success',action.result.msg);
    }
    else {
        Ext.MessageBox.alert('Failure',action.result.msg);
    }
}
var submitHandler = function() {
    var formPanel = Ext.getCmp('myFormPanel');
    formPanel.el.mask('Please wait', 'x-mask-loading');

    formPanel.getForm().submit({
        url     : 'success.true.txt',
        success : onSuccessOrFail,
        failure : onSuccessOrFail
    });
}
```

❷ 执行表单提交

　　在代码 6-11 中，为表单提交成功或失败创建了名为 onSuccessOrFail 的处理句柄，表单提交成功或者失败都会调用这个方法。它会判断 Web 服务器返回 JSON 的状态，并显示一个 MessageBox 的警告窗口。接着，创建了一个提交处理方法，submitHandler，这个方法会执行表单的提交。尽管在调用提交时指定 URL，也可以在 BasicForm 或者 FormPanel 级别指定这个 URL，这里之所以这么指定，是因为希望读者能知道这个目标 URL 是可以在运行时刻改变的。同样，如果要提供任何等待消息，需要提供成功和失败句柄，实现方法类似。

　　返回来的 JSON 中至少应该包含一个值为 true 的'success'布尔值。success 句柄还需要一个 msg 属性，这是返回给用户的一个字符串。

```
{success: true, msg : 'Thank you for your submission.'}
```

　　同样，如果服务器端代码由于某种原因不能成功提交，服务器端返回的 JSON 对象中的 success 属性应该设置成 false。如果想把数据校验放在服务器端进行，返回错误信息也是可以的，返回的 JSON 对象中应该包括一个 errors 对象。下面就是带有 errors 的失败消息示例：

```
{
    success : false,
    msg     : 'This is an example error message',
    errors  : {
        firstName : 'Cannot contain "!" characters.',
        lastName  : 'Must not be blank.'
    }
}
```

　　如果返回的 JSON 中带有 errors 对象，errors 对象中标记的 name 就会被置为无效。图 6-18 所示的就是返回这样的 JSON 对象后表单的样子。

　　这一节中，我们学到了如何通过标准的提交方法以及 Ajax 方法提交表单，也看到了如何通过 errors 对象，把服务器端的数据校验显示成 UI 级别的错误提示。接下来，我们会通过 load 和 setValues 方法把数据加载到表单中。

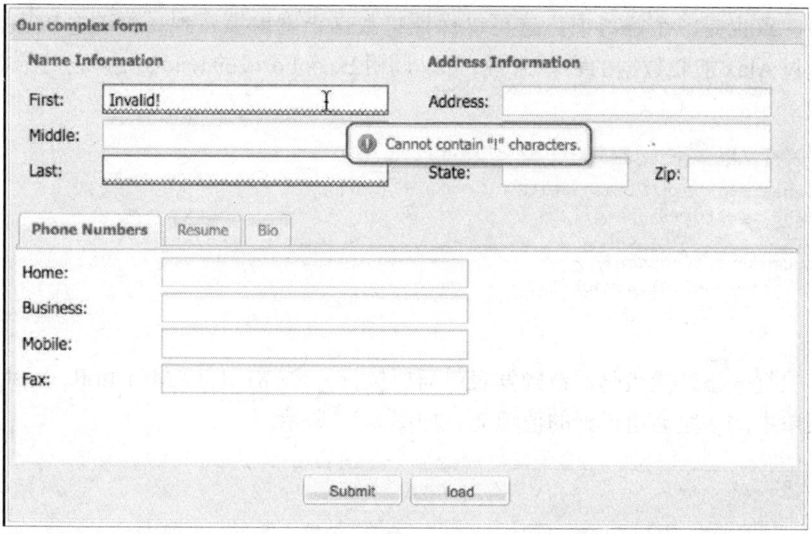

图 6-18 用标准的 QuickTip 显示服务器端返回的错误对象中的错误消息

6.7.3 表单的数据加载

　　几乎每个表单的生命周期中都包括了数据的保存和数据的加载。对于 Ext 而言，有一些可用的数据加载方法，不过必须要有数据供加载，因此先创造一些数据以供加载。下面先做一些假数据放在 data.txt 文件里。

```
var x = {
    success : true,
    data    : {
        firstName : 'Jack',
        lastName  : 'Slocum',
    middle    : '',
    address   : '1 Ext JS Corporate Way',
    city      : 'Orlando',
    state     : 'Florida',
    zip       : '32801',
    home      : '123 346 8832',
    business  : '832 932 3828',
    mobile    : '',
    fax       : '',
    resume    : 'Skills:<br><ul><li>Java Developer</li>' +
                '<li>Ext JS Senior Core developer</li></ul>',
    bio       : 'Jack is a stand-up kind of guy.<br>'
    }
}
```

　　和用表单提交一样，JSON 对象的 root 必须包含一个值等于 true 的 success 属性，这样才会触发对 setValues 方法的调用。同样，给表单的数据也需要放在一个对象中，这就是 data 属性所引用的对象。同样，使表单元素的名字和要加载的 data 属性的名字保持一致也是一个好习惯。这可以保证将数据正确地填充到正确的字段中。对于那些要通过 Ajax 加载数据的表单来说，可以调用 BasicForm 的 load 方法，它的语法和 submin 类似。

```
var formPanel = Ext.getCmp('myFormPanel');

formPanel.el.mask('Please wait', 'x-mask-loading');
formPanel.getForm().load({
    url     : 'data.txt',
    success : function() {
        formPanel.el.unmask();
    }
});
```

执行一下这段代码，会触发表单面板执行一个 XHR（XMLHttpRequest）请求，最终表单中的字段会用得到的值填充，如图 6-19 所示。

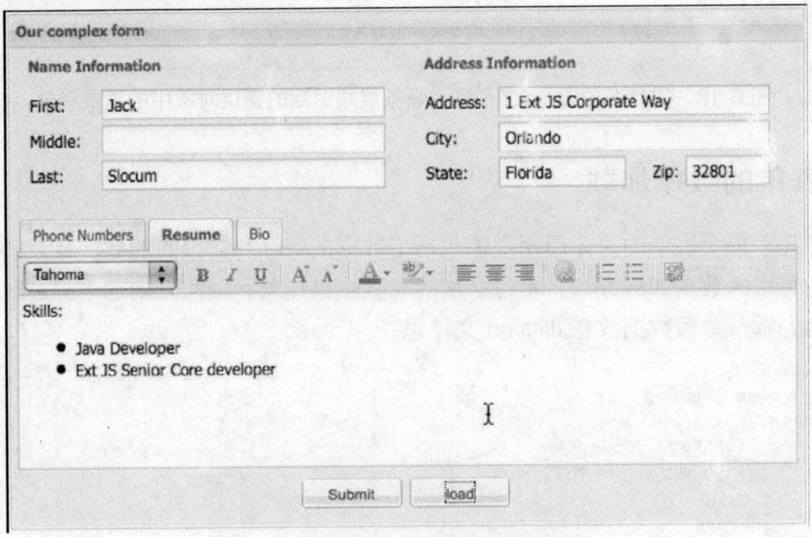

图 6-19　通过 XHR 加载数据的结果

如果已经有了数据，假设数据在另一个组件中（例如 DataGrid），可以通过 myFormPanel.getForm().setValues(dataObj)来设置值。使用这种方法时，dataObj 中只应该包含能映射到元素名字的属性。同样，如果有一个 Ext.data.Record 的实例，可以通过表单的 laodRecord 方法来对表单设值。

技巧: 要从任何给定的表单中检索值，可以从 FormPanel 的 BasicForm 实例调用 getValue 方法。
例如，myFormPanel.getForm().getValues()会返回一个对象，该对象包含了表示字段名和字段值的键。

数据加载就是这么简单，如果服务器端想拒绝数据的加载，可以把 success 设置成

false，这就会触发配置对象中 failure 所指向方法的执行。

至此，已经配好了第一个真正意义上的复杂的 FormPanel，也学会了如何加载数据和保存数据了。

6.8　小结

在对 FormPanel 类的学习中，讨论了许多主题，包括许多常用的字段。本章甚至深入的探讨了 ComboBox 字段，这里第一次接触到了它的助手类。数据存储器以及 DataView。有了这个经验后，又看了如何对 ComboBox 的结果列表框进行定制。还花了许多时间打造了一个布局相当复杂的表单，并用到了一些新的提交和数据加载工具。

接下来，要深入研究 GridPanel，到时将会了解它的内部元素以及如何定制一个 grid 的样式和外观。也会看到如何通过 EditorGridPanel 实现行内数据编辑。在这个过程中，会对数据存储器有更多的了解。这将会是一个有趣的旅程。

第三部分

数据驱动的组件

这一部分要关注的是框架中使用数据的控件，包括 GridPanel、DataView、Charts 和 TreePanel。在本章将会学习复杂的支持类，例如数据存储器。

第 7 章详细地研究 GridPanel 的工作机制及其支持类。这一章包括对数据存储器进行深入的讨论，以及它如何通过一些支持类控制框架中的数据流。

第 8 章会对 GridPanel 和数据存储器的知识进行强化，并讲解 EditorGridPanel 的使用。这一章要学习 Writer 类的使用，有了它就能给用户提供一个有完全 CRUD 功能的 UI 了。

第 9 章专门研究 DataView 及其子类 ListView。除了要学习每一个控件之外，还会学习如何用一个 FormPanel 把它们绑定在一起，实现一个体现了某个工作流的屏幕，任何一个应用程序都能使用这个工作流。

第 10 章将会学到如何利用框架中的各种图表部件实现数据的可视化。

第 11 章要学习用 TreePanel 部件展示有层次特点的数据。还会学到如何用 TreeEditor 类实现数据节点的完整 CRUD 操作。

最后，第 12 章将对按钮、菜单和工具栏进行深入的分析。

学习第三部分后，读者可以基本了解框架中所有的部件。

第 7 章　历史悠久的 GridPanel

本章包括的内容:

- 了解 GridPanel 组件
- 成为 Ext JS 数据存储器专家
- 自定义列渲染器的设置
- 配置 GridPanel 的鼠标交互事件处理程序
- 用 PagingToolbar 启用 GridPanel 的分页
- 实现 GridPanel 的自定义上下文菜单

还在 Ext JS 的早期，GridPanel 就已经成为了 Ext 框架的核心了。它能够以表格的样式来展示数据，而且更加健壮。综合多方面的评价，我认为就算在今天也仍是如此，GridPanel 直接依赖于 5 个类的支持，因此是一个非常复杂的组件。

在这一章里，将会学到很多与 GridPanel 以及为它提供数据的数据存储器类相关的内容。本章从一个从本地内存数组读取数据的数据存储器入手开始构建 GridPanel。随着以后的逐步深入，将会了解更多与数据存储器、GridPanel 以及支持类相关的内容。

一旦对数据存储器和 GridPanel 有所了解，就能够构造一个能够远程加载数据并且能够解析 JSON 数据的数据存储器，还能够把它用于分页工具条。

7.1　GridPanel 简介

对于首次接触 GridPanel 的人来说，它看起来就像一个美化了的 HTML 表格，多年以来人们一直都是用表格来展示数据的。如果花儿点时间看看 Ext JS 的一个网格的实例，就会发现它并不是一个普通的 HTML 表格。在 http://extjs.com/deploy/dev/examples/grid/array-grid.html 有一个使用数组存储器的 GridPanel 示例，图 7-1 所示就是这个页面的一个快照。

Array Grid				
Company	Price	Change	% Change	Last Updated
3m Co	$71.72	0.02	0.03%	09/01/2009
Alcoa Inc	$29.01	0.42	1.47%	09/01/2009
Altria Group Inc	$83.81	0.28	0.34%	09/01/2009
American Express Company	$52.55	0.01	0.02%	09/01/2009
American International Group, Inc.	$64.13	0.31	0.49%	09/01/2009
AT&T Inc.	$31.61	-0.48	-1.54%	09/01/2009
Boeing Co.	$75.43	0.53	0.71%	09/01/2009
General Electric Company	$34.14	-0.08	-0.23%	09/01/2009
General Motors Corporation	$30.27	1.09	3.74%	09/01/2009
Hewlett-Packard Co.	$36.53	-0.03	-0.08%	09/01/2009

图 7-1　使用数组的网格示例，可以从下载的 SDK 中找到这个例子

在这个数组网格的例子中，会发现这个控件所提供的功能已经远远超出了标准的 HTML 表格，包括排序、调整大小、重新排序、显示、隐藏等对列的管理功能。鼠标的事件也会被跟踪，当把鼠标悬停在某一行或者单击某一行时，可以高亮显示这一行。

这个例子也演示了 GridPanel 的视图（也叫做 GridView）是如何通过所谓自定义渲染器进行定制显示的，如 Change 和% Change 两列所示。根据数据的值是正数还是负数，这些文本都会显示自定义的颜色。

这个例子对可以如何配置和扩展 GridPanel 还只是皮毛。要想全面地了解 GridPanel 以及为何它有如此强的扩展能力，需要对它的支持类有进一步的了解。

7.1.1　深入内部

驱动 GridPanel 的关键类是 ColumnModel、GridView、SelectionModel 和数据 Store。下面还是通过一个 GridPanel 的使用来简单地了解一下这些类在 GridPanel 的工作过程中起到了什么作用（见图 7-2）。

在图 7-2 要突出强调的是 GridPanel 和它的 5 个支持类。首先就是数据源，在这里看到的是数据存储器 Store 类。数据存储器的工作要用到一个阅读器，这个阅读器的功能是对数据源中的数据点进行映射，并更新到数据存取器中。数据源可以分别通过数组阅读器、XML 阅读器以及 JSON 阅读器读取数组、XML 或者 JSO 数据。当阅读器完成了数据的语法分析后，会把数据组织成记录，这些记录又被组织并保存到数据存储器中。

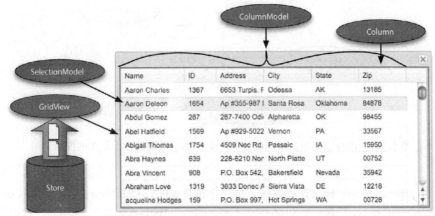

图 7-2　GridPanel 的 5 个支持类：数据 Store、GridView、
ColumnModel、Column、SelectionModel

　　读者对这些内容应该还有些印象吧，之前在创建 ComboBox 时就用过。我们在前面就已经学到了数据存储器可以从本地或者远程数据源获得数据。和 ComboBox 一样，数据存储器也能填充视图。对这个例子来说，填充的是 GridView。

　　GridView 是 GridPanel 的 UI 组件，它负责读取数据并控制把数据绘制到屏幕上。它通过 ColumnModel 来控制数据在屏幕上的绘制方式。

　　ColumnModel 是每一列的 UI 控制器，它给列提供了调整大小、排序等功能的。要完成这个任务，它必须用到一个或者多个 Column 的实例。

　　Column 类把每个记录的字段都显示到屏幕上。Column 是通过 dataIndex 属性完成功能的，每列都有这个属性，并负责显示通过映射关系从字段获得的数据。

　　最后，SelectionModel 是一个支持类，它和视图类一起合作，有了它用户就能在屏幕上选择一个或者多个元素。Ext 提供了现成的 Row、Cell 和 Check 三种 SelectionModel。

　　有关 GridPanel 及其支持类我们有了一个不错的开始。在开始构造第一个网格之前，还需要进一步了解数据存储器 Store 类，框架中有许多部件的数据都是依赖于数据存储器的。

7.2　数据存储器快速入门

　　我们已经知道了，数据存储器（Store）就是一个给 GridPanel 提供数据的类。框架中很多需要数据的小部件也都是靠数据存储器提供数据的。图 7-3 列举了依赖于数据存储器的类。

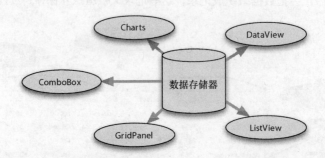

图 7-3　数据存储器以及使用其数据的类，其中说明的并不是类的继承关系

　　如图 7-3 所示，数据存储器能支持许多部件，包括 DataView、ListView、ComboBox、Charts、GridPanel，还有它们的全部子类。只有一个例外就是 TreePanel。这是因为数据存储器里中记录的是列表，而 TreePanel 需要的是层次化的数据。

　　先打个预防针，数据存储器的内容读起来干巴巴的，你可能觉得没那么重要——打住，别忘了哪些类是靠数据存储器提供数据的？掌握框架的这一部分内容有助于我们更容易地利用那些需要数据的部件。

7.2.1　数据存储器的工作方式

　　通过本节对数据存储器的学习，将会掌握如何使用它的子类 ArrayStore 和 JsonStore 来读取数组数据和 JSON 数据。这是几个很好用的类，也是已经预先配置好的真实的数据存储器，它会完成使用正确阅读器之类的工作。在上一章已经习惯了这种方法，因为它们确实简化了工作，不过还有许多底层的内容没来得及展开，这些内容也同样重要。先看看数据是如何从数据源流向数据存储器的。下面用一个简单的数据流图说明，如图 7-4 所示。

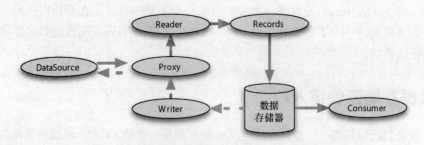

图 7-4　从数据源到数据存储器 Store 的数据流动

如从这里所看到的，数据总是从一个 DataProxy 开始的。DataProxy 类简化了从多种数据源获取无格式数据对象的工作，并且有它自己的事件模型，可以和 DataReader 等的订阅类进行通信。在框架层面有一个名为 DataProxy 的抽象类，它是其他子类的基类，代表从某种特定的数据源获取数据，如图 7-5 所示。

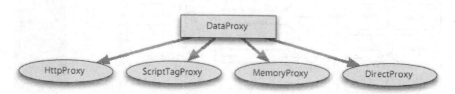

图 7-5　DataProxy 及其 4 个子类，每一个都负责从一个特定的数据源获取数据

最常用的代理就是 HttpProxy，它是通过浏览器的 XHR 对象进行普通的 AJAX 请求。不过 HttpProxy 也有其局限性，请求只能在相同的域中进行，这也就是所谓的"同源策略"。这个策略规定通过 XHR 进行的 XHR 请求不可以超出加载该页面所在的域。这个策略的本意是为了加固 XHR 的安全性，但很多时候带来的麻烦要比安全本身更多。不过，Ext 开发者也很快针对这个"特点"找出了解决对策，也就是图中的 ScriptTagProxy（STP）。

STP 的做法很聪明，它是通过 script 标签从其他的域获取数据，并且表现良好。不过它要求被请求的域返回 JavaScript 而不是普通的数据片段。这一点很重要，因为不能简单地用 STP 从任何一个三方站点获取数据。STP 方式要求把返回的数据封装到一个全局的方法调用中，这些数据作为唯一的参数传给这个方法。稍后我们会了解到更多有关 STP 的内容，因为我们的例子中是通过它从 extjsinaction.com 获取数据的。

类 MemoryProxy 让 Ext 可以从一个内存对象中加载数据。尽管可以通过一个数据存储器实例的 loadData 方法直接加载数据，但有些时候 MemoryProxy 更适用。例如，数据存储器的重新加载。如果用 Store.loadData 方法，需要先传入数据，然后再由阅读器进行解析，最后加载到数据存储器。有了 MemoryProxy 事情就简单多了，因为只需要调用 Store.reload 方法就行了，剩下的工作就都交给 Ext 了。

DirectProxy 是 Ext Js 3.0 中新出现的，通过它数据存储器可以与 Ext.direct 的远程提供者交互，从而通过远程方法调用（RPC）的方式来获取数据。因为 Direct 直接依赖于服务器端语言所提供远程方法，因此这里不会讨论相关的内容。

提示：如果读者对 Ext.direct 有兴趣，可以访问 http://extjs.com/products/extjs/direct.php 了解特定服务器端的实现细节。

　　一个代理取得了原始数据后,阅读器就可以进行数据的读取或者解析了。Reader 类能够接纳原始、无格式数据对象,并从中抽取出数据点,也就是 dataIndexes,然后再把数据组织成名值对的形式,或者普通对象的形式。图 7-6 说明了这个映射过程是怎么进行的。

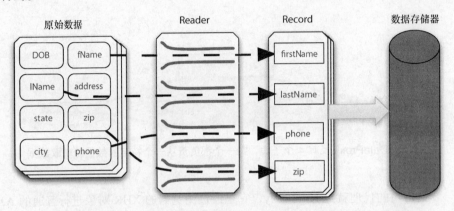

图 7-6　Reader 对原始的无格式的数据进行映射,于是形成了 Record,
Record 被放在数据存储器中存起来

　　如图 7-6 所示,原始的无格式的数据被阅读器处理成记录。接着这些记录被填充到数据存储器中,接着就可以交给控件使用了。

　　Ext 提供了 3 种常见数据类型的阅读器:数组、XML 和 JSON。当阅读器读进 Records 时,它会为每一行数据生成一个记录,这个记录会被添加到数据存储器中。

　　一个记录其实就是真正的 Ext 管理的 JavaScript。和 Ext 管理的 Element 类似,记录有 getter 及 setter 方法和完整的事件模型,数据存储器可以绑定这些事件。数据的这种管理方法给框架增加了可用性和一些自动化能力。

　　例如,一个数据存储器绑定到了某个数据消费者——例如 GridPanel,如果修改这个数据存储器中的一个记录值,当提交这个修改时就会触发界面的更新。在下一章讨论可编辑的 grid 时,会了解到更多有关管理阅读器的内容。记录被加载到了数据存储器,绑定的消费者就要刷新视图,加载周期也就结束了。

　　现在,已经了解了与数据存储器以及支持类相关的一些基础知识,下面就来构建第一个 GridPanel 吧。

7.3　构建一个简单的 GridPanel

　　在使用 GridPanel 时,一般是从数据存储器的配置开始。这么做的原因是因为 ColumnModel 的配置总是与数据存储器的配置直接相关。

7.3.1　配置一个 ArrayStore

在代码 7-1 中，创建了一个完全点对点的数据存储器，读取的数据来自于内存。这意味着要把从代理到数据存储器这一系列的支持类都建出来。通过这个例子也能看到从配置到实例化的全部内容。以后会学习如何利用一些已经预先配好的类，用更少的代码构造特定的数据存储器。

代码 7-1　创建一个数据存储器，加载本地的数组数据

```
var arrayData = [
    ['Jay Garcia',     'MD'],                     ❶ 创建本地数组数据
    ['Aaron Baker',    'VA'],
    ['Susan Smith',    'DC'],
    ['Mary Stein',     'DE'],
    ['Bryan Shanley',  'NJ'],
    ['Nyri Selgado',   'CA']
];

var nameRecord = Ext.data.Record.create([        ❷ 创建 Ext.data.Record
    {  name : 'name',  mapping : 1  },               构选函数
    {  name : 'state', mapping : 2  }
]);
                                                 ❸ 实例化 ArrayReader
var arrayReader = new Ext.data.ArrayReader({}, nameRecord);

var memoryProxy  = new Ext.data.MemoryProxy(arrayData);

var store = new Ext.data.Store({     ❺ 创建数据存储器    ❹ 构建新的 MemoryProxy
    reader : arrayReader,
    proxy  : memoryProxy
});
```

在代码 7-1 中，实现了一个完整的数据存储器配置。先创建了一个 arrayData 变量，它是一个数组的数组❶。请注意一下数组中的数据格式，这也是阅读器类期望的格式，之所以要用这种数组套数组的方法来处理数据，是因为父数组中的每一个子数组都会被当作一个记录来处理。

接下来，创建了一个变量 memoryProxy，它是一个 data.MemoryProxy 类的实例，这个实例会从内存中加载无格式的数据❷。这里把 arrayData 作为唯一的参数传给它。

接着创建了一个 data.Record 的实例❸，并用变量 nameRecord 引用这个实例，它是一个用来把数组中的数据映射成记录的模板。传给 Record.create 方法的是一个对象直接量数组，这个数组也叫做字段❹，详细地列举了每个字段的名字和映射关系，每个对象直接量其实都是一个 Ext.data.Field 类的配置对象，这也是 Record 所管理的最小数据单元。对这个例子而言，把 personName 映射到每个数组记录的第一列，把 state 字段映射到第二列。

提示： 这里并没有调用 Ext.data.Record()。这是因为 data.Record 这个类有点特殊，我们可以通过 create 方法来创建构造函数，这个方法返回的是一个新记录构造器。理解 data.Record.create 是如何工作的对于数据存储器的表现至关重要。

接着创建了一个 ArrayReader 的实例❺，该实例负责对从代理获取的数据进行排序，并且创建记录构造函数的新实例。ArrayReader 会读取每一个记录并创建一个新的 nameRecord 的实例，并且把解析好的数据传给它，于是这个数据就被加载到数据存储器中了。

最后，应该创建数据存储器了，把之前创建的阅读器和代理都传给它，ArrayStore 的创建就完成了。至此，这个端对端的创建数据存储器以及读取数组数据的例子就结束了。用这种方式时，还可以对存储器能够加载的数据类型进行调整。可以用 JsonReader 或者 XmlReader 取代 ArrayReader。同样，如果想改变数据源，可以用另外的数据源，例如 HttpProxy、ScriptTagProxy 或 DirectProxy 来替换 MemoryProxy。

还记得之前提过的一些可以简化工作的简便的类吗。如果要用 ArrayStore 重做数据存储器，之前的 arrayData 代码就应该为如下所示的代码。

```
var store = new Ext.data.ArrayStore({
  data    : arrayData,
  fields  : ['personName', 'state']
});
```

在这个例子中，在创建 Ext.data.ArrayStore 实例时用的是简写方式的字段。这里的做法是传入一个数据的引用和一个字段列表，前者就是 arrayData，后者提供了映射的说明。注意，fields 属性仅仅是一个字符串列表吗？这种字段映射的配置是完全有效的，因为 Ext 很聪明，能对这种方式传进来的字符串值进行判断，创建名字和索引的映射。在 fields 配置数组中，可以混合使用对象和字符串。例如，下面这个配置是完全有效的：

```
fields : [ 'fullName', { name : 'state', mapping : 2} ]
```

这种灵活性确实很好用。只不过像这样的一个混合的字段配置会让代码有点难读。

有了这些好用的类后，再配置数据存储器时就可以省去代理、记录模板以及阅读器的创建了。使用 JsonStore、XmlStore 也同样简单，稍后会学到更多内容。我们可以通过这样的类来节省时间。

现在要继续创建 ColumnModel，它定义了垂直分条的数据，即 GridPanel 通过 GridView 所显示的数据。

7.3.2　完成第一个 GridPanel

在之前讨论过，ColumnModel 和数据存储器的配置有直接的依赖关系。这个依赖要处理的是数据字段记录和列之间的直接关系。就像原生数据中把数据字段映射到特定的数据点，列也被映射到记录字段。

要完成这个 GridPanel，需要创建 ColumnModel、GridView 和 SelectionModel，然后

就可以配置 GridPanel 本身了，如代码 7-2 所示。

代码 7-2 创建 ArrayStore，并将其与 GridPanel 绑定

```
var colModel = new Ext.grid.ColumnModel([          创建 ❶
    {                                              ColumnModel
        header    : 'Full Name',
        sortable  : true,
        dataIndex : 'fullName'                     将 dataIndex
    },                                             ❷ 映射到各个列
    {
        header    : 'State',
        dataIndex : 'state'
    }
]);                                                ❸ 实例化新的
                                                   new GridView
var gridView = new Ext.grid.GridView();

var selModel = new Ext.grid.RowSelectionModel({    创建单行选择模型 ❹
    singleSelect : true                            RowSelectionModel
});

var grid = new Ext.grid.GridPanel({
    title      : 'Our first grid',
    renderTo   : Ext.getBody(),                    ❺ 实例化我们的网格
    autoHeight : true,
    width      : 250,
    store      : store,
    view       : gridView,
    colModel   : colModel,
    selModel   : selModel                          ❻ 引用支持类
});
```

代码 7-2 中，在创建 GridPanel 之前先配好了所有的支持类。首先做的是新创建一个 ColumnModel 的实例❶，创建时传入的是一个配置对象数组。这些配置对象中的每一项都用来创建一个 Ext.grid.Column 的实例（或者子类），它们是 ColumnModel 的最小管理单元。这些配置对象❷详细说明了要在列头展现的文本，通过 dataIndex 属性定义这一列要映射到记录中的哪一列，从这里可以看到存储器配置对象中的 fields 和 ColumnModel 的列之间的依赖关系了。同时，注意将 Fullname 列的 sortable 设置成 true，在这一列上启用排序，State 列并没这么设置。

接着，创建了一个 Ext.ext.GridView 的实例❸，它负责管理 grid 中的每一行。它监听了数据存储器的一些关键事件，这也是必须的。例如，当数据存储器执行数据加载动作时，数据存储器会触发一个 datachanged 事件。GridView 监听到这个事件，并执行一个完全的刷新。同样，当有一条记录更新时，数据存储器会触发一个 update 事件，对这个事件来说，GridView 只需要更新一行。下一章学习 EditableGrid 的使用时，会看到一个真实的 update 事件实战。

接下来，创建了一个 Ext.grid.RowSelectionModel 的实例❹，并传给它一个配置对象，告诉选择模型只允许单行选择。这一步有需要知道两件事情。首先，默认情况下，GridPanel 总是会实例化一个 RowSelectionModel 的实例，如果不指定选择模型，就会把

它当做默认的选择模型。不过这里要自己创建一个，这是因为默认的 RowSelectionModel
是允许多行选择的。可以用 CellSelectionModel 替换掉 RowSelectionModel。不过，
CellSelectionModel 不允许元素的多项选择。

　　在完成了选择模型的实例化后，就开始配置 GridPanel❺。GridPanel 扩展自 Panel，
因此所有 Panel 的配置项都可以使用。唯一的区别就是不能给 GridPanel 传一个布局，
这个属性会被忽略掉。在完成了 Panel 特有属性的设置后，开始设置 GridPanel 的特
有属性，包括数据 Store、ColumnModel、GridView 和 SelectionModel 的引用，加载
页面后会出现一个如图 7-7 所示的网格面板。

图 7-7　第一个网格的显示效果，包括 RowSelectionModel 的
单选配置以及 FullName 列的排序

　　可以看到，数据并不是按照指定的顺序排列的。这是因为在截取这个画面之前，
先单击了 FullName 这一列，这会调用这个列的单击处理程序。这个处理程序会检查这
一列是否是可排序的，这里是可排序的于是就调用数据存储器的 sort 方法，同时把数
据字段（dataIndex）传给这个方法，也就是 fullName。于是 sort 方法就会根据给出的
字段对数据存储器中的数据进行排序。它首先是按照升序的方法排序，然后改成降序
方法。在 State 列上的单击不会触发排序，因为并没有像 FullName 列那样给这一列指
定 sort:true。

　　还可以使用 ColumnModel 的其他特性。可以通过拖曳重新摆放某一列，可以通
过拖曳把手调整大小，或者单击列菜单图标，把鼠标悬停在某个列上就会出现这个
图标。

　　要使用 SelectionModel，单击并选中一行。之后，就可以通过键盘上的上下箭头在
行间移动了。要想练习 RowSelectionModel 的多行选择，可以去掉 SelectionModel 中的
singleSelect:true 属性，这个属性的默认值就是 false。重新加载页面后，就可以用操作系
统常用的多选方法 Shift+单击或者 Ctrl+单击进行多选了。

创建第一个网格非常简单。显然，GridPanel 还远不止显示数据和排序这么简单。更常用的功能还有分页、设置鼠标右键单击事件处理等。下面就讨论这些高级应用。

7.4　高级 GridPanel 的构造

在前一部分中，构造了一个使用内存中的静态数据的 GridPanel。为了帮助理解，把每一个支持类都创建了一遍。和框架中的许多组件一样，GridPanel 及其支持类都有些备选的配置方式。在这一节构建高级 GridPanel 的过程中，就会探讨一些备选方法和支持类。

7.4.1　目标

要打造的 GridPanel 会用到一些高级概念，首先就是通过远程的数据存储器查询一个随机生成数据的大数据集，这样就有机会使用 PagingToolBar 了。还会学习给其中的两列创建自定义的渲染器。一个是给 ID 列加上颜色，另一个就更高级了，是把地址数据拼在一列中。构建好这个 GridPanel 之后，会配置一个 rowdblclick 处理程序。在 GridPanel 的 rowcontextmenu 事件中，会学到上下文菜单。本章接下来的内容将全力完成这个任务，其中会涉及大量的内容。

7.4.2　用快捷方式创建数据存储器

在代码 7-3 创建数据存储器的过程中，会学到一些常用的快捷方式，这可以节省大量时间。如果要创建的配置不是这样的，可以混合使用快捷方式或者普通写法进行配置。

代码 7-3　创建一个 ArrayStore

```
var recordFields = [
    { name : 'id',        mapping : 'id'        },      ❶ 字段被映射列行
    { name : 'firstname', mapping : 'firstname' },          数据上
    { name : 'lastname',  mapping : 'lastname'  },
    { name : 'street',    mapping : 'street'    },
    { name : 'city',      mapping : 'city'      },
    { name : 'state',     mapping : 'state'     },
    { name : 'zip',       mapping : 'zip'       },
    { name : 'country',   mapping : 'country'   }
];                                                      ❷ 使用快捷键方式
                                                           配置远程
var remoteJsonStore = new Ext.data.JsonStore({
    fields        : recordFields,
    url           : 'http://extjsinaction.com/dataQuery.php',
    totalProperty : 'totalCount',
```

```
    root          : 'records',
    id            : 'ourRemoteStore',
    autoLoad      : false,
    remoteSort    : true
});
```

在代码 7-3 中，通过快捷方式配置了一个远程的 JsonStore。首先创建的是 recordFields❶，这是一个字段配置对象数组。在这个数组中，映射了许多的数据字段，其中一些会在列模型中指定。

如果字段的标签和数据点的标签一致，这个映射还可以进一步简化，可以指定一个字符串数组：

```
var recordFields = [
    'id','firstname','lastname','street','city','state','zip','country'
];
```

也可以把对象和字符串混合起来用作字段列表。我写程序的时候，通常会用配置对象而不是字符串，因为这样可以让代码明确表示其含义。同样，如果后台的数据点需要调整，所需要做的也不过是修改映射属性，如果用字符串，就需要调整映射和列模型。

接着就开始配置 JsonStore❷，它会远程获取数据。在配置这个数据存储器的时候，将属性 fileds 设置成之前创建的 recordFields 数组。Ext 会根据这个 fields 配置数组自动创建 data.Record，并最终填充数据存储器。

接下来传入了一个 url 属性，这里也用了简写法。由于传递了这个属性，Store 类用它创建一个 Proxy 实例以获取数据。同样，因为这是一个远程的 URL，于是创建出来的就是一个 ScriptTagProxy 的实例。记住，ScriptTagProxy 需要把返回的数据作为它自动生成的回调方法的第一个参数传递。图 7-8 所示的就是服务器端的响应所必须提供的数据格式。

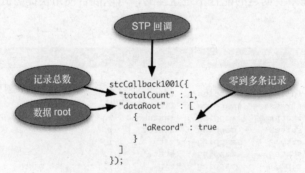

图 7-8　远端服务要返回的数据格式

在图 7-8 中，可以看到服务器返回一个 stcCallback1001 的方法调用。服务器所返回的这个回调方法名字是在请求中通过 callback 属性传给服务器的。在每个 STP 请求中，这个数字会自动增加。

　　属性 totalCount 是一个可选的值，它指的是能看见多少条记录。在这个远程 JsonStore 的配置中，把 totalProperty 配置属性设置为 totalCount。PagingToolbar 会根据这个属性计算可用数据一共有多少页。

　　有关数据最重要的一个属性是 root，这个属性是一个数据数组。这里将远程 JsonStore 配置中的 records 属性设置为 root。

　　接着告诉数据存储器不要自动从数据源取数据。第一次请求是需要一些特殊的技巧，这样才不会把数据库查询中的全部数据都取出来了。

　　这里还把数据存储器的 ID 设为 ourRemoreStore，以后用这个 ID 从 Ext.StoreMgr 获得数据存取器，数据存储器对于 Ext.StoreMgr 就相当于 Component 对于 ComponentMgr 的关系。每个数据存储器都有一个唯一的 ID，或者在注册到单体 StoreMgr 时由 StoreMgr 给它分配一个 ID。同样，销毁一个数据存储器也同时就注销了 ID。

　　可以用 XType jsonstore 来配置 JsonStore，不过由于要把它绑定到 GridPanel 和 PagingToolbar，就必须要有一个 Ext.data.Store 的实例。

　　最后，通过把 remoteSort 设置为 true 启用远程排序。由于使用了分页方法，本地的排序可能会让 UI 表现异常，这是由于数据排序和页数的计算不匹配造成的。

　　这些都做完后，接下来就要配置高级 ColumnModel 了。

7.4.3　用自定义的渲染器构造 ColumnModel

　　在第一个 GridPanel 例子中用的 ColumnModel 是相当单调的。当时所做的就是把列映射到记录的字段。但是，接下来这个新的 ColumnModel 会利用两个自定义的渲染器，其中的一个是把地址字段做成了一个漂亮的复合单元，如代码 4-7 所示。

代码 7-4　创建两个自定义的渲染器

```
var colorTextBlue = function(id) {
    return '<span style="color: #0000FF;">' + id + '</span>';
};
var stylizeAddress = function(street, column, record) {
    var city  = record.get('city');
    var state = record.get('state');
    var zip   = record.get('zip');

    return String.format('{0}<br>{1} {2}, {3}', street, city, state, zip );
};
```

　　在代码 7-4 中，为两个不同的列分别构造了两个自定义渲染器（方法），第一个方法为 colorTextBlue，返回的是一个用 span 标签把传给它的 id 参数包围起来的拼接字符串。span 标签有一个蓝色文本的 CSS 样式属性。

　　第二个自定义的渲染器为 stylizeAddress，是一个更复杂的方法，用除了国家以外的所有地址信息创建一个复合视图。所有的自定义渲染器在调用时都会传入 6 个参数，这里只用了第一个和第三个。第一个是这一列所绑定的字段的值。第二个是列的元数据，这里没有用到，第三个参数是对实际数据记录的引用，这里会反复用到。

通过这种方法，用记录的 get 方法获得城市和区域的值，传给 get 的参数是要提取数据的字段。这样，就得到了构造复合数据值所需要的全部引用了。

在这个方法中，最后所做的是返回 String.format 方法的结果，这是 Ext 提供的一个鲜为人知的强大的工具。传给它的第一个参数是一个用花括号括起来的数字，它会被后面提供的值替换掉。这个方法是之前用的那个字符串拼接的不错的替代品。

现在，自定义的渲染器已经配置起来了，接下来继续创建列配置对象。代码相当的长，因为一共要配置 5 列，会用到很多的配置参数。一旦读者适应了这个方式，这段代码读起来就相当容易了。

代码 7-5   配置高级 ColumnModel

```
var columnModel = [
    {
        header    : 'ID',
        dataIndex : 'id',
        sortable  : true,
        width     : 50,
        resizable : false,
        hidden    : true,                    ❶ 隐藏 ID 列
        renderer  : colorTextBlue
    },                                       ❷ 将 colorTexBlue
                                               绑定到 ID 列
    {
        header    : 'Last Name',
        dataIndex : 'lastname',
        sortable  : true,
        hideable  : false,
        width     : 75
    },
    {
        header    : 'First Name',
        dataIndex : 'firstname',
        sortable  : true,
        hideable  : false,
        width     : 75
    },
    {
        header    : 'Address',
        dataIndex : 'street',
        sortable  : false,
        id        : 'addressCol',            ❸ 将 stylizeAddress
        renderer  : stylizeAddress             绑定到 Address 列
    },
    {
        header    : 'Country',
        dataIndex : 'country',
        sortable  : true,
        width     : 150
    }
];
```

这个 ColumnModel 的配置和前一个 grid 的 ColumnModel 的配置非常类似。最大的区别就在于并没有创建一个 Ext.grid.ColumnModel 的实例，而是用创建一个对象数组的快捷方式，这个数组会被翻译成一个 Ext.grid.Column 的列表。不过这里做法也有些不同。例如，ID 列是隐藏的❶，并且绑定到 colorTextBlue❷这个自定义的渲染器。

此外，还将 Last Name 和 First Name 两列的 hideable 属性设置成 false，这样就不能通过 Column 菜单隐藏它们了。等完成这个 GridPanel 的渲染后，就可以看到相应的效果。

Address 这一列有点特别，因为禁止了排序。这么做是因为尽管把这一列绑定到了街道字段，但却又通过 stylizeAddress 这个自定义渲染器❸把记录中其他字段的内容组合起来填充的这个单元，也就是城市、地区和邮政编码。不过，确实对每个单独的列启用了排序。这个列还有一个 ID 属性设成了 addressCol，并且没有 width 属性。之所以要这么配置，是因为要将 GridPanel 配置成能在其他宽度固定的列渲染完后，把这一列的宽度扩展填满剩下的宽度。

现在，就完成了 Column 配置对象数组的构造工作，要继续对 GridPanel 进行下面的操作。

7.4.4　配置高级 GridPanel

现在已经完成了分页 GridPanel 的各项配置工作了。不过，还需要先配置一个分页工具栏，它会作为 GridPanel 的底部工具栏或者 bbar 出现，如代码 7-6 所示。

代码 7-6　配置高级 GridPanel

```
var pagingToolbar = {
    xtype       : 'paging',              ← PagingToolbar
    store       : remoteJsonStore,       ❶ 使用了 XType
    pageSize    : 50,
    displayInfo : true
};
                                         ❷ 简单配置 GridPanel
var grid = {                             ← 配置对象
    xtype            : 'grid',
    columns          : columnModel,
    store            : remoteJsonStore,
    loadMask         : true,
    bbar             : pagingToolbar,
    autoExpandColumn : 'addressCol'
};
```

在代码 7-6 中，使用 XType 这种快捷方式配置 PagingToolbar 和 GridPanel。

在配置 PagingToolbar❶时，绑定的是之前配置好的远程 JsonStore，并把 pageSize 属性设置成 50。这会启用 PagingToolbar 并绑定到数据存储器，从而可以对请求进行控制。PageSize 属性会作为 limit 属性传给远程服务器，并保证数据存储器的每次请求得到 50（或少于 50）个记录。PagingToolbar 会利用这个 limit 属性和服务器返回的 totalCount 属性计算出数据集中共有多少"页"。最后一个配置属性为 displayInfo，是告诉

PagingToolbar 显示一小块文本，这段文本显示的是当前页所在位置以及还可以通过切换得到多少条记录。在后面讲解渲染 GridPanel 时还会解释。

接着配置了一个 GridPanel XType 配置对象❷。在这个配置中，把之前创建的变量 columnModel、remoteJsonStore 和 pagingToolbar 都绑定在一起。由于设置了 columns 属性，Ext 会自动根据 columnModel 变量中的配置对象数组生成一个 Ext.grid.ColumnModel 的实例。

将 loadMask 属性设置成 true，这会让 GridPanel 创建一个 Ext.loadMask 的实例，并把它绑定到 bwrap（body wrap）元素上，这是一个最终要把所有在 Panel 的 titlebar 下面的元素都包围起来的标签，其中包括顶部的工具栏、内容区域、底部工具栏和底部的按钮页脚栏（fbar）。LoadMask 类会绑定数据存储器的很多事件，并根据数据存储器所处的状态显示或者隐藏。例如，当数据存储器初始化某个请求时，它就会把 bwrap 元素遮起来，等请求完成时再取消对该元素的遮罩。

接着，把 bbar 属性设置成 pagingToolbar XType 配置对象，它会根据这个配置对象渲染出一个 PagingToolbar 控件的实例，并把它用作 GridPanel 的底部工具栏。

最后，将 autoExtendColumn 属性设置成字符串'addressCol'，它是地址列的 ID，这就保证这一列的宽度是用整个视窗的宽度减去其他固定宽度列的宽度动态调整的。

现在，GridPanel 就配置好了，可以把它放到一个容器中展示了。可以把这个 GridPanel 渲染到文档元素上，不过这里会把它作为一个 Ext.Window 实例的子元素，因为这样一来，就可以很容易地调整 GridPanel 的大小，然后看看各种功能，例如自动调整 Address 列的大小是什么效果了。

7.4.5　为 GridPanel 配置一个容器

现在，要继续给这个高级 GridPanel 创建一个容器，如代码 7-7 所示。一旦这个容器渲染结束，就可以开始对之前创建的远程数据存储器进行查询了。

代码 7-7　把 GridPanel 放在一个 Window 中

```
new Ext.Window({                                    ┌┘ 在窗口中渲染
    height : 350,                                   ❶  GridPanel
    width  : 550,
    border : false,
    layout : 'fit',
    items  : grid
}).show();

Ext.StoreMgr.get('ourRemoteStore').load({           ┌┘ 执行初始负载
    params : {                                      ❷  请求
        start : 0,
        limit : 50
    }
});
```

在代码 7-7 中，一共做了两件事情。第一件就是创建了 Ext.Window，用的是 FitLayout 布局，并把将 GridPanel 作为唯一的子成员。对 show 方法的调用并不是先得到 Ext.Window 实例的引用后再通过这个引用调用的，而是用链式方式从构造方法的结果直接调用 show 方法。

接着调用了 Ext.StoreMgr.get 方法，传给它的是远程数据存储器的 ID，然后又通过链式方法调用存储器的 load 方法。传给 load 的是一个对象，这个对象中有一个 params 属性，它本身又是一个有 start 和 limit 属性的对象。

start 属性告诉服务器查询应该从哪个记录或者行号开始。它会读取从开始到 limit 返回一页数据。必须调用这个 load 方法，因为 PaingToolbar 本身是不会触发数据存储器的第一个加载请求的。必须手动完成此功能。

渲染后的 GridPanel 如图 7-9 所示。从这个效果可以看到，GridPanel 的 Address 用一列显示了整合后的地址字段，可以动态调整大小，但是不能排序，而其他的列都是大小固定并且可以排序的。

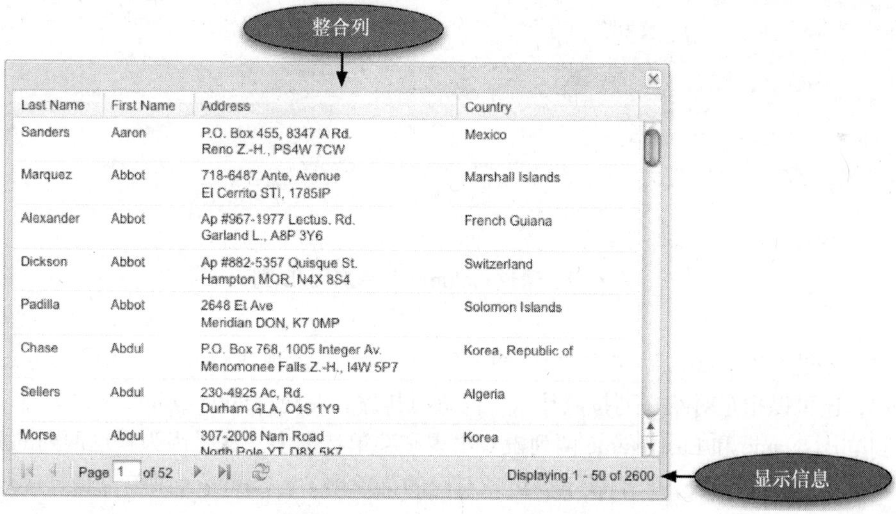

图 7-9　高级的分页的 GridPanel 的最终效果

用 Firebug 简单地了解一下第一次请求的通信过程，可以看到传给服务器的参数。图 7-10 显示了这些参数。之前在讨论分页工具栏时已经讲到了 callback、limit 和 start 参数。_dc 和 xaction 这两个参数是第一次碰到的。

_dc 参数是所谓的**缓存阻止**（cache buster）参数，对每一个请求来说都是唯一的，其内容是用 UNIX 的纪元格式表示的发出请求时的时间戳，也就是该计算机时间到 1970 年 1 月 1 日午夜 12 点的秒数。因为对于每个请求来说这个值都是唯一的，这就能跳过了代理，防止代理截获请求和返回缓存的数据。

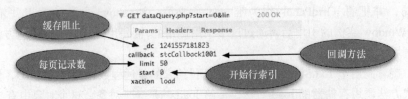

图 7-10　请求分页数据时发送给远程服务器的参数列表

xaction 参数是给 Ext.direct 使用的，它是为了告诉控制器需要执行哪一个 action，在这个例子中恰好就是 load 动作。数据存储器所产生的每个请求中都会发送 xaction 参数，如果有必要可以忽略这个参数，不会有任何问题。

不知道读者有没有发现，没有 ID 列。这是由于将它配置成隐藏列了。要想启用它，可以通过 Column 菜单勾选 ID 列，如图 7-11 所示。

图 7-11　通过 Column 菜单启用 ID 列

勾选了 Columns 菜单中的 ID 列之后，会看到它出现在 GridView 中了。通过这个菜单，还可以指定对某一列按照什么方向进行排序。在观察这个 Columns 菜单时，可以看到 First Name 和 Last Name 两列没有出现在菜单选型中。这是因为将这两列的 hideable 标志设置成了 false，它们就不会出现对应的菜单项了。Columns 菜单也是直接对某列进行排序的好地方。

现在，GridPanel 就做好了。接下来可以给 GridPanel 加上一些事件处理，这样就可以和它互动了。

7.4.6　加上事件处理

为了能够实现基于行的用户交互，需要给 GridPanel 的事件绑定事件处理。现在要学习的是如何利用 rowdbclick 事件在用户双击一行时弹出一个对话框。同样，还会监听 contextmenu（右键单击）事件，且在鼠标单击的坐标位置创建并显示一个只有一项的上下文菜单。

在代码 7-8 中，先创建一个方法，为 Ext 的 alert 消息框提供格式化的消息，然后再创建事件处理。可以把代码 7-8 放在 GridPanel 配置之前的任何地方。

代码 7-8　给数据网格创建事件处理程序

```
var doMsgBoxAlert = function(record) {
    var record    = thisGrid.selModel.getSelected();      ← ❶ 显示 Ext 的 alert
    var firstName = record.get('firstname');                   消息框
    var lastName  = record.get('lastname');

    var msg = String.format('The record you chose:<br /> {0}, {1}',
            lastName , firstName);

    Ext.MessageBox.alert('', msg);
};

var doRowDblClick = function(thisGrid) {              ❷ rowdbleclick
    doMsgBoxAlert(thisGrid);                          ←  事件处理
};
                                                          rowcontextmenu ❸
var doRowCtxMenu = function(thisGrid, rowIndex, evtObj) {      事件处理
    evtObj.stopEvent();                              ←
                                                          隐藏浏览器的内
    thisGrid.getSelectionModel().selectRow(rowIndex);  ❹ 容菜单

    if (! thisGrid.rowCtxMenu) {                      ←
        thisGrid.rowCtxMenu = new Ext.menu.Menu({         创建 Ext 菜单的
            items : {                                 ❺ 静态实例
                text    : 'View Record',
                handler : function() {
                    doMsgBoxAlert(thisGrid);
                }
            }
        });
    }

    thisGrid.rowCtxMenu.showAt(evtObj.getXY());
};
```

代码 7-8 中创建了 3 个方法。第一个 doMsgBoxAlert 是一个工具类方法，接收一个参数 record，它是一个指向产生事件的 GridPanel 的指针。借助它的 RewSelectionModel 结果的 getSelected 方法得到被选中的记录的引用，然后用 record.get 方法抽取出 firstname 和 lastname 的字段值，然后再用一个 Ext 的 alert 消息框中的消息来显示这两个属性。

接着，创建了第一个事件处理 doRowDbClick，这个事件处理接收事件发布的两个参数，触发事件的 GridPanel 的引用。这个方法所做的就是执行之前讨论过的 doMsgBoxAlert 方法。

上下文菜单通常会选择项目

许多桌面应用程序都会在用户右键单击时选中一个项目。原始的 Ext JS 并没有提供这个功能，可以在用户右键单击时强制选择项目。这样应用程序看起来就更像是个桌面程序了。

最后一个方法 doRowCtxMenu 要复杂一些，它接收 3 个参数。第一个参数 thisGrid 是对 Grid 的引用，第二个 rowIndex 代表着行的索引，也就是事件发生所在的行。第三个参数是 Ext.EventObject 的实例。这个方法很重要，因为在某些系统，例如 OS X 的 Firefox 浏览器上，需要阻止显示浏览器自己的上下文菜单。这也是为什么要先调用 evtObj.stopEvent 的原因。调用 stopEvent 可以阻止显示原始的浏览器上下文菜单。

接下来，处理程序利用 rowIndex 参数强制选中生成事件的行，做法是调用 RowSelectionModel 的 selectRow 方法，然后给这个方法传入 rowIndex 参数。

接着根据 rowIndex 选取记录。这样可以给用户提供必要的反馈信息。接着检查 thisGrid 是否具有 rowCtxMenu 属性，如果这个检查的结果是 true，就会进入下面的分支。之所以要这么做，是希望在没有菜单的时候能够创建一个。如果没有这个逻辑，就得在每次调用上下文菜单时都要创建一个菜单，这种做法非常浪费。

接着把 thisGrid 的 rowCtxMenu 属性设成一个 Ext.menu.Menu 的新实例，它只有一个子项目，用的是典型的 XType 简写形式。菜单项的第一个属性是菜单项上要显示的文本。另一个属性是处理方法，这个方法在行内定义，调用 doMsgBoxAlert 方法。

最后，调用这个新建的 rowCtxMenu 的 showAt 方法，这个方法要根据 X、Y 坐标显示菜单。这里直接把 evtObj.getXY() 方法的结果传给 showAt 方法。EventObject.getXY 返回的是事件发生所在的准确坐标。

现在事件处理已经就绪，可以调用了。在把它用于网格之前，需要配置监听器，如代码 7-9 所示。

代码 7-9　把事件处理加到网格上

```
var grid = {
    xtype            : 'grid',
    columns          : columnModel,
    store            : remoteJsonStore,
    loadMask         : true,
    bbar             : pagingToolbar,
    autoExpandColumn : 'addressCol',
    selModel         : new Ext.grid.RowSelectionModel({
        singleSelect : true
    }),
    stripeRows       : true,                    ❶ 将事件处理
    listeners        : {                          添加到网格
        rowdblclick      : doRowDblClick,
        rowcontextmenu   : doRowCtxMenu
    }
};
```

为了给网格配置事件监听器，加了一个 listeners 配置对象，这里有事件和处理的映射。由于事件处理只能处理一条被选的记录，必须强制单行选择。为此，在 RowSelectionModel 中加上一个 singleSelect 选项，并把它的值设为 true。

刷新页面，并进行双击和右键单击操作，结果如图 7-12 所示。

图 7-12   这个高级网格中添加上下文菜单处理后的效果

现在双击任何一条记录都会触发弹出 Ext 消息框。同样，右键单击任何一行也会出现自定义上下文菜单。如果单击 View Record 菜单项，也会出现 Ext 的警告消息框。

给网格添加用户交互就是这么简单。开发有效的 UI 交互的一个关键点是：在需要的时候对部件的实例化和渲染只做一次，对于上下文菜单也是一样。尽管这个技术可以防止重复的内容，不过在清理上有所不足。还记得组件生命周期中的销毁阶段吗？可以通过给监听器列表加一个 destroy 处理方法，在网格面板销毁的同时也清理上下文菜单：

```
listeners         : {
   rowdblclick     : doRowDblClick,
   rowcontextmenu  : doRowCtxMenu,
   destroy         : function(thisGrid) {
       if (thisGrid.rowCtxMenu) {
           thisGrid.rowCtxMenu.destroy();
       }
   }
}
```

在这个代码段中，添加了一个行内的 destroy 事件处理，而不是创建一个单独的方法。Destory 事件总是会传给发布该事件的组件，也就是 thisGrid。在那个方法中，检查有没有 rowCtxMenu 这个变量。如果，就调用它的 destroy 方法。

清理上下文菜单是开发人员经常忽略的一个问题，这可能会导致出现大量的 DOM 节点垃圾，消耗大量的内存，让程序的性能逐渐变差。如果要给任何组件添加上下文菜单，一定确保给这个组件注册一个 destroy 事件处理，并在这里销毁所有的上下文菜单。

7.5 小结

这一章中，学到了许多关于 GridPanel 和数据存储器类的内容。本章从构造一个使用本地数据的 GridPanel 开始，学习了数据存储器以及 GridPanel 的支持类。

在构造第一个 GridPanel 时，可以看到数据存储器是如何通过代理获取数据、如何用阅读器解析数据、如何组织成 Ext 管理的数据对象记录的。同时我们也知道 GridView 是如何通过监听数据存储器的事件得知应该在何时渲染数据的。

在构造从远程加载数据的 GridPanel 时，我们学到了一些可以用于构造 GridPanel 以及支持类的快捷方法。我们也知道了 ColumnModel 以及它如何用隐藏列或者不用隐藏列的。在这个过程中，我们配置了 JSON 数据存储器，以便可以远程排序。

最后，为 GridPanel 增加了交互能力，对鼠标双击和右键单击进行了捕获并做出响应。在这里简单地介绍菜单，并且强调了在父组件销毁后要清理菜单的重要意义。

这一章中学到的很多概念会帮助我们继续学习 EditorGridPanel 及其子类 PropertyGrid 的使用。

第 8 章 EditorGridPanel

本章包括的内容：

- 使用 EditorGridPanel
- 学习完整的数据 CRUD 周期
- 部署 DataWriter

上一章里，学习了 GridPanel 以及如何用它展示数据，并且还把 PagingToolbar 放到复杂的 GridPanel 中，实现了对大量数据的分页切换。

这一章里，会在之前工作的基础上实现 EditorGridPanel，有了它就能够在线编辑数据了，就像用 Microsoft Excel 一样。本章还会学习如何用上下文菜单、工具条按钮和 Ajax 请求一起完成 CRUD 操作。

本章先从创建第一个 EditorGridPanel 开始，会介绍 EditorGridPanel 是什么以及它是怎么编辑的。还会讨论如何配置 UI 部件进行 CRUD 操作的方方面面，包括如何得到修改的记录以及拒绝更改。如果 EditorGridPanel 不能保存数据，那它也没什么用处，因此会利用这个机会介绍 CRUD 的代码是如何工作的。

最后，会把 Ext.data.DataWriter 加进来，它能帮开发人员摆脱编写大量代码的繁重工作，看看这是怎么做到的。

这也是到目前为止内容最丰富的一章。

8.1   近观 EditorGridPanel

EditorGridPanel 类是构建在 GridPanel 类之上的，它用的是 ColumnModel，允许用 Ext 的表单字段编辑数据，而不用专门准备 FormPanel。默认用的是 CellSelectionModel，它有内置的事件模型，可以根据用户输入，例如鼠标单击和键盘录入触发单元格的选中，甚至是编辑字段的渲染或者重新定位。它可以通过 Ext.data.DataWriter 类实现数据修改后的自动保存，在后面的章节中会有相关的讨论。

在开始前，先讨论要构造的是个什么。

先从上一章构造的那个复杂的 GridPanel 开始，不过要想能够编辑数据，需要做些改变。第一个最明显的变化就是使用 GridPanel 而不是 EditorGridPanel。

另一个变化是要把原来的复合地址列拆开，每个 dataIndex 单成一列，这样就可以很容易地编辑每个地址信息，而不是用一个复杂的编辑器。图 8-1 所示就是要做的 EditorGridPanel 的样子。

就这个 EditorGridPanel 来说，我们利用必要的 UI 组件来要构建的可以称得上是一个小型应用了，因为它已经模拟了记录的 CRUD（创建、读取、更新、删除）功能。之所以叫做模拟，是因为 Ajax 请求不能跨域，为了避免和服务器代码掺和，需要做些静态的响应。

要启用 CRUD，要给 PagingToolBar 添加两个按钮，分别代表保留修改和撤销修改。同样，需要为右键单击创建一个上下文菜单，用于添加或者删除记录。这一部分是迄今为止最复杂的代码，必须分阶段完成。

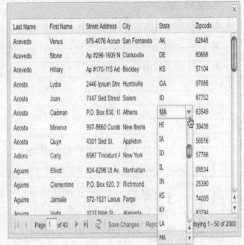

图 8-1   我们要构造的东西

第一个阶段是先让 EditorGridPanel 工作起来。然后再不断地加入每一个 CRUD 处理，每次加一个。

8.2   构建第一个 EditorGridPanel

由于是在上一章那个复杂的 GridPanel 基础上进行扩展的，因此会有许多完全一样的代码和模式。这里会尽量保证代码的平滑过渡。不过变化也是在所难免的。因此，读者要通读全部代码，书中会指出其中相关的修改。

在开始前，需要创建两个包含了 JSON 数据的文件，用这两个文件来模拟在进行 CRUD 操作时服务器端做出的响应。第一个文件是 successTrue.js，内容是：

```
{success : true}
```

第二个文件是 successFalse.js，内容是：

```
{success: false}
```

把这两个文件放到 Web 服务器的项目空间下。完成后，就可以构造数据存储器了，如代码 8-1 所示。

代码 8-1　创建远程数据存储器

```
var remoteProxy = new Ext.data.ScriptTagProxy({
    url : 'http://extjsinaction.com/dataQuery.php'
});

var recordFields = [
    { name : 'id',          mapping : 'id'          },
    { name : 'firstname',   mapping : 'firstname'   },
    { name : 'lastname',    mapping : 'lastname'    },
    { name : 'street',      mapping : 'street'      },
    { name : 'city',        mapping : 'city'        },
    { name : 'state',       mapping : 'state'       },
    { name : 'zipcode',     mapping : 'zip'         },
    { name : 'newRecordId', mapping : 'newRecordId' }
];

var remoteJsonStore = new Ext.data.JsonStore({
    proxy         : remoteProxy,
    storeId       : 'ourRemoteStore',
    root          : 'records',
    autoLoad      : false,
    totalProperty : 'totalCount',
    remoteSort    : true,
    fields        : recordFields,
    idProperty    : 'id'
});
```

这里先创建的是 ScriptTagProxy，用它来从远程域获取数据。接着创建了一个字段列表，用于映射原始数据中的数据点。别忘了，它们会用来创建 Ext.data.filed 的实例，而后者是 Ext.data.Record 的最小单元。注意列表加的最后一个字段。虚拟服务端控制器会使用这个'newRecordId'进行插入操作。等以后对插入记录进行保存时会进一步讨论它，那时就会知道为什么只有新记录才需要这个属性。

最后，创建的是 remoteJsonStore，它用的就是 remoteProxy 和 recordFields。也可以把 remoteJsonStore 配置为一个 XType 的配置对象，但是以后等为 CRUD 操作创建处理程序时会用到这个引用。这将让接下来的工作变得简单，我保证对于 JsonStore，idProperyt 设置为'id'，这样数据存储器就会对 ID 进行跟踪，也就可以监视插入操作了。

下一步，就要创建给 ColumnModel 使用的字段编辑器了，如代码 8-2 所示。

代码 8-2　创建 ComboBox 和 NumberField 编辑器

```
var textFieldEditor = new Ext.form.TextField();            ❶ 创建 TextField 编辑器

var comboEditor = {              ❷ ComboBox 的 XType 配置
    xtype        : 'combo',        对象
    triggerAction : 'all',
    displayField  : 'state',
    valueField    : 'state',
    store        : {
        xtype : 'jsonstore',
        root  : 'records',
        fields : ['state'],
        proxy :  new Ext.data.ScriptTagProxy({
            url : 'http://extjsinaction.com/getStates.php'
        })
    }
};
                                 ❸ NumberField 配置对象
var numberFieldEditor = {
    xtype        : 'numberfield',
    minLength : 5,
    maxLength : 5
};
```

创建这些编辑器时，使用了两个技术：直接实例化和延迟实例化。对于 Ext.form.TextField 来说❶，因为以后会经常使用它，使用 XType 配置是一种浪费，因此这里用的是直接实例化。相对的，comboEditor❷ 和 numberFiledEditor❸用的就是 XType 配置方式，因为它们只会用于单独的一列。comboEditor 是 Ext.Form.ComboBox 的 XType 配置，它还内嵌了一个 Ext.data.JsonStore 的 XType 配置，这里用的是 ScriptTagProxy，所以可以从远程域获取国家列表。同样，numberFiledEditor 是 Ext.Form.NumberFiled 的 XType 配置，将它用于 ZIP Code 列，这里对字段的最小、最大字符长度设置了两个基本验证规则。而且这个编辑器是 NumberField，因此不能录入字符，只能是 5 位整数。

现在要创建 ColumnModel 了，这时会用到之前配置的编辑器，如代码 8-3 所示。对于这个复杂的 GridPanel，这段代码相对比较长。不过，模式还是很清晰的。

代码 8-3　创建 columnModel

```
var columnModel = [
    {
        header    : 'Last Name',
        dataIndex : 'lastname',
        sortable  : true,              ❶ 使用 TextField 编辑器
        editor    : textFieldEditor
    },
    {
        header    : 'First Name',
```

```
            dataIndex : 'firstname',
            sortable  : true,
            editor    : textFieldEditor
        },
        {
            header    : 'Street Address',
            dataIndex : 'street',
            sortable  : true,
            editor    : textFieldEditor
        },
        {
            header    : 'City',
            dataIndex : 'city',
            sortable  : true,
            editor    : textFieldEditor
        },
        {
            header    : 'State',
            dataIndex : 'state',
            sortable  : true,                    ❷ 指定 ComboBox 的配置对象
            editor    : comboEditor
        },
        {
            header    : 'Zip Code',
            dataIndex : 'zipcode',
            sortable  : true,                    ❸ 这列放的是 numberFieldEditor
            editor    : numberFieldEditor
        }
    ];
```

看看这个 ColumnModel 配置数组，会看到一些熟悉的属性，例如 header、dataIndex 和 sortable。此外，也看到了一个新属性，editor，我们就是通过它给每一列指定一个编辑器的。

注意，6 个 Column 配置对象中的 4 个用的都是 textFieldEditor❶。这么做主要是因为性能原因。和使用 XType 配置对象，然后给每列一个 Ext.form.TextFiled 的实例比起来，只用一个 TextField 按需进行渲染和摆放，显然这里使用的方式可以减少内存消耗和 DOM 的过度膨胀。这是一个改善性能的技术。渲染 EditorGridPanel 时，将会看到这个技术的实际效果。

最后，给 State 列用的是 comboEditor❷，而 ZIP Code 列用的是 numberFieldEditor❸。因为它们两个都是只用一次，因此使用 XType 配置对象就可以了。

现在已经有数据存储器、编辑器和配置好的 ColumnModel 了，可以开始创建 PagingToolbar 和 EditorGridPanel 了，如代码 8-4 所示。

代码 8-4   创建 PagingToolbar 和 EditorGridPanel

```
var pagingToolbar = {
    xtype       : 'paging',
    store       : remoteJsonStore,
    pageSize    : 50,
    displayInfo : true
};
```

```
var grid = {                                    ❶ 指定 xtype 属性为'editorgrid'
    xtype      : 'editorgrid',          ⬅
    columns    : columnModel,
    id         : 'myEditorGrid',
    store      : remoteJsonStore,
    loadMask   : true,
    bbar       : pagingToolbar,
    stripeRows : true,
    viewConfig : {
        forceFit : true
    }
};

new Ext.Window({
    height : 350,
    width  : 550,
    border : false,
    layout : 'fit',
    items  : grid
}).show();

remoteJsonStore.load({              ⬅—❷ 加载 Store
    params : {
        start : 0,
        limit : 50
    }
});
```

　　代码 8-4 创建的是 EditorGridPanel 其余的部分，先是 PagingToolbar，它用的是 remoteJsonStore，并把 pageSize 设置成 50 条记录。接着，创建的是 EditorGridPanel❶，它的 xtype 属性是'editorgrid'，并用到了 columnModel、remoteJsonStore 和 pagingToolbar。

　　接着，给 EditorGridPanel 创建了容器，一个 Ext.Window 的实例，它的布局是'fit'。这个窗口在实例化之后立刻就显示出来。

　　最后，调用 remoteJsonStore.load 方法❷，并传给它一个配置对象，这个对象是要发送给服务器的参数，也就是从 0 号记录开始，返回的记录数最多 50 条。

　　这个阶段的代码就全成了。现在可以把这个 EditorGridPanel 展示出来，然后编辑数据。图 8-2 所示的就是这个 EditorGridPanel 的实际效果。

图 8-2　第一个 EditorGridPanel

可以看到这个 EditorGridPanel 和 PagingToolbar 都有数据，并且可以编辑了。一开始看起来就是一个标准的 GridPanel。不过这只是表面现象，实际上表象下隐藏的是一套全新的功能。下面花点时间看看如何使用它。

8.3　EditorGridPanel 的导航

可以通过鼠标或者键盘操作在单元格间导航，进入或者退出编辑模式。

要想通过鼠标动作进入编辑模式，只要双击某个单元格，编辑器就会出现，如图 8-2 所示。可以对数据进行修改，然后单击或者双击另一个单元格或者页面的其他地方，都会让编辑器消失。这个过程可以一直重复，直到完成所有编辑任务。

也可以指定需要几次单击才会触发编辑模式，给 EditorGridPanel 配置对象添加一个 clicksToEdit 属性，并给它指定一个整数值就可以了。有些程序允许通过单击进入编辑状态，那么就把 clicksToEdit 设成 1 就可以了。

作为一个坚定的命令行支持者，我觉得利用键盘在单元格间导航要比用鼠标有效的多。如果你是一个 Excel 高手，一定会心有同感。我通常会先用鼠标定位到第一个要编辑的单元格，然后再用键盘导航。这可以快速地定位焦点。可以用 Tab 键或者 Shift-Tab 组合键左右移动，也可以用箭头随意变换焦点。

要用键盘进入到编辑模式，按 Enter 键就可以，这就可以显示编辑器。而且在编辑模式下，可以通过 Tab 向右或者 Shit+Tab 向左移动，编辑紧挨着它的单元格。

要退出编辑模式，再次按 Enter 键或者按 Esc 键。如果录入的数据或者修改的数据通过了校验，那这个记录就被修改了，这个字段也会被标志成"脏的"，从图 8-3 中可以看到有一些字段已经被编辑过了。

图 8-3　第一个 EditorGridPanel，有一个编辑器和"脏"字段标记

在退出编辑模式时，根据字段是否有 validator 以及校验的结果，数据也可能被抛弃。读者可以试一下，编辑一个 Zip Code 的单元格，输入多于或者少于 5 位的整数，然后按下 Enter 或者 Esc 退出编辑模式。

现在可以编辑数据了，但如果不能保存，这个编辑也没什么用处。所以进入下一个阶段，添加 CRUD 层。

8.4 进入 CRUD

对 EditorGridPanel 来说，可以通过自动或者手工方式触发 CRUD 服务请求。如果有记录被修改并且客户端逻辑中预置的计时器超时，就会触发自动请求，即向服务器的请求。要使用自动 CRUD，可以创建自己的请求发送逻辑，或者用简单的方法，需要使用 Ext.data.DataWriter 类，这也正是本章后面要用到的。

目前，先关注手工的 CRUD，这是用户通过 UI 触发的行为，例如单击菜单项或者按钮。之所以要关注手动的 CRUD，是因为即便 Ext.data.DataWrite 有用，它也无法满足所有人的需要，通过这个练习，会对修改数据时数据存储器及记录发生了什么有个很好的了解。同样，因为创建和删除都属于 CRUD 操作，也能知道如何从数据存储器插入或者删除记录。

8.4.1 添加保存和拒绝逻辑

要创建保存修改和取消修改的方法，这两个方法会和 PagingToolbar 中的 Button 绑定在一起。代码 8-5 有点复杂，下面会进行深入的讲解。

代码 8-5　配置保存修改和拒绝修改句柄

```
var onSave = function() {
    var modified = remoteJsonStore.getModifiedRecords();          ❶ 获取修改记录列表
    if (modified.length > 0) {
        var recordsToSend = [];                                   ❷ 把记录数据整理到列表中以便发送
        Ext.each(modified, function(record) {
            recordsToSend.push(record.data);
        });

        var grid = Ext.getCmp('myEditorGrid');                    ❸ 手动遮盖网格元素
        grid.el.mask('Updating', 'x-mask-loading');
        grid.stopEditing();

        recordsToSend = Ext.encode(recordsToSend);                ❹ 对 JSON 进行编码以便通过
                                                                      网络发送

        Ext.Ajax.request({
            url    : 'successTrue.js',                            ❺ 发送 Ajax.request
            params : {
                recordsToInsertUpdate : recordsToSend
            },
            success : function(response) {
```

```
                    grid.el.unmask();
                    remoteJsonStore.commitChanges();
                }
            });
        }
    };

    var onRejectChanges = function() {
        remoteJsonStore.rejectChanges();
    };
```

　　代码 8-5 中，有两个方法：一个是单击 Save Changes 时调用的 onSave，另一个是单击 Reject Changes 时调用的 onRejectChanges。

　　onSave 中 通 过 Ajax 请 求 完 成 数 据 更 新 。 首 先 调 用 remoteJsonStore 的 getModifiedRecords❶获得一个被更新记录的列表，该方法返回的是一个记录实例列表。实际上，每当某个记录的某个字段被修改了，这个记录就会被标记为"脏"的，并放在数据存储器的 modified 列表中，而 getModifiedRecords 返回的就是这个列表。检查这个列表的长度是否大于 0，也就是说是不是有需要保存的数据。接着创建了一个空的数组 recordsToSend，通过 Ext.each❷把 modified 中的记录填充到这个数组。调用 Ext.each 时传了两个参数，modified 记录列表和一个匿名方法，Ext.each 对 modified 列表中的每个元素都会调用这个匿名方法。这个匿名方法只有一个参数，record，也就是 modified 列表中的每个元素。在匿名方法的内部，保留一个 record.data 的引用，这个对象就是记录中的全部数据点。

　　然后，通过 EdirotGridPanel 的 mask❸方法对元素进行遮盖。给 mask 方法传了两个属性：第一个是发生遮盖的同时显示的消息，第二个是一个 CSS 类，Ext JS 用它来显示一个加载时的旋转画面。

　　接着，用 Ext.encode 方法改写 recordsToSend❹，传给这个方法的就是原始的 recordsToSend 列表。这个操作相当于把 JSON 对象列表"字符串化"，这样就可以通过网络进行传送了。

　　再接下来，执行了 Ajax.request❺，从这开始就有意思了。给 Ext.Ajax/request 传递了一个具有三个属性的配置对象。

　　第一个属性是 url，这里用 successTrue.js 文件做模拟。显然，在服务器一端应该有插入记录或者更新记录的业务逻辑。这个文件模拟了所有 CRUD 操作的控制中心。

　　第二个属性是 params，它是一个带有 recordsToInsertUpdate 属性的对象，这个属性的值被设置成"字符串化"的 JSON，也就是 recordsToSend。设置 params 对象是为了让发送到服务器的 XHR 请求带有一个或者多个参数，在这个例子中只有一个参数。Ajax.request 唯一参数的最后一个属性是 success，如果服务器端返回一个成功状态码，比如 200，这个方法就会被调用。

　　因为这只是一个模拟，并没对请求的响应进行检查。通常在这个地方，都会根据返回结果进行一个业务逻辑的处理。目前，只是，去掉遮盖，并调用 remoteJsonStore 的

commitChange 方法。

JSON 的工具

Ext.encode 是 Ext.util.JSON.encode 的简写，和它配对的是 Ext.decode 或者 Ext.util.JSON.decode。Ext.util.JSON 类是 Douglas Crockford 的 JSON 解析器的一个修正版，不过没有修改 Object 的原型。关于 Douglas Crockford 的 JSON 解析器的更多内容，请见 http://www.json.org/js.html。

这是很重要的一步操作，因为它会把被修改的记录和字段的"脏"标志清除，也会把 EditorGridPanel 上被修改的单元格的"脏"标记清除。如果提交操作成功，而这个操作失败，UI 的字段不会清理，被修改的记录也不会从数据存储器内部的 modified 列表中清除。

最后一个方法是 OnRejectChange，调用了 remoteJsonStore 的 rejectChanges 方法，它会把字段的值还原为原始值，并从 UI 上去掉"脏"标记。

保存和取消修改的方法都已经准备好了，接下来要修改 PagingToolbar 了，添加上两个按钮，用这两个按钮调用这两个方法，如代码 8-6 所示。

代码 8-6 重新配置 PagingToolbar，添加 save 和 reject 按钮

```
var pagingToolbar = {
    xtype       : 'paging',
    store       : remoteJsonStore,
    pageSize    : 50,
    displayInfo : true,
    items       : [                    ❶ 为了使 UI 更整洁，使用垂直分隔条
        '-',
        {
            text    : 'Save Changes',
            handler : onSave
        },
        '-',
        {
            text    : 'Reject Changes',
            handler : onRejectChanges
        },
        '-'
    ]
};
```

在代码 8-6 中，对 PaingToolbar 的 XType 配置对象进行了重构，加入了 items❶，它由 5 个实体组成。字符串"-"对应的实体就是 Ext.Toolbar.Separator，它会在工具栏子元素之间放上一个垂直分隔条。这么做的目的就是想在普通的 PagingToolbar 导航元素和新加的按钮之间做些分隔。

尽管这个列表放的都是普通的对象，不过都会被翻译成 Ext.Toolbar.Button 的实例。图 8-4 示出了 Save Changes 和 Reject Changes 按钮，它们都有各自的处理程序。可以看

到，Save Changes 和 Reject Changes 按钮放在 PagingToolbar 的中间了，通常这是一个空白区，按钮之间用按钮分隔条隔开。现在可以编辑数据，对这个新改的 PagingToolbar 的功能以及 CRUD 方法一并做个检验。

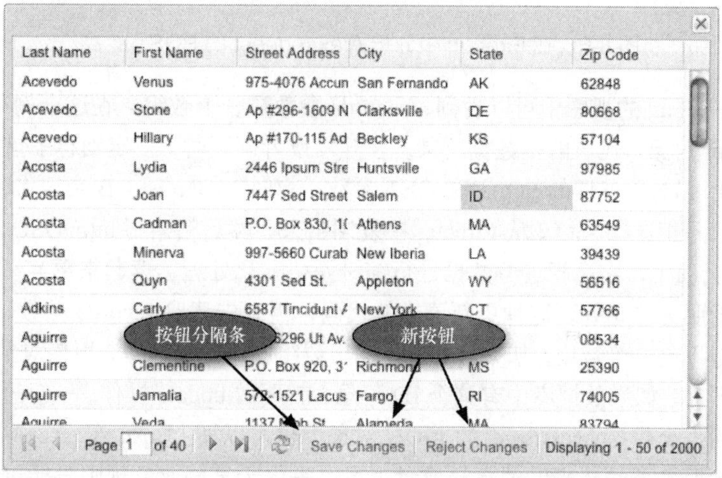

图 8-4　添加 Save Changes 和 Reject Changes 按钮之后的 EditorGridPanel

8.4.2　保存修改或拒绝修改

在使用 Save Changes 和 Reject Changes 按钮时，需要先修改数据。可以用现在所学到的 EditorGridPanel 的知识，修改一些数据后单击 Save Changes 按钮。可以看到 EditorGridPanel 会被短暂地遮罩起来，一旦保存结束后，遮罩就消失了，而且之前那些被打上"脏"标记的单元格又恢复了。图 8-5 所示的就是这里所说的遮罩的真实样子。

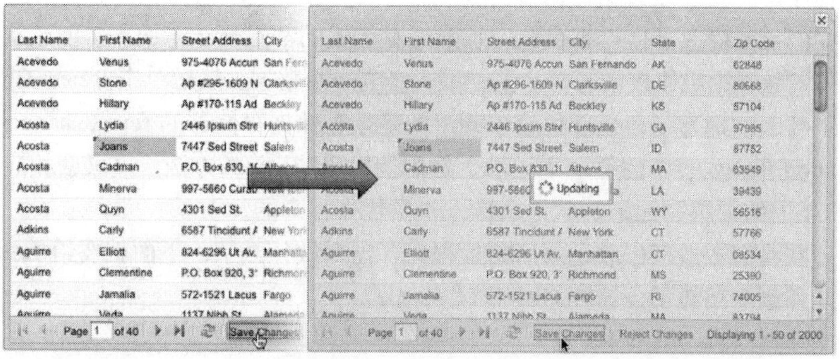

图 8-5　向服务器端发送保存请求时出现的遮罩

这里使用的 onSave 方法在得到了一个修改的记录列表后，用 Ext.encode 方法把原始的 JavaScript 对象列表转换成 JSON 字符串，然后将这个字符串作为 Ajax 请求的参数。

图 8-6 所示的就是在 Firebug 的 XHR 探查视图中所看到的请求以及 POST 参数的样子。

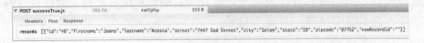

图 8-6　在 Firebug 中分析 Ajax.request 的 POST 参数

从 Firebug 的视图中可以看到，records 参数是一个数组。在这个例子中，它有两个 JavaScript 对象，代表的是数据记录。在开发或者调试时，一定别忘了借助 Firebug 来查看提交给 Web 服务器的 POST 和 GET 参数。有时 JSON BLOB 会很大，不太好阅读，我一般都是把这些 JSON 从 Firebug 中复制出来，然后粘贴到 http://JSON-Lint.com 提供的 Web 页面上，它会把这些数据进行缩进及格式化处理，读起来更容易些。

对于服务器端处理这种更新请求的代码，需要先读取 records 参数，进行 decode，再检查是不是一个数组。如果是，需要遍历数组中的每个对象，用该对象实例提供的 ID 查看数据库。如果数据库中有这个 ID 记录，就要做 update 操作。一旦进行了更新操作，就要返回一个带 {success:true} 的 JSON 对象，也可以加上 msg 或 errors 属性，用这两个属性表示服务器端传来的消息，或者也可以是由于某些业务规则没能更新的记录的 ID 列表。然后可以通过 success 或 failure 回调处理程序，这两个处理程序也是通过 Ajax.request 方法发送的，在这两个方法中检查服务器端返回的到底是什么东西，然后再相应地进行提交或者发布错误消息。

对于保存修改最后一部分，需要讨论的是关于排序和分页的内容。别忘了，如果修改的是排序列的数据，会彻底地打乱排序。一般我的做法是对排序列的修改成功之后，会调用数据存储器的 reload 方法，这会从服务器端重新请求一批数据，解决 UI 的排序问题。别忘了，这里模拟的是服务器端的成功保存，因此不能在 Ajax.request 的 success 处理程序中重新加载数据存储器。

我们已经保存了数据，也看到了网络上传递的都是什么东西了。但还没完成拒绝修改。我们看看拒绝修改会怎样。试一下，修改一些数据，然后单击 Reject Changes 按钮，发生了什么？别忘了，处理程序中调用的是远程数据存储器的 rejectChange 方法，它会遍历 modified 列表中的每一个记录，然后调用它的 reject 方法。这又会相应地清理掉记录和 UI 上的“脏”标记。就是这样——没什么神奇的。

现在我们知道了修改记录后的远程保存需要做什么了，下面就要给 EditableGrid 添加创建和删除功能了，这样 CRUD 就完整了。

8.4.3　添加创建和删除

在完成保存修改和拒绝修改两个功能时，给 PagingToolbar 添加了按钮。尽管对于创建和删除操作也可以这么处理，不过最好还是通过上下文菜单，因为从上下文菜单进行添加和删除时会更自然一些。设想一下，如果用过电子表格，就知道每当右键单击一个单元格时，都会弹出一个上下文菜单，其中会有插入和删除项。在这也是要用同样的方式。

代码 8-7 和以前添加功能的处理方法一样，我们会先创建支持方法，然后再配置 UI 元素。

代码 8-7　删除和新建记录方法

```
var doDelete = function(rowToDelete) {
    var grid = Ext.getCmp('myEditorGrid');                    ❶  删除操作的方法
    var recordToDelete = grid.store.getAt(rowToDelete);

    if (recordToDelete.phantom) {                             ❷  删除幻影记录
        grid.store.remove(recordToDelete);
        return;
    }

    grid.el.mask('Updating', 'x-mask-loading');

    Ext.Ajax.request({
        url       : 'successTrue.js',                         ❸  请求删除记录
        parameters : {
            rowToDelete  : recordToDelete.id
        },
        success : function() {
            grid.el.unmask();
            grid.store.remove(recordToDelete);
        }
    });
};
                                                              ❹ 删除菜单项处理程序
var onDelete = function() {
    var grid     = Ext.getCmp('myEditorGrid');
    var selected = grid.getSelectionModel().getSelectedCell();

    Ext.MessageBox.confirm(
        'Confirm delete',                                     ❺  从用户那里获得确认
        'Are you sure?',
        function(btn) {
            if (btn == 'yes') {
                doDelete(selected[0]);
            }
        }
    );

};
```

第一个是方法 doDelete❶，稍后的 delete 菜单处理程序调用的就是这个方法。它唯一的一个参数是 rowToDelete，这是个整数，代表的是要删除的记录。这个方法还负责从数据存储器中删除记录。它的工作过程如下。

这个方法首先用 ComponenetMgr 的 get 方法取得 EditorGridPanel 的引用。接着用数据存储器的 getAt 方法获得 rowToDelete 参数所指向的要删除的记录。然后检查这个记录是否是幻影记录（新记录）。

　　如果是新记录，就立即从数据存储器中删除这个记录❷，这个方法也会从 return 结束。一旦记录从数据存储器中删除，GridView 也会从 DOM 里把这一行去掉。

　　如果不是新记录，整个网格会被遮盖起来，以避免有更多的用户交互，也是提示正在进行某些处理。Ajax.request❸接着会调用服务器端的模拟文件 successTrue.js，此调用只有一个参数 rowToDelete，这是数据库中记录的 ID。Ajax.request 的 success 处理程序会去掉遮罩，并从数据存储器中把记录删除。

　　OnDelete 处理方法❹会用选择模型把选中的单元格找出来，然后让用户确认。如果用户单击了 Yes 按钮，就会调用 onDelete 方法。

　　执行 onDelete 时，它会通过 Ext.getCmp 方法得到 EditorGridPanel 的引用。接着通过 EditorGridPanel 的 SelectionModel.getSelectCell 调用得到被选择的单元格。getSelectedCell 返回的是一个数组，每个元素有两个值，即单元格的坐标：行号和列号。

　　接着调用的是 Ext.MessageBox.confirm❺，传递了 3 个参数：标题、消息内容和按钮的处理程序，这又是一个匿名方法。这个方法中判断被按的是不是"yes"按钮，然后调用 doDelete 方法，传递的第一个参数是单元格的坐标。

　　部署这个 delete 之前，还要为 insert 加一个处理方法。这个就比较简单了：

```
var onInsertRecord = function() {
    var newRecord        = new remoteJsonStore.recordType({
        newRecordId : Ext.id()
    });
    var grid             = Ext.getCmp('myEditorGrid');
    var selectedCell     = grid.getSelectionModel().getSelectedCell();
    var selectedRowIndex = selectedCell[0];

    remoteJsonStore.insert(selectedRowIndex, newRecord);
    grid.startEditing(selectedRowIndex,0);
}
```

　　这个方法要做的是确定右键单击处的行的位置，然后在这里插入一个幻影记录。它是工作过程如下。

　　首先，通过 new remoteJsonStore.recordType 创建一条新记录。调用时传给它的是只有一个 newRecordId 属性的对象，这是通过调用 Ext.id 方法得到的唯一的值。这个唯一的 newRecordID 是为了帮助服务器端插入新记录的，然后再给客户端返回每个插入记录的真实 id。讲解服务器端该如何处理提交的数据时，会进一步讨论这个问题。

　　每个数据存储器都有默认的记录模板，可以通过 recordType 属性访问这个模板。要想创建一个新的记录实例，必须要用 new 来创建。

　　接着，创建了一个指向新选中的单元格的引用，rowInsertIndex。

　　接下来是调用 remoteJsonStore 的 insert 方法，需要两个参数。第一个参数 index 是插入记录的位置，第二个是实际的记录。这会在右键单击的单元格的上方插入一个记录，模拟了之前讨论的电子表格的功能。

最后,希望立刻开始对这个记录进行编辑。因此调用了 EditorGridPanel 的 startEditing 方法,传入的参数是插入记录的行数和 0,代表第一列。

对于创建和删除功能的总结就到这里。现在要创建上下文菜单,并对表格重新配置,加入对 cellcontextmenu 事件的监听,如代码 8-8 所示。

代码 8-8   给 EditorGridPanel 配置上下文菜单处理程序

```
var doCellCtxMenu = function(editorGrid,
    rowIndex, cellIndex, evtObj) {
    evtObj.stopEvent();                              单元格上下文菜单监听方法 ❶

    if (!editorGrid.rowCtxMenu) {                    创建上下文菜单对象 ❷
        editorGrid.rowCtxMenu = new Ext.menu.Menu({
            items : [
                {
                    text    : 'Insert Record',
                    handler : onInsertRecord
                },
                {
                    text    : 'Delete Record',
                    handler : onDelete
                }
            ]                                         选中右键单击的单元格 ❸
        });
    }
    editorGrid.getSelectionModel().select(rowIndex,cellIndex);
    editorGrid.rowCtxMenu.showAt(evtObj.getXY());
};
```

代码 8-8 的 doCellCtxMenu❶就是 EditorGridPanel 处理 cellcontextmenu 事件的处理程序,它会创建并显示插入和删除操作的菜单。它的工作方式如下。

doCellCtxMenu 接受 4 个参数,是由 cellcontextmenu 处理程序传给它的,分别是 eidtorGrid,也就是触发了这个事件的 EditorGridPanel 的引用;rowIndex 和 cellIndex,代表右键单击的单元格的坐标,以及 evtObj,这是一个 Ext.EventObject 的实例。

这个方法的第一个任务是通过调用 evtObj.stopEvent 终止右键事件继续向上冒泡,避免浏览器显示自己的上下文菜单。如果不完成这个阻止动作,就会看到浏览器的菜单摞在我们的菜单的上面,看起来很蠢还没用。

doCellCtxMenu 接着要检查❷EditorGridPanel 是不是有一个 rowCtxMenu 的属性,并创建一个 Ext.menu.Menu 的实例保存到 EditorGridOanel 的 rowCtxMenu 属性。从效果上看,只能创建一个 Menu,这要比每次都创建一个全新的 Ext.menu.Menu 实例要有效得多,这个菜单会在 EditorGridPanel 销毁时销毁,一会儿会看到。

给 Ext.menu.Menu 构造函数传递了一个配置对象,这个对象只有一个属性 items。这是一个配置对象数组,这些对象会被当作 Ext.menu.MenuItem 处理。每个配置对象都有处理程序和菜单文本。

这个方法最后执行的两个函数是把右键单击的单元格选中,然后在正确的 X、Y 坐标显示上下文菜单。这是通过调用 EditorGridPanel 的 CellSelectionModel 的 select❸方法实现的，传给它的是 rowIndex 和 cellIndex 两个坐标。最后，根据右键单击事件所发生的坐标显示上下文菜单。

在运行代码之前，需要重新配置一下，把上下文菜单处理程序加进来。将下面的代码加到网格的配置对象中：

```
listeners : {
    cellcontextmenu : doCellCtxMenu
}
```

现在一切工作准备完毕，可以看看实际效果了。

8.4.4　使用创建和删除

目前，插入和删除处理程序都开发好了，可以使用了。刚刚完成了上下文菜单处理程序的创建，并对网格重新配置 cellcontextmenu 事件发生时调用这个处理程序。

先从创建并插入新记录开始分析，如图 8-7 所示。

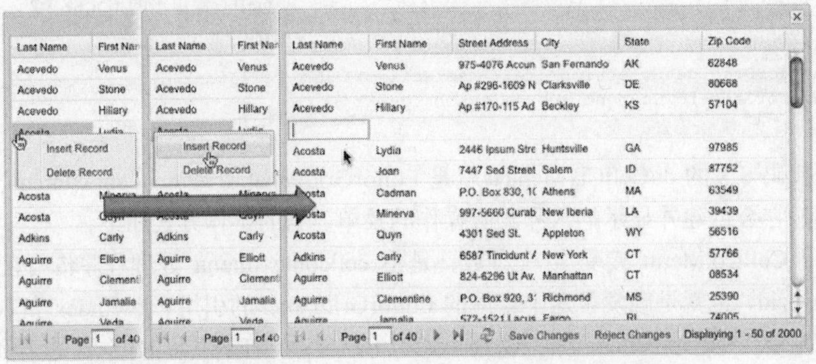

图 8-7　用新配好的 Insert Record 菜单添加一条新记录

如图 8-7 所示，用右键单击任意一个单元格会显示上下文菜单，这会调用 doCellCtxMenu 处理程序。这表现为选中该单元格，并在鼠标的坐标处显示自定义 Ext 菜单。单击 Insert Record 菜单项后，会调用 onInsertRecord，这会在选中的单元格处插入一条新记录，同时第一列是编辑状态。

现在，要保存修改，先对新插入的记录做些改动，然后单击 Save Changes 按钮。图 8-8 所示的就是这个屏幕。

单击 Save Changes 会调用 onSave，它又会执行 Ajax.request，这是一个模拟服务器处理的文件 successTrue.js。图 8-9 所示的就是在 Firebug 的 XHR 探测工具中所看到的提交的 JSON 数据。

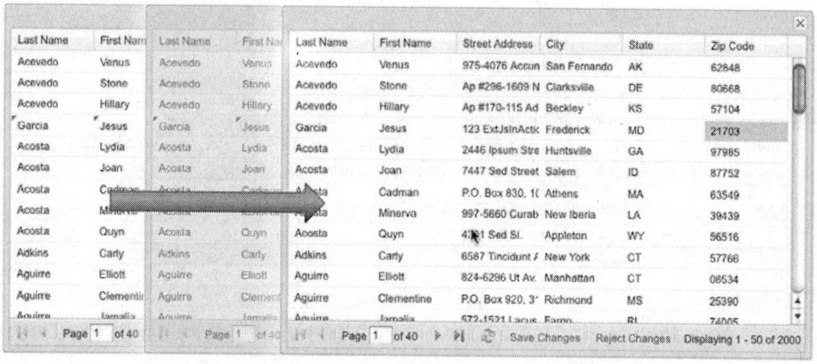

图 8-8　保存新插入记录后 UI 发生变化

图 8-9　用 Firebug 看到的提交新插入记录时的 JSON 数据

可以看到，这个记录中并没有 id 属性，不过有个 newRecordId 属性，这意味着它是一个新记录。这个属性很重要，因为服务器端的代码可以通过它知道这是一个新插入的记录还是一个更新操作。别忘了，onSave 处理方法既可以处理 insert，也可以处理 update操作。因此，一个理想的控制器应该能够同时处理两种情形。这也是有关服务器端代码该如何处理提交的快速介绍。

服务器端会收到 records 参数，然后用 JSON 解码。接着遍历整个数组，对每个有 newRecordIdProperty 属性的记录都做插入处理，然后返回这些新插入记录的数据库里的 id 列表。这次返回的不是一般的{success:true}了，而是返回一些更丰富的内容，例如将 newRecordId 映射成数据库记录 id 的映射对象列表，如下所示：

```
{
    success : true,
    records : [
        {
            newRecordId : 'ext-gen85',
            id          : 2213
        }
    ]
}
```

success 处理程序从数据存储器中查找刚插入的记录，然后设置这个记录的数据库 id，这就表示这个记录不再是幻影记录了，而是一个真实的记录了。这个 success 处理程序的代码如下所示：

```
success : function(response) {
    grid.el.unmask();
    remoteJsonStore.commitChanges();

    var result = Ext.decode(response.responseText);
    Ext.each(result.records, function(o) {
        var rIndex = remoteJsonStore.find('newRecordId', o.newRecordId);
        var record = remoteJsonStore.getAt(rIndex);

        record.set('id', o.id);
        delete record.data.newRecordId;
    });
}
```

这里用 Ext.decode 把返回的 JSON 进行解码，也就是 response.responseText 属性。然后用 Ext.each 对结果数组中的每个对象遍历，通过 remoteJsonStore 的 find 方法得到记录的位置 index。调用 find 方法时用了两个参数，第一个就是要查找的记录，也就是 newRecordId，第二个是返回对象的 newRecordId 属性。然后将得到的记录位置 index 传给 remoteJsonStore 的 getAt 方法，并得到记录。接着通过调用记录的 set 方法把刚从服务器端得到的这个数据库 id 设进去，接着删除了记录的 newRecordId 属性。这样，以后再有对该记录的任何修改，都会是更新操作，因为传给数据库的有 id。图 8-10 所示的是对一个刚插入的记录进行修改后在 Firebug 中看到的内容。

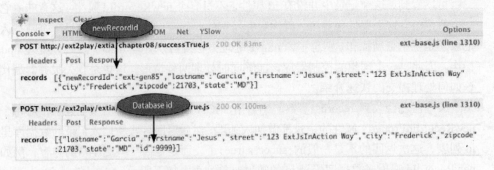

图 8-10   对一个新插入的记录再进行更新时从 Firebug 看到的内容

从图 8-10 可以看到，插入时传给服务器的有 newRecordID。服务器返回的数据库 id 是 9999，新修改的 success 句柄会设置记录的数据库 id，并删除 newRecordId 属性。创建一个记录有这么复杂吗？删除又如何呢？会简单一些吗？

是的！在开始讨论删除的处理逻辑之前，先看看 UI 的处理。

右键单击一个记录，会出现一个 Ext.MessageBox，要求用户确认删除操作，如图 8-11 所示。单击 "Yes" 按钮后，会发送一个 Ajax.request 并删除记录。

图 8-12 显示的就是在 Firebug 的 XHR 探测工具中所看到的删除请求的效果。

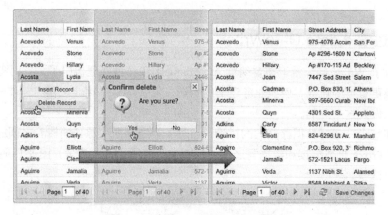

图 8-11　删除一个记录的 UI 处理流程

图 8-12　Firebug 的 XHR 探测工具中看到的删除记录的请求

这是因为 onDelete 处理方法中调用了 MessageBox.confirm 和 doDelete 方法,它会检查是不是一个新记录。由于要删除的恰好不是新记录,因此就会执行 Ajax.request,而且有一个参数 rowToDelete,它正是该记录的数据库 ID。如果这是一个新记录,就不会有这个请求,这个记录也会立即从 Store 中删除。

到现在为止才把第一个 EditorGridPanel 的 CRUD 操作配好了。在这个过程中,学到了数据存储器和记录的许多内容,也知道了如何知道发生了修改并通过 Ajax.request 来保存修改。同时也看到了一个真实的 Ext 的确认消息框。

既然学到了手工的 CRUD,接下来要学习通过 Ext.data.DataWrite 让 CRUD 操作更容易,并实现自动化。

8.5　使用 Ext.data.DataWriter

在前一个例子中,学到了如何编码实现手工的 CRUD 操作,这意味着必须编写自己的 Ajax.request。如果想在编辑的同时,EditorGridPanel 能够自动地保存该怎么办呢? 要想不用 Writer,必须自己编写 CRUD 的 UI 操作需要的整个事件模型,还要考虑对异常的处理,也就是说还要处理变化的回滚。这可是个巨大的工程。幸运的是,对于一个简单和自动的 CRUD 来说,没必要做这些。

8.5.1　走进 Ext.data.DataWriter

有了 Writer 后，就不需要编写 Ajax.request 和异常处理代码了，省时省力。我们可以去做更重要的任务，例如业务逻辑的构造。但在使用 Writer 之前，需要先看看 Writer 是怎么做到这一点的。

回忆上一章对数据存储器的讨论，当时了解到数据从源到消费者之间的流动。还记得吗，Proxy 是数据读和数据写之间的中间类。如果还不太清楚，图 8-13 应该能帮你理解得更清楚。

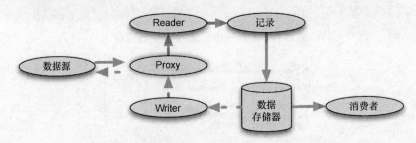

图 8-13　数据存储器中使用的数据从读到写的流程

要使用 Writer，需要重新配置数据存储器以及代理。这次不是设置代理的 url 属性了，而是要创建一个名为 api 的配置对象。对我们来说，代理 api 是一个新概念，在示例代码中会进行详细的讨论。

接着，要创建一个 Writer 的实例，并把它和一些新的配置属性一起放到数据存储器的配置对象中，这就完成了对数据存储器的重新配置。

而对 EditorGridPanel 以及 CRUD 操作的重新配置，要保留所有 UI 的修改，不过要删除 Ajax.request 的代码。由于已经很熟悉这些代码了，下面会把进度加快，对于新内容还是会慢下来的。

8.5.2　给 JsonStore 添加 DataWriter

既然知道要做什么了，就可以开始动手了。和以前一样，先从数据存储器的重新配置开始，如代码 8-9 所示。

代码 8-9　为使用 Writer 重新配置数据存储器

```
var remoteProxy = new Ext.data.ScriptTagProxy({
    api : {
        read    : 'http://extjsinaction.com/dataQuery.php',
        create  : 'http://extjsinaction.com/dataCreate.php',
        update  : 'http://extjsinaction.com/dataUpdate.php',
```

❶ 配置 ScriptTagProxy 的 api

```
        destroy : 'http://extjsinaction.com/dataDelete.php'
    }
});

var recordFields = [
    { name : 'id',         mapping : 'id'         },
    { name : 'firstname',  mapping : 'firstname'  },
    { name : 'lastname',   mapping : 'lastname'   },
    { name : 'street',     mapping : 'street'     },
    { name : 'city',       mapping : 'city'       },
    { name : 'state',      mapping : 'state'      },
    { name : 'zipcode',    mapping : 'zip'        }
];

var writer = new Ext.data.JsonWriter({
    writeAllFields : true                          ❷  JsonWriter 的新实例
});

var remoteJsonStore = new Ext.data.JsonStore({
    proxy           : remoteProxy,
    storeId         : 'ourRemoteStore',
    root            : 'records',
    autoLoad        : false,
    totalProperty   : 'totalCount',
    remoteSort      : true,
    fields          : recordFields,
    idProperty      : 'id',
    autoSave        : false,
    successProperty : 'success',                   ❸  JsonStord 的新配置项
    writer          : writer,
    listeners       : {
        exception : function () {
            console.info(arguments);
        }
    }
});
```

在代码 8-9 中，从创建 ScriptTagProxy 开始❶，并给属性 api 提供了一个配置对象，这个对象给每个 CRUD 操作指定了 URL，read 就是加载数据的请求。不再是使用假的 successTrue.js 做控制器了，这里使用了一些聪明的服务器代码，现在每个 CRUD 操作都有一个控制器。Writer 要求聪明的回答，因此需要开发服务器端的代码。从技术上来说，可以对所有的 CRUD 操作使用同一个服务器端脚本，不过还是每个操作一个脚本更容易些。

继续创建字段列表，这些会被转成什么呢？不错，就是 Ext.data.Field。这些字段又是什么？对，是 Ext.data.Record 的最小支持单元。

接下来，创建了 Ext.data.DataWriter 的一个子类，名为 JsonWriter❷，它能把修改一个或者一批记录的请求保存下来。在 JsonWriter 的配置对象中，把 writerAllFields 设置为 true，这就保证了对每个操作 Writer 返回的都是全部属性，这一点对开发和调试来说很好。当然，在生产环境应该把它设成 false，这可以有效地减少服务器端和数据库堆栈的网络消耗。

代码 8-9 最后一件事就是对数据存储器的重新配置。注意，除了能和 Writer 整合以

及调试而增加了一些属性外，其他内容完全相同。

　　首先添加的是 autoSave❸，这个属性默认是 true，不过这里将它设成了 false。如果是 true，数据存储器会自动的触发 CRUD 操作请求，这可不是我们想要的。下面会让你看到用 Writer 触发 CRUD 请求是多么容易。

　　接下来，添加了 successProperty，它是对操作成功或者失败的说明，是给 JsonReader 使用的，JsonStore 会自动设置。这与用 FormPanel 提交数据类似，需要服务器至少要返回一个{success:true}。数据存储器在使用 DataWriter 时是同样的道理。在 remoteJsonStore 中，我们把 successProperty 指定为'success'，通常都会这样指定。

　　最后的改动是给 JsonStore 添加了一个全局的 exception 事件监听器，如果希望对数据存储器抛出的异常做些处理，就需要这个监听器。这里将 arguments 的全部内容都倒到 Firebug 的控制台上，用 Ext.data.DataWriter 开发时我经常这么做，因为它能提供丰富的信息，其他的调试方法是没法做到的。我强烈的建议你也这么做，相信我，这能节省大量的时间。

　　刚创建了 ScriptTagProxy，重新配置数据存储器以避免 autoSave。接下来的任务就是修改 PagingToolbar，把删除上下文菜单处理程序简化，如代码 8-10 所示。

代码 8-10　重新配置 PagingToolbar 和删除处理程序

```
var pagingToolbar = {
    xtype       : 'paging',
    store       : remoteJsonStore,
    pageSize    : 50,
    displayInfo : true,
    items       : [
        '-',
        {
            text    : 'Save Changes',          ❶ 通过 Writer 保存变化
            handler : function () {
                remoteJsonStore.save();
            }
        },
        '-',
        {
            text    : 'Reject Changes',         ❷ 从数据存储器拒绝变化
            handler : function () {
                remoteJsonStore.rejectChanges();
            }
        },
        '-'
    ]
};
                                                ❸ 简化的 onDelete 上下文菜
var onDelete = function() {                        单处理程序

    var grid          = Ext.getCmp('myEditorGrid');
    var selected      = grid.getSelectionModel().getSelectedCell();
    var recordToDelete = grid.store.getAt(selected[0]);

    grid.store.remove(recordToDelete);
};
```

在代码 8-10 中，对 PagingToolbar 的 Save Changes 按钮处理程序❶进行了重新配置，调用的是数据存储器自己的 save 方法，后者又会用 Writer 收集要保存的数据，最终发出一个 save 请求。这有效地取代了之前的 onSave 处理程序，它要负责发出创建、更新操作的 Ajax.request 请求。从这也能看到之前说的减少代码。此外，还增加了一个内联方法，以拒绝❷数据存储器的修改。

接下来，我们对 onDelete❸菜单处理方法进行重构。去掉了常见的确认对话框，以保持精简。可以在这取消修改，也就是说通过之前创建的 rejectChanges 处理程序把从 UI 上删除的记录回滚回来。还删除了 Ajax.request 的代码，节省了更多的代码。

Writer 和 EditorGridPanel 整合的工作就做完了。EditorGridPanel 的配置代码和以前的一样。现在来看 Writer 的实际效果。

8.5.3 使用 DataWriter

之前整合 Writer 对代码进行了修改，其目的是可以用同样的交互触发请求。现在看看用 Writer 与用 Ajax.request 创建请求和处理程序相比能减少多少代码。

先修改一些记录，然后单击 Save Changes 按钮，观察 Writer 发送给服务器端的内容。图 8-14 所示的就是 Firebug 的探测工具中看到的一个更新请求所发送的参数内容。

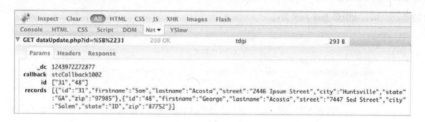

图 8-14　更新请求在 Firebug 中看到的结果

从图 8-14 中可以看到作为一个 proxy API 发送到 update URL 的请求。除了_dc（缓存克星）和 callback 参数，还有 id，它是被处理的 id 列表，以及 records，修改的记录列表。由于将 wirteAllFields 参数设置成了 true，因此在这看到的是记录的完整内容。

服务器端的代码对这个记录列表进行了处理，并返回了如图 8-15 所示的 JSON 结果。

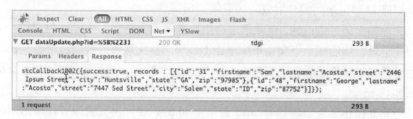

图 8-15　服务器端对 Write 更新请求的响应

注意 successProperty 的 success 是 true，也就是说服务器端成功地处理了这些数据。同时处理的记录列表也被返回了。可以根据业务需要进行修改。例如，如果某人提交的是非法词汇，服务器端就可以用资源的原值替换非法词，表示拒绝修改。UI 也会相应地更新，这样就完成了一个更新的周期。

接下来，执行一个插入操作，看看又会如何。非常有意思，通过上下文菜单插入一个记录，输入一些值，然后单击 PagingToolbar 上的 Save Changes 按钮。会看到有一个请求被发送到了在 ScriptTagProxy 中定义的 api 配置对象中的 create URL，如图 8-16 所示。

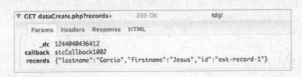

图 8-16   用 Writer 插入一个记录，在 Firebug 探查工具看到的内容

在这里，发送给服务器端的 records 参数中，最重要的一个就是 id 属性。注意这个 id 是假的，它的值是 "ext-record-1"。因为服务器端对插入的处理和更新操作不一样，向数据库插入记录时，id 参数会被忽略掉。服务器会得到新插入记录的 id，并返回真正的数据库 id，如图 8-17 所示。

```
▼ GET dataCreate.php?records=        200 OK        tdgi        103 B
  Params  Headers  Response  HTML
  stcCallback1002({success:true, records : {"lastname":"Garcia","firstname":"Jesus","id":"1244040436"}
  });
```

图 8-17   用 Firebug 看到的 Write 插入记录的结果

如果插入操作成功了，则返回的 id（以及其他的值）会用于这个新插入的记录。这可以保证更新、删除操作会提交正确的数据库 id。从这也可以看到使用 Writer 的附加价值，因为不用亲自去管理这种验证工作了。

在使用的测试用例中，只是插入了一个记录。如果插入多个记录，在保存时会将它们作为一个数组提交给服务器。要注意，服务器端返回记录时也必须用相同的顺序，否则数据库 id 和记录间的映射或者关联就会出问题。

删除操作是最简单的，删除请求会给服务器发送一个 id 列表。可以试一下，右键点击一条记录，然后在上下文菜单中单击 Delete。再找几条记录如法炮制。注意它们从数据存储器中被删除了吗？现在单击 Save Changes 按钮，然后观察 Firebug 发出的请求，如图 8-18 所示。

对删除操作来说，参数 records 是一个 id 的列表。再看看服务器端返回的是什么。图 8-19 就是服务器端处理删除请求后返回的内容。

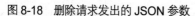

图 8-18　删除请求发出的 JSON 参数　　　　图 8-19　Writer 的删除请求返回的结果

服务器端得到这个 id 列表,然后从数据库中删除这些记录,返回的是永久删除的 id 列表。这就是删除操作的全部内容了。

现在知道了如何通过 Writer 而不是自己写 Ajax.request 完成 CRUD 操作。最后要讨论的一个话题就是如何通过 Writer 自动地进行 CRUD 操作。

8.5.4　自动写数据存储器

要让 Writer 自动完成 CRUD 操作,所要做的就是把数据存储器中的 autoSave 属性设置为 true。这样,其他工作都已经做好了。现在要做的就是练习 CRUD 操作了,数据存储器会自动根据 CRUD 操作发出请求。

关于数据存储器的自动写有一点要注意,那就是没有 undo 操作。一旦数据库中的数据被修改了,rejectChanges 方法就没有用了。数据库体现的是最后一次更新,对于删除和插入操作也是这样。

8.6　小结

这一章中,第一次接触到 EditableGrid 类,并学习了如何用 Ext.form.Fields 编辑数据。还学习了 CellSelectionModel 以及它的一些方法,例如 getSelectedCell。此外,还学习了如何通过键盘鼠标快速的在 EditorGridPanel 中导航和编辑数据。

接着,学习了如何通过自定的 Ajax.request 手工处理 CRUD 操作,这里用的是一个模拟的控制器。给 PagingToolbar 中增加了两个菜单项,给 EditableGrid 添加了一个上下文菜单以进行记录的插入和删除,还有拒绝修改。在这个过程中,学习了如果通过数据存储器的 getModifiedRecords 进行提交。

最后,还学习了如何通过 Ext.data.DataWriter 类减少代码的数量。还讨论了如何配置一个使用 Writer 的自动数据存储器。

下一章,要学习另一个使用数据存储器的组件,DataView 以及它的后代 ListView。

第 9 章　DataView 和 ListView

本章包括的内容:

- 学习 DataView
- 自定义 DataView 渲染数据
- 实现自定义的 XTemplate
- 体会多个组件间的事件通信

我们在编写程序时总是要面对在 Web 程序中显示数据列表的任务。不管它是一个只服务于特定范围的图书列表还是一个员工列表，处理方式都是一样的，都是获取数据、格式化并显示数据。尽管这个过程从整体来说很简单，不过对底层 JavaScript 的维护成本却让我们无法集中精力完成关键任务。尤其是要想实现多项选择时，会发现花费在程序维护上的时间已经远远超过了进一步开发的时间。

在这一章中，会学习如何通过 DataView 更容易地完成这些任务，还要既能节省时间又能保证把主要精力放在交付上。本章会从构造一个 DataView 开始，同时会介绍一个主要的支持类 XTemplate。还会学习如何正确地配置 DataView 以实现记录的单选或者多选。

接下来，会学习如何创建一个以表格形式展示数据的 ListView，它的效果很像 GridPanel。我们会看到它是如何跟 DataView 绑到一起来协助 DataView 过滤数据的。

还会学习如何在 DataView 和 FormPanel 之间实现复杂的双向绑定，以方便用户更新数据。在最后的一个练习中，会学到如何把 DataView 和 ListView 绑到框架中的其他部件上。

9.1 什么是 DataView

DataView 类借助数据存储器和 XTemplate 提供的功能,可以很容易地在屏幕上绘制数据。它也具备跟踪鼠标活动以及支持单选或者多选模式所必须的 DOM 操作能力。

图 9-1 演示的是一个实际中的 DataView,重点展示了数据存储器以及 XTemplate 是如何提供支持的。

图 9-1 DataView 以及各种支持类

正如这图 9-1 中所示的,DataView 对数据的使用是通过绑定数据存储器的事件来实现的。正因为有了这些绑定,它才能明智地对 DOM 变化做出有效的处理。例如,如果从数据存储器中删除了一条记录,那么 DOM 中和该记录相匹配的元素也被删除。为了增加灵活性,还可以把 PagingToolbar 与 DataView 所绑定的数据存储器进行绑定,这样一来就能够实现对 DataView 的分页。

提示: DataView 与 GridPanel 和 TreePanel 不同,它并不是扩展于 Panel,这也就是说,在配置
      它时不能使用任何 Panel 的特性,例如 Toolbar。但值得庆幸的是,DataView 扩展自
      BoxComponent,也就是说它可以放在布局里,也可以很容易地放到 Panel 中。

本书之前曾经讨论过 Template,也学习了如何借助这个工具轻易地完成 HTML 代码的拼装。而 DataView 使用的是更强的 XTemplate,它增加了子模板行内代码执行、条件处理以及更多功能。

既然已经知道了 DataView 是什么以及能做什么,下面就来构建一个 Data View 吧。

9.2 构建一个 DataView

现在接到了一个命令,要开发一个满屏的迷你应用,要让 HR 部门的同事可以快速地列出公司的员工名单。他们希望这些记录可以显示得美观些,有一个类似于马尼拉文

件夹的背景。对于每个记录视图上要能显示出员工的全名、部门、入职日期、邮件地址。要求这个视图属于一个更大程序的一部分，而那个更大的程序到底是什么样的要等完成这个视图后才能知道。还有就是后台已经做好了，可以提供 JSON 数据了，这也就意味着所要做的就是写前台代码。

要实现这个需求，必须创建一个放置在 ViewPort 中的 DataView。不过在开始写 JavaScript 代码之前，需要先给 HTML 提供 CSS，这是因为作为 DataView 的最终用户，需要由我们来配置 CSS 以对部件的内容进行美化。如果不做任何修饰，显示出来的数据可能用处不大。

图 9-2 显示的就是经过美化以及未经美化时，DataView 看起来的对比结果。

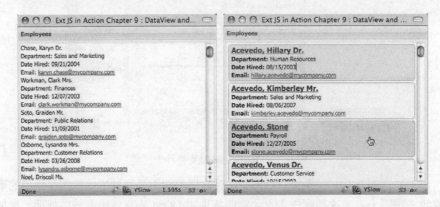

图 9-2　未经美化的 DataView（左）和经过美化的 DataView（右）的对比

显然，美化后的 DataView 不管在可用性上还是给用户浏览的感受方面都要更好一些。每个 DataView 的使用都要有自己的样式。如果在自己的项目中使用这个部件，可以提供一个所有部件都可以使用的基础 CSS 规则集，这可以让整个应用程序的样式保持一致。

既然已经知道了效果是什么样的，就可以先着手配置 CSS，然后再编写部件和支持类的 JavaScript 代码，如代码 9-1 所示。

代码 9-1　设置 DataView 的样式

```
<style type="text/css">
    .emplWrap {
        border: 1px #999999 solid;
        margin : 3px;
        -moz-border-radius: 5px;
        -webkit-border-radius: 5px;
        background-color: #ffffcc;
        padding-bottom: 3px;
    }
```

❶ 所有的记录为黄色

```
    .emplSelected {
        border: 1px #66ff66 solid;
        background-color: #ccffcc;
        cursor: pointer;
    }
    .emplOver {
        border: 1px #9999ff solid;
        background-color: #ccccff;
        cursor: pointer;
    }
    .emplName {
        font-weight: bold;
        margin-left: 5px;
        font-size: 14px;
        text-decoration: underline;
        color: #333333;
    }
    .title {
        margin-left: 5px;
        font-weight: bold;
    }
</style>
```

❷ 选中的记录设置为绿色

❸ 定制鼠标悬停的颜色

❹ 放大员工姓名

在代码 9-1 中，把 DataView 要用的全部 CSS 都配好了。第 1 个规则，emplWrap❶，将为每一个记录设置浅灰色的边框和淡黄色的背景。第 2 个规则，emplSelected❷，把用户选中的记录改成绿色的。第 3 个规则，emplOver❸，设置当鼠标悬停在记录上时，把记录变成蓝色。最后两个规则，emplName❹和 title，都用于美化每个记录内部内容的样式。

现在 CSS 已经就绪了，可以开始构造数据存储器提供数据了。

9.2.1　构造数据存储器和 XTemplate

代码 9-2 中会先构造数据存储器，因为它能帮着我们了解为 DataView 配置 XTemplate 时映射的都是哪些字段。

代码 9-2　远程的 JsonStore

```
var employeeStoreProxy = new Ext.data.ScriptTagProxy({
    url : 'http://extjsinaction.com/getEmployees.php'
});

var employeeDvStore = {
    xtype    : 'jsonstore',
    root     : 'rows',
    autoLoad : true,
    storeId  : 'employeeDv',
    proxy    : employeeStoreProxy,
    fields   : [
```

❶ 创建远程代理

❷ 配置 XType 的属性为 JsonStore

```
            { name : 'datehired',   mapping : 'datehired'  },
            { name : 'department',  mapping : 'department' },
            { name : 'email',       mapping : 'email'      },
            { name : 'firstname',   mapping : 'firstname'  },
            { name : 'id',          mapping : 'id'         },
            { name : 'lastname',    mapping : 'lastname'   },
            { name : 'middle',      mapping : 'middle'     },
            { name : 'title',       mapping : 'title'      }
        ]
};
```

在代码 9-2 中，给 DataView 创建了 JsonStore，它用的是一个远程 ScriptTagProxy 执行数据请求任务❶。在创建 JsonStore❷的 XType 时，把 autoLoad 设置成 true，这样，当代理被实例化后就自动地发起请求。也可以同时给出所请求的数据点对应的字段的映射。这有助于构建 XTemplate。

由于数据存储器是一个不可见组件，进行因此现在还看不出什么结果。接下来的代码 9-3 中要构造 XTemplate，关于它我们会先进行一个简短的说明，这个说明对于理解传给 XTemplate 的数据是如何生成 DOM 片段的会非常重要。

代码 9-3　构造 XTemplate

```
var employeeDVTpl = new Ext.XTemplate(                    ❶ 模板中的数据点
    '<tpl for=".">',
        '<div class="emplWrap" id="employee_{id}">',
            '<div class="emplName">{lastname}, {firstname} {title}</div>',
            '<div>',
                '<span class="title">Department:</span>'            显示记录的
              '{department}',                                      HTML 片段 ❷
            '</div>',
            '<div>',
            '<span class="title">Email:</span>',
            '<a href="#">{email}</a>',
            '</div>',
        '</div>',
    '</tpl>'
);
```

DataView 要想在屏幕上显示数据，它需要有一个 Ext JS 的模板。这也是为何要先创建一个 Ext.XTemplate 的实例❶。尽管本书不会过于深入介绍 XTemplate 的用法，但讨论一些 XTemplate 的内容还是很有必要的，这是我们第一次介绍组件，很多开发人员会经常忽略 tpl 标签和 for 属性❷。希望你不要像他们那样。

XTemplate 的参数列表中的第一个（也是最后一个）标签是 tpl，它用于帮助 XTemplate 组织 HTML 的逻辑分支。在第一个 tpl 标签中有一个 for 属性，它用于说明 XTemplate 会用哪个数据点来填充分支。为了帮助理解，需要简单地检查一下服务器返回的数据是什么样的，然后再仔细思考如果数据不一样时，Template 应该是什么样的。

XTemplate 要用到的每一个记录的结构都是如下所示的普通 JavaScript 对象：

```
{
    'id'          : '1',
    'firstname'   : 'Karyn',
    'lastname'    : 'Chase',
    ...
}
```

通过把 tpl 标签的 for 属性设置成一个圆点 "."，XTemplate 就知道对跟在 tpl 后面的 HTML 片段中的数据点，都要用 root 对象来填充。

图 9-3 显示的就是用之前定义的 XTemplate 组装之后 DOM 中生成的记录是什么样子的。

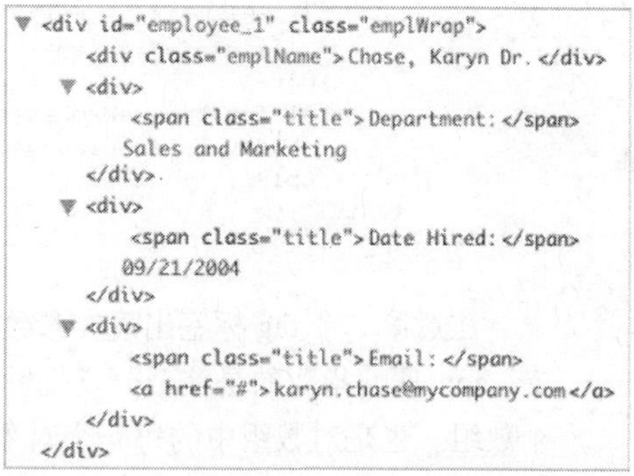

图 9-3 中的 HTML 片段是用一条记录数据填充模板后的样子。注意，XTemplate 中定义的所有数据点都被来自 root 的记录的真实值替换掉了。

好了，如果需求是用灵活的方式显示电话号码——也就是只显示记录中有的号码，该怎么办呢？这次，数据的结构就有所不同了。

图 9-3 从 Firebug 的 DOM 检查面板上看到的 HTML 片段内容

例如，下面的对象中增加了一个 phoneNumbers 属性，这是一个包含了电话类型和号码的对象数组。

```
{
    'id'          : '1',
    'firstname'   : 'Karyn',
    'lastname'    : 'Chase',
    ...
    'phoneNumbers' : [
        {
            'type' : 'Mobile',
            'num'  : '555-123-4567'
        },
        {
            'type' : 'Office',
            'num'  : '555-765-4321'
        }
    ]
};
```

对这个例子而言，使用这些数据的 XTemplate 应该是这样的：

```
var otherTemplate = new Ext.XTemplate(
     '<tpl for=".">',
         '<div class="emplWrap" id="employee_{id}">',
             '<div class="emplName">{lastname}, {firstname} {title}</div>',
             '<div>',
                 '<span class="title">Department:</span>',
                 '{department},
             '</div>',
             '<div>',
                 '<span class="title">Date Hired:</span>',
                 '{datehired}',
             '</div>',
             '<div>',
                 '<span class="title">Email:</span> ',
                 '<a href="#">{email}</a>',
             '</div>',
             '<tpl for="phoneNumbers">',
                 '<div><span class="title">{type}:</span> {num}</div>',
             '</tpl>',
         '</div>',
     '</tpl>'
);
```

注意第二个 tag 标签出现在参数列表的后面。它代表的是 HTML 片段中的另一个分支。for 属性指明的是这个分支是针对"phoneNumbers"属性的，而这个属性正好是一个数组。也是对数组中的每一个对象，XTemplate 都会进行遍历，然后生成这个 HTML 分支的一个拷贝。图 9-4 展示的就是这个 HTML 片段。

```
▼ <div id="employee_1" class="emplWrap">
      <div class="emplName">Chase, Karyn Dr.</div>
   ▼ <div>
         <span class="title">Department:</span>
         Sales and Marketing
      </div>
   ▼ <div>
         <span class="title">Date Hired:</span>
         09/21/2004
      </div>
   ▼ <div>
         <span class="title">Email:</span>
         <a href="#">karyn.chase@mycompany.com</a>
      </div>
   ▼ <div>
         <span class="title">Mobile:</span>
         555-123-4567
      </div>
   ▼ <div>
         <span class="title">Office:</span>
         555-765-4321
      </div>
   </div>
```

图 9-4　由 XTemplate 的 for 循环生成的 HTML 片段

> **了解更多的 XTemplate 内容**
>
> 　　尽管本书不会接触更多 XTemplate 的功能，不过 Ext JS API 已经在 API 文档中提供了很好的 XTemplate 的例子，参见 http://www.extjs.com/deploy/dev/docs/?class=Ext.Xtemplate。

　　注意，phoneNumber 对象有两个 div 元素，而且值也用映射的属性更新了。现在已经基本了解如何利用 XTemplate，再有类似的情况应该知道如何处理了。

　　现在已经构造好了 XTemplate（employeeDvTpl），并对 tpl 标签以及 for 属性是做什么用的有了基本的了解了。现在就可以继续构造 DataView 并把它放在一个 Viewport 中了。

9.2.2　构建 DataView 和 Viewport

　　在代码 9-4 中，要构造了一个显示公司全部员工的 DataView,。

代码 9-4　构造 DataView

```
var employeeDv = new Ext.DataView({
    tpl          : employeeDvTpl,          ❶ 实例化新的 DataView
    store        : employeeDvStore,
    singleSelect : true,
    itemSelector : 'div.emplWrap',          ❷ 启用单选
    selectedClass : 'emplSelected',
    overClass    : 'emplOver',
    style        : 'overflow:auto; background-color: #FFFFFF;'
});
```

　　构造这个 DataView❶，不需要太多的配置。创建 DataView 的大部分代码都是在配置或者实例化数据存储器和 XTemplate 中的。不过，好好地看一下这些个配置选项还是很重要的。

　　除了用到了模板和数据存储器外还把 singleSelect❷设置为布尔值 true。设置这个属性后，再单击 DataView 的元素时，就能够对 DataView 中的节点进行单选或者多选了。如果希望选中被渲染的记录，这么做是有必要的。之所以把它设置成 true，是因为我有强烈的预感，公司未来会用这个 DataView 完成其他功能，例如选择一个条记录并更新。

　　为了帮助 DataView 选中一个节点，在把 singleSelect 或者 multiSelect 属性设为 true 的同时，还必须设置 itemSelect 属性，而且必须给它一个正确的 CSS 选择器。这个属性有助于 DataView 把元素展示成被选中的样子。它也用于鼠标悬停时的效果。这里所设置的选择器会让 DataView 把整个记录都高亮显示。就这个例子而言，是把 CSS 的emplWrap 类用作 div 元素的选择器。

　　接下来，把 selectedClass 和 overClass 设置成前面定义的 CSS 类，当选中了某个记录或者鼠标悬停在某个记录上的时候，就能给用户一个视觉上的提示。

　　为了让 DataView 的元素可以自动滚动，需要手动设置元素的 CSS。有意把它放在行内是为了便于查看自动滚动的 CSS 是什么样的；也可以很容易地用 cls 替换这个样式，

它的值应该是一个启用了自动滚动的 CSS 类。

　　构造 DataView 就是这些内容。需要将它放置在某个位置。由于用户希望看到的是一个全屏的显示,应该把它放在一个 Viewport 里,这就是代码 9-5 要做的事。

代码 9-5　构造 Viewport

```
new Ext.Viewport({
    layout      : 'hbox',              ❶ 创建 Viewport
    defaults    : {
            : 1
    },
    layoutConfig : {
        align : 'stretch'
    },
    items       : [
        {
            title  : 'Employees',     ❷ 用于管理 DataView 的面板
            frame  : true,
            layout : 'fit',
            items  : employeeDv       ❸ 包括员工 DataView
        }
    ]
});
```

　　这里创建了一个 Viewport 的实例❶,它能帮助把 DataView 渲染到占满整个浏览器的视野。因为只有一个子元素,当然可以让 Viewport 使用 FitLayout 布局,不过考虑到未来的扩展,这里使用的是 HBoxLayout 布局。

　　还需要注意的是 Viewport 的第一个子元素是一个 Panel❷,它的布局是'fit'并且 frame 属性设置成了 true。把 DataView❸放到一个 Panel 中可以给它提供一个漂亮的蓝色外框,这样用户可以知道他所看到的是什么内容。

　　这一部分总结了 DataView 的构造。最终表现在屏幕上的效果如图 9-5 所示。

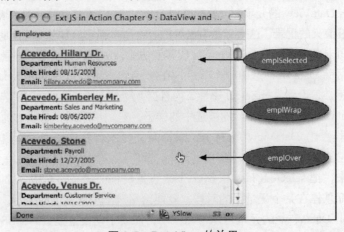

图 9-5　DataView 的效果

现在 DataView 已经出现在屏幕上了，用户可以看到企业中的全部员工了。可以看到 mouseover 事件被正确地跟踪，而且只可以选择一个记录。

不过有些地方不太对。UI 看起来有点慢。数据的初始渲染有点慢，当改变浏览器的大小时，UI 的更新延迟更明显，如图 9-6 所示。

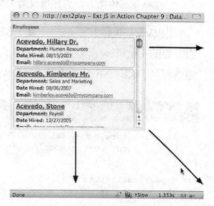

要是看一下数据存储器，你会发现屏幕上有 2 000 个记录。这肯定会影响性能。同样，一次给用户显示这么多数据用户肯定也会抱怨的。需要找一种方法来改进性能。需要花点时间仔细研究有哪些可能的方法。

一个快速的解决方法是在 DataView 的父面板里加一个 PagingToolbar，并把它和 DataView 的数据存储器进行绑定，这当然有助于性能的改善，不过并不会真的让 DataView 好用。就算我们把 2 000 条记录拆分成每页 100 条记录，用户也必须翻上 20 次才能找到他们需

图 9-6　由于屏幕上有太多的记录了，调整浏览器大小这么简单的动作也会导致 Viewport 大小重置的延迟

要的数据。怎么样才能即改善性能又能让它更好用呢？

按照部门显示记录？不错，我很喜欢这个点子。很好，不过该怎么做呢？可以使用 ComboBox，不过部门列表不一定是静态的。还有，选择一个部门需要两次单击。我觉得用户想要的可能是一个具有静态记录列表的东西，这样他们就可以用一次单击选择一个部门来过滤列表了。

可以再用一个 DataView，不过我觉得要显示每个部门的员工数量才可能有用，也就是说需要某种可以很容易地用列格式管理数据的工具。GridPanel 可能是个不错的选择，不过有点小题大做了。因为它还能对列进行拖曳操作，这些功能只会加重 UI 的负担，也完全没有必要。这是 ListView 施展身手的时候了。

9.3 深入 ListView

刚刚构造了一个 DataView，它把企业中的员工全部的都显示在屏幕上了，结果性能很不理想。现在决定用 ListView 显示企业中的部门以及每个部门中的员工数量。不过，ListView 是什么呢？

ListView 控件是 DataView 类的一个子类，它提供了一种用表格形式显示数据的方法，它同时具备 DataView 和 GridPanel 的一些功能。这些功能包括调整列的大小以及排序，选择记录以及使用自定义模板的能力。

提示: 尽管 ListView 的 UI 看起来很像 GridPanel,但它并不是被设计来用于替换 GridPanel 的,
       尤其当需要某些 GridPanel 特有的功能时更是如此。例如, ListView 并不具有水平方向
       滚动的功能,也没有像 EditorGridPanel 的直接编辑数据的原生支持能力。ListView 不具
       有拖曳列的能力,同样也没有 Column 菜单。

    ListView 也预装了一个需要 CSS 的 Template,用起来也是非常简单。下面开始打造我
们需要的 ListView。因为已经见过了 DataView 所需要的配置,你会发现构造一个 ListView
相当容易。代码 9-6 必须要放在 Viewport 之前,这是因为它是紧跟在 DataView 之后渲染的。

代码 9-6   构造 ListView

```
var listViewStore = new Ext.data.ScriptTagProxy({            ◀┄  ❶ 创建 ScriptTagProxy
    url : 'http://extjsinaction.com/getDepartments.php'
});

var departmentLvStore = {                       ◀┄ ❷ 配置 JsonStore
    xtype    : 'jsonstore',

    root     : 'records',
    autoLoad : true,
    storeId  : 'departmentDv',
    proxy    : listViewStore,
    fields   : [
        { name : 'department',   mapping : 'department'   },
        { name : 'numEmployees', mapping : 'numEmployees' }
    ]
};

var departmentLV = new Ext.ListView({           ◀┄ ❸ 创建 ListView
    store        : departmentLvStore,
    singleSelect : true,
    style        : 'background-color: #FFFFFF;',
    columns      : [                                    ◀┄
        {                                             ❹ 配置 ListView 的列
            header    : 'Department Name',
            dataIndex : 'department'
        },
        {
            header    : '# Emp,',
            dataIndex : 'numEmployees',
            width     : .20
        }
    ]
});
```

    这个 ListView 的构建是从 ScriptTagProxy 的创建开始的❶,它是用来提取数据的,
并把数据提供给支持 ListView 的 JsonStore 的阅读器❷。JsonStore 取出的每个记录只是
部门的名字以及员工的数量。

    接下来,创建这个 ListView❸来显示部门。除了之前创建的 JsonStore,配置属性中
还有 singleSelect,用于启用选择。由于 ListView 已经预先建好的 CSS 规则和模板,无
须再制定 overCls、selectedCls 和 itemSelector 属性了。不过,如果就是想在自己的项目

中使用自己的模板，就必须按照自己的模板来设置这些属性。

接下来，用一个白色的背景来美化这个 ListView。缺省时 ListView 没有背景样式，因此如果把 Panel 的 frame 属性设置成 true，那么当它被放到 Panel 中时，就成了蓝色背景了。注意，不必针对滚动设置 CSS 规则，因为 ListView 已经把它的元素都设置成为自动滚动的了。

最后，设置了 columns❹属性，这是一个对象数组，用于配置的是垂直方向的数据列。第二个 Column 要显示的是部门中的员工数量。注意它的宽度是.20，也就是这一列宽度占 ListView 宽度的百分比。因为这个很像网格的部件并没有水平滚动，因此这个规则就有点让人费解了。只有理解了这些规则才能理解这些列为什么要这样配置，以及以后正确使用这个控件。

第一个规则就是 Column 的宽度总是用 ListView 的容器的百分比来表示的。如果 Column 没有配置宽度，ListView 会自动地设置每一列等宽并匹配 ListView 的宽度。这就意味着，如果想控制某一列的宽度，就必须对它进行配置。否则，只要留有空白，它们就会自动地重设大小。

要解释这些规则还是看代码，因为没有定义'Department Name'这列的宽度属性，因此它会占据 ListView 除去'#Emp'的 20%之后的剩下宽度。这就给'Department Name'列留出了足够的空间，而'#Emp'列又小到恰好可以显示数据而且还不用截断数据的程度。

现在这个 ListView 就已经配好了，可以在屏幕上显示了。把它放到一个 Panel 中，然后再放到 Viewport 中的 DataView 的右边。要想这么做，需要修改 Viewport 的 items 数组。修改后是这样的：

```
items : [
    {
        title  : 'All Departments',
        frame  : true,
        layout : 'fit',
        items  : departmentLV,
        flex   : null,
        width  : 210
    },
    {
        title  : 'Employees',
        frame  : true,
        layout : 'fit',
        items  : employeeDv
    }
]
```

因为要把 ListView 放在 Viewport 中，就要把它放在一个 Panel 中。然后把它放在显示员工的 DataView 的前面，这样一来再显示的时候它就会被放在最左边，宽度是静态的。图 9-7 显示的就是 ListView 放在 DataView 边上的样子。

不错！ListView 放在 DataView 的左边了，部门记录也能够选择了。目前实现的这两个部件有两个问题。第一个问题较明显——选择一个记录后没有任何效果。另外，员

工 DataView 仍然是加载 2 000 条记录。要解决这两个问题，需要把 DataView 和 ListView
绑定在一起，以阻止它自动地加载全部的记录。

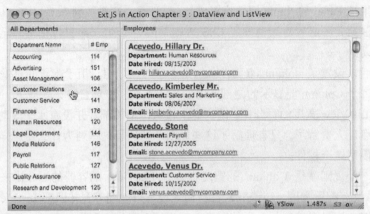

图 9-7　ListView（左）和 DataView（右）的效果

9.3.1　把 DataView 绑定到 ListView

刚刚实现了用一个 ListView 显示部门以及员工总数，并把它放到员工 DataView 的
左边，不过还没有把它们绑到一起解决性能问题。要想解决这个问题，首先需要阻止
DataView 数据存储器的自动加载。这很简单。只要把 employeeDvStore 的 autoLoad 属性
设置一下就可以了：

```
autoLoad : false
```

接下来的部分就有趣了：给 ListView 配置一个单击监听器，在监听器中让 DataView
的数据存储器请求选定的部门的员工。要实现此功能，需要在 ListView 的配置属性中添
加下面这个 listeners 配置对象。

```
listeners : {
    click : function(thisView, index) {
        var record = thisView.store.getAt(index);
        if (record) {
            Ext.StoreMgr.get('employeeDv').load({
                params : {
                    department : record.get('department')
                }
            });
        }
    }
}
```

给 ListView 加上这个监听器之后，就能保证 DataView 所加载的就是用户要求的部
门记录了。接下来看看这是如何实现的。

DataView 所生成的 click 事件（别忘了，ListView 是 DataView 的后代）会传递事件

源和被单击节点的索引值，这是由配置的 itemSelector 定位的。给选中的记录创建一个引用，然后通知员工 DataView 加载。只要记录不为空，就用 ID 通过 Ext.StoreMgr.get 方法获得员工 DataView 的引用，然后调用它的 load 方法。这里传给它一个对象，这个对象又有一个 params 对象。Params 对象中是选中的部门的名字。

调用 Load 方法会让员工 DataView 的数据存储器调用代理，由代理执行一个对选中部门的员工的请求，如图 9-8 所示。

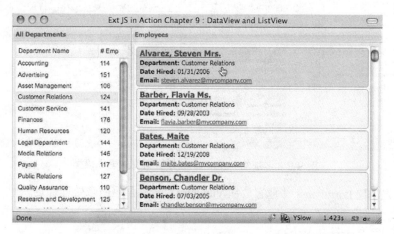

图 9-8　ListView（左）的单击事件触发 DataView（右）过滤

现在 ListView 按照配置过滤 DataView 了。可以看到这个修改给了用户更好的交互体验。

我把这个成果交给用户，用户反映很好，不过还有最后一个要求。他们需要能够对选中的员工数据进行编辑。要实现这个要求，必须配置一个 FormPanel，并加到这个 Viewport 中去。这是学习如何把 FormPanel 绑定到 DataView，以及观察 DataView 如何有效地更新屏幕上的 HTML 数据的绝好机会。

9.4　整合

要想让用户能够对员工记录进行编辑，需要创建一个 FormPanel。FormPanel 需要有个用来进行提交的按钮。为了让这些元素能够很好地配合，必须要创建一个小型的事件模型。实现方法如下。

图 9-9 所示的就是最后要对布局进行的改动。事件处理句柄及相应的行为。

要想用选中的数据更新 FormPanel，必须重新配置 DataView，并提供一个单击事件句柄才行。同样，FormPanel 的 Save 按钮也得对记录的属性进行设置才能更新 DataView。最后，当单击部门 ListView 的时候，还必须把 FormPanel 中的值清空，以避免出现意想不到的情况。听起来好像很复杂，其实不是这样的。大部分任务都已经完成了。

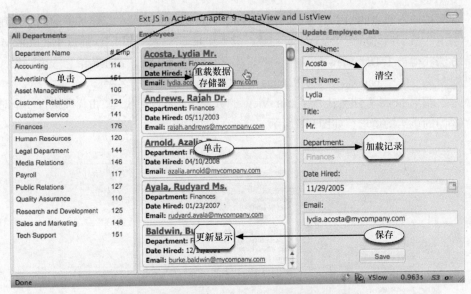

图 9-9　增加的 FormPanel 以及需要的事件模型

先创建 FormPanel 并把它放在 Viewport，然后再返回来处理绑定。

9.4.1　配置 FormPanel

代码 9-7 有点长，不过主要是因为表单中的字段数量造成的。代码 9-7 需要放在创建 Viewport 实例之前。

代码 9-7　构造 FormPanel

```
var updateForm = {
    frame       : true,
    id          : 'updateform',
    labelWidth  : 70,
    xtype       : 'form',
    defaultType : 'textfield',
    buttonAlign : 'center',
    title       : 'Update Employee Data',
    labelAlign  : 'top',
    defaults    : {
        anchor : '-5'
    },
    items       : [
        {
            name       : 'lastname',
            fieldLabel : 'Last Name'
        },
        {
            name       : 'firstname',
            fieldLabel : 'First Name'
        },
```

```
    {
        name      : 'title',
        fieldLabel : 'Title'
    },
    {
        name      : 'department',
        fieldLabel : 'Department',
        disabled  : true
    },
    {
        xtype     : 'datefield',
        name      : 'datehired',
        fieldLabel : 'Date Hired'
    },
    {
        name      : 'email',
        fieldLabel : 'Email'
    }
    ]
};
```

这里创建了一个有 6 个字段的 FormPanel。注意，每个字段都有一个 name 属性，与记录中的字段名字是相匹配的。这一点很重要，因为如果想要加载记录，字段的名字必须要和它要使用的记录相匹配。

这里把 Department 字段给禁用掉了，因为用户已经明确表示，他们不想通过这个工具更新部门信息。他们希望通过一个拖曳工具来实现这个功能，我们会在稍后完成这个任务。

接下来，把它放到了 Viewport 中。修改后的 items 数组如下所示：

```
items         : [
    {
        title  : 'All Departments',
        frame  : true,
        layout : 'fit',
        items  : departmentLV,
        flex   : null,
        width  : 210
    },
    {
        title  : 'Employees',
        frame  : true,
        layout : 'fit',
        items  : employeeDv,
        flex   : 1
    },
    updateForm
]
```

注意，这里所做的就是在列表的最后加上对 updateForm 的引用，这样它就会出现在员工 DataView 的右边。图 9-10 显示了渲染后的结果。

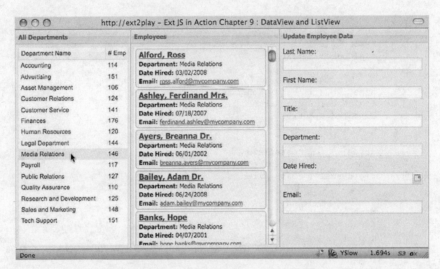

图 9-10　ListView（左），DataView（中），FormPanel（右）

FormPanel 看起来不错，这也就意味着可以开始进行绑定了。这才是真正有意义的事情。

9.4.2　应用最后的绑定

先通过一个单击事件处理程序把员工 DataView 和 FormPanel 绑定在一起，这个处理程序里会得到选中的记录，然后用 FormPanel 的 BasicForm 来加载记录。为了完成将 FormPanel 绑定到 DataView 的工作，在 FormPanel 内部设置了一个对被选定记录的本地引用。

要想给员工 DataView 添加一个单击事件处理程序，需要在配置对象中加上下面的 listeners 对象。

```
listeners : {
    click : function(thisDv, index) {
        var record = thisDv.store.getAt(index);
        var formPanel = Ext.getCmp('updateform');
        formPanel.selectedRecord = record;
        formPanel.getForm().loadRecord(record);
    }
}
```

这段代码和之前给 ListView 添加单击事件处理程序的代码类似。区别就在于给 FormPanel 设置了对记录的引用，这个引用是设置到 selectedRecord 上的。然后调用了 FormPanel 的 BasicForm 的 loadRecord 来给字段赋值。这是实现双向绑定的关键所在。

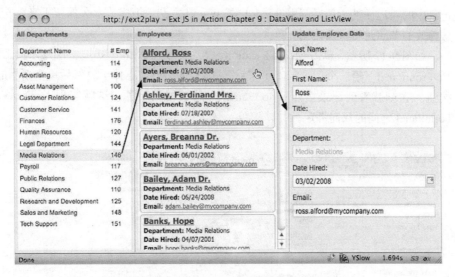

图 9-11　测试 DataView 到 FormPanel 的绑定

可以刷新页面进行测试，先选择一个部门，然后再选择一个员工。员工的记录就会被加载，字段也会被设置成对应的值。

现在完成了从 DataView 到 FormPanel 这一个方向的绑定。为了能够提交修改，用户需要有一个 Save 按钮。于是就必须给 FormPanel 的配置对象中添加一个 buttons 属性，只需要一个按钮就够了，按钮的文字是"Save"。这个按钮的处理程序会利用 FormPanel 刚刚被设置的 selectedRecord，并根据 FormPanel 的修改来设置相应的值。

在 FormPanel 中添加下面的代码：

```
buttons : [
    {
        text    : 'Save',
        handler : function() {
            var formPanel = Ext.getCmp('updateform');
            if (formPanel.selectedRecord) {
                var vals  = formPanel.getForm().getValues();

                for (var valName in vals) {
                    formPanel.selectedRecord.set(valName, vals[valName]);
                }
                formPanel.selectedRecord.commit();
            }
        }
    }
]
```

当按下这个新配置的按钮后，它会用 Ext.getCmp 方法获得 FormPanel 的引用。如果

FormPanel 有 selectedRecord 属性，它就遍历表单中的每一个字段，然后用取到的值设置记录中的对应属性。最后调用 Record 的 commit 方法，把修改永久保留下来，并且只将被修改的节点进行重新绘制。

如图 9-12 所示，单击 Media Relation，然后再单击 Alford Rose 会触发用员工记录更新 FromPanel。给这个记录加上了"Sr"，因为这个值被忘掉了，然后单击新增的 Save 按钮。立刻就看到记录按照 FormPanel 中的数据更新了，这就实现了 DataView 和 FormPanel 之间的双向绑定。

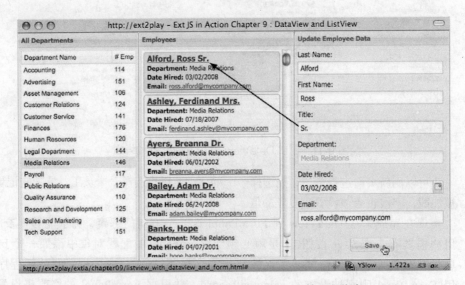

图 9-12　测试 FormPanel 到 DataView 的双向绑定

提示：由于本章中的这个练习用的是一个远程的数据存储器，以及 XHR 对象所强制的同源策略的限制，没法通过 Ajax 保存数据，这也是为何这个例子中没有调用表单提交的原因。

还有最后一件事要做，就是当部门 ListView 的选择发生变化时，用代码清空 FormPanel 内容。这有助于避免一些意外事件的发生，例如用户可能更新一个记录，但是由于选择的部门发生了变化，记录就不在了。

用下面的代码替换之前的单击事件处理程序：

```
click : function(thisView, index) {
    var record = thisView.store.getAt(index);
    if (record) {
        Ext.StoreMgr.get('employeeDv').load({
            params : {
```

```
            department : record.get('department')
        }
    });
    var formPanel = Ext.getCmp('updateform');
    delete formPanel.selectedRecord;
    formPanel.getForm().reset();
    }
}
```

通过对这个修改的学习，可以看到必须要做的就是添加了 3 行代码，创建一个 FormPanel 的引用、删除 selectedRecord，然后调用 BasicForm 的 reset 方法清空字段中的数据。可以通过选择一个部门、一个员工，然后再换一个部门的方法观察效果，此时字段会被清空。

绑定 DataView、ListView 和 FormPanel 就是这些内容。如果编写程序过程中也遇到需要使用一个 DataView 或 ListView 的需求时，别忘了是可以通过事件把这两个部件和其他部件绑定起来的。例如，可以用 GridPanel 的 rowclick 事件触发加载某个 DataView 或 ListView 的数据存储器，从而提供一个下钻的能力。反向的绑定也是同样的。

9.5 小结

在这一章中，我们研究了两个常用的部件，DataView 以及它的孪生兄弟 ListView。在这期间，我们不仅看到了它们是如何工作的，还了解了如何把它们绑定在一起，任何一个应用程序中都能够使用这些高级概念。

本章从对 DataView 的解释以及如何配置开始入手。在探讨 DataView 的时候，花了一些时间讨论它的一个支持类 XTemplate。还通过一个例子看到了要想美化最后屏幕上展现的数据，必须创建 CSS。

接下来，学习了 ListView 类以及它所提供的功能。研究了列尺寸模型，还学习了如何通过 click 事件把 ListView 和 DataView 绑定在一起。

最后，学习了如何在 FormPanel 和 DataView 之间创建双向绑定，好让用户可以更新员工的数据。在这个过程中，我们见证了 DataView 只更新被修改的记录的 DOM 的效率。

接下来，要进入到图表的使用了，将会学到如何通过配置让它们对用户的单击做出反应。

第 10 章 图表

本章包括的内容：
- 学习 Ext JS Chart 的基础知识
- 剖析 Chart 类的层次结构
- 探讨框架中提供的不同图表
- 体验每一种图表
- 在一个混合图表中混合序列
- 自定义混合图表的外观

我们开发的很多程序都需要数据可视化。不管是看磁盘空间的使用量，还是看股价的变化，这些问题基本上都是一样的，都可以归结成：使用哪个图表包以及集成和管理的成本多大。

所有这些问题都会增加应用程序的风险和支持成本，都可能会使用户不满。幸运的是，现在这些都不是问题了。Ext JS 3.0 提供了一个图表包，可以处理 4 种最常用的图表——折线图、条形图、柱状图和饼图。于是使用第三方图表库的风险以及支持成本都减少了。

在这一章里，会学习 Ext.Chart 的全部内容。将会剖析图表，探讨图表包中各种不同的类。还会探讨对各种不同图表类型的使用。

会探索框架所提供的各种不同的图表。会从一个基础的折线图的创建入手，然后学习如何定制颜色，如何创建用户自己的 ToolTip 方法以及如何显示图例。

因为折线图、柱状图和条形图都是源自相同的基础图表，基于此可以通过对调 x 轴和 y 轴的配置把折线图转换成柱状图和条形图。此外，还会学习创建一个混合图表，例如在柱状图（CdamnCharts）中嵌入折线（LineSeries）。

在最后一节，会学习饼图（PieChart）的全部内容，以及饼图与其他基本图表的区别。也会学习如果通过一个自定义的提示渲染函数给饼图的 ToolTip 添加上下文，让它更有实用价值。

10.1　定义 4 种图表

图表的功能就是以图形的方式展示统计数据。基本的图表类型包括折线图（LineChart）、条形图（ColumnChart）、柱状图（BarChart）和饼图（PieChart）。折线图、条形图和柱状图类似，因为它们都是源自同一种笛卡儿图表。在笛卡儿图表表示法中，每个数据点都是用一个二维的 *X-Y* 坐标系统来定位的。

这也是为什么能够在一个图表中混用 LineSeries 和 Bar 的原因。同样，也可以在一个图表中混合使用 LineSeries 和 ColumnSeries。不过一个图表中不能同时有 Column 和 BarSeries。

PieChart 是图表类中的一个特例。因为它并不是基于笛卡儿图表的，这种图表只能使用 PieSeries，它用百分比的方式展示数据。

框架所提供的图表最强大的地方是不需要有任何 Flash 经验就可以工作。你将会看到，所有这一切都是通过 JavaScript 实现的。

先看看图 10-1 所示的一个折线图的实际效果，然后再分析这个图。

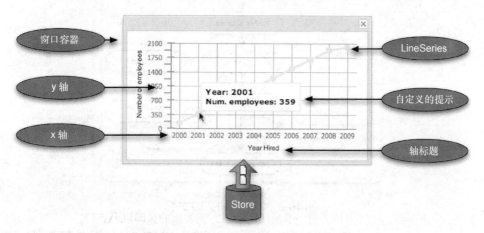

图 10-1　有自定义提示的 LineChart 示例

Ext 的图表都源于 YUI 的图表库，它使用的数据也是来自于数据存储器，这一点与 GridPanel 和 DataView 两个类一样。因为图表使用数据的模式和其他使用数据存储器的类是一样的，因此为这个部件准备数据无需额外的知识。这种绑定也给图表提供了存储器中的数据变化后自动更新图表的能力，数据显示可以使用动画效果，也可以不用。

　　用户可以通过鼠标的悬停和单击与图表进行交互。在鼠标悬停时，可以通过 ToolTip 给用户一些有用的提示信息，这些信息可以自己设定，如图 10-1 所示。

　　单击操作可以提供更强大的用户交互能力，用户可以通过单击 LineSeries 上的一个点、BarSeries 上的一条、ColumnSeries 的一列或者 PieSeries 上的一片引发界面的变化，例如，对该点的进一步数据深挖，查看更细粒度的数据。这可以通过图表的 itemclick 事件来实现，稍后构建第一个 Chart 时，就会用到这些内容。

　　接下来，就要仔细看一下那些让 Chart 成为真正图表的元素了。

10.2 剖析图表

　　和其他的 UI 元素一样，图表可以渲染到页面上的任何一个 div，或者配置成任何一个容器部件的子元素。这是因为 Chart 类本身也是 BoxComponent 类的后代，如果还没忘记的话，正是 BoxComponent 类让各种组件具备了参与到布局中的能力。

　　图 10-2 显示的就是 Chart 类的层次图。

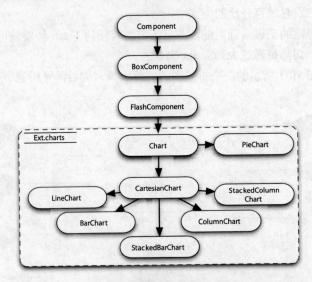

图 10-2 Chart 类的层次关系

　　Ext JS 的图表是基于 Adobe 的 Flash 的，与普通的 HTML 对象比较起来，它需要一些特殊的处理。例如，如果要在页面上显示 Flash，则需要在页面上添加对浏览器是否支持 Flash 以及版本是否正确的判断逻辑。如果没有安装 Flash 或者版本过低，那么原本用来放置 Flash 的这个区域就应该提供一个安装 Flash 的链接；否则，就应该显示 Flash 部件。如果让程序员自己处理这些逻辑，再加上不同浏览器中标签的差异，简直麻烦透了。

　　幸运的是，作为 Chart 基类的 FlashComponent 已经替我们解决了这些问题。

FlashComponent 是一个特别的类，它用 SWFObject 处理所有关于 Flash 的问题，而且还可以扩展，这样 Ext JS 就可以管理所有基于 Flash 的内容了。Chart 类继承于 FlashComponent 也正是因为这个原因。

注意 Chart 类，它属于 Ext.charts 命名空间，它有两个后代 PieChart 和 CartesianChart。Chart 类是对 YUI 图表的封装，同时还把数据存储器和鼠标事件与框架捆绑在一起。它是整个层次中最重量级的一个类。很多工作都是由 YUI 图表中的 SWF 完成的，不过这些内容超出了本书的范围了。

再看看 CartesianChart 的子图表，可以看到主要有 3 类图表：LineChart、BarChart、以及 ColumnChart。知道这个分类对使用很重要，因为这是笛卡儿图表的 3 个可用选项。

LineChart 是根据 X-Y 坐标绘制数据点，然后再用一条线把这些点连起来。图 10-3 显示的就是一个有两个 LineSeries 的 LineChart。

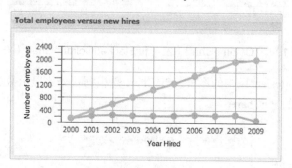

图 10-3　有两个 LineSeies 的 LineChart

BarChart 显示的是水平的数据条。每个图表中可以有多个 BarSeries，这些数据类紧挨着，如图 10-4 所示。

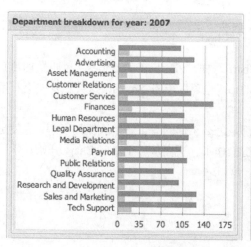
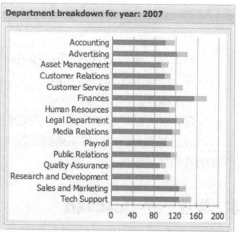

图 10-4　BarChart（左）和 StackedBarChart（右）示例

　　有时，数据可以用累积方式展示。例如，某年的员工总数可以用之前的员工数和当年新入职员工数的和来表示。这种数据必须在一条水平线上用 StackedBarChart（累法条形图）分成几段进行显示，如图 10-4（右）所示。这两个图表中的数据是完全一样的。

　　ColumnChart 是用垂直条展示数据的，也可以通过 StackedColumnChart（累计柱状图）对柱进行堆叠。和图 10-4 一样，图 10-5 中两幅图的数据也是完全相同的。

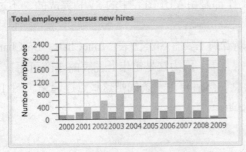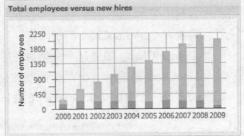

图 10-5　ColumnChart（左）和 StackedColumnChart（右）

　　相对于 Cartesian 风格的图表，PieChart 是根据百分比显示数据的。图 10-6 所示的就是一个实际的 PieChart。

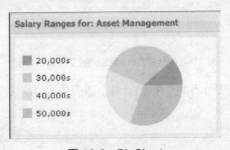

图 10-6　PieChart

　　与 LineChart、ColumnChar 和 BarChart 一样，PieChart 的 Series（也叫做切片）也可以在 mouseover 事件时显示一个 ToolTip。也可以单击 Series，这会触发一个有用的 itemclick 事件。

　　现在对可以使用哪些图表以及它们都是怎么工作的有了一个大概的了解，也就是说可以开始写点代码对这些不同的图表进行操作了。下面从一个 LineChart 开始，学习创建图表的基础知识。

10.3　构建一个 LineChart

　　创建的第一个图表是一个只有一个系列的 LineChart，显示的是公司从 2000—2009

年的员工总数。这个图表用的是 *X*、*Y* 坐标，这就意味着必须给这个图表配上一个数据
存储器——要为每个轴都映射数据点。

在开始写代码之前，先看看这个图表要用到的数据。相对而言，这次的任务比较简
单，因为只需要两个数据点：年以及每年的员工总数。

数据已经在服务器端做好了，JSON 数据如下所示：

```
[
    {
        "newHires"  : 135,
        "year"      : 2000,
        "total"     : 136,
        "prevHired" : 1
    },
    ...
]
```

这个 JSON 是代表着数据库中记录的对象数组。可以看到每条记录中都有 year 和
total 两个属性。这就意味着要构造的 JsonStore 需要对这两个字段进行映射。每个记录
中还有另外两个属性，分别是对应着入职（newHires）和以前入职的（preHired）的员
工数量，目前暂时忽略这两个属性。

在继续构造第一个图表之前，我们需要先配好 chart.swf 文件的位置，这个位置默认
是在 Yahoo! 的 URL： http://yui.yahooapis.com/2.7.0/build/charts/assets/charts.swf。

可以使用这个默认的 URL，不过许多人不希望把 SWF 内容押宝在 Yahoo! 的可达
性上。更不用说，如果我们开发的应用程序要使用 HTTPS，这个 URL 很可能会让浏览
器弹出一个安全告警，这会传递一个负面消息，我们的应用程序不安全。

还有，如果应用程序只是在一个安全的内网使用的，客户的浏览器可能无法访问
Web 服务器以外的地方，那这个图表就完全没用了。要解决这个问题，可以对图表进行
配置，让它使用一个内网本地服务器上的 SWF 文件。

要想配置 Ext JS 的 Chart 使用某个特定的 SWF，可以如下所示配置 Chart 类的
CHART_URL 属性：

```
Ext.chart.Chart.CHART_URL = '<path to extjs>/resources/charts.swf';
```

要把这行代码放在紧挨着 Ext JS 基本库的后面。这可以确保这个属性能在 JavaScript
的解释器解析代码之前得到设置。这和本书早前设置 BLANK_IMAGE_URL('s.gif)如
出一辙。

完成后，可以继续创建 LineChart 并在屏幕上绘制数据了，如代码 10-1 所示。

代码 10-1 构造一个基本的 LineChart

```
var employeeStoreProxy = new Ext.data.ScriptTagProxy({
    url : 'http://extjsinaction.com/getNewHireData.php'
});
```

```
var remoteStore = {
    xtype    : 'jsonstore',
    root     : 'records',
    autoLoad : true,
    storeId  : 'employeeDv',
    proxy    : employeeStoreProxy,
    fields   : [
        { name : 'year',  mapping : 'year' },
        { name : 'total', mapping : 'total' }
    ]
};

var chart = {                                        ❶ 配置 XType 属性为 LineChart
    xtype       : 'linechart',
    store       : remoteStore,
    xField      : 'year',                            设置 x 轴和 y 轴
    yField      : 'total'                          ❷
};

new Ext.Window({
    width  : 400,
    height : 400,
    layout : 'fit',
    items  : chart
}).show();
```

在代码 10-1 中，创建的数据存储器对服务器代码所提供的 year 和 total 字段进行了映射，然后把这个折线图放在一个窗口中了。可以看到，创建一个基本的 Chart 还是相当简单的。它的工作原理如下。

在创建 LineChart 的 XType 配置对象时❶，设置了必须属性 xtype 和 JSON 数据存储器。另外的两个属性，xField 和 yField❷，用来自动创建 x 轴和 y 轴以及映射存储器中的数据。就是这样。

为了显示这个图表，这里创建的窗口使用了 FitLayout 布局，把图表放在窗口中。图 10-7 所示就是第一个 LineChart 的效果。

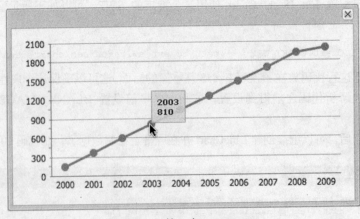

图 10-7   第一个 LineChart

如图 10-7 所示，LineChart 是在一个 Ext.Window 中绘制统计数据点的。如果把鼠标移到某个点上，可以看到这个点的两个数据出现在 tip 中。不过这个展示还有些问题。

对于这个图表来说，tip 中的数据没有提供出任何有意义的上下文信息，或者提供的信息很少。类似的 x 轴和 y 轴也有同样的问题。x 轴的坐标代表的是年，这点倒是很明显。不过 y 轴代表的是什么就说不清楚了。因此必须对图表进行定制。

10.3.1　ToolTip 的定制

要解决的第一个问题是给 ToolTip 提供个上下文。要做到这一点，必须给 LineChart 配置对象中加上一个 tipRenderer，如下所示：

```
tipRenderer : function(chart, record, index, series){
    var yearInfo = 'Year: ' + record.data.year;
    var empInfo  = 'Num. employees: ' + record.data.total;

    return yearInfo + '\n' + empInfo ;
}
```

在这个 tipRenderer 方法中，创建了两个字符串，yearInfo 和 empInfo，它们是为了在数据上加上有意义的标签。这个方法返回的是 yearInfo 和 empInfo 用一个换行符'\n'拼接后的结果，这个换行符是为了给两个数据加上一个换行。你可能会问，为什么不是标准的
而是换行符呢？

这个 tipRenderer 函数和 GridPanel 的列渲染方法一样，方法返回的都是要显示在屏幕上的字符串。不过，列的渲染方法可以使用 HTML，但是 tipRenderer 却不行。要想在数据之间加上一个换行，唯一的方法就是使用标准的 UNIX 风格的换行（'\n'）。

图 10-8 显示的就是这个新的 ToolTip 的效果。

加上这个 tipRenderer 之后，现在 mouseover 事件的 tip 就有了上下文。接下来，要通过增加标签来定制 x 轴和 y 轴。

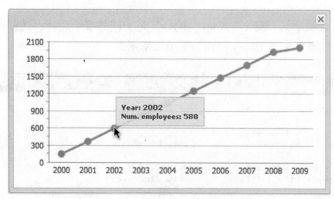

图 10-8　定制的 ToolTip 后的效果

10.3.2　给 x 轴和 y 轴添加标题

要想给笛卡儿图表添加标签，必须用手工的方式来配置和创建轴。并且必须根据要显示的数据创建正确类型的轴。有 3 种类型的轴可以使用：CategoryAxis、NumericAxis 和 TimeAxis。就刚创建的这个 LineChart 而言，该给 x 轴和 y 轴选择哪个类型的轴呢？

既然每个轴的数据都是数字，每个轴当然都应该选择 NumericAxis 了，对吗？错，原因如下。

如果好好地看一下笛卡儿图表是如何处理数据的，就会发现图表显示的有两类数据：度量值以及某种被度量的东西。每个图表中，这些被度量的东西就叫做类别（category）。

就这个折线图来说，可以看到这个图表中的度量值是员工的数量，而类别是年份。这个逻辑同样适用于汽车厂商的销售量图表，如图 10-9 所示。

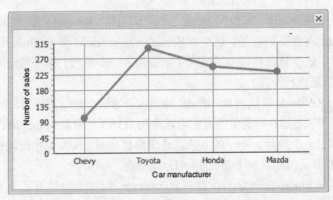

图 10-9　这个汽车销量折线图中，数据分类看着更清晰

有了这个概念后，就知道 CategoryAxis 是 x 轴的唯一选择。这就意味着，必须用新的 x 轴和 y 轴重新配置 Chart，如代码 10-2 所示。

代码 10-2　对图表重新配置使用新的 x 轴和 y 轴

```
var chart = {
    xtype       : 'linechart',
    store       : remoteStore,
    xField      : 'year',
    yField      : 'total',
    tipRenderer : function(chart, record, index, series){
        var yearInfo = 'Year: ' + record.data.year;

      var empInfo = 'Num. employees: ' + record.data.total;
      return yearInfo + '\n' + empInfo ;
```

```
},
xAxis: new Ext.chart.CategoryAxis({          ←—— 设置新的 x 轴
    title   : 'Year Hired'          ←—— x 轴标题
}),

yAxis: new
Ext.chart.NumericAxis({
    title   : 'Number of employees'          使用 NumericAxis 作 y 轴
})
}
```

在代码 10-2 中，在 Chart 配置对象中加上了 xAxis 和 yAxis 两个属性。给 xAixs 属性的是一个 CategoryAxis 的实例，而给 yAxis 属性的是一个 NumericAxis 的实例。这两个新建的轴都有一个 title 参数。

图 10-2 所示是添加了这两个新轴之的效果。

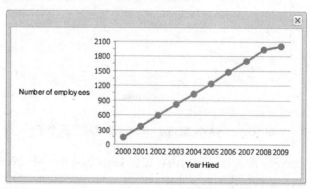

图 10-10　添加了 y 轴标题，但是没有定义样式，结果导致屏幕空间的浪费

看一下 y 轴的标题，很显然它很浪费空间。要解决这个问题的唯一办法就是旋转文本，这只能通过自定义它的样式配置。

接下来，会学习如何美化图表内容区。稍后还会学习如何美化系列。

10.3.3　美化图表内容区

相对于框架的其他内容来说，要美化图表只能用 JavaScript 来做。这就意味着必须在对图表实例化时配置它的样式。对我而言，这是图表开发过程中一个非常耗时的任务，因为需要反复地测试，而且最终会产生更多的代码。

提示：已经有一些样式可以选择了。由于 Ext JS 使用的是 YUI 的图表，因此最好的文档来源还是 YUI。从下面的 URL 可以获得最完整的样式列表：http://developer.yahoo.com/yui/charts/#basicstyles。

为了旋转标题，需要在 Chart 的配置对象中加上对样式配置的定制。这是通过设置 extraStyle 属性完成的，如下所示：

```
extraStyle : {
    yAxis: {
        titleRotation  : -90,
    }
}
```

在这个代码片段中，创建了 extraStyle 配置对象，它的内部有另外一个针对 *y* 轴的配置对象。在这个 yAxis 配置对象中，titleRotation 属性设置成-90°（度）。

图 10-11 所示的就是使用了这个新样式后的效果。

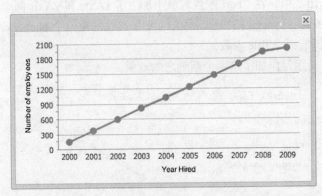

图 10-11   yAxis 旋转了-90°，浪费的空间少了

把这个 extraStyle 配置以及它的内容加到 LineChart 中，可以看到同样的效果。Y 轴的标题旋转之后，浪费的空间也减少了。

到目前为止，创建了一个 LineChart，并提供了少许样式改进可读性。还要给这个图表添加一些其他度量。为了能把这些度量值展示在屏幕上，需要对数据存储器和图表的的配置对象进行彻底地重构。

10.4   增加多个系列

观察服务器端所提供的数据，可以看到对于某一年份的员工数量其实是有多个数据的。这些数据中，还可以看到另外两个数据 newHires 和 preHired。

```
[
    {
        "newHires"  : 135,
        "year"      : 2000,
        "total"     : 136,
        "prevHired" : 1
    },
    ...
]
```

要想把这些数据用起来，需要重新配置数据存储器对这些字段进行映射。幸运的是，我们所需要做的就是在数据存储器的映射列表中再加上两个字段而已。

```
fields   : [
    { name : 'year',       mapping : 'year'      },
    { name : 'total',      mapping : 'total'     },
    { name : 'newHires',   mapping : 'newHires'  },
    { name : 'prevHired',  mapping : 'prevHired' }
]
```

接下来的内容就有意思了：重构图表，添加更多的系列。在这个过程中，还会对样式进行定制，好让它看起来更好懂，并且更好看。在这个过程中，会发现定制图表也需要很多代码，不过一旦理解了就会很容易。这也是为何要把重构工作拆分成几个更小的，更容易理解的片段的原因。

先从序列的配置开始，如代码 10-3 所示。

代码 10-3　配置这个多系列表中的系列

```
var series = [
    {
        yField      : 'prevHired',          ❶ 将数据点映射
        displayName : 'Previously Hired',      到 Series      ❷ 显示 tip 和图例的文字
        style       : {
            fillColor   : 0xFFAAAA,      ❹ 设置数据点的填充色    ❸ 自定义每个 Series 的样式
            borderColor : 0xAA3333,
            lineColor   : 0xAA3333
        }                                ❻ 配置线的颜色    ❺ 指定数据点的边框颜色
    },
    {
        yField      : 'total',
        displayName : 'Total',
        style       : {
            fillColor   : 0xAAAAFF,
            borderColor : 0x3333FF,
            lineColor   : 0x3333FF
        }
    },
    {
        yField      : 'newHires',
        displayName : 'New Hires',
        style       : {
            fillColor   : 0xAAFFAA,
            borderColor : 0x33AA33,
            lineColor   : 0x33AA33
        }
    }
];
```

在代码 10-3 中，创建了一个配置对象数组来配置 3 个不同的 series。这些属性的作用如下。

对于每一个 series 的配置对象，都是通过 yField❶ 属性映射数据点。用 yField 属性替换 Chart 配置对象中的 yField 属性，如果按照把 dataIndex 映射到 GridPanel 列的思路会更容易理解。还设置了 displayName❷，它同时用于 ToolTip 和图例，稍后就会学到。

接下来，给每一个系列设置了一个自定义的 style❸ 配置对象，它同时设置了数据点

的填充色❹、边的颜色❺以及线的颜色❻。设置这些属性是为了让每个系列更容易区分，从而增强了图表的可读性。

　　准备好这些系列之后，就可以更灵活地构造 tipRenderer 以及创建 extraStyle 配置了，如代码 10-4 所示。

代码 10-4　创建一个灵活的 tipRenderer 和 extraStyle

```
var tipRenderer = function(chart, rec, index, series){
    var yearInfo = 'Year: ' + rec.get('year');
    var empInfo  =  series.displayName + ': '          ❶ 根据 displayName 生成标签
        + rec.get(series.yField);
    return yearInfo + '\n' + empInfo ;
};

var extraStyle = {
    xAxis : {
        majorGridLines : {                              ❷ 为 Chart 添加垂直线
            color : 0x999999,
            size  : 1
        }
    },
    yAxis: {
        titleRotation  : -90
    }
};
```

　　在代码 10-4 中，创建了自定义的 tipRenderer，这比之前那个更灵活些。因为这个 tipRenderer 利用 series 的 dispalyName❶来创建系列的自定义标签。它还用系列的 yField 属性提取映射数据，实现了一个真正动态的 tipRenderer。

　　接下来，创建一个配置对象包含自定义的样式参数。除了 yAxis 的 titleRotation，还增加了一个 xAxis 配置对象，它带的是 majorGridLines❷。这个配置属性会让 Chart 给每一个类别数据点显示一个垂直线，结果整个网格区域中出现了交叉线。

　　现在我们已经完成了图表的全部配置了。继续使用代码 10-5 重构。

代码 10-5　重构

```
var chart = {
    xtype        : 'linechart',
    store        : remoteStore,
    xField       : 'year',
    tipRenderer  : tipRenderer,
    extraStyle   : extraStyle,
    series       : series,

    xAxis        : new Ext.chart.CategoryAxis({
        title : 'Year Hired'
    }),
    yAxis : new Ext.chart.NumericAxis({
        title : 'Number of employees'
    })
};
```

在重构 Chart 配置对象时，删除 yField 属性。因为每个 Series 的配置对象中已经有了这个属性，因此 Chart 的配置就不需要这个属性了。此外，还将 tipRenderer、extraStype 和 series 属性设置为之前创建的变量。

图 10-12 所示的就是这个图表的效果。

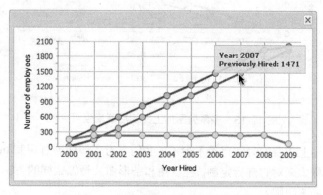

图 10-12　更多定制样式的多系列折线图

观察这个多系列的 LineChart 时，可以看到每一个系列的颜色都是不一样的，而且 *x* 轴的每个数据点都画出了一条垂直线。不过还剩下一个问题，为了知道每条线代表的数字，必须把鼠标移动到某一点上，这不能算真正的用户友好。

这个问题的解决办法就是给图表添加一个图例。

10.4.1　添加图例

要给图表添加图例，需要做的就是在 extraStyle 配置对象中加上样式配置对象，如下所示：

```
legend : {
    display : 'bottom',
    padding : 5,
    spacing : 2,
    font   : { color : 0x000000,  family : 'Arial', size  : 12 },
    border : { size : 1, color  : 0x999999 }
}
```

设置图例样式的配置对象时，属性 display 控制的是否显示图例。这个属性缺省值是"none"，也就是不显示。还可以是"bottom"、"top"、"right"和"left"。

属性 padding 和 CSS 的 padding 样式是一样的。属性 spacing 指定系列之间间隔着多少个像素。为了配置 font 和 border，给每个都创建单独的配置属性。记住，YUI 文档中详细说明了所有的可用样式。

添加了图例之后的效果如图 10-13 所示。

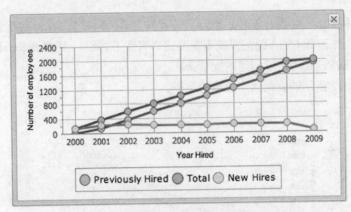

图 10-13　多系列图加上图例后能增强可读性

在折线图上花费的时间已经不少了，我们学习了如何通过定制 tipRenderer、多个系列以及使用样式来对它进行定制。柱状图和条形图又是怎么样的呢？它们的构造方式和折线图有哪些不同呢？

10.5　构造 ColumnChart

如果已经适应了 LineChart 的构造方式，会发现 ColumnChart 的构造基本一样。最大的区别就在于要把 xtype 设置成'columnchart'而不是'linechart'。

代码 10-6 就是把 LineChart 重构成 ColumnChart。

代码 10-6　创建一个柱状图

```
var chart = {
    xtype        : 'columnchart',
    store        : remoteStore,
    xField       : 'year',
    tipRenderer  : tipRenderer,
    extraStyle   : extraStyle,
    series       : series,
    xAxis        : new Ext.chart.CategoryAxis({
        title : 'Year Hired'
    }),
    yAxis : new Ext.chart.NumericAxis({
        title : 'Number of employees'
    })
};
```

图 10-14 就是这个柱状图在屏幕上的效果。

观察这个图表，很难看得出新入职员工数量加上之前入职员工数量等于员工总数。这是堆叠柱状图发挥作用的地方了。

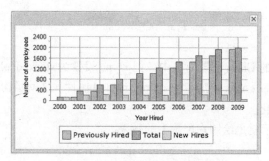

图 10-14　各系列的柱状图

10.5.1　堆叠柱状图

刚刚知道了，从折线图变成柱状图非常简单。但是为了让这个图表更容易阅读，需要使用堆叠柱状图。柱状图的这个转换（或者折线图）稍微有点复杂。

为了完成这个转换，需要对 series 数据进行重构，要删除代表员工总数的系列，因为用不到。

```
var series = [
    {
        yField      : 'prevHired',
        displayName : 'Previously Hired',
        style       : {
            fillColor   : 0xFFAAAA,
            borderColor : 0xAA3333,
            lineColor   : 0xAA3333
        }
    },
    {
        yField      : 'newHires',
        displayName : 'New Hires',
        style       : {
            fillColor   : 0xAAFFAA,
            borderColor : 0x33AA33,
            lineColor   : 0x33AA33
        }
    }
];
```

接下来，需要对 Chart 配置对象进行重构：

```
var chart = {
    xtype       : 'stackedcolumnchart',
    store       : remoteStore,
    xField      : 'year',

    tipRenderer : tipRenderer,
    extraStyle  : extraStyle,
    series      : series,
    xAxis       : new Ext.chart.CategoryAxis({
        title : 'Year Hired'
    }),
    yAxis : new Ext.chart.NumericAxis({
```

```
    stackingEnabled : true,
    title           : 'Number of employees'
    })
};
```

在新的重构的 Chart 配置对象中，把 xtype 设置为'stackedcolumnchart'。其他的变化
就是对 y 轴 NumericAxis 增加了 stackingEnabled 属性。这就是构造一个堆积柱状图所必
须的唯一一点变化。

图 10-15 所示就是绘制在屏幕上的效果。

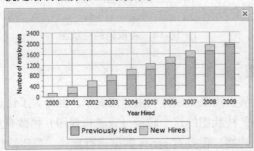

图 10-15　堆积柱状图

在分析这个堆积柱状图时，可以看到之前入职的员工数量和新入职的员工数量是堆
在一起的，总和等于该年份的员工总数。这正是我们希望的结果。不过有一个问题。如
何知道某一年的员工总数呢。下面看看该怎么做。

如果不去掉 total 这个系列，柱状图的综合就会翻倍。这可不是我们想要的。肯定有
方法能够让用户看到总数。

显示总数的方法之一就是通过 ToolTip。尽管可以这么做，不过最好要保证 tip 是根
据鼠标悬停的系列的上下文环境来做。这里需要某种手段对总数进行绑定。

LineSeries 可以完美地用于这种情况。

10.5.2　混合使用 Line 和 Column

到目前为止，已经练习了在一个图表中使用多个系列，不过还没有配置过混合图表，
也就是在一个图表中混合使用多种系列。其实要比想像得更容易。

要想增加一个折线系列，需要在之前的 StackedColumnChart 的 series 数组中添加下
面这个 LineSeries 配置对象：

```
{
    type        : 'line',
    yField      : 'total',
    displayName : 'Total',
    style       : {
        fillColor   : 0xAAAAFF,
        borderColor : 0x3333FF,
        lineColor   : 0x3333FF
    }
}
```

　　这个新增的 series 对象的配置和一开始配置 StackedBarChart 时删除的那个 total 系列几乎一样。这里关键的一步是把 type 属性设置成'line'。

　　设置这个属性后框架就会使用指定类型的 Series 来显示。这也是 Chart 的等价 XType 表示方式，没必要直接创建 LineSeries 的实例了。要想保证这个折线能够显示在其他系列的上面，很重要的一点就是把这个 LineSeries 作为 series 配置对象数组的最后一个对象。这些系列在屏幕上的渲染方式直接取决于它们在 series 数组中的次序。可以回忆一下 CSS 中的 z-order 的用法，它们是一样的。series 的顺序同样会影响图例的显示。

　　图 10-16 就是这个新配好的混合 LineChart 和 ColumnChart 的实际效果。

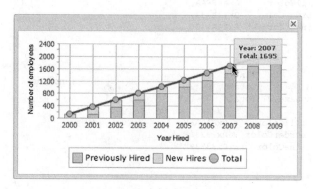

图 10-16　混合折线图和柱状图

　　给这个堆叠柱状图添加 LineSeries 之后，可以把鼠标放在这个新增的 LineSeries 的某个点上，也就能很清楚地看到总数。

　　接下来，我们要把这个 StackedColumnChart 转化成 BarChart。

10.6　构造 BarChart

　　要想构造一个 BarChart，还是利用之前的那些素材，再进行一点调整。可以把 BarChart 理解成把 LineChart 或者 ColumnChart 的 x 轴和 y 轴做一个翻转。为什么呢？

　　LineChart 和 ColumnChart 都是把分类数据放在 x 轴上，测量值放在 y 轴上。而 BarChart 是把分类数据放在 y 轴上，测量值放在 x 轴上。

　　有了这个逻辑后，可以很容易地把 StackedColumnChart 改造成 StackedBarChart。所需要做的就是对 series 进行重构，把数据放在 x 轴上，并对 Chart 配置对象进行修改，如下代码 10-7 所示。

代码 10-7　配置堆叠条形图的系列

```
var series = [
    {
        xField      : 'prevHired',
        displayName : 'Previously Hired',        ①  为 x 轴配置数据点
        style       : {
            fillColor   : 0xFFAAAA,
            borderColor : 0xAA3333,
            lineColor   : 0xAA3333
        }
    },
    {
        xField      : 'newHires',
        displayName : 'New Hires',
        style       : {
            fillColor   : 0xAAFFAA,
            borderColor : 0x33AA33,
            lineColor   : 0x33AA33
        }
    },
    {
        type        : 'line',                    ②  嵌入 LineSeries
        xField      : 'total',
        displayName : 'Total',
        style       : {
            fillColor   : 0xAAAAFF,
            borderColor : 0x3333FF,
            lineColor   : 0x3333FF
        }
    }
];
```

代码 10-7 中，Series 和样式没变。区别就在于配置对象中的设置的不是 yField 属性，而是 xField 属性❶。LineSeries❷配置对象保持不变。

要想让这个定制的动态 tipRenderer 能够工作起来，需要进行修改，让它可以读取 series 配置定义中的 xField 属性：

```
var tipRenderer = function(chart, record, index, series){
    var yearInfo = 'Year: ' + record.get('year');
    var empInfo  =  series.displayName + ': '+ record.get(series.xField);
    return yearInfo + '\n' + empInfo ;
};
```

这里的 tipRenderer 方法和之前那个基本一样，只是把 series.yField 替换成了 series.xField。别忘了，之所以要这么做，是因为 series 配置发生了变化。

接下来，要对 Chart 配置对象进行重构，完成这个转换，如代码 10-8 所示。

代码 10-8　配置堆叠柱状图

```
var chart = {
    xtype       : 'stackedbarchart',             ①  设置 xtype'为 stackedbarchart'
    store       : remoteStore,
    yField      : 'year',
    tipRenderer : tipRenderer,
```

```
extraStyle  : extraStyle,
series      : series,
xAxis       : new Ext.chart.NumericAxis({        ❷ 配置 x 轴
    stackingEnabled : true,
    title           : 'Number of employees'      ❸ 启用 x 轴堆积
}),
yAxis       : new Ext.chart.CategoryAxis({
    title : 'Year Hired'                         ❹ 配置 y 轴
})
};
```

在配置 StackedBarChart 的配置对象时，首先把 xType❶属性设置为'stackedbarchart'。接下来是配置 xAxis 属性❷，使用 NumericAxis，stackingEnabled 设置为 true❸。最后，给 yAxis 属性设置了一个 CategoryAxis 实例❹，删除之前定义的 stackingEnabled 属性。

这就是转化这个 Chart 需要做的了。图 10-17 所示的就是在浏览器中显示的效果。

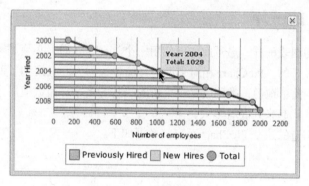

图 10-17　堆叠条形图

不错，跟我们想要的完全一样，包括动态的 ToolTip。怎么把它再转化成一个普通的 BarChart 呢？步骤也很简单。

10.6.1　配置一个 BarChart

把 StackedBarChart 改成一个 BarChart 的步骤也很简单。首先，要把图表配置对象的 xtype 属性改成'barchart'，如下所示：

```
xtype : 'barchart',
```

接着，从 x 轴（NumericAxis）的配置对象中删除 stackingEnabled 属性：

```
xAxis : new Ext.chart.NumericAxis({
    title : 'Number of employees'
}),
```

图 10-18 显示的就是带有一个 LineSeries 的 BarChart 的效果。

完成这些修改后，可以看到 newHires 和 preHired 是并排放着的。如果要去掉代表合计的 LineSeries，所要做的就是删除 type 属性，Ext JS 就会用这个配置对象来创建一个 BarSeries。

已经看到了 LineChart、ColumnChart 以及 BarChart 之间的相似性。不过 PieChart 可就完全不一样了，因为它并不是笛卡儿图表这条线上的后代。

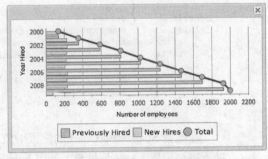

图 10-18　带 LineSeries 的条形图

接下来，会探讨最后一个图表类型，同时我们也会学到一些自定义的能力。

10.7　PieChart 的一片

和所有的图表一样，当考虑如何使用一个 PieChart 时，必须先考虑要处理和显示的数据是什么样子的。PieChart 相对来说还算简单，因为它只用到了两部分数据：分类和相关的数值。简单地说，类别就是这个饼的一片的名字，而数值用来表示这一片和数据集中的其他片比起来到底有多大。

对于要构造的这个 PieChart 而言，数据如下：

```
[
    {
        'total' : '42',
        'range' : '20,000s'
    }
    ...
]
```

所要构造的这个 PieChart 要显示的是某个特定工资范围内的员工的数量。在这个 JSON 数据中，分类就是工资范围，而每个记录的 total 属性就是数据。简单地说，就这个例子记录而言，工资在 20 000 这个范围内的有 42 名员工。

有了这些知识后，构造一个使用这个数据的数据存储器就容易了，如代码 10-9 所示。

```
var remoteProxy = new Ext.data.ScriptTagProxy({
    url : 'http://extjsinaction.com/salaryRanges.php'
});

var pieStore = new Ext.data.JsonStore({
    autoLoad : true,
    proxy    : remoteProxy,
    id       : 'piestore',
    root     : 'records',
    fields   : [
        { name : 'total', mapping : 'total' },
```

```
                { name : 'range', mapping : 'range' }
        ]
});
```

接下来，就要创建使用这些数据的 PieChart 了。这个过程中，需要定义一些样式，用从红到绿的不同颜色代表不同的工资范围，如代码 10-10 所示。

代码 10-10　创建一个有图例的 PieChart

```
var pieChart = {
    xtype          : 'piechart',
    store          : pieStore,          ❶ 设置数据字段
    dataField      : 'total',                    ❷ 设置分类字段
    categoryField  : 'range',
    series         : [{
        style : {
            colors : [0xB5FF6B, 0xFFFF6B, 0xFFB56B, 0xFF6B6B]
        }                                                    对 Series 使用自定义的颜色
    }],                                                           ❸
    extraStyle : {
        legend : {
            display : "bottom",        ❹ 用于图例的 Extra 样式
            padding : 5,
            spacing : 2,
            font    : { size : 12, color : 0x000000, family : "Arial" },
            border  : { size : 1,  color : 0x999999                    }
        }
    }
};

new Ext.Window({
    width  : 400,
    height : 250,
    layout : 'fit',
    items  : pieChart
}).show();
```

要创建 PieChart 的配置，首先是把 xtype 属性设置成'piechart'，这样 Ext JS 就会配置一个 Ext.chart.PieChart 的实例。接下来的两个属性 dataField❶ 和 categoryField❷ 对 PieChart 的操作很关键。它和之前创建的基本笛卡儿风格图表时用的 xField 和 yField 两个属性一样。

之所以说它重要，是因为 PieChart 是不可以配置自定义的 Series 的。因此，告诉 Chart 哪些记录字段要被映射到类别和数据的唯一地方就是 PieChart 的根配置对象。

你可能会奇怪，既然不能配置 Series，那么 PieChart 的配置对象中的 series 属性是干嘛用的呢。它是用来定义系列使用的颜色的，用的是一个代表颜色的嵌套数组❸，而且这个属性是可选的，如果配置 PieChart 时没有提供自定义的颜色，框架就会使用它自己的调色板。

在最后一部分配置中，重用了之前的 extraStyle 配置对象，在图表的底部显示图例❹。PieChart 不会在系列上显示标签，这就意味着对于用户来说，图例对向用户呈现 PieChart 描述的数据来说是很重要的。

最后，把这个 PieChart 放在一个 Ext.Window 中，这是一个大小可变的画板。

这个 PieChart 的效果如图 10-19 所示。观察这个 PieChart，会发现图例用的是自定义的从绿色到红色的调色板。如果把鼠标放在不同的系列上面，会看到 tip 的出现，给出这部分数据的说明。不过和其他的图表一样，这些 tip 提供的信息有时没法说明其上下文。

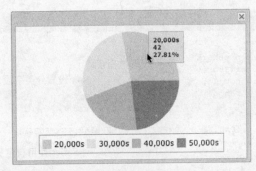

图 10-19   使用自定义颜色和通用 ToolTip 生成的 PieChart

解决这个问题的唯一办法就是使用自定义的 tipRenderer，这就是接下来学习的内容。

10.7.1   自定义的 tipRenderer

在给 PieChart 开发自定义 tipRenderer 时，提供的只是绘制图表的数据。当这个 tipRenderer 被调用时，所提供的只是类别字段和数值字段。这就意味着，除非 Web 服务中的每个记录已经给出了百分比，否则必须通过编码手工计算这个百分比。

代码 10-11 所示就是完成此功能的代码。

代码 10-11   创建 PieChart

```
var tipRenderer = function(chart, record, index, series) {
    var seriesData = record.data;                       ❶ 引用 Series 数据
    var total = 0;

    Ext.each(series.data, function(obj) {               ❷ 计算数据的和
        total += parseInt(obj.total);
    });

    var slicePct = (seriesData.total/total) * 100;
    slicePct     = ' (' + slicePct.toFixed(2) + '%)';   ❸ 计算 Series 的百分比

    var rangeMsg = 'Salary Range : ' + seriesData.range;
    var empMsg = 'Num Emp. : ' + seriesData.total + slicePct;

    return rangeMsg + '\n' + empMsg;                    ❹ 返回自定义的提示文本
};
```

在这个 tipRenderer 方法中，首先创建了一个 seriesData 对象，指向的是传给它的 record 的 data 对象❶。接下来，用 Ext.each 对 seres.data 数据进行遍历，从而得到所有记录的合计❷，然后计算百分比❸。最后，把这些组装成 ToolTip 的消息❹。

接下来，就需要对 PieChart 进行配置，让它使用这个自定义的 tipRenderer。

```
tipRenderer : tipRenderer,
```

有了这个自定义的 tipRenderer 后，现在新的 ToolTip 如图 10-20 所示。

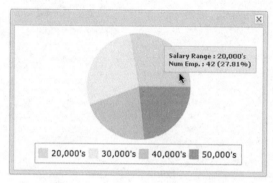

图 10-20　使用自定义 ToolTip 的 PieChart

如图 10-20 所示，稍微花点时间给这个 pieChart 加上一个自定义的 tipRenderer 后，就可以在 ToolTip 中添加上下文信息，这样就更有意义了。开发自定义的 tipRenderer 方法时，需要小心的是不要在这个小 tip 中显示太多信息。给用户太多的信息也可能会降低 ToolTip 的价值。更建议通过 itemclick 事件在图表之外的某个地方显示数据。

10.8　小结

在这一章中，深入地探讨了框架提供的各种图表，学到了配置不同类型的图表都要做些什么。同时，也学习了使用简单样式和自定义 ToolTip 的基础知识。

本章是从讨论框架中有哪些不同的图表开始的。知道了原来 CartesianChart 是 LineChart、ColumnChart 和 BartChart 控件的基类。还知道了 PieChart 为何会和其他图表不一样，在查看 Chart 的类层次结构时，讨论了这些细节。

用这种研究方式尝试了框架所提供的每一种 Chart。在这个过程中，看到了要创建一个简单的 LineChart、进行自定制需要做哪些工作，然后又通过调整创建了一个 ColumnChart。通过翻转 x 轴、y 轴，对配置进行一点调整，就可以把 ColumnChart 转变成一个 BarChart。还学习了如何通过给 ColumnChart 和 BarChart 添加 LineSeries，实现一种混合图表。

　　最后，学习了如何创建 PieChart，更进一步强调了 PieChart 和其他 CartesianChart 图表的区别。在这个过程中，还学习了如果给 TooTip 添加上下文以及百分比数据，从而让它更有意义。

　　接下来的这一章，我们将会探讨如何通过一个更强大的 UI 控件 TreePanel 来显示层次化的数据。

11

第11章 树

本章包括的内容:

- 剖析 TreePanel 部件
- 用 TreePanel 显示内存数据
- 实现远程加载数据的 TreePanel
- 给 TreePanel 的节点添加一个自定义
  的 ContextMenu
- 节点完整的 CRUD 声明周期
- 用 TreeEditor 编辑树节点

　　至今我还记得第一次使用所谓 TreeView 创建应用程序的情景。因为要让用户可以容易地修改文件名,必须要让用户能在文件系统的目录间导航。幸运的是,有 Ext JS 这个工具。这个框架不仅容易,而且可以大幅度地加快开发速度。

　　在这一章中,会学习 Ext JS 的 TreePanel,用它可以显示层次化的数据,很像是一个典型的文件系统。同时会学习如何静态和动态使用这个部件。等适应了这个组件后,就可以通过动态更新的上下文菜单以及通过 Ajax.requests 的数据发送来实现 CRUD 操作。这一章会很有意思。

11.1　TreePanel

　　在 UI 的世界中,树(tree)这个词用来描述可以显示层次化数据的部件,这种层次化数据通常都是从某一点开始，这一点也叫做根（root）。和植物学的树一样，UI 中的树也有分支，也就是说可以有其他的分叉或者树叶。不过和植物学中的树不完全一样的是，计算机世界中的树都只有一个根。

在计算机世界中，树这种结构到处都是。查看一下计算机的硬盘，它的目录结构就是个树状结构。它有一个根（Windows 中就是磁盘的盘符）、分支（目录）和树叶（文件）。同样也可以将树用于应用程序的 UI 中，不过有其他的一些命名。

在其他一些 UI 库中，这类小挂件的名字可能是 TreeView、TreeUI 或 Tree，而在 Ext JS 中叫做 TreePanel。之所以叫做 TreePanel，是因为它是 Panel 类的直接后代。和 GridPanel 类似，它并不是用来放置任何子元素的容器，只能放那些专门用于它的元素。之所以从 Panel 扩展 TreePanel，原因很简单——就是方便。这样就可以灵活地利用 Panel 本身具有的各种 UI 的好处，包括顶部和底部的工具栏，以及页脚的按钮栏。

和 EdirotGrid 一样，TreePanel 可以配置成允许编辑数据，不过它没有对等的 DataWriter，这就意味着对于 CRUD 操作，必须自己编写 Ajax.request 代码。后面会讨论如何实现一个可以编辑的 TreePanel，以及如何编写 CRUD 操作的代码。

不过，不同于 GridPanel 的是，它的支持类的数量很少，这样 TreePanel 的配置相对简单些，稍后会看到这一点。但是反过来，开发人员发现服务器端的代码以及 SQL 语句写起来却更有挑战性，这是由数据本身是关系型而不是层次型所造成的。

最后，Ext.data 类不适用于 TreePanel，Proxy 和 Reader 也同样，这就意味着 TreePanel 的数据来自于内存，或者即使来自于远程，也只能限制于相同的域。在开始构建第一个 TreePanel 之前，先讨论一下 TreePanel 是如何工作的。

11.1.1 分析 root

TreePanel 是利用类 TreeLoader 加载数据的，它所读取的是 JSON 格式的数据，这些数据或者来自于内存，或者从 Web 服务器远程获得，也可以是混合方式获得。JSON 数据流中的每个对象都会被转化成为一个 tree.TreeNode 实例，它又是 Ext.data.Node 类的子项。data.Node 类是 TreePanel 数据逻辑的核心，这个类提供了许多工具，例如 cascade、bubble 和 appendChild。

为了保证 TreePanel 能够可视化地显示节点，TreeNode 类会使用 TreeNodeUI 类。对于根节点需要特别关注，因为它是整个结构的基础，它有自己的 RootTreeNodeUI 类，如果想要自定义 Node 的外观，需要扩展这个类。

现在对 TreePanel 有了一个宏观的理解，也知道它是如何工作的了，可以构造第一个 TreePanel 了，它是从内存中加载数据的。

11.2 构建第一个 TreePanel

之前提到过，编写 TreePanel 的代码相对于 GridPanel 要简单些。先构造一个从内存加载数据的 TreePanel，通过这个过程可以对刚刚学习的内容有更多的体会。

代码 11-1 就演示了如何构造一个静态的 TreePanel。

代码 11-1 构造一个静态的 TreePanel

```
var rootNode = {                                     TreeNodes 的 JSON 数据
    text     : 'Root Node',                       ❶
    expanded : true,
    children : [                                      这一分支的子节点
        {                                          ❷
            text : 'Child 1',
            leaf : true                                   指定一个节点为叶子
        },                                         ❸
        {
            text : 'Child 2',
            leaf : true
        },
        {
            text      : 'Child 3',
            children : [
                {
                    text      : 'Grand Child 1',
                    children : [
                        {
                            text : 'Grand... you get the point',
                            leaf : true
                        }
                    ]
                }
            ]
        }
    ]
}
var tree = {                                          配置 TreePanel
    xtype      : 'treepanel',                      ❹
    id         : 'treepanel',
    autoScroll : true,
    root       : rootNode
}
new Ext.Window({
    height : 200,
    width  : 200,
    layout : 'fit',
    border : false,
    title  : 'Our first tree',
    items  : tree
}).show();
```

代码 11-1 的大部分内容都是提供给 TreePanel 的数据。在这个 rootNode❶ JSON 对象中，可以看到根 Node（对象）有一个 text 属性。这个属性很重要，因为 TreeNodeUI 在显示 Node 标签时用的就是这个属性。在编写针对这个控件的服务器端代码时候，一定要记住这个属性。如果不设置它，TreePanel 也会显示个节点，不过是不会有任何标签的。

这里还用到了 expanded 属性，这个属性设置的是 true。设置后，在渲染时这个节点会立即展开显示它的内容。这么设置后再对 TreePanel 渲染时，立即就可以看到根的子节点。这个参数是可选的，如果不设置，渲染时节点是缩起来的。

根节点还有一个 children 属性❷；这是一个对象数组。当一个节点有 children 数组时，数组中的对象会被转换成为 tree.TreeNode，并填充到父节点的 childNodes 数组中。容器的层次结构也是类似的关系，每个容器都会有一个 MixedCollection 的 item 子成员。

继续看 rootNode 的 children，看到的是，第一个和第二个孩子并没有 children 属性，而是值为 true 的 leaf 属性❸。把 Node 的 leaf 属性设置为 true 可以保证这个节点再也不能有其他的子节点了，也就是说这个节点是一个叶子而不是一个分支。在这个例子中，'Child 1'和'Child 2'都是叶节点，而'Child 4'是一个分支节点，因为它没有一个等于 true 的 leaf 属性。

节点'Child 3'有一个子节点。这个子节点的 leaf 属性是 true，这个节点又是个叶子。这个节点只有一个子节点，它的子节点又只有一个子节点。

配置好数据后，就来用 XType❹配置对象配置 TreePanel。这里就可以看到这个控件的简单了。这些属性中除了 root 之外，其余的我们都有印象了，root 是用来配置根节点的。就这个例子而言，rootNode 这个 JSON 对象中的最顶层对象就被当作这个 TreePanel 的根了。

也可以通过在节点的配置对象中加上 icon 或 iconCls 属性来改变 TreeNode 的图标，icon 直接指定了一个图片的位置，而 iconCls 是图标样式的 CSS 类。不过 TreeNode 的 iconCls 属性和 Panel 的 iconCls 配置对象很相似，都应该作为改变图标时的首选方式。

代码 11-1 的最后是创建了一个 Ext.Window 的实例，用来显示这个 TreePanel。图 11-1 显示的就是这个 TreePanel 渲染后的效果。

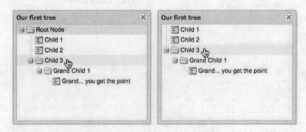

图 11-1　第一个 TreePanel（展开的），根节点可见（左）和不可见（右）

在这个 TreePanel 中，可以看到 TreeNode 的显示是符合 JSON 中的顺序的。可以展开'Child 3'和它的子节点，观察剩下的层次结构，单击一个节点体会一下这个选择模型。

如果想把根节点隐藏起来，可以将 TreePanel 的 rootVisible 设置为 false，结果如图 11-1（左）所示。

现在就有了一个实际的静态 TreePanel 了。简单吧？既然这个已经做完了，就继续创建一个远程的 TreePanel 吧。

11.3 动态增长的 TreePanel

由于之前的 TreePanel 是静态的，因此没必要直接创建一个 TreeLoader。对于远程加载的 TreePanel 就不能这样了。要开发一个 TreePanel，它所使用的数据是和第 7 章中的 GridPanel 是一样的，显示的是人员数据。这些人员恰好都是"My Company"而且来自于不同的部门。接下来，就要配置这个按照部门显示员工的服务器端 TreePanel 组件了，如代码 11-2 所示。

代码 11-2　构造一个静态的 TreePanel

```
var tree = {
    xtype       : 'treepanel',
    autoScroll  : true,
    loader      : new Ext.tree.TreeLoader({        ❶ TreeLoader 用于远程数据调用
        url : 'getCompany.php'
    }),
    root        : {                                ❷ 配置根节点
        text    : 'My Company',
        id      : 'myCompany',
        expanded : true                            ❸ 设置根节点的 ID
    }
}

new Ext.Window({
    height      : 300,
    width       : 300,
    layout      : 'fit',
    border      : false,
    title       : 'Our first remote tree',
    items       : tree
}).show();
```

可以看到，在代码 11-2 中配置了一个 TreeLoader❶，传给它的是一个带有 url 属性，属性值被设置成'getCompany.phy'的配置对象。在配置自己的 TreePanel 时，可以自行替换这个 PHP 文件。不过，在开始编写控制器代码时，先继续完成请求响应交互过程，这个过程就在这个 TreePanel 展示之后。

配置这个 TreePanel 接下来的事情就是配置 root❷。很重要的是，要给这个节点增加一个 id❸属性。可以看到，向服务器端请求子节点的数据时就会用到这个属性。另一个需要注意的是，要把 expanded 属性设置成 true，这就确保根节点在渲染的同时会展开并加载子节点。

> **TreeLoader 不能跨域**
>
> TreeLoader 与用于支持 GridPanel 及其他视图的数据存储器不同，是不能跨域的。这是因为 TreeLoader 的内部结构和数据存储器的内部不同。

　　最后，配置了一个更大的 Ext.Window 实例来放这个 TreePanel。之所以把这个窗口配置得更大，既是为了增加 TreePanel 的可见空间，同时也是减少因为过长的名字造成水平方向的滚动。图 11-2 就是这个 TreePanel 渲染后的效果。

图 11-2　远程 TreePanel 展示了远程加载数据的能力

　　在完成了这个 TreePanel 的渲染之后，可以看到根节点（My Company）立即开始加载了，如图 11-2（左），把 My Company 中的所有部门都展示出来了。要想查看某个部门的员工，单击相应的展开图标（+），或者双击标签，我们会看到那个文件夹变成了远程加载的提示符，如图 11-2 中间部分所示。一旦成功地加载员工节点后，他们就显示在部门节点的下面了。

　　这一段实现起来很快。回顾一下，看看所发生的请求。还会讨论为了支持这个 TreePanel，服务器端的控制器需要做些什么。

11.3.1　TreePanel

　　为了分析 TreePanel 的 C/S 交互模型，首先从根节点自动展开所触发的加载请求开始，如图 11-3 所示。如果把根节点的 expanded 属性设置为 true，也就会在渲染的同时展开根节点，这就会渲染子节点，不管数据是在内存中或者是触发了加载请求。

图 11-3　初始节点请求的 post 参数

可以看到，提交给 getCompany.php 控制器的第一个请求带有一个参数 node，参数值是 myCompany。还记得设置的是哪一个属性以及在什么地方给这个属性赋的值吗？"根节点的 id 属性"，如果这么想是非常正确的。当一个异步加载的节点首次展开时，加载器会把节点的 id 属性传给控制器。

控制器会接收这个参数，然后从数据库中查询与这个 id 相关的全部节点，并返回一个对象列表，如图 11-4 所示。在图 11-4 中，所看到的是代表部门列表的对象数组。每个对象都有 text 和 id 属性。NodeUI 是怎么使用 text 属性的呢？不错！NodeUI 的标签用到的就是 text。注意那些没有 leaf 和 children 属性的部门。这些是叶节点还是分支节点？对啦，它们都是分支节点。因为这两个属性都没有提供，它们会被当做是分支节点。这就意味着当第一次展开它们时，TreeLoader 会触发一个 Ajax.request，把部门 ID 作为 node 参数传递。控制器会接收 node 参数，然后返回该部门的员工列表。

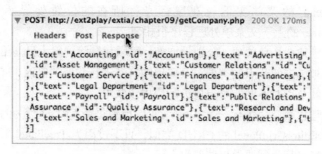

图 11-4　给 getCompany.php 控制器的初始请求的结果

根据刚刚学到的这些内容，可以很有把握地预测，当展开 Accounting 部门节点时，会给 getComponent.php 控制器发送一个只有一个参数 node 并且参数值是'Accounting'的请求。简单地看一下这个控制器请求返回的结果，如图 11-5 所示。

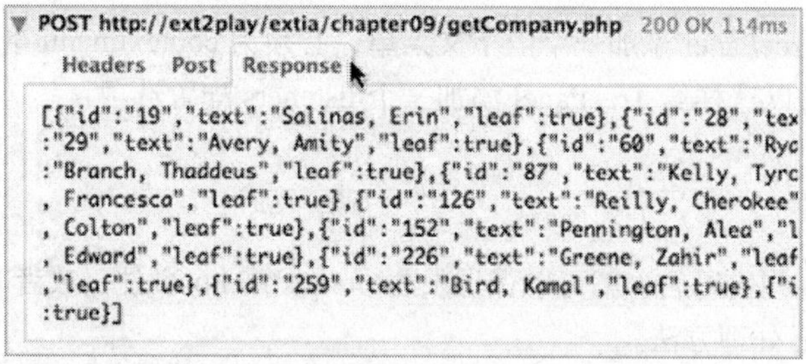

图 11-5　Accoting 部门节点请求的结果

看一下返回的 JSON 结果，会看到返回了一个对象列表，每个都有 id、text 和 leaf

属性。正是因为设置了 leaf 属性，节点看起来是一个不能继续展开的叶节点。

我们已经成功地打造了显示层次化数据的静态和动态的 TreePanel 了。也对 TreePanel 和给 TreePanel 提供数据的 Web 服务之间的 C/S 交互模型有了基础的了解。

要想提供 CRUD 功能，实现 TreePanel 的数据加载还只是很小的一部分工作。接下来，看看如何构造一个能支持 CRUD 操作的 TreePanel。

11.4　TreePanel 的 CRUD

要配置 CRUD 功能，还得添加更多的代码。毕竟，TreePanel 本身并不支持这些操作。这些是需要我们自己去实现的。

要想启用 CRUD 操作，需要对 TreePanel 进行修改，要给它增加一个 contextmenu 监听器，在这里通过调用一个方法把被右键单击的那个节点选中，然后创建一个 Ext.menu.Menu 的菜单实例，在鼠标光标所在的位置处显示。这与上一章中 EditorGridPanel 的上下文菜单处理程序很相似。

这里会创建 3 个菜单项，分别是增加、编辑和删除。因为只能给部门添加员工，因此需要根据被单击的节点的类型对菜单项的文本进行动态的修改，并且根据根节点、分支节点还是叶节点对不同的菜单项进行启用或禁用。

这些处理程序都会执行一个 Ajax 请求，模拟每个 CRUD 行为的控制器。此外，这些功能都和 EditorGridPanel 的 CRUD 类似，只不过因为 TreePanel 要处理的是节点而不是行，因此这些行为需要做出些调整。

准备好，这一部分会是最复杂的代码，我们先要创建上下文菜单处理程序和上下文菜单的工厂方法。

11.4.1　给 TreePanel 添加上下文菜单

要想给 TreePanel 添加一个上下文菜单，必须为 contextmenu 事件注册一个监听器。这很简单。可以这样给 TreePanel 添加一个 listeners 配置选项：

```
listeners    : {
    contextmenu : onCtxMenu
}
```

加上了这些代码后，就可以保证发生 contextmenu 事件（或者右键单击）时，会调用 onCtxMenu 处理方法。

TreePanel 现在可以调用 onCtxMenu 处理方法了。在开始编码之前，需要构造一个工厂方法，这个方法会生成一个 Ext.menu.Menu 的实例。这个方法可以简化 onCtxMenu。等完成了这个工厂方法后，你就能知道我在说什么了。

代码 11-3 所示就是构造上下文菜单的工厂方法。

代码 11-3　配置一个上下文菜单的工厂方法

```
var onConfirmDelete = Ext.emptyFn;
var onDelete        = Ext.emptyFn;
var onCompleteEdit  = Ext.emptyFn;
var onEdit          = Ext.emptyFn;
var onCompleteAdd   = Ext.emptyFn;
var onAddNode       = Ext.emptyFn;

var buildCtxMenu = function() {
    return new Ext.menu.Menu({
        items: [
            {
                itemId  : 'add',
                handler : onAdd
            },
            {
                itemId  : 'edit',
                handler : onEdit,
                scope   : onEdit
            },
            {
                itemId  : 'delete',
                handler : onDelete
            }
        ]
    });
}
```

在代码 11-3 中，首先创建了一批占位符方法，都指向了 Ext.emptyFn，这和创建一个方法实例有同样的效果，不过看起来更简单。先把它们全部放在这里，这样等回过头来完成这些方法时，就知道该到哪里找了。

接下来，创建了 buildCtxMenu 工厂方法，它所返回的是一个 Ext.menu.Menu 的实例，接下来的 onCtxMenu 处理方法会用到它。如果还从来没见过或者听说过工厂方法，从宏观来看，它就是一个创建了某个东西（因此有了工厂这个叫法），并返回所创建东西的方法。

注意，每一个菜单项都没有 text 属性，但是每一个都指定了 itemId。这是因为 onCtxMenu 会动态地设置每一个菜单项的文字，以告诉用户哪些事情可以做，哪些不可以做。它会根据 itemId 属性定位到菜单项 MixedCollection 中的特定一项。

itemId 属性和组件的 id 属性类似，只不过它是属于子元素的容器本地所有的。这就是说，itemId 不会像组件的 id 属性那样注册到 ComponentMgr，因此父 Component 也就只能查它自己的 MixedCollection，从中找到特定 itemId 所对应的子 Component。

现在每一个 MenuItem 都有了一个硬编码的处理程序，都用 Ext.emptyFn 作为占位符，因此尽管还没有真正的处理程序，不过也能在 UI 中显示这个菜单了。在完成了 onContextMenu 处理方法的开发后，会创建每一个处理程序，如代码 11-4

所示。

代码 11-4   配置一个上下文菜单的工厂方法

```
var onCtxMenu = function(node, evtObj) {
     node.select();
     evtObj.stopEvent();

     if (! this.ctxMenu) {                              ❶ 使用上下文菜单的工厂方法
         this.ctxMenu = buildCtxMenu();              ◁┘
     }

     var ctxMenu    = this.ctxMenu;
     var addItem    = ctxMenu.getComponent('add');
     var editItem   = ctxMenu.getComponent('edit');
     var deleteItem = ctxMenu.getComponent('delete');
                                                   ❷ 为每个类型的节点配置菜单
     if (node.id =='myCompany') {                  ◁┘
         addItem.setText('Add Department');
         editItem.setText('Nope, not changing the name');
         deleteItem.setTex('Can\'t delete a company, silly');

         addItem.enable();
         deleteItem.disable();
         editItem.disable();
     }
     else if (! node.leaf) {
         addItem.setText('Add Employee');
         deleteItem.setText('Delete Department');
         editItem.setText('Edit Department');

         addItem.enable();
         editItem.enable();
         deleteItem.enable();
     }
     else {
         addItem.setText('Can\'t Add Employee');
         editItem.setText('Edit Employee');
         deleteItem.setText('Delete Employee');

         addItem.disable();
         editItem.enable();
         deleteItem.enable();
     }

     ctxMenu.showAt(evtObj.getXY() ;
  }
```

代码 11-4 是 onCtxMenu 处理方法，它的大部分工作是实现动态的上下文菜单。首先，这个处理方法通过调用节点的 select 方法选中节点。之所以要选中这个节点，是因为以后等完成了 Ajax 调用后，需要查询 TreePanel 把被选择的节点找出来。

每次触发 TreePanel 的 contextmenu 事件后，都会传递两个参数：事件发生所在的节点以及生成的 EventObject 实例。似曾相识，可能因为它和 GridPanel 的 contextmenu 事件很像，在那个事件中 row 代表事件发生所在的行，同时也有一个 EventObject 实例传给处理方法。

接下来，通过调用 evtIbj.stopEvent 阻止浏览器显示默认的上下文菜单。在所有需要显示自己的上下文菜单、而不是浏览器的上下文菜单的地方，都会看到这种做法。

接着，这个处理方法通过调用稍早创建的 builldCtxMenu 工厂方法构造了上下文菜单❶。它把这个菜单保存在本地的 this.ctxMenu 中，这样，后续的每个处理方法调用就不用再重复地创建菜单了。

接下来创建了一个局部变量 ctxMenu 引用这个上下文菜单，同时也给每一个菜单项创建了局部变量。这么做是为了以后在管理这些菜单项时的可读性。

创建好这些局部变量之后，创建了一个 if 控制块❷，在这里检查节点的类型，并对菜单项进行相应的修改。这部分代码是这个处理程序主体。下面将它的逻辑进行分解。

如果右键单击的是根节点（node,id=='myCompany'），我们就配置菜单项允许增加部门，但是不能删除公司，也不能编辑公司文字。还禁用这些菜单项，这样就无法单击它们了。毕竟，并不希望有人通过一个鼠标单击就把整个公司都给破坏掉了，你也不希望这样吧？

接着，判断节点是不是叶节点（部门）。然后修改文字，允许添加员工以及删除掉整个部门。记住，如果有必要的话，该公司需要删除整个部门进行缩编。这里还启用了所有的菜单项。

如果右键单击的节点是叶节点，代码就会来到 else 块，就这个例子而言，add 菜单项的文字会被修改，并且禁用，表示不能把员工加给员工，这很怪异。接着又修改并启用了 edit 和 delete 菜单项的文字。

最后，通过调用 EventObject 的 getXY 方法，在鼠标的位置处显示这个上下文菜单。图 11-6 所示的就是单击这个菜单每一个结点的效果。

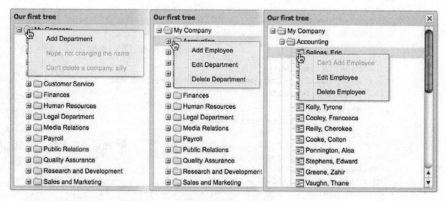

图 11-6　动态上下文菜单，单击公司（左）、部门（中）、员工（右）节点的效果

如图 11-6 中所示，上下文菜单会根据右键单击的结点而显示和变化，这也演示了只需要进行一点点调整，就可以用同一个菜单处理类似的任务。如果要做的不是菜单项的禁用或者启用，而是希望隐藏菜单项。我们可以用 MenuItem 的 show 替换 enbale，用 hide 替换 disable。再下来就要处理上下文菜单项的处理程序了。先从最简单的 edit 开始。

11.4.2　Edit 的逻辑

你已经注意到了，目前单击某个菜单项后，除了菜单消失之外不会发生任何事情。这是因为这里的菜单项还没有任何真正可调用的处理程序。先从 edit 处理程序的创建开始，它也是最简单的一个。

为了能够编辑节点的名字，要创建一个 TreeEditor 的实例。为了让 TreeEditor 能够通过调用一个 Ajax.request 来提交修改后的节点名字，必须给 TreeEditor 发布的 complete 事件配置一个监听器，这个事件代表的就是编辑动作的结束，节点的值已经修改完毕了。先完成 complete 句柄的代码，然后再创建 onEdit 处理方法，edit 菜单项附加的就是这个处理方法。

代码 11-5 所示为完成这些占位符方法。

代码 11-5　配置一个上下文菜单工厂方法

```
var onCompleteEdit = function(treeEditor, newValue, oldValue) {
    var treePanel = Ext.getCmp('treepanel')
    treePanel.el.mask('Saving...', 'x-mask-loading');          ❶ TreeEditor 的 complete
                                                                 事件处理程序
    var editNode = treeEditor.editNode;
    var editNodeId = editNode.attributes.id;

    Ext.Ajax.request({
        url    : 'editNode.php',                                ❷ 调用 Ajax.request
        params : {
            id      : editNodeId,
            newName : newValue
        },
        success : function (response, opts) {                   ❸ {success:false}恢复原样
            treePanel.el.unmask();
            var responseJson = Ext.decode(response.responseText);
            if (responseJson.success !== true) {
                editNode.setText(oldValue);
                Ext.Msg.alert('An error occured with the server.');
            }
        },                                                      ❹ 如果请求失败，恢复原样
        failure : function (response, opts) {
            treePanel.el.unmask();
            editNode.setText(oldValue);
            Ext.Msg.alert('An error occured with the server.');
```

```
        }
    });
}
var onEdit = function() {
    var treePanel = Ext.getCmp('treepanel');
    var selectedNode = treePanel.getSelectionModel().getSelectedNode();

    if (! this.treeEditor) {
        this.treeEditor = new Ext.tree.TreeEditor(treePanel, {}, {
            cancelOnEsc      :
true,
            completeOnEnter : true,
            selectOnFocus    : true,
            allowBlank       : false,
            listeners        : {
                complete : onCompleteEdit
            }
        });
    }

    this.treeEditor.editNode = selectedNode;
    this.treeEditor.startEdit(selectedNode.ui.textNode);
}
```

❺ 配置 edit 菜单项处理程序

如果没有 TreeEditor，就创建它 ❻

在代码 11-5 中，为编辑功能创建了两个方法。第一个是 TreeEditor 的 edit 事件触发时要调用的处理方法，它负责发起向服务器的 Ajax.request 请求，进而把修改内容保存起来。第二个就是当单击菜单项时所触发的处理程序。下面就是它们的工作原理。

当 TreeEditor 的 complete 事件发生，它会给监听器传递 3 个参数：触发该事件的 TreeEdirot、修改后的新值和修改前的旧值。onCompleteEdit❶事件句柄就是用这 3 个值工作的。在这个方法中，首先获得被编辑的 TreePanel 的引用，将其放在一个局部变量中，然后遮罩起来。然后又得到被编辑节点以及节点 ID 的局部引用。

接下来，它触发一个 Ajax.request 请求❷来保存修改后的数据。注意对 Ajax.request 的参数配置对象，传递的是节点的 ID 以及新的名字。如果修改涉及了数据库中的值，那么通过 ID 标识节点就很重要了。

如果该节点还有其他应用相关的值也要作为参数一起发送给服务器，可以通过节点的 attributes 属性找到这些值。只要该属性是作为节点的一部分一起创建树的，这些属性都会放在 attributes 属性中。例如，员工节点可以有员工特有的个人属性，例如每个节点都可以有 DOB 或者性别属性。显然，这取决于开发的应用程序。另外，如果想传递父节点的某个属性，可以通过节点的 parentNode 属性来获取，同样是把它放在 Ajax.request 的 params 配置对象中。

在请求成功的处理程序中，要对服务器返回的 JSON 数据编码，并检查 successs 属性❸。如果服务器返回的 success 属性值是 false，该方法就要把节点的值还原成原来的样子。这样是因为服务器端可能发现用户的输入是不符合业务逻辑的无效值。同样，如果因为某些原因请求失败了，就会触发 failure 处理程序，❹节点的文字同样也要还原回来。两个处理方法都会把它们被触发时加在 TreePanel 上的遮罩去掉。

代码中的第二个方法是 onEdit❺，单击 edit 菜单项时调用的就是这个方法。方法中首先创建了 TreePanel 和被选择节点的局部引用。然后创建了一个 TreeEditor 的实例❻，并且设置了 self（this）引用（如果还没有设置）。给 complete 事件设置了 onCompleteEdit 监听器。最后，方法把 editNode 属性设置成为 TreeEditor 的 selectedNode，并且通过调用 startEdit 和传入节点的 ui.textNode 来触发编辑，传入它的目的是告诉 TreeEditor 在哪里渲染和定位。

用这种方式触发的编辑可以确保即使 TreePanel 是可以滚动的，TreeEditor 也不会滚动列表的顶部，保证不会出现这个意外效果。

已经完成了编辑的逻辑了，也就是说可以看看实际的效果了。刷新页面，用右键单击一个节点，然后单击 eidt 菜单项。完成后的效果如图 11-7 所示。

图 11-7 用 TreeEditor 编辑 TreePanel 的某个节点，并用 Ajax.request 保存数据的效果

在图 11-7 中，用右键单击了 Accounting 部门，这就选中了这个节点，然后单击 edit 菜单项，出现了 TreeEditor，里面是节点的文字，TreeEdirot 知道该把自己放在什么位置，因为传给 textNode 的是 TreeNode 的 ui。接着将部门的名字从 Accounting 改成了 Legal，然后按 Enter 键，这就改变了 Node 的值，并且触发 complete 事件，继而触发 onComplete 方法。因为服务器端接收了这个值，TreePanel 元素的遮罩也就解除了，新的值也就在 UI 中永久保留下来了。如果服务器端返回的是 {success：false} 或者如果请求失败，节点的文本还是会切换回去的。

这个 TreePanel 的 CRUD 功能中最简单的一个就完成了。在这个部件中修改名字是 Web 应用中很常见的功能。怎么用取决于业务的需求。使用 TreeEdirot 可以保证应用逻辑的清晰，还避免了对输入对话框（例如 MessageBox.prompt）的使用。

接下来，稍微增加一点难度，实现节点的删除。这要比本章之前的功能都复杂一些。

11.4.3 实现删除

要想在 TreePanel 中实现删除功能，要给 delete 菜单项创建一个处理程序。当然，一般对删除的处理都会要求先给用户一个确认对话框，因此编写的代码中也要包括用户确认部分。简单起见，就用现成的 MessageBox.confim 对话框。这就意味着需要给确认对话框提供一个回调方法。这个对话框的回调方法会触发 Ajax.request，并且如果服务器端返回了一个肯定的结果，就要最终删除这个节点。

既然已经知道了要做什么，就先从处理方法开始吧，如代码 11-6 所示。

代码 11-6　给 TreePanel 增加删除功能

```
var onConfirmDelete = function(btn) {                      ❶ 确认消息框的回调方法
    if (btn == 'yes') {
        var treePanel =  Ext.getCmp('treepanel');
        treePanel.el.mask('Deleting...', 'x-mask-loading');

        var selNode = treePanel.getSelectionModel().getSelectedNode();

        Ext.Ajax.request({                                ❷ 删除所选节点的 Ajax.request
            url      : 'deleteNode.php',
            params : {
                id : selNode.id
            },                                            ❸ Ajax.request 的 success 处理程序
            success : function (response, opts) {
                treePanel.el.unmask();
                var responseJson = Ext.decode(response.responseText);

                if (responseJson.success === true) {      ❹ 删除所选节点
                    selNode.remove();
                }
                else {
                    Ext.Msg.alert('An error occurred with the server.');
                }
            }
        });
    }
}
var onDelete = function() {                                ❺ delete 菜单项的处理方法
    var treePanel =  Ext.getCmp('treepanel');
    var selNode = treePanel.getSelectionModel().getSelectedNode();

    if (selNode) {                                        ❻ 确认节点的删除
        Ext.MessageBox.confirm(
            'Are you sure?',
            'Please confirm the deletion of ' + selNode.attributes.text,
            onConfirmDelete
        )
    }
}
```

在代码 11-6 中，为了实现 CRUD 功能中的删除操作，创建了两个方法。第一个方

法为 onConfirmDelete❶，它是确认对话框的处理程序，稍后会创建这个对话框。如果单击了确认对话框中的 Yes 按钮，就会把 TreePanel 遮罩起来，并调用一个 Ajax.request❷来删除选中的节点。注意，传给服务器端的只是节点的 ID 而已。

在这个想象的应用中，服务器端会得到节点的 ID 信息，然后执行一个数据库或者文件系统的删除操作，然后返回类似{success:true}的结果，这又会触发请求的 success❸处理程序。这样会去掉 TreePanel 上的遮罩，并通过节点的 remove 方法从 TreePanel 中删除节点❹并更新 UI。

为了降低这段代码的复杂性，我有意忽略了 Ajax.request 的 failure 处理程序，它应该给用户返回一个失败消息。当开发自己的应用程序时，应该把它加上。就这个例子而言，它应该去掉 TreePanel 的遮罩，并提示用户操作失败了。

创建的第二个方法为 onDelete❺，它是 delete 菜单项的处理方法。调用这个方法时，它会通过现成的 MessageBox.confirm❻方法展示一个确认对话框，并传入 3 个参数：标题、消息体以及回调方法。这会向用户展示一个有两个选项的消息框。每一个按钮都会触发这个回调方法，但是必须在单击了 Yes 按钮后才能执行节点的删除操作。

刷新页面然后删除一个节点。下面会讨论到底发生了什么。图 11-8 所示为刷新界面到删除 Accounting 部门节点所发生的事情。

图 11-8　删除一个节点，确认对话框，发送给服务器端的 Ajax.request 请求

当用右键单击 Accounting 部门节点时，自定义的上下文菜单就出现了。然后单击了 delete 菜单项，这就触发了 onDelete 处理方法。马上就出现了确定对话框。我单击 Yes 按钮，TreePanel 的元素被遮罩起来，提示给后台发出了一个删除节点的请求。当服务器端返回了一个肯定的答复时，遮罩就没有了，Accounting 部门节点也消失不见了。

对于一个真实的应用程序来说，删除一个分支节点一般会要求服务器端递归地把所有子节点都找出来，把这些子节点从数据库中都删除掉，然后再删除这个分支节点。一个明智的办法就是在数据库中创建一个触发器，触发器中调用一个存储过程去删除所要删除的容器节点的所有相关子节点。

　　从 TreePanel 中删除一个节点时由于需要一个确认消息框，所以需要做一点额外的工作。不过，添加一个节点也同样麻烦，因为 UI 代码需要知道要添加的节点是哪一种类型的。是一个分支节点还是一个叶节点？接下来，就看看编写这一部分代码，并保证 UI 做出相应的响应。

11.4.4　给 TreePanel 创建节点

　　要用 TreeEditor 创建一个节点要做许多工作，因此这也是本章中最难的代码，不过结果还是不错的。

　　由于 TreeEditor 需要和某个节点绑定，并显示在节点之上，需要先在 TreePanel 中里插入一个节点，然后再触发这个节点的编辑操作。一旦完成这个新的临时节点的编辑工作，就发起到服务器端的 Ajax.request 请求，这个请求中携带的是这个新节点的名字。如果服务器端返回肯定的结果，就会给这个节点设置 ID。这和第 10 章给 EditorGrid 添加行的方法很像。

　　代码 11-7 就是创建节点功能的代码。

代码 11-7　给 TreePanel 添加创建方法

```
var onCompleteAdd = function(treeEditor, newValue, oldValue) {
    var treePanel = Ext.getCmp('treepanel');              ① TreeEditorcomplete
                                                             事件处理程序

    if (newValue.length > 0) {
        Ext.Ajax.request({                               ② 如果是新的节点名字则调用 Ajax.request
            url : 'createNode.php',
            params : {
                newName : newValue
            },
            success : function(response, opts) {
                treePanel.el.unmask();
                var responseJson = Ext.decode(response.responseText);

                if (responseJson.success !== true) {
                    Ext.Msg.alert('An error occured with the server.');
                    treeEditor.editNode.remove();
                }                                        ③ 删除临时节点
                else {
                    treeEditor.editNode.setId(responseJson.node.id);
                }
            }
        });
    }
    else {                          ④ 删除了临时节点
        treeEditor.editNode.remove();
    }
```

```
    }
                                                    ❺ add 菜单项的处理方法
var onAddNode = function() {                        ↵
    var treePanel =  Ext.getCmp('treepanel');
    var selNode = treePanel.getSelectionModel().getSelectedNode();

    if (! this.treeEditor) {
        this.treeEditor = new Ext.tree.TreeEditor(treePanel, {}, {
            cancelOnEsc    : true,
            completeOnEnter : true,
            selectOnFocus  : true,
            allowBlank     : false,
            listeners      : {
                complete : onCompleteAdd
            }
        });
    }
                                                    ❻ 插入节点并触发编辑
    selNode.expand(null, null, function() {         ↵
        var newNodeCfg = {
            text : '',
            id   : 'tmpNode',
            leaf : (selNode.id != 'myCompany')
        }

        var newNode = selNode.insertBefore(newNodeCfg,
            selNode.firstChild);
        this.treeEditor.editNode = newNode;
        this.treeEditor.startEdit(newNode.ui.textNode);
    }, this);
}
```

为了让创建节点功能平滑工作，代码 11-7 完成了不少功能。和完成编辑操作的代码一样，为了降低代码的复杂性，忽略了 Ajax.request 的失败处理程序。这段代码的工作过程如下。

这段代码的第一个方法是 TreeEditor 的 complete 事件处理方法，onCompleteAdd❶。由于几个原因，这个处理方法要比 TreeEditor 编辑的 complete 事件处理方法复杂得多。这个方法被触发时，如果新的节点名字已经录入了，就会触发一个 Ajax.request 请求❷。如果服务器端给出的是肯定的响应，服务器也会返回新插入节点的数据库 ID。代码就会通过节点的 setID 方法设置它的 ID。这么做很重要，因为只有这样才能确保以后对这个节点的编辑操作影响的是正确的数据库记录。如果服务器端返回的结果是否定的，这个临时节点就要从 TreePanel 中删除❸。如果调用 onCompleteAdd 时还没有录入新的名字❹。这样编写的代码可以确保 TreePanel 中不会有幻影节点。如果你也是用这种模式创建节点，一定要加上一个失败处理程序，而且应该提示用户操作失败了，并把临时节点删掉。

第二个方法为 onAddNode❺，它是 add 菜单项的处理方法。这个方法所做的工作是为用户在 TreePanel 中增加一个临时节点。它的做法是先构造一个 TreeEditor 的实例（如果没有），然后把 onCompleteAdd 处理方法绑定到它的 complete 事件。接下来，它把选中的节点展开。之所以要把选中的节点展开❻，是因为需要给 TreeEditor 腾出地方来，马上就要创建的节点就要放在这个地方。

注意，前面两个参数传的都是 null。之所以要传 null，是因为不需要设置它们。它们用于深度展开（展开分支的分支）以及启用动画效果。需要传递的是第三个、第四个参数。一个回调方法以及调用回调方法时的作用域，也就是 onAddNode 方法。之所以要用回调方法，是因为 Ajax 加载是异步进行的，需要确保完成分支节点以及它所有要渲染的子节点的加载，然后才可以插入一个新节点。

回调方法中创建了一个节点的配置对象，text 是空字符串，id 是'tmpNode'，并用 JavaScript 的简便语法按照被选中节点的 id 是否是'myCompany'来给节点的 leaf 赋值。这么做是为了确保如果选中的节点是一个部门，添加给它的的节点的 leaf 属性就是 true，也就意味着是一个员工节点；否则就是 false，意味着这是一个部门节点。然后就用选中节点的 insertBefore 方法和新建的节点配置对象来创建了一个 TreeNode，传给这个方法的是 newNode 配置对象以及节点的 firstChild 引用，用来指出要在哪里插入这个新节点。最后，触发对这个新建节点的编辑操作，用户就可以给这个新建节点添加名字了。

刷新页面，看看代码的实际效果，如图 11-9 所示。在图 11-9 中，可以看到如何利用 TreeEdirot 给 TreePane 增加节点，和操作系统的行为很像吧。

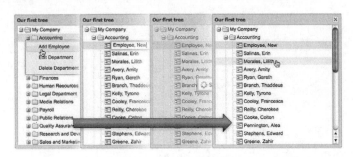

图 11-9　用 TreeEditor 给 TreePanel 添加一个新节点

当右键单击 Accounting 部门节点时，出现了我们所期待的动态上下文菜单。单击了 add 菜单项，它又触发了 onAdd 处理方法。这把 Accounting 节点展开。当子节点加载完毕后，一个新的节点插入，并通过 TreeEditor 立即触发了节点的编辑操作。输入一个新的员工名字然后按 Enter 键。这又触发了 complete 事件，接着就调用了 onCompleteAdd 处理方法，它把 TreePanel 遮罩起来，并执行了一个 XHR（XMLHttpRequest）请求。服务器端返回的答复是肯定的。于是这个新节点就留在 UI 中，新插入节点的数据库 ID 也给了 TreePanel。可以用这段代码给这棵树添加部门节点以及添加员工。

现在知道了如何构造 TreePanel，如何给它们提供来自于服务器端的数据，如何加上 CRUD 逻辑。现在就可以把这些部件加到应用程序中了。

11.5 小结

在这一章中，用了很多代码探讨 TreePanel 以及如何实现很酷的节点的 CRUD 操作。

从 TreePanel 的讨论开始，讨论了 TreeLoader、TreeNode 以及 TreeNodeUI 这些支持类。记住，TreePanel 是 Panel 的一个直接后代，因此可以作为任何一个容器的子元素。首先构造了一个静态的 TreePanel，它的节点是从内存中读出来的，然后分析了 JSON 应该是什么格式的。

接着，构造了一个动态的 TreePanel，从远程的数据源加载数据，并花了很多时间实现完整的 CRUD 操作。为了实现 CRUD，学习了如何动态修改、启动以及禁用可重用的上下文菜单。还看到了如何用 TreeEditor 类实现添加和编辑，它为 TreePanel 提供了内联编辑节点名字的能力。

到目前为止，只是走马观花地看了看框架中的一些工具，包括 Toolbar、Menus、Button。接下来这一章，我们要深入研究它们，我们会更多地了解它们的工作原理，从而让它们更好地为我们的应用程序服务。

第 12 章　菜单、按钮和工具栏

本章包括的内容：

- 学习菜单及其工作原理
- 自由运用 16×16 的 gif 图标美化菜单
- 处理复杂的菜单项
- 把菜单挂到按钮上
- 在子菜单中显示和美化自定义的项目
- 把按钮组织在一起
- 使用工具栏
- 用 Ext.Action 配置按钮

到本章为止，已经配置和使用过菜单、按钮和工具栏了。不过还从来没有真正地花些时间仔细研究这些控件，以及更多地了解它们还提供了些什么功能。你可能会问："为什么要把它们三个混到一章里呢？"答案很简单。它们的用法或多或少有些关系。例如，可以把一个按钮配置成显示菜单，工具栏上可以包含按钮。

正因为如此，才有必要深入地看一看 Ext.menu 和 Item 类，到时会看到如何在一个菜单中显示菜单特有的元素，甚至会显示非菜单的元素。

接着，会集中于 Button 类以及它的兄弟 SplitButton，到时会学习如何改变按钮的内置布局，以及如何把菜单和它关联在一起等。

一旦熟悉了 Button 类，就要创建按钮的集合，也叫做 ButtonGroup。甚至会花点儿时间创建一个类似 Microsoft Word 2007 的著名的带状工具栏的 ButtonGroup。

最后会用一个 Toolbar 把这些东西组装在一起，并讨论如何用 Ext.Action 把功能抽取出来，以节省开发按钮和菜单的时间。

12.1　初识菜单

先问问自己，菜单到底是什么东西？最简单的定义就是，菜单就是个显示一系列能够选择的列表的东西。菜单无处不在，咖啡店里有菜单，可以选择喜欢的咖啡豆。

在计算机世界中菜单也是无处不在的。最常见的就是程序工具栏上的 file、edit、view等菜单，可以选择一个菜单项来打开一个文档，或者向剪贴板复制一些东西。另外一种常见的菜单类型就是上下文菜单，它是根据单击或者右键单击的对象的环境而显示的。这种菜单所显示的只是针对该元素可用的选项。在 Ext Js 中，可以用同样的方式使用和显示菜单。

在 Ext Js 中，一个菜单通常可以有一个或者多个菜单项，或者包含下一级的菜单项。尽管在 2.0 版本，可以在菜单中嵌上其他的部件，不过实现起来太费劲了。在 3.0 版本中，这个任务就简单多了，因为 Menu 这个部件是扩展自容器，而且使用的是 MenuLayout布局方式。这就意味着可以用容器模型的强大功能来管理菜单，可以获得与容器一样的管理菜单子元素的灵活性。

和桌面系统的菜单模型一样，Ext Js 的菜单也有多种显示方法。在之前的 GridPanel和 TreePanel 中，学习了如何配置并显示 Menu 实例，以替换浏览器的上下文菜单。尽管这是菜单部件的常见用法，不过它的用法并不止就这一种。

在使用菜单进行开发时，可以获得很好的灵活性。例如，菜单可以和按钮绑定在一起，在单击按钮时显示菜单。或者也可以根据任何元素的需要显示。到底如何使用菜单取决于应用程序的需要，这就意味着可以用和桌面模型完全相同的方式来使用 Ext JS 的菜单。

12.1.1　构建一个菜单

尽管之前已经创建并显示过上下文菜单，但那不过是走马观花。在接下来的章节中，会探讨不同的菜单项以及如何使用它们。

在代码 12-1 中，创建了一个只有一个菜单项的菜单和 newDepartment 处理程序，这个处理程序以后会被重用。

代码 12-1　构建一个基础菜单

```
var genericHandler = function(menu.Item) {
    Ext.MessageBox.alert('', 'Your choice is ' + menu.Item.text);
}

var newDepartment = {
    text    : newDepartment Item',
    handler : genericHandler
}

var menuItems = [
    newDepartment
];

var menu = new Ext.menu.Menu({
    items     : menuItems,
    listeners : {
        'beforehide' : function() {
            return false;
        }
    }

});

menu.showAt([100,100]);
```

❶ 处理程序提供了可视化的反馈

❷ Ext.menu.Menu.ltem 的 XTyoe 配置对象

❸ 菜单项列表

❹ 创建 Ext.menu.Menu 的实例

❺ 由于测试需要，不要让菜单隐藏

在代码 12-1 中，搭建了一个测试环境，包括一个 newDepartment 处理程序以及只有一项的菜单。用几行代码即可完成，下面就是它的工作方式。

首先，创建了一个 genericHandler 方法❶，将会把它用于要创建的每个菜单项。每当单击菜单项时，都会用以下两个参数来调用这个处理程序，即被单击的菜单项的实例，以及代表用户单击行为的 Ext.EventObject 实例。在这个 newDepartment 处理程序中，只用到了 MenuItem 参数，并用一个 MessageBox 提示窗口显示菜单的文本属性，从而表明这个处理程序确实被调用了。

接下来，创建了一个菜单项的配置对象 newDepartment❷，它有一个 text 属性和一个 handler 属性，处理程序指向了 genericHanler。注意，这个对象中并没有指定 xtype 属性，这是因为 Menu 部件的 defaultType 属性就是'menuitem'。

然后创建了一个名为 menuItems 的数组❸。这么一来就可以把要创建的测试菜单的菜单项抽离出来。随着后面的继续深入，还会向这个列表中增加内容。

接下来，创建了一个 Ext.menu.Menu 的实例❹，它有两个属性。第一个是 items，它指向的是 menuItems 这个菜单项数组。第二个是 listeners 配置对象，它包含了一个 beforehide 事件监听器，只是用于测试目的❺。回忆之前提到的组件模型，可能还能想起来有些事件是可以被否决的，进而取消某些特定的行为。通过在监听器中明确地返回 false，就阻止了菜单的隐藏。这就会让这个菜单保留在屏幕上，这是个很好的测试。

最后，通过调用 showAt 方法显示菜单，传入了一个参数，这个参数是一个代表左上角坐标的数组。

图 12-1 就是这段代码的实际效果。这段代码渲染之后，可以看到一个只有一个菜单项的菜单（左），当单击它之后，会出现一个消息框（右），表明句柄被单击了。不错！不过还缺点什么。下面给菜单加点图标进行美化。

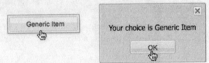

图 12-1　newDepartment 菜单项（左）和处理程序的实际效果（右）

12.1.2　获得和使用图标

前面章节中，曾经讨论过如何利用 iconCls 配置属性给部件添加图标。既然有了这些知识，做个快速回顾就应该没什么问题。

许多使用 Ext JS 的开发人员都会在程序中使用 16×16 的图标。指定图标的首选方法是通过 CSS 规则。例如：

```
.icon-accept {
    background-image: url(icons/accept.png) !important;
}
```

这个 icon-accept CSS 类中有一个背景图片规则以及一个!important 指令。就是这样，没什么神奇的。根据 Ext JS 的 CSS 标准（非书面的），通常都会在 CSS 图标规则带上一个 icon-前缀。这可以确保不会和其他的 CSS 命名空间相互影响。强烈建议你也这么做。

现在，可能想知道从哪里能找到这些图标。用得最多的图标集应该是 famfamfam Silk 图标集，它有差不多 1 000 个 16×16 的图标，是由 Mark James 开发的。它采用的是 Creative Commons Attribution 2.5 版权方式授权。要想下载这些图标，可以去 http://famfamfam.com/lab/icons/silk/。

如果这些图标还不够用，还可以从开发者 Damien Guard 那里得到 460 个图标，也叫做 Silk Companion 图标集，包含了许多衍生于 famfamfam silk 的有用的图标。要想下载这些图标，可以去 http://damieng.com/creative/icons/silk-companion-1-icons.。Silk Companion 采用的是 Creative Commons Attribution 2.5 和 3.0 版权方式授权的。

提示: 要了解更多关于 Creative Commons Attribution 2.5 和 3.0 的授权方式，见 http://creativecomm ons.org/li censes 中的 3.0 链接部分。

这两个图标集提供了近 1 460 个图标供我们使用。这就意味着要写 1 460 个 CSS 规则。我敢说完全手工写这些规则绝对办不到！那又该如何解决手写这么多规则的问题呢？

12.1.3 驾驭疯狂的图标

解决办法很简单，把这两个图标集都下载下来，合到一个目录中，然后写一个 Bash shell 脚本，通过这个脚本编出一个包含了每个图标规则的 CSS 文件。

要想使用我这个已经编好的文件，需要去 http://extjsinaction.com/icons/icons.zip 下载。把这个文件解压后，会看到有两个 CSS 文件，icons.css 和 icons.ie6.cess，以及一个 icons 目录，这个目录中包含了图标。

第一个 CSS 文件中是所有原始 PNG 格式的图标，它适用于 Mozilla 浏览器，IE 7 和 IE 8。不过，要想在 IE 6 中正确地渲染 PNG，还需要一些 JavaScript 技巧，我可不愿意这么干。

为了解决这个问题，给这些 PNG 图标创建了 GIF 版本（也是通过一个 shell 脚本），这就可以适合 IE 6 了，因此会有一个名为 icons.ie6.css 的文件，它的里面是一些.gif 文件。

不管要用哪一个，必须在头部加上必须的 CSS，例如：

```
<link rel="stylesheet" type="text/css" href="icons/icons.css" />
```

接下来，需要修改 newDepartment 配置对象，给它加上 iconCls 属性：

```
var genericItem = {
    text    : 'Generic Item',
    handler : genericHandler,
    iconCls : 'icon-accept'
}
```

刷新页面看看修改后的效果，如图 12-2 所示。

可以看到，根据 iconCls 配置属性的要求，accept.png 这个图标现在显示在菜单项的左边了。记住，凡是能够使用 iconCls 属性的控件，就可以使用任何一个图标，常见的例子包括 Button、TreeNode、Panel 等控件。

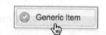

图 12-2 用 iconCls 配置属性给菜单项添加图标后的效果

在这一章后面的部分以及以后的章节都会使用这些图标。不过要记得在每个新页面中加上这些图标。

既然这个问题解决了，我们就可以继续下一个常见的 Ext JS 菜单问题了，也就是给菜单增加子菜单。

12.1.4 添加子菜单

对 Ext JS 开发人员来说，给菜单添加子菜单是另一个常见的任务。这种做法同时有两个功能。首先就是对菜单项的组织，其次，其直接效果就是分组，这可以让父菜单更清晰。

　　给这个菜单增加一个子菜单。需要把代码 12-2 添加到之前创建的 menuItems 数组前面的某个地方。

　　代码 12-2　给基础菜单添加一个子菜单

```
var newDepartment = {
    text    : 'New Department',
    iconCls : 'icon-group_add',
    menu    : [
        {
            text    : 'Management',
            iconCls : 'icon-user_suit_black',
            handler : genericHandler
        },
        {
            text    : 'Accounting',
            iconCls : 'icon-user_green',
            handler : genericHandler
        },
        {
            text    : 'Sales',
            iconCls : 'icon-user_brown',
            handler : genericHandler
        }
    ]
}
```

❶ 有子菜单的菜单项配置对象

❷ 配置的菜单快捷键方式列表

　　在代码 12-2 中，创建了另一个 newDepartment 菜单项 newDepartment❶，它也有 text 和 iconCls 这样的典型配置属性。还有一个新的 menu 属性❷，它是一个菜单项配置对象列表，每个用的都是 genericHanler 处理程序。这种给一个菜单项添加子菜单的快捷方法很常用。根据 Ext JS 的精神，完成一件事情可以有多种方法。既可以将一个 Ext.menu.Menu 的实例赋给 menu，也可以给它一个菜单的 XType 配置对象。

　　如果不想用这种菜单项数组快捷方式，非要通过 xtype 方式，代码段如下：

```
var newDepartment = {
    text    : 'New Department',
    iconCls : 'icon-group_add',
    menu    : {
        xtype : 'menu',
        /* menu specific properties here */
        items : [
            /* menu Items here */
        ]
    }
}
```

　　到底用哪种方法由你决定。我的建议是，只有当子菜单有特定的菜单属性时，才创建一个单独的配置对象。很显然，如果子菜单没有特定的菜单属性，就应该把 menu 属性设成一个菜单项数组。

接下来，需要给 menuItems 数组增加这个菜单：

```
var menuItems = [
    genericMenuItem,
    newDepartment
];
```

看看我们的劳动成果吧，刷新页面，看到如图 12-3 所示的效果。

可以看到菜单中显示出一个 New Department 菜单项。把鼠标放在这个菜单项上，就会弹出子菜单。单击子菜单中的任何一个菜单项，都会出现一个提示消息对话框，其中显示的是子菜单项的文本。

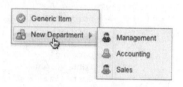

图 12-3　增加了子菜单后的菜单项

尽管目前已经不错了，还是可以进行改进。接下来，就研究给主菜单增加一个 SeparatorItem，给子菜单加一个 TextItem，这样菜单界面看起来会更清晰些。

12.1.5　添加分隔栏和 TextItem

与 Toolbar 中的 Separator 部件将一行中的 Toolbar 项目隔开一样，menu.Separator 用来把菜单项隔开。这些分隔栏通常会用来把相似的一组菜单项和其他一组分隔开。因为以后的菜单都会有子菜单，需要通过分隔栏把它们隔开。

把 menuItems 数组改成这样：

```
var menuItems = [
    genericMenuItem,
    '-',
    newDepartment
];
```

在菜单项列表中添加一个横线字符串，它会被解释为 menu.Separator。图 12-4 所示就是修改后的界面效果。

可以看到，在第一个菜单项和第二个菜单项之间出现了一个水平分隔线。尽管分隔线一般都用来对项目进行分组，不过它比简单的一条线要强大得多。

这里用的是快捷方式生成的分隔线。从技术角度而言，它是扩展自 menu.BaseItem，这就意味

图 12-4　给菜单添加一个
menu.Separator（水平线）

着它是可以单击的，也可以给它一个处理程序。尽管从技术角度讲确实可以这么做，不过从 UI 设计角度来说，并不建议这么做。

已经添加了分隔栏，不过还可以给 department 子菜单做些点缀。在代码 12-3 中，增加了一个 TextItem 菜单项。要完成这个工作，必须创建一个配置对象，然后把它添加

到 department 子菜单中。

代码 12-3   给部门子菜单添加一个文本项

```
{
    xtype : 'menutextitem',
    text  : 'Choose One',                              ❶ 设置 xtype 属性
    style : {
        'border'           : '1px solid #999999',
        'margin'           : "0px 0px 1px 0px",        ❷ 设置 TextItem 的格式
        'display'          : 'block',
        'padding'          : '3px',
        'font-weight'      : 'bold',
        'font-size'        : '12px',
        'text-align'       : 'center'
        'background-color' : '#D6E3F2',
    }
},
```

在代码 12-3 中，将一个新的配置对象作为 newDepartment 菜单的第一个元素插入到 menu 数组里。记住，Menu 的 defaultType 是'menuitem'，因此必须通过把 xtype 属性设置为 'menutextitem'❶来覆盖这个默认值。还给这个 TextItem 设置样式❷，从而保证它看起来更像那么回事。稍后会让你看看不做任何装饰的 TextItem 是什么样子的。

要想看看 TextItem 的实际效果，需要刷新页面。页面如图 12-5 所示。

图 12-5   不加修饰的 TextItem（左）会让菜单看起来不完整，
加上一点样式（右）后会让菜单更干净

从图 12-5 就可以很清楚地看到，一个没有任何修饰的和做过修饰的 TextItem 的区别很明显。显然，完全可以按照自己的需求对它的样式进行设置。

讨论了如何添加 menu.Separator 和 TextItem，二者都是为了改进菜单的样式的。还有两种菜单需要熟悉，就是 DateMenu 和 ColorMenu。

12.1.6   选颜色和选择日期

作为一个开发人员，经常会遇到选择日期或者颜色的要求，可能是一个约会的

开始日期和截止日期，或者要显示文本的颜色。Ext Js 本身提供了两个部件完成这些功能，用的就是菜单，分别是 ColorMenu 和 DateMenu，它们都属于 Ext.menu.Menu 的子项。

这就意味着，可以像使用它们的父类那样直接创建一个实例，然后放在某个地方显示。不过和传统的菜单不同的是，它们只能管理那些专门为它们而设计的子元素。

还是把它们加到测试菜单中吧，而不是直接创建它们的实例。不过，要想这么做，需要先添加菜单项，然后才能将它们定位。同样，传给它们处理程序的参数也和菜单项有所不同，因此需要专门为这些新加的菜单创建一个通用的处理程序，如代码 12-4 所示。

代码 12-4　使用 ColorMenu 和 DateMenu

```
var colorAndDateHandler = function(picker, choice) {
    Ext.MessageBox.alert('', 'Your choice is ' + choice);     ❶ 颜色和日期的处
}                                                                理程序

var colorMenuItem = {
    text    : 'Choose Color',
    iconCls : 'icon-color_swatch',      ❷ 显示 ColorMenu 菜单项
    menu    : {
        xtype   : 'colormenu',
        handler : colorAndDateHandler    ❸ ColorMenu 配置对象
    }
}

var dateMenuItem = {
    text    : 'Choose Date',
    iconCls : 'icon-calendar',

    menu    : {
        xtype   : 'datemenu',
        handler : colorAndDateHandler    ❹ DateMenu 配置对象
    }
}
var menuItems = [
    genericMenuItem,
    '-',
    genericWithSubMenu,
    colorMenuItem,                       把 ColorMenu 和 DateMenu
    dateMenuItem                       ❺ 添加到数组
];
```

在代码 12-4 中，为 ColorMenu 和 DateMenu 创建了一个通用的处理程序❶，就和之前创建的 genericHanler 一样，不过接收了第二个参数 choice，下面就是它的工作原理。

每当 ColorMenu 或者 DateMenu 的一个菜单项被选中时，都会用两个参数调用句柄。第一个是所选择的选择器，第二个是选中的值，称它为 choice 很贴切。之所以这样，是因为 ColorMenu 使用的是 ColorPalette 部件，并转发了它的 select 事件。同样，

DateMenu 也是用同样的方式使用 DataPicker 部件的。

　　代码 12-4 接下来完成的任务就是创建配置对象❷，以显示 ColorMenu❸和 DateMenu❹的菜单项，注意，ColorMenu 和 DateMenu 都是用 colorAndDateHanler 注册的。同样，也给这些个菜单项选择了合适的图标。

　　最后，把新建的 colorMenuItem 和 dateMenuItem 放到了 menuItems 数组中❺。刷新页面，看看菜单发生了哪些变化，如图 12-6 所示。

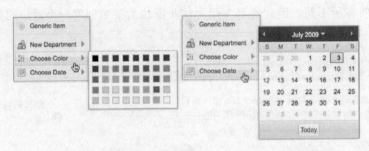

图 12-6　ColorMenu（左）和 DateMenu（右）的效果

　　如图 12-6 所示，当把鼠标放在菜单项上时，对应的 ColorMenu 和 DateMenu 就会出现。单击其中的一个颜色或者日期，会触发处理程序，出现一个提示消息框，显示的是所选择的值。

　　通过使用 ColorPalette 或 DatePicker 特有的属性，可以自定义 ColorMenu 中的 ColorPalette 以及 DateMenu 中的 DatePicker。

　　例如，要想让 ColorMenu 上只有红、绿、栏 3 种颜色，可以给 colors 属性一个代表颜色的十六进制值的数组，例如：

```
colors  : ['FF0000', '00FF00', '0000FF']
```

　　这么设置属性后，ColorMenu 中就只会显示 3 个方块，分别是这个数组中所指定的颜色。要想更多地了解 ColorPalette 或者 DatePicker 特有的属性，还是查看它们各自的 API 文档吧。

　　现在了解了 ColorMenu 和 DateMenu 控件。还有一个有关菜单的话题要讨论，那就是 CheckItem，通过它可以让一个菜单项看起来像是一个 CheckBox 或者 RadioGroup。

12.1.7　可以勾选的菜单项

　　在一个表单中，CheckBox 和 RadioGroups 让用户只能选择一个项目，而且这个选择可以一直保持在界面上。例如，在 Microsoft Word for Apple OS X 中，可以通过单击 View，然后选择一种方式查看文档，如图 12-7 所示。

在图 12-7 中，选择的是以 Print Layout 方式查看文档，以后每次查看这个菜单时，都会保持选中这个选项。Ext JS 的应用程序也可以实现同样的效果。例如，对于一个数据存储器，用户可以选择是用 GridPanel 还是 DateView 查看数据，这就是一个典型示例。

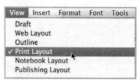

图 12-7 使用 OS X 系统中勾选方式的查看菜单，用户的选择会一直保持

首先，介绍如何使用一个 CheckItem 菜单以在一个 checkGroup 中的多个 CheckItem。然后，会讨论这种部件的一个可能用法，希望这些内容能够激起你对如何使用它的灵感。

在代码 12-5 中，创建了一个 CheckItem，然后把它放在 menuItems 数组中。

代码 12-5 添加 CheckItem

```
var singleCheckItem = {                          创建 CheckItem
    text        : 'Check me',         ❶         配置
    checked     : false,                                       添加 checked 布
    checkHandler : colorAndDateHandler            ❷           尔值
}
var menuItems = [                        指定
    genericMenuItem,           checkHandler  ❸
    '-',
    genericWithSubMenu,
    colorMenuItem,                        将 SeparatorItem 和 CheckItem
    dateMenuItem,             ❹           添加到数组
    '-',
    singleCheckItem
];
```

在代码 12-5 中，通过典型的 XType 方式创建了一个单独的 CheckItem❶。通读这段代码，只能找到 3 个属性，并没有 xtype 属性。之所以这么做，是因为可以指定菜单项是否被勾选以及延迟该部件的实例化。Ext JS 可以根据是否提供了一个布尔值类型的 checked❷属性来处理该菜单项的实例化。

下一个重要属性是 checkHandler❸，它和典型的菜单项的 handler 属性类似，区别就在于传给这个方法的第二个参数代表的是该 CheckItem 是否被勾选了。它和传给 ColorMenu 和 DateMenu 处理程序的参数也很像，正因为如此，所以重用了 colorAndDateHandler 方法。

最后在 menuItems 数组中加上一个菜单分隔栏和 singleCheckItem❹。图 12-8 显示的就是加上 CheckItem 之后菜单的效果。

因为使用了 menu.Sepatator，可以看到 CheckItem 之上的物理分隔栏。又因为给 checked 的值是 false，CheckItem 显示的是一个没有打钩的图标。单击它会调用 checkHandler，这样会显示一个提示对话框。

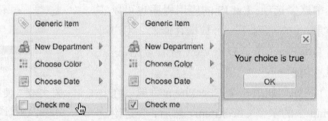

图 12-8   单击 CheckItem（左）会出现一个勾选图标并触发 checkHandler（侧）

提示：我们并没有给 CheckItem 设置 iconCls，从技术角度是可以这么做的。不过这也意味着需
要在 checkHaneler 中通过编程的方式改变 iconCls，可以通过 Item.setIconClass 方法实现。
详细内容见 Menu.Item 的 API 文档。

　　单个 CheckItem 的配置和使用显然很简单。别忘了 CheckItem 是可以分组的，用户
可以在一组中选择一个 CheckItem，就像之前所看到的 Microsoft Word 视图一样。接下
来，就要构造这样的一个组了。

12.1.8   单选项

　　和一组 CheckItem 比较起来，单个的 CheckItem 的配置相当简单。主要原因在于
要同时配置多个 CheckItem。在代码 12-6 中，构造了一簇分组的 CheckItem。

代码 12-6   添加一簇 CheckItem

```
var setFlagColor = function(menuItem, checked) {
    if (checked === true) {
        var color = menuItem.text.toLowerCase();
        var iconCls = 'icon-flag_' + color;

        Ext.getCmp('colorMenu').setIconClass(iconCls);
    }
}

var colorCheckMenuItem = {
    text    : 'Favorite Flag',
    id      : 'colorMenu',
    iconCls : 'icon-help',
    menu    : {
        defaults : {
            checked      : false,
            group        : 'colorChkGroup',
            checkHandler : setFlagColor
```

❶ CheckItems 通用
的 checkHandler

❷ CheckItems
的菜单项

❸ 菜单配置对象
CheckItems

```
    },
    items : [
        { text : 'Red'   },
        { text : 'Green' },
        { text : 'Blue'  }
    ]
  }
}
```

在代码 12-6 中，新建了一个 checkHandler，setFlagColor❶，这是给后面创建的 CheckItem 组用的。这么做是因为把 CheckItem 分组以后，组中有任何一个成员被单击时，都会调用对应的 checkHandler，每个调用中都会把对应的 CheckItem 的 checked 的值传递进去。

这个公用的 checkHandler 会检查 checked 参数的值。如果是 true，就会调用 CheckItem 菜单的父菜单的 setIconCls 方法。这又会根据所选择的 CheckItem 对应的颜色来设置图标。这种有趣的方式可以从视觉上对我们的选择提供反馈。

这里创建了 colorCheckMenuItem 菜单项❷，它默认用的是一个问号图标。注意这个菜单配置是一个对象而不是一个数组❸。这正好和之前所说的内容相吻合，可以用一个对象来配置一个菜单，而不是一个菜单项的配置对象的数组。

之所以要这么做，是因为希望能利用 default 把所有的菜单项的 checked 都设成 false，并且设置每个菜单项的分组和 checkHandler 的默认值。这就意味着 Menu 配置对象里中 items 数组中的每一项可以是只有一个 text 属性的简单对象了。

现在就完成了，刷新页面看看实际效果，如图 12-9 所示。

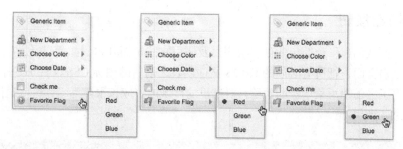

图 12-9　一组 CheckItem（左）其中只有一个条目被选中（中和右）

刷新这个页面后就可以看到，这个菜单中的 Favorite Flag 菜单项带有一个问号图标。把鼠标放在这个菜单项上面就会出现一个有三个 CheckItem 的分组子菜单。注意，目前还没有一个菜单项有被选中的标记。别忘了，这是因为所有这些菜单项都根据 defaults 配置对象把 checked 设成了 false 的结果。可以很容易地把任何一个菜单项设成 checked:true。

单击一个 CheckItem 后，父菜单项的 iconCls 会发生变化。再看一下菜单，会发现被选中的菜单项的左侧出现一个 radio 图标。选择不同的菜单项都会发生相应的变化。

现在这个漫长的、细致入微的 Ext JS 菜单世界之旅就结束了，这个过程中学习并练习了所有的菜单项，包括颜色和日期菜单。接下来，要深入到 Ext 的 Button 和 SplitButton 世界，将会学到如何配置这些按钮，以及如何把它们和菜单关联到一起。

12.2　按钮的使用

在这一节，要学习如何使用 Button，然后是 SplitButton，它是 Button 控件的后代。

Ext JS 2.0 中的按钮很死板，不能很好地扩展而且不能配置图标的位置。想把按钮作为一个受控子元素放到某个布局中更加困难。

有些限制是由于按钮控件本身的构造方式决定的，在 Ext JS 2.0 中，按钮类扩展自 Component，这就意味着它就不是给布局使用的。同样，按照它的设计理念，按钮的伸展也不应该超出它的理想大小。在 3.0 的框架中，就开始向好的方向转变了。

在 3.0 框架中，按钮是扩展自 BoxComponent，所有和管理大小有关的方法都出自这里，这就意味着现在按钮可以占满整个画板了。同样，按钮的设计理念也同步有了更新，可以是非常大的按钮。只要愿意，可以创建一个占满半个屏幕的按钮，尽管有可能会吓到的用户。

在学习更多有关按钮的内容过程中，会了解到按钮和菜单项有很多相似之处。

12.2.1　构建按钮

下面从创建一个简单的处理程序以及调用它的按钮开始，如代码 12-7 所示。创建一个空白页面，把所有必须的 Ext JS 文件以及之前用的图标 CSS 文件加进来。

有了之前使用菜单项的经验，对这里的许多内容应该很熟悉了，这就是说可以稍微加快点儿步伐。

代码 12-7　使用通用处理程序构建一个简单的按钮

```
var btnHandler = function(btn) {        通用按钮处理
    btn.el.frame();                   ❶ 程序
}

new Ext.Button({                        ❷ 通用按钮
    renderTo : Ext.getBody(),
    text     : 'Plain Button',
    iconCls  : 'icon-control_power',
    handler  : btnHandler
});
```

在代码 12-7 中，创建了通用的按钮处理程序 butHandler❶，它会调用按钮元素的 frame 效果。接下来，创建了一个 Ext 的按钮实例❷，通过调用 Ext.getBody 方法在 document.body 上渲染这个按钮。还设置了 text、iconCls 和 handler 属性，它和菜单项的配置属性完全一样。

加载这个页面，会看到按钮的实际效果，如图 12-10 所示。

图 12-10　按钮的实际效果（左）以及 frame 效果（右），提示调用了处理程序

按钮出现在屏幕上，等着我们去按它。单击这个按钮会调用它的处理程序，这会对按钮元素使用 frame 效果，从视觉上提示我们处理程序被正确地触发了。接下来，要把一个菜单和按钮绑在一起，这也是 Ext JS 应用程序中的常见做法。

12.2.2　把菜单和按钮绑在一起

把菜单和按钮绑在一起的做法与把菜单和菜单项绑在一起的做法一样，后者是通过指定一个菜单项的配置对象列表或者一个完整的菜单配置对象实现的。就这个练习而言，如代码 12-8 所示。

代码 12-8　把一个菜单和按钮绑在一起

```
var setFlagColor = function(menuItem, checked) {          修改过的
    if (checked === true) {                               setFlagColor
        var color = menuItem.text.toLowerCase();        ❶ 处理程序
        var iconCls = 'icon-flag_' + color;
        Ext.getCmp('flagButton').setIconClass(iconCls);
    }
}

new Ext.Button({
    renderTo : Ext.getBody(),
    text     : 'Favorite flag',
    iconCls  : 'icon-help',
    handler  : btnHandler,
    id       : 'flagButton',                           把菜单与按钮
    menu     : {                                    ❷ 关联起来
        defaults : {
            checked      : false,
            group        : 'colorChkGroup',
            checkHandler : setFlagColor
        },
        items : [
            { text : 'Red'   },
            { text : 'Green' },
            { text : 'Blue'  }
        ]
    }
});
```

在代码 12-8 中，重演了之前的 CheckItem 场景，不过这次用的是按钮，其工作方式。

首先创建的是 checkHandler，setFlagColor❶，它和之前创建的完全一样，不同之处就在于改变的是按钮的 iconCls。

接下来，创建了一个按钮，这个按钮和之前创建的显示在 document.body 中的按钮类似。这两个按钮的区别就在于给它配置了❷一个有三个 CheckItem 组的菜单，这三个都是注册的 setFlagColor 处理程序。

图 12-11 显示的就是增加这段代码后带来的变化。

对这个新配出来的按钮，一眼就能看到文字的右边出现了一个小小的黑色三角形。这从视觉上提示用户这个按钮还带着一个菜单，单击按钮菜单就会出来。

图 12-11   按钮上加了菜单，菜单是几个 CheckItem 的菜单项

单击按钮后，可以看到菜单出现了，按钮的 frame 效果也出来了。怎么会这样？不错，因为并没有去掉处理程序属性，这也就意味着当单击按钮时，显示菜单同时也会调用处理程序。有时希望这样，不过大部分情况下并不希望这样。如果希望按钮就是显示个菜单，那就应该去掉处理程序。如果想把对处理程序的调用和菜单显示分隔开，这就需要用到 SplitButton。

12.2.3   SplitButton

SplitButton 和 Button 的用法类似。二者的主要区别就是 SplitButton 在单击时还可以调用第二个处理程序，也就是 arrowHandler。

要使用 SplitButton，需要将代码改成代码 12-9。

代码 12-9   用通用处理程序构建一个简单的按钮

```
new Ext.SplitButton({                        使用 SplitButton
    renderTo : Ext.getBody(),                而不用 Button
    text     : 'Favorite flag',
    iconCls  : 'icon-help',
    handler  : btnHandler,
    id       : 'flagButton',
    menu     : {
        defaults : {
            checked      : false,
            group        : 'colorChkGroup',
            checkHandler : setFlagColor
        },
        items : [
```

```
            { text : 'Red'   },
            { text : 'Green' },
            { text : 'Blue'  }
        ]
    }
});
```

为了练习 SplitButton，使用了和代码 12-8 相同的 setFlagColor 处理程序，代码除了用 SplitButton 替换 Button 之外都是相同的。通过屏幕上的显示可以看出二者视觉上和功能上的区别，如图 12-12 所示。

可以看到按钮上多出了一个分隔线，这是 Button 和 SplitButton 从外表

图 12-12 SplitButton 的实际效果

上看起来的唯一区别。不过就是这个外表上的区别说明了 Button 和 SplitButton 之间的功能区别。

这个把箭头和余下部分分开的分隔线提示了 SplitButton 由两个独立区域组成，而 Button 只有一个区域，这也是为什么在单击按钮时，既要调用处理程序、也要显示菜单的原因。

如果单击 SplitButton 的"按钮区"（我喜欢这么叫）会调用它的注册处理程序。同样，如果单击"箭头区"（也是我喜欢的叫法），会显示菜单以及调用 arrowHadler（如果有）。

之前说过，3.0 版的按钮家族在布局和伸展能力上和它的前辈 2.0 相比有更大的灵活性。接下来，就要探讨如何改变按钮本身的外观，以及是通过哪些配置属性来实现的。

12.2.4 自定义按钮的布局

迄今为止，对 Button 和 SplitButton 的使用还没有涉及布局。在 3.0 框架中，可以选择把箭头（菜单提示符）显示在按钮的底部。配置按钮的 arrowAlign 属性就可以做到这一点，这个属性的取值可以是 right 或者 bottom。

同样，图标也可以放在按钮的任何一边，不过默认是在左边。图 12-13 所示的就是每一种 arrowAlign 和 iconAlign 可能样式。

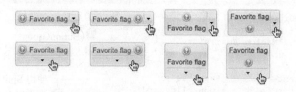

图 12-13 SplitButton 图标和箭头的各种对齐方式

在这个演示中用的是 16×16 的图标，这个大小差不多可以适应框架中每一个能够使用自定义图标的地方。也可以使用更大的图标。同样，尽管我们在图 12-13 中看到的都是 SplitButton，别忘了 Button 也是可以用同样的方式进行配置。

用 scale 配置属性可以很方便地设置 Button 和 SplitButton 的高度。这个属性同样也控制着按钮上能够显示的图标的高度。这个属性可以有 3 个值：small（高度为 16 个像素，也是默认值）、medium（24 个像素高）和 large（32 个像素高）。稍后使用 ButtonGroup 时会看到配置这个属性的实际效果。

SDK 提供的实例中，有一个关于大图标按钮的很好演示。在浏览器中输入下面的地址就可以看到这个例子：<your_ext_dir>/examples/button/buttons.html。

现在已经掌握了使用任意图标和箭头对齐方式的 Button 和 SplitButton 的必须技能了。掌握了这些重要技能后，就可以看看如何用所谓的 ButtonGroup 把按钮组织在一起了。

12.3　对按钮进行分组

ButtonGroup 部件是 Ext 3.0 中新出现的，它扩展自 Panel，目标只有一个：用户可以把类似的功能组合在一起。Ext JS 的 ButtonGroups 能够很好地模拟 Windows 系统中 Microsoft Word 2007 的按钮组。

既然是 Panel 的扩展，就意味着我们可以用任何一种布局来控制 ButtonGroup 的外观。不过，就算是 ButtonGroup 能够使用所有的布局，我建议还是要遵守主流的 UI 设计模式。别忘了，我们的目的是要让顾客满意。

接下来是快速问答时间。预备！

Button 扩展自那个类？对！Button 部件扩展自 BoxComponent。下一个问题。这很重要吗？答案还是，对！这很重要，因为 BoxComponent 具有 Component 管理大小的方法，可以让 Component 参与到布局中。

接下来，就要用默认布局方式打造第一个 ButtonGroup，如代码 12-10 所示。如果你还想要显示图标，别忘了把图标的 CSS 文件加进来。

代码 12-10　用 ButtonGroup 对按钮分组

```
new Ext.ButtonGroup({
    renderTo : Ext.getBody(),                    构建一个新的
    title    : 'Manage Emails',                ❶ ButtonGroup
    items    : [
        {
            text    : 'Paste as',                 使用 SplitButton
            iconCls : 'icon-clipboard',         ❷ 而不用 Button
            menu    : [
                {
```

```
                  text     : 'Plain Text',
                  iconCls : 'icon-paste_plain'
               },
               {
                  text     : 'Word',
                  iconCls : 'icon-paste_word'
               }
            ]
         },
         {
            text     : 'Copy',
            iconCls : 'icon-page_white_copy'
         },
         {
            text     : 'Cut',
            iconCls : 'icon-cut'
         },
         {
            text     : 'Clear',
            iconCls : 'icon-erase'
         }
      ]
});
```

在代码 12-10 中，创建了一个有 4 个按钮的 ButtonGroup 实例❶，其中一个按钮还捆绑了一个菜单❷。和之前创建按钮时一样，把这个 ButtonGroup 渲染到文档体中。图 12-14 就是 ButtonGroup 在屏幕上的效果。

这就是第一个 ButtonGroup，它有 4 个 Button，第一个实际是一个 SplitButton。默认时 ButtonGroup 使用的是 TableLayout，这也是为何这些按钮被横着摆放在一行里。

接下来，要用 TableLayout 的技巧把这些按钮组装成 Word 2007 for Windows 的 edit 按钮组的样子。如果不了解 Microsoft Word 2007 的工具栏，图 12-15 就是代码 12-11 要实现的效果。

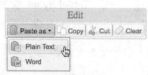

图 12-14　第一个 ButtonGroup 的实际效果　　　图 12-15　Windows 的 MS Word 2007 的剪贴板按钮组

既然知道了要做什么，那我们就进入正题吧。

代码 12-11　重新组织 ButtonGroup

```
new Ext.ButtonGroup({
   renderTo : Ext.getBody(),
   title    : 'Clipboard',
   columns  : 2,
   items    : [
      {
```

❶ 构重 ButtonGroup

❷ 为 TableLayout 配置指定 2 列

```
    text        : 'Paste',
    iconCls     : 'icon-clipboard_24x24',
    rowspan     : '3',
    scale       : 'large',
    arrowAlign  : 'bottom',
    iconAlign   : 'top',
    width       : 50,
    menu        : [
        {
            text    : 'Plain Text',
            iconCls : 'icon-paste_plain'
        },
        {
            text    : 'Word',
            iconCls : 'icon-paste_word'
        }
    ]
},
{
    iconCls : 'icon-cut'
},
{
    iconCls : 'icon-page_white_copy'
},
{
    iconCls : 'icon-paintbrush'
}
]
});
```

❸ Paste 按钮
占 3 行

❹ 按钮和图标
尽量大

在代码 12-11 中，为了用 ButtonGroup❶默认的 TableLayout 布局方式实现 Microsoft Word 2007 效果的按钮组，用尽了浑身解数。

在重新创建 ButtonGroup 过程中，让 TableLayout 只渲染两列❷。这可以保证这个组中的按钮可以正确地对齐。

这里还修改了创建第一个按钮的方式。设置了一个 TableLayout 配置属性，rowspan❸ 等于 3，这可以保证这个按钮纵向跨越表格的头 3 行。还把 scale❹设置成 large，这可以保证修改后的剪贴板图标拉伸，以很好地适应这个大按钮。注意，把 arrowAlign 属性设置为 bottom，这就完成了整个外观。

剩下的按钮都去掉了 text 属性，也就是说图标是这些按钮的唯一视觉表现形式。效果如图 12-16 所示。再把这个效果和 Microsoft Word 2007 的按钮组对比一下。

最终实现的这个 Ext 的 ButtonGroup 还是挺像那么回事的，但是很显然并不完全一样。不过已经很接近了。这对用户来说才是最重要的，对吗？我们给他们的应用程序的学习曲线越低，他们就会越高兴。

图 12-16　我们的 ButtonGroup
（左）和 Microsoft
Word 2007 按钮组（右）

这个例子的目的并不是想完全模仿一个 Word 2007 的按钮组，而是要告诉你，只要我们愿意，就可以按照应用程序的需求来配置 Ext 的 ButtonGroup。

就像之前学到的，要把功能类似的按钮组织在一起，ButtonGroup 确实是个好工具。因为已经了解如何使用各种布局方式，因此 ButtonGroup 的学习曲线是相当低的。

既然已经知道了如何使用菜单、按钮和按钮组，接下来就可以学习如何在 ToolBar 中使用它们了，这也是最常见的一种用法。

12.4　工具栏

工具栏上一般都会放一堆小工具让用户使用。在 Ext 3.0 中，工具栏可以很容易的管理交给它的任何东西。这是因为近来对工具栏的增强以及引入了 ToolbarLayout。

工具栏和任何一个组件一样，可以渲染到 DOM 中的任何一个元素，不过最常见的还是用于 Panel 以及它的后代。因此也应该把这个部件的主要精力放在 Panel 上。

在接下来的例子中，会创建一个带有工具栏的窗口，工具栏上有几个元素，包括一个 ComboBox，通过这个练习可以看到给工具栏加上按钮以外的组件是有多么容易。代码 12-12 有点长，这主要是由于要给工具栏添加的元素数量较多造成的。

代码 12-12　一个 Window 中的工具栏

```
var tbar = {
    items : [
        {                                    ❶ 创建 Toolbar 配置
            text       : 'Add',                  对象
            iconCls    : 'icon-add'
        },
        '-',                                 ❷ 工具栏分隔条的
        {                                        简写
            text       : 'Update',
            iconCls    : 'icon-update'
        },
        '-',
        {
            text       : 'Delete',
            iconCls    : 'icon-delete'       ❸ 工具栏空白区的
        },                                       简写
        '->',
        'Select one of these: ',
        {                                    ❹ 工具栏文本项的
            xtype      : 'combo',                简写
            width      : 100,
            store      : [                   ❺ ComboBox 的
                'Toolbars',                      配置对象
                'Are',
                'Awesome'
            ]
        }
```

```
    ]
};
new Ext.Window({
    width  : 500,
    height : 200,
    tbar   : tbar
}).show();
```

❻ 将工具栏添加到
窗口

在代码 12-12 中，创建了一个工具栏配置对象❶。这个对象只有一个属性，itmes，它是一个由配置对象和一些字符串组成的列表。注意，不需要给工具栏配置对象指定 xtype 属性。这是因为当通过 tbar 或者 bbar 属性把它和窗口关联在一起时，Ext 会自动地假定这个配置对象是用于工具栏的。

要进对这个 itmes 数组中的一些元素进行说明。第一个是一个典型的按钮配置对象，它有一个 text 属性和 iconCls 属性。之所以没有看到按钮的 xtype 属性，是因为工具栏的 defaultType 就是 button。

定义完了第一个按钮后，用的是 Toolbar.Separator 类的快捷方式❷，这会在工具栏放上用一条竖线把元素隔开。尽管也可以用一个 Separator 的配置，不过通常用的都是快捷方式的。不过要是想对 Separator 进行细粒度的控制，还是需要写出一个完整的配置对象，包括 xtype 属性是 tbseparator。

接下来，创建了两个按钮以及另一个 Separator。接着，看到一个有趣的字符串，'->'，它是 Toolbar.Fill 控件的简写方式❸。这个小部件会把所有在它后面的元素都放在工作栏的右侧。这会有效地把元素推到工具栏的右侧。

提示: 一个工具栏中只能放上一个 Fill 元素。可以把它想象成工具栏的左侧和右侧之间的一个
　　　绝对分隔符。一旦放上这个分隔符，任何跟在它后面的元素都会被放在右边。除了第一
　　　个 Fill，其他的都会被忽略。

接下来，又是用的 Toolbar.TextItem 控件的快捷方式❹。和其他的快捷方式一样，TextItem 也可以通过配置对象来配置，这样就能对它进行更好的控制了，包括美化。只有当需要这种控制时，我才会使用配置对象来配置 TextItem，否则我还是会用字符串快捷方式。

配置好 TextItem 之后，构造了一个快捷但是不完美的 ComboBox 配置对象❺。这么做是为了表明把按钮之外的元素放在工具栏上是多么容易。

最后，渲染了一个新的窗口实例，并把工具栏配置对象赋给 tbar 属性❻，工具栏放在窗口的顶部。屏幕上的效果如图 12-17 所示。

观察渲染出来的这个工具栏，可以看到有 3 个按钮，彼此之间有分隔栏，它们都位于左侧，右侧的是 TextItem 和 ComboBox。

把按钮放在工具栏上是个很常见的用法，不过很快工具栏就会放不下了。利用 ButtonGroup 可以解决这种状况。在工具栏上加个 ButtonGroup 就像给工具栏加一个子元

素那么简单。

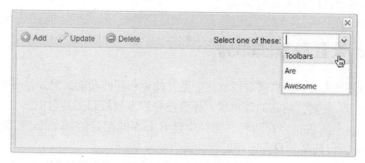

图 12-17　Window 中的工具栏

图 12-18 就是 Ext Surf 聊天室中使用 ButtonGroup 的例子。

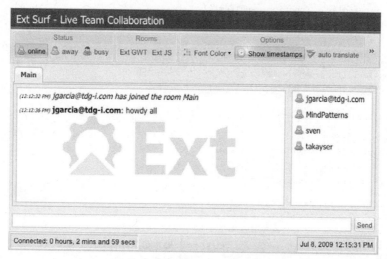

图 12-18　Ext Surf 聊天室中的工具栏上的 ButtonGroup

　　可以看到，工具栏的使用是相当直观的，可以在工具栏上放各种东西，尽可能让用户和应用程序进行有效的交互。

使用不同布局的风险

　　别忘了 Toolbar 使用的是 ToolbarLayout 布局。正是这个布局才让 Toolbar 具有功能的，包括 Toolbar.Fill 部件。要想在 Toolbar 中使用不同的布局方式，需要小心练习。尽管从技术上说，是可以使用其他布局的，但会失去像 Toolbar.Fill 以及自动溢出保护等功能，这正是让 Toolbar 成为 Toolbar 的原因。

这些就是有关工具栏的讨论。现在要把精力放在最后一个主题 Ext.Action 上，它可以把我们学到的所有东西绑到一起。

12.5   读取、设置和 Ext.Action

作为开发人员，通常需要用不同的途径使用相同的功能。例如，需要创建一个典型的带有剪切、复制、粘贴的菜单项，还要把它们直接放到工具栏中。

对于这个需求，会有两种方法：创建具有相同配置的 Button 和菜单项，或者用 Ext.Action 进行抽象。我会选择后者，因为更容易。

在代码 12-13 中，会构造一组 Action，稍后还会更详细地探讨它们的工作方式。

代码 12-13   使用 Ext.Actions

```
var genericHandler = function(menuItem) {
    Ext.MessageBox.alert('', 'Your choice is ' + menuItem.text);
}

var copyAction = new Ext.Action({              ❶ 为 Action 创建
    text   : 'Copy',                              通用处理程序
    iconCls : 'icon-page_white_copy',          ❷ 创建第 1 个
    handler : genericHandler                      Ext.Actoon
});

var cutAction = new Ext.Action({
    text    : 'Cut',
    iconCls : 'icon-cut',
    handler : genericHandler
});

var pasteAction = new Ext.Action({
    text    : 'Paste',
    iconCls : 'icon-paste_plain',
    handler : genericHandler
});

var editMenuBtn = {                            ❸ 像菜单项那样
    text : 'Edit',                                添加 Action
    menu : [
        cutAction,
        copyAction,
        pasteAction
    ]
}

new Ext.Window({
    width           : 300,
    height          : 200,
    tbar            : [
        editMenuBtn,
        '->',
        cutAction,                             ❹ 像工具栏按钮那
        copyAction,                               样添加 Action
        pasteAction
    ]
}).show();
```

在代码 12-13 中，利用 Ext.Action 构造了这个假想的 UI。首先，重建了本章之前用到的 genericHanler❶。

接下来，为复制、剪切和粘贴功能创建了 3 个 Action❷。注意，给每个 Action 设置的属性和之前创建的按钮和菜单项在语法上完全相同。这对理解 Action 是什么以及如何工作的很关键，这也是需要稍微展开说明的原因。

Action 不过是一个把按钮和菜单项的配置封装起来的类。就是这样。当创建了一个 Ext.Action 的实例并放在 Firebug 中的时候，会看到一组方法和属性。如果用 Action 实例化一个按钮或菜单项的实例，在调用这些类的构造器时，Action 中的属性和方法也会放到按钮或者菜单项中。

Ext.Action 是按钮或者菜单项的配置的包装器，这些类的多个实例可以共用 Action 的配置。既然知道了 Aciton 是什么，理解后面的代码就容易了。

创建了 Action 之后，又创建了一个按钮配置对象❸并设置了 menu 属性，这是 Action 的数组。接下来，又创建了一个 Ext.Window 的实例并展示，这里指定了 tbar 属性，它又是个由带有菜单的按钮、Separator 和 3 个 Action 组成的列表❹。现在就可以看到 Action 的用途了。

即使不看屏幕，也能想到代码的效果。看看页面，是否有出错，我的页面效果如图 12-19 所示。

代码 12-13 的界面正如我们所期待的。可以看到单击 Edit 按钮时，下面出现了 3 个菜单项，工具栏的右侧也有 3 个按钮。

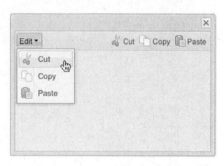

图 12-19　代码 12-13 的效果，按钮和菜单项是用 Action 配置的

不幸的是，Action 是经常被开发人员忽略的一个类，必须承认，我也是这样的。当开发自己界面上的按钮和菜单时，如果遇到有多个按钮或者菜单项有相同的功能，那就用 Action。相信我，这会节省大量时间。

12.6　小结

这一章里，介绍了几个主题，包括菜单、按钮、工具栏和 Action。

我们先探讨了菜单的相关内容以及可用的菜单项。在这个过程中，稍微有点跑题，介绍了到哪儿去找很多 Web2.0 程序都在使用的免费的 16×16 图标。还学习了如何嵌套菜单，以及如何把颜色和日期菜单作为菜单项使用。

我们还用了一些时间学习了 Ext 的 Button 和 SplitButton，学到了如何通过设置 iconAlign 和 arrowAlign 属性来配置它们的外观。接下来，学习了如何通过 ButtonGroup

把类似的按钮组织在一起，并通过 TableLayout 以特定方式组织 Button。如果图标大于 16×16，别忘了把 scale 属性设置为 medium 或者 large。

最后，在讨论 Toolbar 时，我们把学到的菜单和按钮捆绑在一起，还学习了如何通过 Ext.Action 配置包装类节省时间。

在下一章中，我们会面对 DOM 节点进行拖放的挑战。

第四部分

高级 Ext

这一部分会把我们提升到 Ext JS 专家级别，会使用拖放多方位地增强程序的功能。也会看到如何通过创建扩展和插件来扩展 Ext JS 的功能。

第 13 章是对框架中拖放内容的介绍，我们会追根究底，深入学习支撑这种用户交互行为的类。同时，会用普通的 HTML div 实现简单的拖放。

第 14 章是第 13 章的延伸，会学到如何使用 DataView、GridPanel 和 TreePanel 实现拖放。

第 15 章会深入到创建 Ext JS 的扩展和插件，为开发应用程序铺平道路。

这一部分结束后，你会掌握框架的很多高级用法的秘密。

第 13 章　拖放基础

本章包括的内容:

- 了解拖放的工作流程
- 剖析 Ext JS 中与拖放有关的类
- 使用拖放的重载方法
- 测试完整的拖放生命周期

　　使用图形化用户界面的一个最主要的好处就是,可以很容易地通过鼠标在屏幕上移动元素。这种能力就叫做拖放。对于现代的计算机系统来说,我们都会自然而然地使用拖放。稍微回想一下,就会知道拖放技术给我们带来了很大的方便。

　　想删除一个文件?单击并拖住这个文件图标,然后把它丢到垃圾箱或回收站图标上就行了。容易吧?不妨想一下,如果不能拖放该怎么吧?怎样才能把一个文件从某个地方移到回收站呢?需要先单击这个文件让它获得焦点。然后用一个键盘的按键组合来把这个文件"剪切"下来,然后又必须找到回收站,把焦点落在回收站窗口上,再通过一个键盘的按键组合"粘贴"到这里。也可以先选中这个文件,然后再按键盘上的 Delete 键,如果不是左撇子,可能得把手先从鼠标上挪开。比较而言,拖放会更容易一些,不是吗?现在回到 RIA 用户的世界。怎么才能通过拖放简化用户体验呢?

　　幸运的是,Ext JS 已经给我们提供了这种方法。在这一章里,通过一点努力和决心,就可以给自己的应用程序加上拖放能力。我们会从给基本的 DOM 元素添加拖放开始,这是给像 DataView、GridPanel、TreePanel 这样的部件添加拖放能力的基础，这也是下一章要学到相关的内容。

13.1　仔细研究拖放

在开始拖放之前，计算机要先判断出哪些东西是可以拖的以及哪些东西是可以放的。例如，桌面上的图标通常都是可以拖曳的，不过其他的东西，例如任务栏上的时钟（Windows）或者菜单条（OS X）是不可以拖曳的。为了执行特定的任务，这种级别的控制是必不可少的，稍后会展开说明。

要想真正地理解拖放，需要对整个流程进行梳理。我会按照我喜欢的叫法——拖放生命周期对这个流程进行分解，可以分成 3 大块：开始拖曳、拖曳操作以及投放。

13.1.1　拖放的生命周期

还是拿桌面来说，桌面上的每个图标都是可以拖动的，不过只有一小部分（一般是磁盘或者文件夹图标）是可以放到回收站或者垃圾箱的，或者是可执行的（应用程序）。在 Ext JS 中，要想实现拖放也需要同样的注册过程，任何能够拖放的东西必须做同样的初始化。对于 DOM 中的元素，要想能够拖放，至少它们将注册成拖曳元素和拖放目标。一旦完成了注册，就可以拖放了。

拖曳操作是单击一个 UI 元素然后一直按住鼠标，并在鼠标移动过程中一直按着鼠标不放。计算机会根据之前所描述的注册来确定所单击的元素是否是可以拖曳的。如果不可以，则什么都不会发生。尽管用户可以单击然后尝试着进行拖曳，但是不会有任何效果。但如果该元素是可以拖曳的，就会给这个对象创建一个高亮的 UI 副本，也叫做拖曳代理，用它来跟踪鼠标光标的移动轨迹，这样用户就能够在屏幕上看到它的移动或者拖曳轨迹了。

对于拖曳过程中的每个鼠标移动，或者 *X-Y* 坐标的变化，计算机都会判断能否放在这里。如果可以放在这里，就会有某种可以放在这里的可视提示。在图 13-1 中，可以看到当把桌面上的一个文件图标代理拖到一个文件夹图标上时，出现的欢迎投放的提示。

当发生投放时，整个拖放生命周期就结束了。拖曳操作开始之后，一旦松开了鼠标按钮，就意味着进行投放操作。这时，计算机必须要判断出这个投放操作意味着什么。这个投放目标有效吗？如果有效，那这个投放目标是否属于拖曳对象组中的一员呢？到底是复制还是移动这些拖曳对象呢？这些判断一般都是交给应用程序去处理的，这也是代码主要要做的事情。

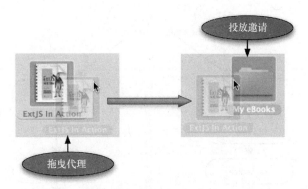

图 13-1 Mac OS X 系统的桌面拖放操作，拖曳时会创建一个拖曳代理
（左）以及显示的投放邀请（右）

尽管说起来拖放好像很容易，不过做起来可是很难的——但也不是完全不可能。能够有效地使用拖放的关键之一就是理解每个类的层次关系以及所负责的任务。不管是在基本的 DOM 级别还是在 Ext JS 的部件级别使用拖放，道理都是一样的。

下面从上向下观察拖放类的层次关系。

13.1.2 从上向下观察拖放类

乍一看，有关拖放的类可能有点吓人。我一开始看到 API 中的这些类时也吓了一跳。竟然有 14 个之多，说它是框架中的框架也不过分，它所提供的功能涵盖了从最基本的，例如 DOM 元素拖放，到复杂的如使用代理同时拖放多个节点的能力。更酷的是，一旦对这些类有了整体的理解，再把这些支持类组织起来让它们各司其责就一点也不困难了。

我们的研究也就从这里开始。图 13-2 所示的就是这个类层次结构。在这幅图中，看到了 11 个拖放类，框架的所有拖放功能都来自于 DragDrop 类，它为所有的拖放提供了基础方法，并且可以被重载。它所提供的只是基本的工具，完整的功能代码还需要程序员来编写。

图 13-2 是理解拖放工作原理的关键所在，拖曳类的层次结构都是用的这种设计模式。同时这个概念也很强大，程序有了这些基本工具后，再增加功能就容易多了，可以很容易地保证能按照程序的需要实现拖放功能。

再观察这个继承链时，会发现有从 DD（左）和 DDTarget（右）开始有了分隔。DD是所有拖曳操作的基类，而 DDTarget 是所有投放操作的基类。二者都为各自的行为提供了基础功能。这种功能层面的拆分有助于我们把注意力放在各自的行为上。稍后在处理 DOM 节点的拖放时，会看到实际效果。

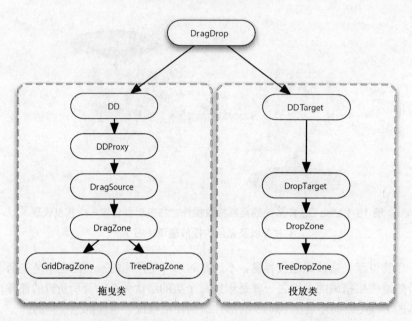

图 13-2   拖放类可以分成两大部分，拖曳类（左）和投放类（右）

　　沿着这个链继续往下，会看到 Ext JS 逐步地增加各种功能。表 13-1 列举了这些类，并对各自的设计目标给出了简要的说明。

表 13-1   拖放类

名字	目的	名字	目的
DD	实现了单个元素的基本的拖放功能，这也是大部分 DOM 级别拖曳实现的所在	DDTarget	实现了任何一个要参与到拖放组的元素所需要的基本功能。不过它不能拖曳，只能接收元素的投放
DDProxy	实现了被拖曳元素的一个轻量级拷贝，也叫做拖曳代理，真正拖曳的是这个代理元素而不是源元素。拖放操作使用这个类是常见的用法	DropTarget	这是一个基类，当要投放一个拖曳元素时，这个基类提供一个控制装置。而对它的通知方法的重载留给开发人员完成
DragSource	通过状态代理提供了拖曳的基本实现，它是 DragZone 的基类。它可以直接使用，不过更常用的是 DragZone 类	DropZone	这个类代表的元素可以投放多个节点；它最好和 DragZone 类一起使用。它有一个专门针对 TreePanel 的实现，叫做 TreeDropZone
DragZone	这个类可以一次拖曳多个 DOM 元素，一般和 DataView 或 ListView 控件一起使用，各自的实现分别叫做 GridDragZone 和 TreeDragZone		

　　现在已经知道了有哪些拖放类以及它们的功能。一个可以拖曳的元素（DD 类及其子类）可以是投放的目标，但是投放目标（DDTarget 及其子类）不可能是拖曳元素。这

一点很重要，因为一旦确定让某个元素既是拖曳元素又是投放目标，就必须使用某个拖曳类。

如果要拖放的是普通的 DOM 节点，而且每次只是拖曳一个节点，应该使用 DD 或 DDProxy，本章稍后就要讲到。如果想要同时拖曳多个元素，需要使用 DragSource 或者 DragZone 这两个类。这也是为什么 TreePanel 和 GridPanel 分别有各自的对 DragZone 类扩展的原因所在。

同样，如果要投放的只是一个节点，可以选用 DDTarget 作为投放类。如果投放多个节点，就需要使用 DropTarget 或 DropZone 了，因为它们具有和 DragSource、DragZone 及其子类交互的能力。

知道该使用什么类还只是揭开迷雾的一角。接下来要了解的是需要对哪些方法进行重载，这才是成功开发的关键所在。

13.1.3　关键在于重载

之前说过，这么多的拖放类只是为各种拖放操作提供一个基础框架，只是拖曳工作的一部分。每个拖放类都有一套抽象方法，需要由开发人员去重载实现。

尽管这些方法在 API 文档中每一个拖放类中都有说明，不过还是很有必要把其中一些最常用到的、要为 Ext.dd.DD 重载的抽象方法挑出来进行简要说明。这样，再看 API 时也能知道看些什么了。表 13-2 所示为这些方法的概述。

表 13-2　　　　　　　　　　　　拖放的常用抽象方法

方法	说明
onDrag	元素拖曳过程中的每个 onMouseMove 事件都会调用这个方法。如果想在拖曳完成某些功能，可以选择重载 b4Drag 或者 startDrag 方法
onDragEnter	当一个拖曳元素第一次和属于同一个拖放组的另一个拖放元素发生交集时会调用这个方法。可以在这里编写邀请投放的代码
onDragOver	当一个拖曳元素被拖过上方时调用
onDragOut	当一个拖曳元素离开相关的拖放元素的区域时调用
onInvalidDrop	当一个拖曳元素想要投放到非关联拖放元素上时会调用这个方法。这是通知用户放错了地方的好办法
onDragDrop	当一个拖曳元素被放在同一个拖曳组的其他拖放元素上时调用

别忘了，Ext.dd.DD 是所有拖曳元素的基类，从它开始，更多的功能逐渐添加进来。子类所增加的这些特性也会替我们重载这些方法。

例如，Ext.dd.DD 提供了一些 "b4"（before）方法，可以通过它们来实现某些动作发生之前的代码，例如 mousedown 事件触发之前（b4MouseDown）以及元素拖曳之前（b4StartDrag）的行为。Ext.dd.DD 的第一个子类 Ext.dd.DDProxy 就重载了这些方法，在真正的拖曳代码执行之前先创建了一个可拖曳的代理。

要想知道实现某个特定的目标需要重载哪些方法，需要使用特定拖曳类的 API。因为 Ext JS 的发布周期比较紧凑，很显然会不断有新的方法加入、重命名或者被删除，因此定期查看 API 文档有助于跟上最新的变化。

有关拖放理论最后一点要指出的是，要注意有关拖放组以及在应用程序中使用它们的意义。

13.1.4　拖放总是成组使用的

拖放元素总是通过组关联在一起的，一个拖曳元素能不能投放到另一个元素上就是靠这个约束来控制的。所谓组就是一个标签，拖放框架根据这个标签来判断一个注册的拖放元素是否可以和另一个注册的拖放元素进行交互。

拖曳或者投放元素至少要关联到一个组，也可以关联到多个组。通常是在初始化时把它们关联到一个组中，并可以通过 addToGroup 方法关联到多个组。同样，也可以通过 removeFromGroup 方法取消关联。

这是理解 Ext JS 拖放基础知识的最后一个问题。是时候该把学的这些东西用起来强化理解了。下面会从 DOM 元素的拖放开始。

13.2　从简单的开始

我们的探讨从模拟一个游泳池开始，这是一个完善的游泳池，有更衣室、游泳池，还有热水池。这里有一些约定。例如，男生女生只能去各自的更衣室，不过他们都可以去游泳池，只有一部分喜欢去热水池。既然知道了要做什么，那我们就开始编码吧。

我们会看到，让一个元素可以拖放相当简单。不过开始之前，必须创建一个干活的工作区。下面会创建一些 CSS 的样式，通过这些样式来控制这些 DOM 元素的外观，然后再对它们使用拖曳逻辑。我们会尽可能地简化，把精力放在重要的地方。

13.2.1　创建一个小的工作区

先给更衣室以及更衣室中的人创建标签，如代码 13-1 所示。这段代码挺长的，主要是因为想要的样式和布局所需要的 HTML 代码较长。

代码 13-1　创建一个简单的拖放工作区

```
<style type="text/css">
    body   {
        padding: 10px;
    }                                              ❶ 元素容器的样式
    .lockerRoom {
        width:          150px;
        border:         1px solid;
        padding:        10px;
        background-color: #ECECEC;
    }                                              ❷ 子节点看起来有所
                                                       不同
    .lockerRoom div {
        border:          1px solid #FF0000;
        background-color: #FFFFFF;
        padding:         2px;
        margin:          5px;
        cursor:          move;
    }
</style>

<table>

    <tr>
        <td align='center'>
            Male Locker Room
        </td>
        <td align='center'>
            Female Locker Room
        </td>
    </tr>                                          ❸ 拖曳元素的 HTML
    <tr>                                               标记
        <td>
            <div id="maleLockerRoom" class="lockerRoom">
                <div>Jack</div>
                <div>Aaron</div>
                <div>Abe</div>
            </div>

        </td>
        <td>
            <div id="femaleLockers" class="lockerRoom">
                <div>Sara</div>
                <div>Jill</div>
                <div>Betsy</div>
            </div>
        </td>
    </tr>
</table>
```

在代码 13-1 中，创建了 CSS 样式和标签，这些都是研究基础 DOM 拖曳的舞台。先定义了用于 lockerRoom❶元素容器及其子节点（人）❷的 CSS 样式。最后是使用这些 CSS 的标签❸。

图 13-3 所示的就是我们的 HTML 更衣室的效果。在图 13-3 中，看到的是渲染后的

HTML。注意一下，当把鼠标放在这个更衣室
元素的某个子节点上时，箭头会变成手的形状。
这是因为之前所配置的 CSS 样式，这也是可以
开始拖曳操作的很好提示。

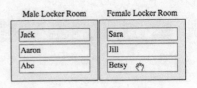

图 13-3   HTML 渲染后的更衣室

接下来，通过 JavaScript 让这些元素可以
拖曳。

13.2.2   让元素可以拖曳

在代码 13-2 中，要把更衣室的子元素配置成可以拖曳。将会看到很容易实点有多
么容易。

代码 13-2   启动元素的拖曳

```
var maleElements = Ext.get('maleLockerRoom').select('div');        ❶ 收集子元素列表

Ext.each(maleElements.elements, function(el) {
    new Ext.dd.DD(el);                                             ❷ 使子元素可以拖动
});

var femaleElements = Ext.get('femaleLockerRoom').select('div');

Ext.each(femaleElements.elements, function(el) {
    new Ext.dd.DD(el);
});
```

在代码 13-2 中，把更衣室的子元素配置成可以在屏幕上拖曳。这里的做法是，把
Ext.get 的结果和 select（DOM 查询）调用串起来，从而获得了 maleLockerRoom 元素的
子元素列表❶。接着通过 Ext.each 遍历这个子节点列表，并创建一个 Ext.dd.DD 新实例❷，
把子节点引用传给它，这样一来这些元素就可以在屏幕上拖曳了。对 femaleLockerRoom
元素也是如法炮制。

刷新页面，可以很容易地在屏幕上拖放这些
元素了。如图 13-4 所示，可以不受任何限制地在
屏幕上拖放任何一个子 div。

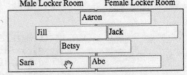

图 13-4   没有任何约束的更衣室拖拽

检查 Ext.dd.DD 是如何工作的，以及它对
DOM 元素做了什么。要想完成这个检查，我们
需要再次刷新页面，并打开 Filebug 的在线 HTML 探查工具，主要来看 Jack。

13.2.3   分析 Ext.dd.DD 的 DOM 改变

图 13-5 显示的就是刚刚刷新了页面之后，拖曳之前，这个拖曳元素在 Firebug 的
DOM 探查器视图中的效果。

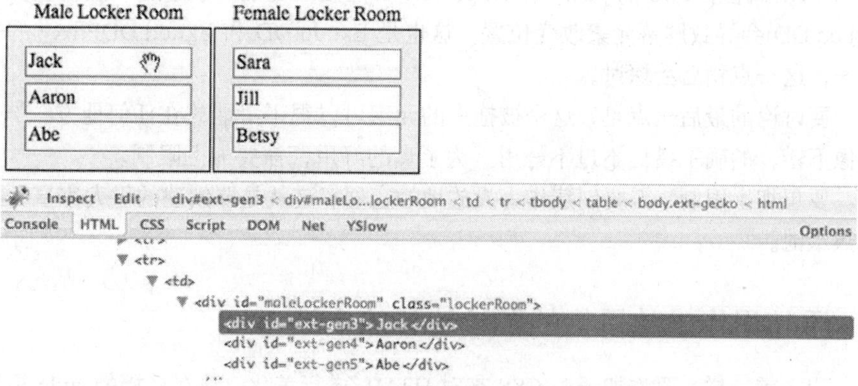

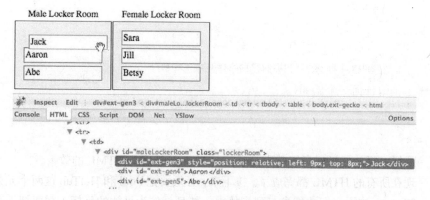

图 13-5　拖曳之前，Jack 元素的 DOM 内容（高亮部分）

观察 Jack 元素（高亮部分），首先注意到的是，给这个元素分配了一个唯一的 ID，即 "ext-gen3"。回忆下之前的标签，并没给这个元素任何 ID。结论：如果某个元素已经有了自己唯一的 ID，Ext.dd.DD 会沿用这个 ID。如果没有，为了保证能够通过 ID 跟踪元素，Ext.dd.DD 的父类 Ext.dd.DragDrop 会分配一个 ID。

警告： 如果完成拖曳注册后元素的 ID 又改变了，元素的拖曳配置就会失效。如果我们就是想改变某个元素的 ID，最好先调用这个元素的 Ext.dd.DD 实例的销毁方法，然后再创建一个 Ext.dd.DD 的新实例，并把元素的 ID 作为第一个参数传递给它。

观察过程中会注意到的另一件事情就是，这个元素没有任何其他属性。现在，稍微拖动一下这个元素，然后再看看发生了哪些变化，如图 13-6 所示。

图 13-6　对 Jack 做了拖动后观察发生的变化

把 Jack 这个元素稍微拖曳了一下。随之而来的就是，Ext.dd.DD 给这个元素添加了

一个 style 属性，CSS 的 position、top、left 属性被改变了。了解这一点很重要，也就是
Ext.dd.DD 会导致屏幕元素改变位置，这也是 Ext.dd.DD 和 Ext.dd.DDProxy 的关键区别
之一，这一点稍后会探讨。

要讨论的最后一点是，这个被拖曳的元素可以很平滑地放在任何地方。乍一看，这
好像不错，的确不错！不过不好用。为了真的好用，需要加上限制。

要想加上限制，需要创建作为投放地的容器。这就是要创建的供大家享受的游泳池
和热水池。

13.2.4   添加用作投放目标的游泳池和热水池

和之前一样，要添加一些 CSS 来对 HTML 进行美化。请在文档的 style 标签中添加
下面的 CSS 内容。它分别将游泳池和热水池的背景色设成蓝色和红色。

```
.pool {
    background-color: #CCCCFF;
}

.hotTub {
    background-color: #FFCCCC;
}
```

接下来，就要在文档体中添加 HTML 内容了。把下面这些 HTML 标签放在代表更
衣室的 HTML 表格的下面。

```
<table>
    <tr>
        <td align='center'>
            Pool
        </td>
        <td align='center'>
            Hot Tub
        </td>
    </tr>
    <tr>
        <td>
            <div id="pool" class="lockerRoom pool"/>
        </td>
        <td>
            <div id="hotTub" class="lockerRoom hotTub"/>
        </td>
    </tr>
</table>
```

这样，投放的目标元素就完成了。图 13-7 就是这些 HTML 的效果。

现在所有的 HTML 都完成了。接下来，必须要把 Pool 和 HotTub 这两个元素设置为
DropTarget，这样它们才能参与到拖放中，并且是作为投放的目标。需要把下面这些代
码加到之前的 JavaScript 代码之后。

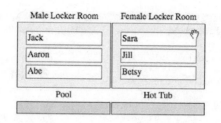

图 13-7 HTML 的热水池和游泳池

```
var poolDDTarget   = new Ext.dd.DDTarget('pool', 'males');
var hotTubDDTarget = new Ext.dd.DDTarget('hotTub', 'females');
```

这里为"pool"和"hotTub"元素都创建了 Ext.dd.DDTarget 实例。DDTarget 构造器的第一个参数是元素的 ID（或者 DOM 的引用）。第二个参数是 DDTarget 要参与的组。

现在，刷新页面，然后把一个男生节点拖放到游泳池节点上，或者把一个女生节点拖放到热水池节点上。当在目标节点上放开鼠标时发生了什么？是的——什么也没发生。为什么呢？我们已经配好拖曳元素和投放目标了，这已经给完整的拖放搭建好了舞台，不过记住，剩下的工作就全部需要我们自己完成了。必须自己编写包括投放邀请以及有效投放或者无效投放的代码。下面会看到，这才是实现拖放最主要的代码。

13.3 完成拖放

可以看到，配置一个可拖放的元素很简单，配置投放目标也同样简单。但除非我们自己把它们连起来，否则源和目标永远没办法到在一起。

为了加上投放邀请和有效或无效行为，需要对拖曳元素的配置进行重构。先从添加最后一个 CSS 类开始，在投放邀请时这个类会把投放目标变成绿色。

```
.dropZoneOver {
    background-color: #99FF99;
}
```

这个 CSS 很简单。不管什么元素使用这个类都会有一个绿色的背景。接下来，就要对那些被拖曳的男生或女生元素配置进行重构，给每个 Ext.dd.DD 实例配上一个 overrides 对象。

13.3.1 添加投放邀请

要想添加投放邀请，需要把之前创建的投放目标彻底换掉。代码 13-3 就是要用的代码，它会为有效投放和无效投放行为搭建好舞台。

代码 13-3　重构 Ext.dd.DD

```
var overrides = {
    onDragEnter : function(evtObj, targetElId) {
        var targetEl = Ext.get(targetElId);
        targetEl.addClass('dropZoneOver');
    },
    onDragOut : function(evtObj, targetElId) {
        var targetEl = Ext.get(targetElId);
        targetEl.removeClass('dropZoneOver');
    },
    b4StartDrag   : Ext.emptyFn,
    onInvalidDrop : Ext.emptyFn,
    onDragDrop    : Ext.emptyFn,
    endDrag       : Ext.emptyFn
};
var maleElements = Ext.get('maleLockerRoom').select('div');
Ext.each(maleElements.elements, function(el) {
    var dd = new Ext.dd.DD(el, 'males', {
        isTarget : false
    });
    Ext.apply(dd, overrides);
});
var femaleElements = Ext.get('femaleLockerRoom').select('div');
Ext.each(femaleElements.elements, function(el) {
    var dd = new Ext.dd.DD(el, 'females', {
        isTarget : false
    });
    Ext.apply(dd, overrides);
});
```

① 创建重载对象
② 添加投放邀请
③ 去掉投放邀请
④ 男生元素变成拖曳元素
⑤ 这些不是投放目标
⑥ 对 DD 实例的方法重载

　　在代码 13-3 中，创建了一个 overrides 对象，它会用于接下来要创建的 Ext.DD 实例。为了达到目的，一共要重载 5 个方法，不过目前只需要重载 onDragEnter❶ 和 onDragout❷。

　　记住，只有当一个拖曳元素第一次和属于同组的拖曳元素发生交集时，才会调用 onDragEnter。这个方法是加上"dropZoneOver"CSS 类，这会把投放目标元素的背景变成绿色，提供想要的投放邀请。

　　同样，当一个拖曳元素第一次被拖离同组的拖放元素时，会调用 onDragOut 方法。用这个方法去掉投放元素的表示邀请的背景色❸。

　　然后是 4 个存根方法，b4StartDrag、onInvalidDrop、onDragDrop 和 endDrag，这几个方法以后完成。之所以现在不做，是因为我希望能够把注意力放在刚加的行为和约束上。不过，要是还不能满足你的好奇心，会用 b4StartDrag 得到拖曳元素的初始 X、Y 坐标。onInvalidDrop 方法中会用到这些坐标，到时会设置一个本地属性表明这个方法确实被触发了。onDragDrop 方法用于把拖曳元素从最初的容器移到投放容器中。最后，如果 invalidDrop 属性是 true，endDrag 方法会重新设定拖曳元素的位置。

　　要想使用这个 overrides 对象，必须对拖曳对象的构造方式进行重构❹，包括男生和女生元素。

之所以这么做，是因为要避免拖曳元素成为投放目标，这也是为什么要给 DD 构造器第三个参数的原因，这是一个限制的配置对象。下面就会看到所说的限制指的是什么了。在这个配置参数中，把 isTarget❺ 设置成 false，这个设置控制这个拖曳元素不会成为一个投放目的地。

最后，把这个 overrides 对象用于新建的 Ext.DD 实例❻。之前说过，这个配置对象只用于设置有限的几个属性。之所以这么说，是因为今天的 Ext JS 中的拖放代码都是早期 Ext JS 1.0 时编写的，要比构造函数中用到的配置属性还早。这也是为什么必须要通过 Ext.apply 注入重载方法，而不是像框架中的大部分构造函数那样通过配置对象设置。

刚刚添加的是邀请投放的代码。看看当把一个男生节点拖到游泳池或者热水池时会发生什么，如图 13-8 所示。

根据对拖曳的了解以及代码所提示的，把一个男生节点拖到一个同一关联组的投放目的地（onDragEnter）上时，会触发投放邀请，也就是投放目的地的背景颜色会变成绿色，如图 13-8 所示。当把这个元素从这个投放目的地拖走时（onDragOut），背景色又会恢复成原来的状态，也就是去掉了投放邀请。

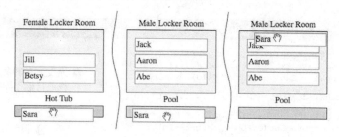

图 13-8　针对男生节点的有条件的投放邀请

反过来，把一个男生节点拖到其他投放目的地上，例如热水池，就不会出现任何投放邀请。为什么会这样呢？这是因为热水池并不属于 males 投放组，因此不会有任何投放邀请。

还有，当把一个女生节点拖到热水池上时会出现投放邀请，而不是游泳池，如图 13-9 所示。这是因为热水池和 females 组相关联。

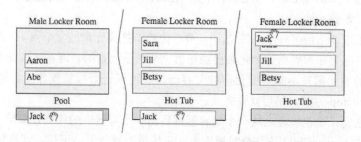

图 13-9　针对女生节点的有条件的投放邀请

尽管这很好地演示了投放邀请，不过还有一个问题，游泳池和热水池都应该既接收男生节点又接收女生节点。要解决这个问题，必须给它们再注册一个组。需要调用 **addToGroup** 方法，传入另一个组。下面就是游泳池和热水池的 DDTarget 通过 addToGroup 的注册结果。

```
var poolDDTarget = new Ext.dd.DDTarget('pool', 'males');
poolDDTarget.addToGroup('females');

var hotTubDDTarget = new Ext.dd.DDTarget('hotTub', 'females');
hotTubDDTarget.addToGroup('males');
```

加上这些代码后，刷新页面。可以看到现在不管是游泳池还是热水池，都可以接收投放了，不过在一个有效的投放目的地上投放一个元素时会发生什么呢？肯定是什么也没发生。这是因为还没有实现有效投放操作的代码呢。

13.3.2　添加有效投放

要在拖放实现中添加有效投放的行为，必须把重载对象中的 onDragDrop 方法换掉，如代码 13-4 所示。

代码 13-4　重载中加上有效投放

```
onDragDrop : function(evtObj, targetElId) {
    var dragEL  = Ext.get(this.getEl());
    var dropEl = Ext.get(targetElId);

    if (dragEl.dom.parentNode.id != targetElId) {

        dropEl.appendChild(dragEl);
        this.onDragOut(evtObj, targetElId);
        dragEl.dom.style.position ='';
    }
    else {
        this.onInvalidDrop();
    }
}
```

❶ 拖曳元素的父元素和
投放目标相同吗？

❷ 将节点移到新容器中

❸ 清除投放邀请

❹ 把拖曳节点放回去

在这个 onDragDrop 方法中，给成功投放或有效投放操作配好了代码。首先，要获得拖放元素的本地引用。

接下来，使用了一个条件 if 语句❶，先检查拖曳元素的父节点 ID 是不是投放目的地的 id，因为并不想当一个元素已经是另一个的子元素时，再重复这种拖放操作。如果投放目的地元素并不是拖曳元素的父容器，就可以进行投放操作了；否则，就会调用 onInvalidDrop 方法，稍后就要完成这个方法。

把拖曳元素在物理上从一个父容器挪到另一个容器中的代码很简单。只需要调用投放元素的 appendChild 方法❷时把拖曳元素传进去就行了。记住，就算是 Ext.dd.DD 允许在屏幕上拖曳元素，它不过是改变 *X*、*Y* 坐标。如果不把拖曳元素移动到另一个父节点下，它还会是最初的容器元素的子项。

接下来，要调用 onDragOut 重载方法❸，这个方法会去掉投递邀请。注意，给 onDragOut 方法传递了 eventObj 和 targetElId 参数，因此 onDragOut 方法才能如期完成它的任务。

最后，把元素的 style.position 属性清除了。DD 是相对设置位置的，当把这个节点从一个父容器移到另一个容器时，这个属性就没用了。

这就完成 onDragDrop❹方法的重构了。图 13-10 显示的就是页面的效果。如图 13-10 所示，能够成功地把男生女生拖放到游泳池和热水池里，同时也成功地显示了 onDragDrop 方法的实际效果。

现在，男生女生都可以被放到游泳池或者热水池里，确实不错，不过也不能让他们总在那泡着。还需要把他们从池子里拖出来，放回到更衣

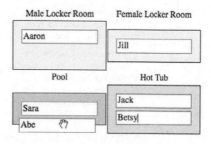

图 13-10　男生、女生节点可以放在
游泳池和热水池里

室里去。可以试着把他们拖到对应的更衣室上看看会发生什么？没有任何邀请。为什么这样？因为还没有把更衣室注册成 DDTarget。我们现在就做。

```
var mlrDDTarget = new Ext.dd.DDTarget('maleLockerRoom', 'males');
var flrDDTarget = new Ext.dd.DDTarget('femaleLockerRoom', 'females');
```

把这些代码加到实现拖曳的下面，这样男生就可以被放在除了女更衣室之外的任何投放目的地上。同样的，女生也可以放在除了男更衣室之外的任何投放目的地上。这符合大部分地区都不是男女混用更衣室的规定。现在，投放操作也开发完成了。还有最后一部分就是对无效投放行为的处理，这是我们接下来要做的。

13.3.3　实现无效投放

已经完成了这个例子中的投放邀请和有效投放两部分。相信到目前为止你已经注意到，当把一个节点拖到屏幕上的某个无效地方时，放开后它也会呆在那里。这是因为还需要配置一个无效投放的行为，把这个元素放回到它最初的地方去。

会通过 Ext.fs 类来实现这个要求，用代码 13-5 替换 overrides 对象中的 b4StartDrag 和 onInvalidDrop 方法。

代码 13-5　无效投放后的清理

```
b4StartDrag : function() {
    var dragEl = Ext.get(this.getEl());
    this.originalXY = dragEl.getXY();
},
onInvalidDrop : function() {
    this.invalidDrop = true;
},
endDrag : function() {
    if (this.invalidDrop === true) {
        var dragEl = Ext.get(this.getEl());

        var animCfgObj = {
            easing   : 'elasticOut',
            duration : 1,
            callback : function() {
                dragEl.dom.style.position = '';
            }
        };
        dragEl.moveTo(this.originalXY[0], this.originalXY[1], animCfgObj)
        delete this.invalidDrop;
    }
},
```

❶ 重载 b4StartDrag 方法

❷ 保留原始坐标

❸ 把 this.invalidDrop 设为 true

❹ 被拖曳元素用动画效果返回去

❺ 创建动画配置

❻ 重置被拖曳元素坐标

❼ 被拖曳元素以动态效果被重置

　　在代码 13-5 中，首先重载了 b4StartDrag 方法❶，当开始拖曳一个元素时会调用这个方法。这是一个关键点，可以在这个地方保存被拖曳元素的初始 X、Y 坐标❷，后面的修正操作会用到这些坐标。所谓修正一个无效投放，就是指把被拖曳元素或者代理（稍后就会看到）的位置重新设定为拖曳操作开始时的位置。

　　接下来，又重载了 onInvalidDrop❸，当把一个拖曳元素放到一个无效的投放点时就会调用这个方法，它所关联的也是同一个拖放组。在这个方法里所要做的就是把 invalidDrop 属性设置为 true，接下来的方法 endDrag 会用到这个属性。

　　最后，又对 endDrag 方法进行了重载，如果 invalidDrop 属性被设置成 true❹，这个方法中会进行修正操作。它还会用到在 b4StartDrag 方法中设置的 originalXY 属性。这个方法还创建了一个动画效果的配置对象❺。

　　在这个配置对象中，把 easing 设置为 "elasticOut"，这是一个很不错的弹性效果的动画，同时把 duration 设成 1 秒。这可以保证动画效果平滑而不生涩。还创建了一个回调方法，重设拖曳元素的 style.position 属性❻，这可以保证这个元素确实能投放到它该去的地方。

提示: 如果不想要动画效果，而只是要把拖曳元素的位置进行重置的话，onInvalidDrop 所需要做的就是把 style.position 设置成一个空字符串，例如: dragEl.dom.style.position='';。

　　接下来，调用被拖曳元素的 moveTo 方法，传给它的第一个、第二个参数是 X、Y 坐标，第三个参数是动画效果配置对象。这也会启用拖曳元素的动画效果。

　　最后，删除了本地的 invalidDrop 引用，因为它没用了。刷新一下页面，看看这三个重载方法的效果。

如果拖动一个元素，然后把它放在不属于关联投放组的任何位置，可以看到它又弹回到最初的位置，而且是以一个很酷的动画效果回去的。

现在已经知道了如何用 Ext.dd.DD 和 Ext.dd.DDTarget 类实现拖放了。接下来，会看到如何使用 DDProxy 类，差不多是一样的。

13.4 使用 DDProxy

在实现拖曳的过程中使用拖曳代理是很常见的，尽管用起来和 DD 类似，但也不完全一样，因此有必要复习一下。因为用 DDProxy 时，拖动的是被拖曳元素的一个轻量级版本，也叫做拖曳代理。如果被拖动的元素很复杂，那么使用 DDProxy 就能客观地提高性能，其原因是因为每个 DDProxy 实例使用的是 DOM 中相同的代理 div 元素。记住，在屏幕上拖动的是代理，这有助于理解下面的实现代码。

这个练习用到的 HTML 和 CSS 与之前的是一样的，也会给出在使用拖曳代理完成拖放操作时会用到的模式。

要做的第一件事就是在页面上添加一个 CSS 规则，这个规则是给拖曳代理一个黄色的背景样式。

```
.ddProxy {
    background-color: #FFFF00;
}
```

这里参照之前使用 DD 类时相同的流程。在这个过程中，会看到使用 DDProxy 要比 DD 类稍微多一些代码。

13.4.1 使用 DDProxy 的投放邀请

DDProxy 类负责创建并管理可重用的代理元素的 X、Y 坐标，不过它的样式和填充的内容是由程序员负责的。需要重载 startDrag 方法，而不是用 DD 时的 b4Drag 方法。

在代码 13-6 中，创建了 overrides 对象和 DDProxy 的实例。代码 13-6 很长，不过很快就会适应了。

代码 13-6 使用投放邀请

```
var overrides = {                                          ❶ 重载 startDrag 方法
    startDrag : function() {
        var dragProxy = Ext.get(this.getDragEl());
        var dragEl = Ext.get(this.getEl());

        dragProxy.addClass('lockerRoomChildren');          ❷ 格式化 DragProxy
        dragProxy.addClass('ddProxy');
```

```
        dragProxy.setOpacity(.70);
        dragProxy.update(dragEl.dom.innerHTML);
        dragProxy.setSize(dragEl.getSize())
        this.originalXY = dragEl.getXY();
    },

    onDragEnter : function(evtObj, targetElId) {          ⬅──❸ 添加投放邀请
        var targetEl = Ext.get(targetElId);
        targetEl.addClass('dropzoneOver');
    },

    onDragOut : function(evtObj, targetElId) {
        var targetEl =  Ext.get(targetElId);
        targetEl.removeClass('dropzoneOver');
    },

    onInvalidDrop : function() {
        this.invalidDrop = true;
    },
                                                     ❹ 添加 onDragDrop 存根
    onDragDrop : Ext.emptyFn                          ⬅┘
};
var maleElements = Ext.get('maleLockerRoom').select('div');
Ext.each(maleElements.elements, function(el) {
    var dd = new Ext.dd.DDProxy(el, 'males', {
        isTarget  : false
    });
    Ext.apply(dd, overrides);
});

var femaleElements = Ext.get('femaleLockerRoom').select('div');
Ext.each(femaleElements.elements, function(el) {
    var dd = new Ext.dd.DDProxy(el, 'females', {
        isTarget   : false
    });
    Ext.apply(dd, overrides);
});
```

代码 13-6 中，完成了对代理的美化，加上了投放邀请，并给每个元素都创建了一个 Ext.dd.DDProxy 的实例。其处理过程如下。

方法 startDrag❶先通过给 DragProxy 元素加上 lockerRoomChildren 和 ddProxy CSS 类❷，对被拖曳的元素进行美化。接着，它把代理的透明度设置为 70%，并复制了被拖曳元素的 HTML 内容。然后它又把 DragProxy 的大小设置成被拖曳元素的大小。接着设置了 originalXY 属性，这个属性用于无效投放时的修正操作。

接下来，通过重载 onDragEnter 和 onDragOut 两个方法添加了投放邀请❸。这与之前的做法完全一样。对 onInvalidDrop 的重载也和前面的一样。最后要重载的是 onDragDrop 方法❹，现在还只是放了一个存根，稍后会完成它。

在开始使用投放邀请之前，还必须把游泳池、热水池以及更衣室设置成投放目标。

```
var poolDDTarget = new Ext.dd.DDTarget('pool', 'males');
poolDDTarget.addToGroup('females');

var hotTubDDTarget = new Ext.dd.DDTarget('hotTub', 'females');
hotTubDDTarget.addToGroup('males');
var mlrDDTarget = new Ext.dd.DDTarget('maleLockerRoom', 'males');
var flrDDTarget = new Ext.dd.DDTarget('femaleLockerRoom', 'females');
```

现在一切工作准备就绪，可以试试这个用 DDProxy 实现的结果了。刷新页面，然后拖动一个元素。

图 13-11 所示的就是拖曳代理的实际效果。

就像所看到的，对一个可拖曳元素执行拖曳动作会产生一个 DragProxy，拖动过程中其实是这个代理在动，而元素本身是没动的。也可以看到投放邀请的效果。当把一个元素放到一个有效或者无效的投放目标上时又会发生什么呢？

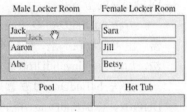

图 13-11　DDProxy 的实际效果

不管是哪一种投放，被拖曳元素都会移到 DragProxy 的最后坐标处，这和不区分有效投放、无效投放的 DD 是一样的。

再把实现有效投放和无效投放代码也加上，如代码 13-7 所示，它就总结了 DDProxy 的使用。

代码 13-7　添加有效和无效投放

```
onDragDrop : function(evtObj, targetElId) {
    var dragEl = Ext.get(this.getEl());
    var dropEl = Ext.get(targetElId);

    if (dragEl.dom.parentNode.id != targetElId) {

        dropEl.appendChild(dragEl);
        this.onDragOut(evtObj, targetElId);
        dragEl.dom.style.position ='';
    }
    else {
        this.onInvalidDrop();
    }
},

b4EndDrag : Ext.emptyFn,

endDrag : function() {
    var dragProxy = Ext.get(this.getDragEl());

    if (this.invalidDrop === true) {
        var dragEl = Ext.get(this.getEl());

        var animCfgObj = {
            easing   : 'easeOut',
            duration : .25,
            callback : function() {
                dragProxy.hide();
                dragEl.highlight();
            }
        };
        dragProxy.moveTo(this.originalXY[0],
                this.originalXY[1], animCfgObj);
    }
    else {
        dragProxy.hide();
    }
    delete this.invalidDrop;
}
```

❶ 重载 onDragDrop 方法

❷ 避免代理在拖曳结束前隐藏

❸ 重载 endDrag 方法

❹ 执行修正动画

❺ 如果投放有效，隐藏投放代理

在代码 13-7 中，加上了对 onDragDrop、b4EndDrag 和 endDrag 的重载，完成了 DDProxy 的余下部分。

方法 onDragDrop❶和使用 DD 时是完全一样的，如果投放元素不是拖曳元素的父容器，就可以放在那里，然后把节点移动到投放元素中。否则，就调用 onInvalidDrop 方法，后者会把 invalidDrop 属性设置为 true。

方法 b4EndDrag❷故意用 Ext.emptyFn（空函数）重载。之所以这么做，是因为 DDProxy 的 b4EndDrag 方法会在调用 endDrag 方法之前先把 DragProxy 隐藏起来，否则会和要使用的动画效果相冲突。而且也没要让 DragProxy 先隐藏再显示，所以通过用一个什么也不做的函数重载了 b4EndDrag，阻止它的隐藏。

方法 endDrag❸的任务是如果 invalidDrop 属性是 true❹，就要进行修正。这和之前使用 DD 时是一样的。不过这次的动画效果不是针对元素本身，而是 DragProxy。通过 easeOut 完成一个平滑的动画效果。回调函数中把 DragProxy 隐藏起来，然后调用拖曳元素的高亮效果方法，把背景颜色从黄色变成白色。

最后，如果调用 endDrag 时没有设置 invalidDrop 属性，就会把代理隐藏起来，完成了对 DDProxy 的使用。

正如所看到的，对普通的 DOM 元素的完整拖曳需要对拖曳类的层次结构有所了解。不过能在屏幕上用很酷的方式对元素进行拖曳，给用户很棒的交互功能体验，这也是值得的。

13.5　小结

在这一章中，研究了拖放的基础，并使用了 DOM 节点的两种拖曳行为，这为实现拖放 UI 控件的行为铺平了道路。

在这个过程中，研究了拖放操作的基础，并花了一些功夫研究其行为模型。本章对拖放迷你框架进行了深入研究，这些类可以分成两个主要的类：拖和放。在研究类的层次结构时也了解了每个类的作用。

接着，学习了通过拖放组实现了 DOM 元素的有限制的拖放。讨论了要实现它需要对哪些常用方法进行重载。在开发拖曳元素的修复操作时，还实现了"弹性"擦除。

最后，对基本的拖放实现做了些修改，使用拖放代理。在此过程中学到了如何正确地进行修正操作，和 DD 中的修正操作有所区别。

接下来，还要继续练习拖放的基本知识，将会学到如何对 3 个 UI 控件，DataView、GridPanel、TreePanel 实现拖放，到时会学到不同的实现方法。

第14章 部件的拖放

本章包括的内容：

- 学习 Ex JS 部件的拖放
- 对 DataView 使用拖放
- 练习在 GridPanel 之间拖放
- 创建两个可拖放的 GridPanel
- 处理 TreePanel 的拖放
- 应用 TreePanel 拖放的限制

在做项目开发时，用上下文菜单或按钮的方式执行某种行为还是很容易的，例如把记录从一个网格移动到另一个网格。不过用户总是会希望能有更简单的方法。如果能够提供拖放支持，用户处理这些事情就会更有效。用户不需要多次单击鼠标了，他们肯定会很高兴。

在这一章里，会研究如何把拖放用于 3 个最常使用拖放的部件上：DataView、GridPanel 和 TreePanel。这个过程中，更深入到 DragDrop 的类层次结构，会接触到 DragZone 和 DropZone 两个类及其子项。

我们会介绍每一个部件在拖放方面的不同实现方式，我们还会探讨一些拖放类的内部机制和隐含的技巧。

因为这些行为本身就很复杂，因此这一章会有大量的代码。

14.1　快速回顾拖放类

在实现部件的拖放之前,需要快速地复习一下 DragDrop 类的层次结构,如图 14-1 所示。这有助于我们看清前方的道路,帮助我们理解会用到哪些类以及为什么要用它们。

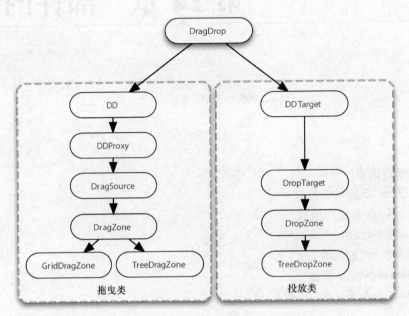

图 14-1　DragDrop 类的层次结构

第 13 章中,谈到了 DD 和 DDProxy 两个拖曳类和 DDTarget 投放类。回忆一下,之所以用它们,是因为它们就是设计用于单节点的拖放的,这恰好符合当时的需要。

要实现拖放操作的每个部件本身都有选择模型,也就是说可以选择多个节点。这就意味着需要利用专门针对它们设计的类。从技术上说,DragSource 和 DropTarget 两个类就是设计用于这种拖放操作的。但我们将从 DragZone 和 DropZone 类入手。这是因为以下原因。

尽管 DragSource 已经具备了多个节点拖放必须的机制,但是 DropZone 类更进了一步,还添加了其他有用功能,例如对支持滚动的容器可以管理容器的滚动条。后面实现 DataView 的拖放操作时会看到实际效果。

DropZone 类在 DropTarget 类的基础上增加了功能,例如可以跟踪被拖曳的元素当前是悬在哪个节点上,这就可以很容易地把拖曳节点精准地放在指定位置上。稍后学到实现 GridPanel 的拖放功能时,会有练习的机会。

现在我们都知道要从哪里入手了。因为 DataView 的拖放给 GridPanel 和 TreePanel 提供了重要信息，就从它开始讲起。

14.2 DataView 的拖放

我们的任务是要给用户开发一个他们的经理可以通过简单的拖放操作就能跟踪员工是在上班还是在休假的工具。我们会做两个 DataView，和以前做过的类似。不过，需要做稍许改动，包括启动多节点选择功能。图 14-2 显示的就是位于一个 Ext.Window 实例中的两个 DataView。

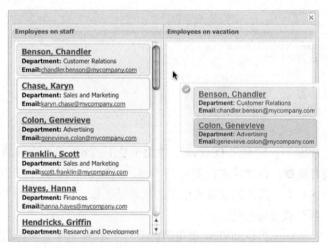

图 14-2　最后 DataView 的效果

既然知道要做什么了，那就开始吧。

14.2.1　构造 DataView

从放在 DataView 中的元素的 CSS 样式开始做起。和拖放有关的 CSS 也在这里，如代码 14-1 所示。

代码 14-1　DataView 的 CSS

```
<style type="text/css">
    .emplWrap {
        border: 1px #999999 solid;                    ❶ 全体员工模板的样式
        -moz-border-radius: 5px;
        -webkit-border-radius: 5px;
        margin : 3px;
        padding : 3px;
```

```
        background-color: #ffffcc;
    }

    .emplOver {
        border: 1px #9999ff solid;
        background-color: #ccccff;
        cursor: pointer;
    }

    .emplSelected {
        border: 1px #66ff66 solid;
        background-color: #ccffcc;
        cursor: pointer;
    }

    .emplName {
        font-weight: bold;
        margin-left: 5px;
        font-size: 14px;
        text-decoration: underline;
        color: #333333;
    }

    .emplAddress {
        margin-left: 20px;
    }
</style>
```

❷ Mouseover 的样式

❸ 设置被选中员工的样式

在这些 CSS 中，定义了 DataView 中每个员工的 div 是什么样的。没被选中的员工会是黄色的背景❶，和文件夹的颜色差不多。当鼠标滑到员工名字的上方时，会使用 emplOver❷CSS 类，颜色就变成蓝色了。如果员工被选中了，就会用 emplSelected❸这个 CSS 类，颜色就是绿色的。

现在已经准备好了 DataView 要用到的 CSS 了，接下来，要构造两个数据存储器给不同的 DataView 使用。

代码 14-2　配置 DataView 的数据存储器

```
var storeFields = [
    { name : "id",         mapping : "id" },
    { name : "department", mapping : "department" },
    { name : "email",      mapping : "email" },
    { name : "firstname",  mapping : "firstname" },
    { name : "lastname",   mapping : "lastname" }
];

var onStaffStore = {
    xtype    : 'jsonstore',
    autoLoad : true,
    proxy    : new Ext.data.ScriptTagProxy({
        url : 'http://extjsinaction.com/examples/chapter12/getEmployees.php'
    }),
    fields   : storeFields,
    sortInfo : {
        field     : 'lastname',
        direction : 'ASC'
```

❶ 创建数据存储器字段列表

❷ 配置远程的

```
    }
};
```
                                                    ❸ 本地
                                                      JsonStore
```
var onVactaionStore = {
    xtype     : 'jsonstore',
    fields    : storeFields,
    autoLoad  : false,
    sortInfo  : {
        field     : 'lastname',
        direction : 'ASC'
    }
};
```

在代码 14-2 中，创建一个字段列表❶以及两个 JsonStore 的配置对象。第一个 JsonStore❷通过一个 ScripTagProxy 提取员工列表，而第二个 JsonStore❸等着那些通过拖放操作插进来的记录。

既然已经配好了数据存储器，就可以创建 DataView 了，如代码 14-3 所示。

代码 14-3 配置两个 DataView

```
var dvTpl = new Ext.XTemplate(
    '<tpl for=".">',
      '<div class="emplWrap" id="employee_{id}">',
        '<div class="emplName">{lastname}, {firstname}</div>',
        '<div><span class="title">Department:</span> {department}</div>',
          '<div>',
            '<span class="title">Email:</span><a href="#">{email}</a>',
          '</div>',
       '</div>',
    '</tpl>'
);
```
                                              ❶ DataViews 的 XTemplate

                                              ❷ 上班
                                                DataViews
```
var onStaffDV = new Ext.DataView({
    tpl           : dvTpl,
    store         : onStaffStore,
    loadingText   : 'loading..',
    multiSelect   : true,
    overClass     : 'emplOver',
    selectedClass : 'emplSelected',
    itemSelector  : 'div.emplWrap',
    emptyText     : 'No employees on staff.',
    style         : 'overflow:auto; background-color: #FFFFFF;'
});
```
                                              ❸ 休假
                                                DataViews
```
var onVactionDV = new Ext.DataView({
    tpl           : dvTpl,
    store         : onVactaionStore,
    loadingText   : 'loading..',
    multiSelect   : true,
    overClass     : 'emplOver',
    selectedClass : 'emplSelected',
    itemSelector  : 'div.emplWrap',
    emptyText     : 'No employees on vacation',
    style         : 'overflow:auto; background-color: #FFFFFF;'
});
```

在代码 14-3 中，用一个 XTemplate 实例❶配置了两个 DataView。onStaffDV❷会用

onStaffStore 中的数据加载当前还在上班的员工列表，而 onVacationDV❸用的是还没填充任何内容的 onVacationStore。

可以把这两个 DataView 直接放在屏幕上，不过我认为把它们用 HBoxLayout 布局方式并排地放在一个窗口中会更好如代码 14-4 所示。

代码 14-4   把 DataView 放在一个窗口中

```
new Ext.Window({
    layout          : 'hbox',                    Instantiate a Window
    height          : 400,                       ❶ 为了 DataView 实例化一个窗口
    width           : 550,
    border          : false,
    layoutConfig    : { align : 'stretch'},
    items           : [
        {
            title   : 'Employees on staff',
            frame   : true,
            layout  : 'fit',                      ❷ 将 DataView 放到面板中
            items   : onStaffDV,
            flex    : 1
        },  {
            title   : 'Employees on vacation',
            frame   : true,
            layout  : 'fit',
            id      : "test",
            items   : onVactionDV,
            flex    : 1
        }
    ]
}).show();
```

在代码 14-4 中，创建了一个使用 HBoxLayout 布局方式的 Ext.Window 的实例❶，在里面并排放了两个等宽的，高度填满窗体的面板。左边面板中放的是上班的 DataView❷，右边面板中放的是休假的 DataView，如图 14-3 所示。

图 14-3   窗口中的 DataView

可以看到，这些 DataView 都正确地显示出来了，上班的员工位于左边，目前还没有一个人休假。这些准备就绪后，拖放的舞台就搭建好了。

14.2.2　添加拖曳

和 GridPanel 及 TreePanel 比较起来，DataView 的拖曳无疑是最费劲的。这是因为 DataView 和那两个控件不同，DataView 类并没有现成的已经实现好的 DragZone 子类可以使用，这就意味着必须自己实现 DragZone。同样，也必须自己实现一个 DropZone 来处理投放行为。

DragZone 类使用的是一个名为 StatusProxy 的专门代理，它会用图标来表示能够成功地投放。图 14-4 所示的就是一个典型 DragZone 的效果。

图 14-4　StatusProxy 提示可以投放（左）或不能投放（右）

尽管默认的 StatusProxy 是轻量级的，而且有效，不过还是有些乏味。虽然也能够提供一些有价值的信息，不过不够生动。利用 StatusProxy 可以定制外观的功能，给拖曳操作添加一些效果，让它看起来更生动有趣，而且更有表现力。DragZone 所添加的另一个特性是无效投放场景下的自动修正，这就减少了要编写的代码数量。

先创建 overrides，以后创建 DragZone 实例时会用到它。要想启用拖曳，必须先把 DataView 渲染出来，因此需要把代码 14-5 加进来。

代码 14-5　创建 DragZone 的 overrides

```
var dragZoneOverrides = {                    ❶ 自动滚动目的容器
    containerScroll : true,                       ❷ 避免 document.body
    scroll          : false,                         滚动
    getDragData     : function(evtObj){      ❸ 重载 getDragData 方法
        var dataView = this.dataView;
        var sourceEl = evtObj.getTarget(dataView.itemSelector, 10);
                                                      缓存拖曳动作
        if (sourceEl) {                               元素 ❹
            var selectedNodes = dataView.getSelectedNodes();
            var dragDropEl = document.createElement('div');

            if (selectedNodes.length < 1) {        创建和返回拖曳数
                selectedNodes.push(sourceEl);   ❺ 据对象
            }

            Ext.each(selectedNodes, function(node) {
                dragDropEl.appendChild(node.cloneNode(true));
            });                                       遍历 selectedNodes
            return {                                      列表 ❻
```

```
            ddel                : dragDropEl,
            repairXY            : Ext.fly(sourceEl).getXY(),
            dragRecords         : dataView.getSelectedRecords(),
            sourceDataView      : dataView
        };
    }
},
getRepairXY: function() {
    return this.dragData.repairXY;
}
};
```

在代码 14-5 中，创建了给 DragZone 实例使用的重载属性和方法。尽管这部分代码比较少，还是有许多要注意的地方。它的处理过程如下。

首先，为拖曳行为配置了两个管理滚动的属性。第一个属性是 containerScroll❶，并设成 true。把这个属性设置为 true 会让 DragZone 调用 Ext.dd.ScrollManager.register，当发生滚动时，这可以帮助管理 DataView 的滚动。等完成了 DragZone 后再看 DataView 时，会对它进行仔细的研究。

下一个属性是 scroll，它被设置为 false❷。把这个属性设置成 false，是为了避免当把拖曳代理拉出浏览器窗口时文档体发生滚动。保证浏览器在拖曳过程中保持固定能够增加可用性。

接下来，对 getDragData 进行重载❸，对于使用多结点拖放的程序而言，这个方法非常重要。getDragData 的目的是为了构造所谓的**拖曳数据对象**（drag data object），在这个方法的最后返回了这个对象。关于拖曳数据对象的一个要点是，getDragData 方法所产生和返回的这个对象会被 dropZone 实例缓存起来，并可以通过 this.dragData 引用进行访问。会在稍后的 getRepairXY 方法中看到它的实际作用。

在这个方法中，先用 sourceEl 引用发生拖放操作的元素❹。如果 DataView 觉得选择的节点数量有问题，可以用它来更新 StatusProxy。还创建了一个容器元素，dragDropEl，在拖曳过程中用它盛放被选择节点的拷贝，它也会被放在 StatusProxy 中。

提示: 为了保证方法的余下部分能够继续执行，所以才有了对 sourceEl 的测试。当用
       DragZone 注册的元素有鼠标按下事件发生时，会调用 getDragData。这就意味着即使
       单击的不是某个记录元素，而是 DataView 元素本身，getDragData 也会被调用，这就
       会导致该方法的失败。

接下来，在发生拖曳行为时，要盘点 DataView 中选中的元素的个数。如果 selectedNodes 数量少于 1❺，就把发生拖曳行为的节点加上去。之所以这么做的，是因为有时 DataView 还没来得及把某个元素注册成被选中的样子时，拖曳动作就发生了。这可以快速地修正这个行为。

然后用 Ext.each❻对 selectedNodes 列表进行遍历，把它们加到 drapDropEl 中。这有助于对 StatusProxy 的定制，好像用户拖曳的是所选择的节点的拷贝。

　　这个重载方法的最后，返回的是一个用于更新 StatusProxy 以及用于投放操作的对象，唯一一个需要传递给这个对象的属性是 ddel，它会被放在 StatusProxy 中。

　　在这个实现过程中，还给自定义的拖曳数据对象增加了其他一些有用的属性。第一个就是 repairXY，这是拖曳动作发生时元素的 *X*、*Y* 坐标的数组。以后发生了无效投放要进行修正操作时会用到这个数组。

　　还有就是 dragRecords，它是代表每一个被选中及被拖曳节点的 Ext.data.Record 实例的数组。最后，用 sourceDataView 来引用 DragZone 所用到的 DataView。Drag Records 和 sourceDataView 属性一起帮助这个 DropZone 程序从源 DataView 中删除被拖放的记录。

　　最后一个重载方法是 getRepairXY，它返回的是本地缓存的数据对象的 repairXY 属性，对发生无效投放后的修正操作，通过这个对象可以知道 StatusProxy 应该在哪里进行修正。

　　现在重载就做好了，可以对 DragZone 进行实例化，把它用到 DataView 上了，如代码 14-6 所示。

代码 14-6　把 DragZone 用于 DataView

```
var onStaffDragZoneCfg = Ext.apply({}, {          ⟵  dragZoneOverrides 的
    ddGroup    : 'employeeDD',                    ❶  自定义拷贝
    dataView   : onStaffDV
}, dragZoneOverrides);

new Ext.dd.DragZone(onStaffDV.getEl(), onStaffDragZoneCfg);

var vacationDragZoneCfg = Ext.apply({}, {
    ddGroup    : 'employeeDD',
    dataView   : onVactionDV
}, dragZoneOverrides);

new Ext.dd.DragZone(onVactionDV.getEl(), vacationDragZoneCfg);
```

　　在代码 14-6 中，用 Ext.apply 给位于名为上班 DataView❶的雇员的 DragZone 创建了一个 dragZoneOverrides 对象的自定义拷贝，这个自定义拷贝包含了一个 ddGroup 属性。两个 DragZone 用的都是同一个属性。这两个拷贝的区别在于属性 dataView，这个属性指向的是该 DragZone 所依附的 DataView，是提供给之前创建的 getDragData 方法使用的。为休假 DataView 配置的 DragZone 使用的也是相同的模式。

　　你可能注意到了，并没有对 DragZone 实例应用重载，这和上一章对 DDTarget 的使用方式并不一样。这是因为 DragZone 的超类 DragSouce 会自动地进行处理，就像 Ext.Component 那样。

　　刷新页面后，就可以练习拖曳操作了。也能看到自定义的 StatusProxy 的实际效果，如图 14-5 所示。

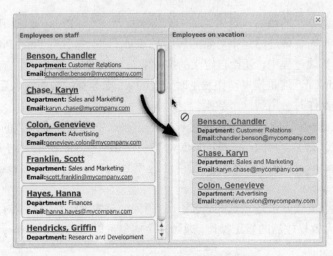

图 14-5　自定义 DragProxy 的 DragZone

可以看到，当选择了一个或者多个上班 DataView 中的记录进行拖动时，会出现 StatusProxy，其中有所选中节点的拷贝，这样的拖曳操作很漂亮，用起来也很有趣。

当把这个拖曳代理放到页面上的其他地方时，可以看到 getRepairXY 方法的实际效果。拖曳代理会以一种动画的形式滑动着回到拖曳操作发生所在的 *X*、*Y* 坐标处。

要想体会 ScrollMgr 对滚动的管理能力，需要进行一个拖曳操作，然后把鼠标悬停在一个自动滚动的区域，如图 14-6 所示。

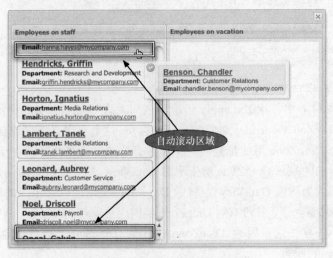

图 14-6　会发生自动滚动的区域

如图 14-6 所示，如果把鼠标悬停在那些重点标出来的区域上，会让 DataView 自动地进行滚动，一直到无法继续滚动为止。

你可能注意到了，当把节点拖到休假这个 DataView 上时，StatusProxy 会有一个图标，提示不可以进行投放。这是因为还没有实现 DropZone，接下来完成这个工作。

14.2.3　投放

和以前的拖放程序一样，必须为拖曳类注册一个能够与它交互的拖放目标。之前讨论过了，就是用 DropZone 这个类。按照这个模式，代码 14-7 中会创建一个 overrides 对象，它要处理投放操作，而且和拖曳比起来要更加容易。

代码 14-7　创建一个 DropZone 的重载

```
var dropZoneOverrides = {                           ❶ 更新
    onContainerOver : function() {                     StatuProxy
        return this.dropAllowed;
    },
    onContainerDrop : function(dropZone, evtObj, dragData) {

        var dragRecords = dragData.dragRecords;
        var store = this.dataView.store;

        var dupFound = false;                        ❷ 寻找重复记录
        Ext.each(dragRecords, function(record) {

            var found = store.findBy(function(r) {
                return r.data.id === record.data.id;
            });

            if (found > -1 ) {
                dupFound = true;
            }
        });
        if (dupFound !== true) {                     ❸ 从源删掉所有记录
            Ext.each(dragRecords, function(record) {
                dragData.sourceDataView.store.remove(record);
            });
            this.dataView.store.add(dragRecords);
            this.dataView.store.sort('lastname', 'ASC');  ❹ 将记录添加到
        }                                             根据姓名对记录进     目的中
        return true;                                  行排序  ❺
    }                           ❻ 显示投
};                                放成功
```

在代码 14-7 中，创建的 override 对象有两个方法，也正是这两个方法启用了两个 DataView 上的投放行为。第一个方法为 onContainerOver❶，这个方法用来判断投放行为能否发生。就这个应用程序来说，不需要什么额外处理，不过至少要返回一个 this.droppedAllowed 的引用，这是有个绿色对勾图标的 CSS 类 x-dd-drop-ok 的引用。要是想用自己的图标，可以在这个地方返回一个自己的 CSS 类。

下一个方法 onContainerDrop 是处理投放节点的地方，当发生 mouseup 事件时，

DragZone 实例就会调用这个方法。需要记住，只有在同一个拖放组的 DragZone 和 DropZone 才能交互。

在这个方法中，用到了在 DragZone 的 getDragData 中创建的 dragData 对象，还创建了代表被中节点的本地引用（dragRecords）以及目标 DataView 的数据存储器的本地引用（store），以备后用。

接下来，onContainerDrop 先查找重复的记录❷。如果要进行的是拷贝而不是移动，查找重复是有意义的。如果没有发现重复的记录，Ext.each 就会对被拖曳的记录进行遍历，从 sourceDataView 的数据存储器中去掉这些记录❸，再把这些记录加到目的 DataView 的数据存储器中❹，然后按照名字的升序进行排序❺。

所有记录都处理完后，onContainerDrop 会返回一个布尔类型的值 true。返回 true 时，是让 DragZone 知道投放操作成功完成了❻，因此 DragZone 不会进行修正了。而其他的值都意味着投放操作不成功，都会发生修正行为。

完成这个 override 对象后，就可以把它应用到 DataView 上了，如代码 14-8 所示。

代码 14-8　创建 DropZone 的重载

```
var onStaffDropZoneCfg = Ext.apply({}, {
    ddGroup        : 'employeeDD',
    dataView       : onStaffDV
}, dropZoneOverrides);

new Ext.dd.DropZone(onStaffDV.ownerCt.el, onStaffDropZoneCfg);

var onVacationDropZoneCfg = Ext.apply({}, {
    ddGroup        : 'employeeDD',
    dataView       : onVactionDV
}, dropZoneOverrides);

new Ext.dd.DropZone(onVactionDV.ownerCt.el,  onVacationDropZoneCfg);
```

在代码 14-8 中，为用于每个 DataView 的 DropZone 创建了一个针对 dropZone Overrides 对象的拷贝，这里使用的是和代码 14-6 创建 DragZone 的实例时相同的代码模式。

现在可以看到最终拖曳程序的实际效果了。刷新页面，然后把上班 DataView 的东西拖到休假 DataView 中观察效果，如图 14-7 所示。

从上班 DataView 中拖曳一些节点到休假 DataView 的过程，会创建一个 StatusProxy，这个代理带着一个绿色的对勾代表可以投放。投放又会触发 onContainerDrop 方法，把记录从左侧移到右侧，如图 14-8 所示。

好了，带着漂亮的 StatusProxy 的从一个 DataView 到另一个 DataView 的拖放就算完成了。因为每个 DataView 都被挂载了自己的 DragZone 和 DropZone 实例，因此我们可以任意地从一个向另一个拖放，记录会自动地按照名字进行排序。

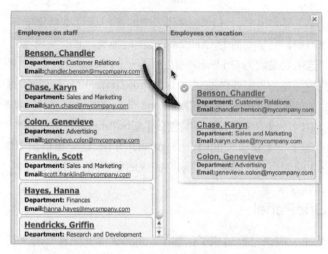

图 14-7　StatusProxy 显示投放区可以投放了

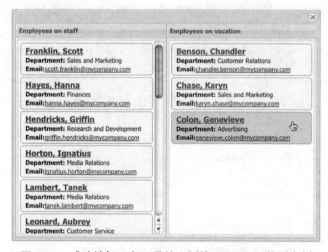

图 14-8　成功地把 3 条记录从左侧的 DataView 拖到右侧

　　现在学会了如果给两个 DataViews 使用拖放，这两个动作的所有最终代码都需要程序员自己完成。接下来，要进入到 GridPanel 的拖放世界，你会发现它的实现方式和 DataView 的有所不同。

14.3　GridPanel 的拖放

　　这次经理布置的任务是：让他们可以对部门是否要做计算机升级进行跟踪。需要对待升级的部门进行标记，还可以调整这些部门升级的顺序。

　　要完成这个任务，需要并排放两个 GridPanel，就像之前使用 DataView 那样。要实现在 GridPanel 之间的拖放，并可以对列表中的部门进行重新排序。

在这个练习中，会学到两个 GridPanel 之间的拖放，它的实现过程要比 DataView 之间的简单得多。这主要是因为 GridPanel 有它们自己的 DragZone 子类，叫做 GridDragZone，它会替我们完成任务。我们要做的就是使用 DropZone，给它找个好的 GridPanel 目标。

除了研究如何给 GridPanel 配置 DropZone 外，还要应对一个最大的挑战，即如何恰当地处理投放元素时投放的位置，这其实包括了 GridPanel 通过自我拖放对记录重排的能力。

先从构造位于一个窗口中的两个 GridPanel 开始，这个窗口用 HBoxLayout 方式管理两个 GridPanel 的大小，方法和之前刚刚完成的练习是一样的。

14.3.1   构造 GridPanel

到目前为止，应该已经适应了创建 GridPanel 以及配置它的支持类。因为要保证进度，所以要稍微加快些速度。代码 14-9 用于创建第一个 GridPanel。

代码 14-9   创建第一个 GridPanel

```
var remoteProxy = new Ext.data.ScriptTagProxy({
    url : 'http://extjsinaction.com/examples/chapter12/getPCStats.php'
});                                                            创建远程的
                                                              ScriptTagProxy  ❶

var remoteJsonStore = {
    xtype         : 'jsonstore',            配置
    proxy         : remoteProxy,        ❷ 远程 JSON 存储器
    id            : 'ourRemoteStore',
    root          : '',
    autoLoad      : true,
    totalProperty : 'totalCount',
    fields        : [
        { name : 'department',       mapping : 'department' },
        { name : 'workstationCount', mapping : 'workstationCount'}
    ]
};
                                        ❸ 实例化第一个
var depsComputersOK = new Ext.grid.GridPanel({    GridPanel
    title            : 'Departments with good computers',
    store            : remoteJsonStore,
    loadMask         : true,
    stripeRows       : true,
    autoExpandColumn : 'department',
    columns          : [
        {
            header    : 'Department Name',
            dataIndex : 'department',
            id        : 'department'
        },
        {
            header    : '# PCs',
            dataIndex : 'workstationCount',
            width     : 40
        }
    ]
});
```

　　在代码 14-9 中，创建了一个远程的 ScriptTagProxy❶，JsonStore❷会通过它从 extjsinaction.com 获取数据。接着，创建了一个 GridPanel 的实例❸，它会用之前创建的 remoteJsonStore 显示部门数据。

　　在代码 14-10 中，创建了第二个 GridPanel，它是用来显示需要做升级的部门列表。

代码 14-10　创建第二个 GridPanel

```
var needUpgradeStore = Ext.apply({}, {          ⟵  remoteJsonStore 的
    proxy    : null,                            ❶  拷贝
    autoLoad : false
}, remoteJsonStore);

var needUpgradeGrid = new Ext.grid.GridPanel({  ⟵  配置第二个
    title            : 'Departments that need upgrades',  ❷  'GridPanel
    store            : needUpgradeStore,
    loadMask         : true,
    stripeRows       : true,
    autoExpandColumn : 'department',
    columns          : [
        {
            header    : 'Department Name',
            dataIndex : 'department',
            id        : 'department'
        },
        {
            header    : '# PCs',
            dataIndex : 'workstationCount',
            width     : 40
        }
    ]
});
```

　　在代码 14-10 中，通过 Ext.apply❶给 remoteJsonStore 创建了一个拷贝，并做了些调整，重载了 proxy 参数，还把 autoLoad 设置为 false。这样就给 remoteJsonStore 创建了一个差不多一样的副本，重用了大部分相同的属性，例如字段。

　　接着，为需要升级的部门创建第二个 GridPanel 的实例❷。这两个 GridPanel 都需要一个容身之所。因此接下来就要创建一个 Ext 的 Window 来展示它们。

代码 14-11　GridPanel 的容身之所

```
new Ext.Window({
    width   : 500,
    height  : 300,
    layout  : 'hbox',
    border  : false,
    defaults : {
        frame : true,
        flex  : 1
    },
    layoutConfig : {
        align : 'stretch'
```

```
    },
    items        : [
        depsComputersOK,
        needUpgradeGrid
    ]
}).show();
```

在代码 14-11 中，创建了一个 Ext 的 Window，它用 HBoxLayout 布局方式管理刚才配置的两个 GridPanel。不妨测试一下，效果如图 14-9 所示。

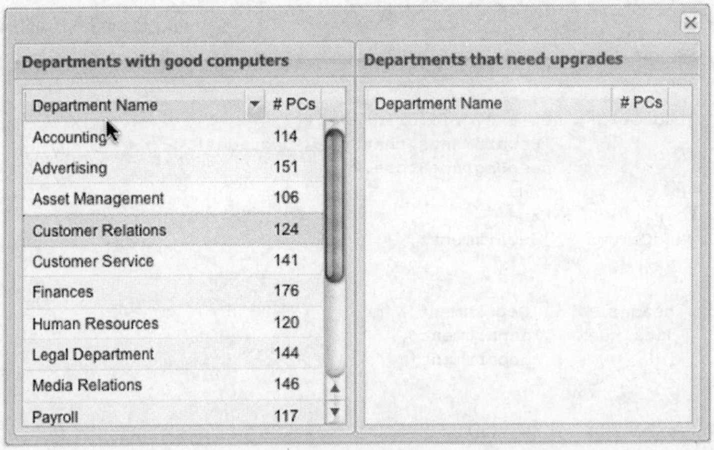

图 14-9　两个部门 GridPanel 并排放着

这两个 GridPanel 正确地显示在窗口中。接下来的任务是要实现他们拖放了。

14.3.2　启用拖曳

要想让一个 GridPanel 能够拖曳，所需要做的就是给 GridPanel 的配置对象添加两个属性，如以下代码所示：

```
enableDragDrop : true,
ddGroup        : 'depGridDD',
```

给 GridPanel 启用拖曳动作很容易，GridView 在渲染时会检查 GridPanel 是否有 enableDragDrop（或者 enableDrag）。如果这个属性已经设置了，就会创建一个 GridDragZone 的实例，并使用 ddGroup（拖放组），如果没有，就用一个通用的 GridDD 组。

在配置 GridPanel 的拖放时，我喜欢给 GridPanel 指定一个拖放组。如果不这么做，所有启用了拖曳的 GridPanel 彼此间会互相交互，这会造成无法预料的让人头疼的结果。

刷新这个 GridPanel，看看拖曳动作的实际效果，如图 14-10 所示。在对左面这个 GridPanel 拖曳时，可以看到出现一个带着选择记录数量的 StatusProxy。GridDragZone 用的是 getDragData 方法，显示的是拖曳对象的 ddel 属性的选择记录数量。听起来挺熟悉的吧？

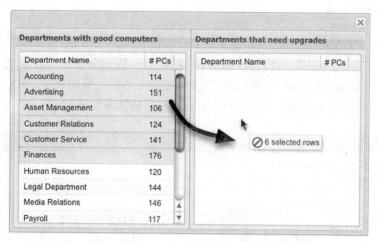

图 14-10   GridPanel 启用了拖曳后

可以看到状态代理显示的是不能投放的图标。这是因为还没给 DragZone 创建可交互的 DropZone。需要先加几个 CSS 样式，DropZone 可以通过这些样式提供一个更好的投放邀请。

14.3.3   更好的投放邀请

尽管就提示用户"可以进行成功的投放了"这点来说，StatusProxy 已经提供了足够的信息，不过关于投放到底会放在哪个位置并没有给出足够的反馈，这很关键，尤其要对记录重新排序时。

解决这个问题需要一些 CSS 规则。将代码 14-12 加到页面的头部。

代码 14-12   加上一些 CSS 样式，提供更好的投放邀请信息

```
<style type="text/css">
    .gridBodyNotifyOver {
        border-color: #00cc33 !important;
    }
    .gridRowInsertBottomLine {
        border-bottom:1px dashed #00cc33;
    }
    .gridRowInsertTopLine {
        border-top:1px dashed #00cc33;
    }
</style>
```

有了这个 CSS 后，就可以给用户一个更好的投放邀请了，这次他们可以精准地把记录插到 GridPanel 某个位置上了。

现在，就要给 GridPanel 构造自定义的 DropZone 了。

14.3.4　添加投放

可以在 GridPanel 渲染之后替它创建 DropZone 的实例,这个过程和 DataView 的拖放差不多。为了简化这个过程,将代码 14-13 加到前面的 Ext.Window 实例化之后。

从 onContainerOver 方法的重载开始,它会跟踪鼠标移动事件,进而确定该把被拖曳的记录插到什么位置。这段代码挺长,不过还是值得大家仔细研究。

代码 14-13　创建重载对象

```
var dropZoneOverrides = {
    ddGroup        : 'depGridDD',
    onContainerOver : function(ddSrc, evtObj, ddData) {
        var destGrid = this.grid;
        var tgtEl    = evtObj.getTarget();                    ❶ 获得悬停元素的
        var tgtIndex = destGrid.getView()                        索引
                .findRowIndex(tgtEl);
        this.clearDDStyles();
                                                              ❷ 这是一行吗?
        if (typeof tgtIndex === 'number') {
            var tgtRow       = destGrid.getView().getRow(tgtIndex);
            var tgtRowEl     = Ext.get(tgtRow);
            var tgtRowHeight = tgtRowEl.getHeight();
            var tgtRowTop    = tgtRowEl.getY();
            var tgtRowCtr    = tgtRowTop + Math.floor(tgtRowHeight / 2);
            var mouseY       = evtObj.getXY()[1];

            if (mouseY >= tgtRowCtr) {                        ❸ 鼠标在这
                this.point = 'below';                            行上吗?
                tgtIndex ++;
                tgtRowEl.addClass('gridRowInsertBottomLine');
                tgtRowEl.removeClass('gridRowInsertTopLine');
            }
            else if (mouseY < tgtRowCtr) {                    ❹ 鼠标在这
                this.point = 'above';                            行下吗?
                tgtRowEl.addClass('gridRowInsertTopLine');
                tgtRowEl.removeClass('gridRowInsertBottomLine')
            }
            this.overRow = tgtRowEl;
        }
        else {
            tgtIndex = destGrid.store.getCount();             ❺ 追加到数据
        }                                                        存储器
        this.tgtIndex = tgtIndex;

        destGrid.body.addClass('gridBodyNotifyOver');

        return this.dropAllowed;                              ❻ 给 GridPanel 添加一个绿色边框
    },
    notifyOut      : function() {},
    clearDDStyles  : function() {},
    onContainerDrop : function() {}
};
```

在代码 14-13 中,创建了一个 dropZoneOverrides 配置对象,它有 ddGroup 属性,实现了 onContainerOver,还有 3 个以后完成的存根方法。现在,重点要关注 onContainerOver 方法。它的工作方式如下。

当 DragZone 发现被拖到了属于同组的 DropZone 上时，就会调用 DropZone 的 notifyOver 方法，notifyOver 方法又会调用 onContainerOver 方法。只要鼠标是悬停在 DropZone 元素之上，鼠标在 X、Y 方向的每个移动都会触发这个事件，因此，如果要判断一个投放动作到底是追加，还是插入或者重新排序操作，这个地方就很合适。

在 onContainerOver 中，先得到鼠标所悬停的元素（tgtDiv），并通过 GridView 获得其索引❶。如果 findRowIndex 返回的是一个数字，就知道现在鼠标是放在 GridView 中的某一行上了，因此，可以用于确定插入索引值了❷。

要得到目标行的准确坐标，首先得获得行的引用，然后用 Ext.Element 把它封装起来。接着，用一个助手方法得到高度及当前的坐标。接着，确定行的中心位置，然后和鼠标的 Y 坐标相对比。

如果鼠标的 Y 坐标大于或者等于目标行的中心高度，那么这个记录就要插到目标行的后面的❸。设置了一个本地的 this.point 属性，把 targetIndex 值加❶，并给目标行加上'gridRowInsertBottomLine'CSS 类，给用户展示一个投放邀请。

如果鼠标的 Y 坐标小于目标行的中心高度，那么这次就是插到目标行的上面❹。相应设置了 this.point 属性并给目标行加上了'gridRowInsertTopLine'CSS 类，这次顶边就成了绿色的虚线了，在正确的位置给出了一个投放邀请。

如果是拖过 DropZone 元素的上方，目标索引就被设置成目标 GridPanel 的记录数量❺，这样，所有投放的记录都是追加到数据存储器的后面。

接下来，这个目的索引值在本地缓存起来，目标 GridPanel 的 body 元素的边框也变成了绿色，这有助于理解投放邀请❻。最后，返回了 this.dropAllowed，保证 StatusProxy 会给出正确的投放邀请图标。

代码 14-13 的最后是 3 个存根方法，notifyOut、clearDDStyles、onContainerDrop，这些方法用来去掉投放邀请以及处理投放。代码 14-14 是给这几个方法加上一些简单的功能。

代码 14-14　创建重载对象

```
notifyOut : function() {
    this.clearDDStyles();
},
clearDDStyles : function() {
    this.grid.body.removeClass('gridBodyNotifyOver');
    if (this.overRow) {
        this.overRow.removeClass('gridRowInsertBottomLine');
        this.overRow.removeClass('gridRowInsertTopLine');
    }
},
onContainerDrop : function(ddSrc, evtObj, ddData){
    var grid      = this.grid;
    var srcGrid   = ddSrc.view.grid;
    var destStore = grid.store;
    var tgtIndex  = this.tgtIndex;
    var records   = ddSrc.dragData.selections;
```

❶ 在拖出去时清除投放邀请

❷ 删除所有投放邀请的 CSS

❸ 完成投放逻辑

```
      this.clearDDStyles();

      var srcGridStore = srcGrid.store;
      Ext.each(records, srcGridStore.remove, srcGridStore);

      if (tgtIndex > destStore.getCount()) {
          tgtIndex = destStore.getCount();
      }
      destStore.insert(tgtIndex, records);

      return true;
}
```

❹ 删除所有记录

❺ 插入投放的记录

在 dropZoneOverrides 对象最后，增加了对出现在目标 GridPanel 和目标行上的投放
邀请的清理，把记录从源 GridPanel 移到目的 GridPanel。实现过程如下。

对于 notifyOut❶的重载相当简单，只是调用了下面的 clearDDStyles 方法。别忘了，
当对象被拖离 DropZone 范围时会调用 notifyOut，因此我们去掉投放邀请。

接下来是 clearDDStyle 方法❷，这并不是实现拖放所必须的模板方法，而只是个自
定义的方法。之所以要加上这个方法，是因为 onContainerOver 方法会给目标行和目标
GridPanel 添加样式，因此也需要清理这些样式，对于经常重用的代码最好还是放在一个
单独的方法中。之前已经见到了 notifyOut 中会调用这个方法，同样，onContainerDrop
中也会调用这个方法。

最后一个方法是 onContainerDrop❸，它和处理 DataView 的 DropZone 时的方法类似，
它要把记录从一个数据存储器转移到另一个中去。因为有了记录的转移，因此要调用
clearDDStyle 去掉为拖放邀请添加的 CSS 规则。接着，从源 GridPanel 中删除这些记录
❹。最后，把这些记录插到目标 GridPanel 中去，插入位置是事先已经确定好的目标位
置❺，然后返回 true，告诉 DragZone 投放操作成功完成。

这样，dropZoneOverrides 对象就完成了。在全部结束前，需要给 GridPanel 提供
DropZone 的实例，如代码 14-15 所示。

代码 14-15   把 DropZone 用于 GridPanel

```
var leftGridDroptgtCfg = Ext.apply({}, dropZoneOverrides, {
    grid : depsComputersOK
});
new Ext.dd.DropZone(depsComputersOK.el, leftGridDroptgtCfg);

var needdUpgradesDZCfg = Ext.apply({},dropZoneOverrides, {
    grid : needUpgradeGrid
});
new Ext.dd.DropZone(needUpgradeGrid.el, needdUpgradesDZCfg);
```

❶ 复制 dropZoneOverrides

❷ DropZone 的新实例

在代码 14-15 中，对 dropZoneOverrides 对象进行了复制❶，分别对每个 GridPanel
进行了定制，然后分别创建了 DropZone 的实例❷。看起来很熟悉吧，对 DataView 的
DropZone 的实例化也是用的这种方式。

对 GridPanel 的拖放实现基本完成了。刷新页面，然后看看投放邀请的效果，如图
14-11 所示。

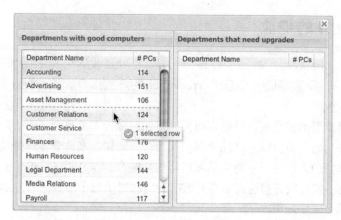

图 14-11　投放邀请

不管怎么拖曳这两个 GridPanel 中的记录，都会发现能正确跟踪鼠标的动作，当鼠标悬停在一个记录的上半部分时，记录的顶边会变成绿色的虚线。

同样，如果把鼠标悬停在一个记录的下半部分，记录的底边会变成绿色的虚线，表示这个投放会把记录插在当前悬停行的下面，如图 14-12 所示。

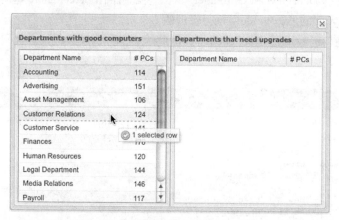

图 14-12　悬停行下面的投放邀请

把记录放在某个位置，记录就会移到这个位置。同样，把记录从一个 Grid 拖放到另一个 Grid 时，记录也会按照要求移动，这就是 GridPanel 和 GridPanel 之间的拖放。如果投放的位置不是某一行，记录就会被追加到目的数据存储器的后面。

我们已经一步步地学习了 GridPanel 之间的拖放，不需要实例化 DragZone，只需要把 GridPanel 配置对象的 enableDragDrop 属性设置为 true。别忘了，设置这个属性会通知 GridView 在进行 UI 渲染时创建一个 GridDragZone 的实例。要实现的是 DropZone 以及对投放位置的跟踪。

再接着就是 TreePanel 到 TreePanel 的拖放了，这次使用模式又变了。

14.4　TreePanel 的拖放

我们公司刚收购了另一个公司，经理需要对被收购公司不同部门的员工整合情况进行跟踪，要求提供一个基于 TreePanel 的拖放工具，这样便于跟踪员工的整合情况。

这里最重要的需求是，只能在相关部门之间进行人员整合。例如，来自会计、财务或者薪资部门的人员可以在这几个部门间整合。同样，来自于客户关系、媒体关系、客服、公关部门的人员可以在对应的部门间相互整合。与其用 JavaScrip 构造一个有效投放矩阵，莫不如在服务器返回节点列表时就同时提供每个节点的合理部门列表。有了这些数据，就可以实现需求了。

在这一节，不仅会学到如何实现树的拖放，还要面对一个最常见的挑战，也就是对节点的投放进行限制。先从 TreePanel 以及用来放它的窗口开始。

14.4.1　构造 TreePanel

和之前的 DataView 和 GridPanel 一样，要配置两个 TreePanel，这两个都是由一个使用 HBoxLayout 的 Ext.Window 进行管理的。

因为之前已经用过 TreePanel 了，因此这一部分讲解会很快。代码 14-16 就准备了拖放的舞台。

代码 14-16　给 TreePanel 拖放准备的舞台

```
Ext.QuickTips.init();                        ❶ 他们公司的
                                               TreePanel
var leftTree = {
    xtype     : 'treepanel',
    autoScroll : true,
    title     : 'Their Company',
    animate   : false,
    loader    : new Ext.tree.TreeLoader({
        url : 'theirCompany.php'
    }),
    root      : {
        text    : 'Their Company',
        id      : 'theirCompany',
        expanded : true
    }
};
                                             ❷ 我们公司的
                                               TreePanel
var rightTree = {
    xtype     : 'treepanel',
    title     : 'Our Company',
    autoScroll : true,
    animate   : false,
    loader    : new Ext.tree.TreeLoader({
        url : 'ourCompany.php'
    }),
```

```
    root        : {
        text    : 'Our Company',
        id      : 'ourCompany',
        expanded : true
    }
};
new Ext.Window({
    height      : 350,
    width       : 450,
    layout      : 'hbox',
    border      : false,
    layoutConfig : {
        align : 'stretch'
    },
    defaults    : {
        flex : 1
    },
    items       : [
        leftTree,
        rightTree
    ]
}).show();
```

❸ 包含 TreePanel 的
窗口

在代码 14-16 中，创建了两个 TreePanel 和一个 Ext Window，其中 Ext Window 使用 HBoxLayout 管理两个 TreePanel 的大小。左边的 TreePanel 会加载其他公司的部门列表。需要展开部门后才能看到它的子元素。

右边的 TreePanel 加载的是我们公司的部门列表，幸运的是，我们公司和收购公司的部门列表是一样的。出于简化考虑，不打算显示我们公司部门当前的员工。

最后，创建了窗口，它并排地管理这两个 TreePanel。图 14-13 就是 TreePanel 在屏幕上的效果。

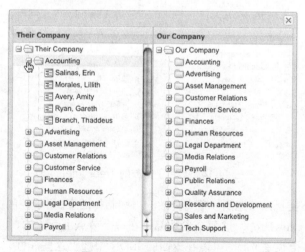

图 14-13　两个 TreePanels

现在有了 Ext Window 和它里面的两个 TreePanel 了。好戏就要上演了。

14.4.2　启用拖放

在探讨实现 DataView 的拖放时，需要同时实现 DragZone 和 DropZone 两个类。对于 GridPanel，只需要实现 DropZone，因为如果 GridPanel 的 enableDragDrop 属性被设置，GridView 会自动创建 GridDragZone。

而对于 TreePanel 来说，拖放就更简单了。程序员需要做的就是给两个 TreePanel 的配置对象添加下面的属性：

```
enableDD : true
```

TreePanel 会替我们完成对 TreeDragZone 和 TreeDropZone 类的实例化。要想指定 TreePanel 参与的拖放组，可以这样设置 ddGroup 配置参数：

```
ddGroup  : 'myTreeDDGroup'
```

图 14-14 就是两个 TreePanel 拖放的实际效果。如上所述，启用 TreePanel 的拖放相当容易。不过，如果是一个文件系统管理工具，所有东西都能拖放而且还有用，不过针对我们的需求而言就不是这样了。

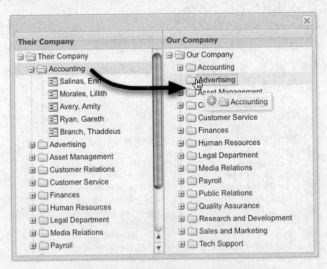

图 14-14　启用了拖放的 TreePanel

TreeNode 类已经考虑到了节点拖放的一些制约因素。用于控制这些行为的参数包括 allowDrag 和 allowDrop，这两个参数都是在每个节点上配置的，就算没有设置这两个参数，其默认值也是 true。可以在返回的 JSON 中加上这些属性，尽管这么做很死板。有了这两个属性后，就可以任意控制拖和放了。不过，显然这还无法完成我们的需求，也就是只能把相关部门的同事拖放到相关部门上。对于这个需求，需要一些更加灵活的手段。

接下来，就要完成这个过程。准备好了吗?

14.4.3　使用灵活的约束

迄今为止，我们都是通过创建对象重载必须的模板方法来实现拖放的，用这种方法可以控制拖放类。对于 TreePanel，可以通过指定 TreePanel 配置对象中的 dragConfig 或 dropConfig 对象进行重载。

为了更好地控制哪些节点可以被拖曳，我们创建了一个 dragConfig 对象，它会重载 onBeforeDrag 模板方法，我们需要把下面的代码放在 TreePanel 配置之前：

```
var dragConfig = {
    onBeforeDrag : function(dragData, eventObj) {
        return dragData.node.attributes.leaf;
    }
};
```

这里，创建了一个带有 onBeforeDrag 重载方法的 dragConfig 对象。这个方法所做的就是返回了被拖曳节点的 leaf 属性。这可以避免拖着全部分支节点满屏跑。要应用这个约束，需要给两个 TreePanel 都设置 dragConfig 对象：

```
dragConfig : dragConfig,
```

刷新页面后，会发现不能再拖动部门节点了。任务只完成了一半。现在，每个员工可以被拖到任何一个部门，因此需要提供对投放点更好的控制。

为了确保能正确地进行投放，接下来的代码 14-1 7 做了许多测试工作，因此代码很长。目前每个节点都可以放到不该放的地方。不过，别吃惊，我们马上就要进行深入的探讨了。

需要代码 14-17 放在 TreePanel 配置之前，就像创建 dragConfig 对象一样。

代码 14-17　更好的投放约束

```
var dropConfig = {
    isValidDropPoint :  function(nodeData, pt, dd, eventObj, data) {

        var treeDropZone = Ext.tree.TreeDropZone;
        var isVldDrpPnt  = treeDropZone.prototype.isValidDropPoint;

        var drpNd            = data.node;                                        ←❶ 收集投放
        var drpNdPrntDept    = drpNd.parentNode.attributes.text;                    节点引用
        var drpNdOwnerTreeId = drpNd.getOwnerTree().id;
        var validDropPoints  = drpNd.attributes.validDropPoints || [];

        var tgtNd            = nodeData.node;                                    ←❷ 收集目标
        var tgtNdPrnt        = tgtNd.parentNode;                                    节点引用
        var tgtNdOwnerTree   = tgtNd.getOwnerTree();
        var tgtNdOwnerTreeId = tgtNdOwnerTree.id;

        var isSameTree = drpNdOwnerTreeId === tgtNdOwnerTreeId;
```

```
        if (!tgtNdPrnt || isSameTree) {
            return false;
        }
        var tgtNdPrntDept = tgtNdPrnt.attributes.text;
        var tgtNdTxt      = tgtNd.attributes.text;

        if (drpNdPrntDept === tgtNdPrntDept) {
            return isVldDrpPnt.apply(tgtNdOwnerTree.dropZone, arguments);
        }
        else if (Ext.isArray(validDropPoints)) {
            var isVldDept = false;

            var drpPoint = tree.dropZone.getDropPoint(
                        eventObj, nodeData, dd);

            Ext.each(validDropPoints, function(dpName) {
                if (tgtNdTxt === dpName) {
                    isVldDept = dpName;
                }
            });

            if (isVldDept && drpPoint === 'append') {
                return isVldDrpPnt.apply(tgtNdOwnerTree.dropZone, arguments);
            }
        }

        return false;
    }
};
```

❸ 如果不能投放，则返回 false

❹ 创建更多的目标节点

❺ 如果可以投放，则返回 true

❻ 节点是否拥有有效的 DropPoints 数组了

❼ 遍历有效投放点

❽ 允许投放

　　在代码 14-17 中，创建了一个 dropConfig 对象，用于对可以投放的节点进行控制。如果判断投放点有效，就用 TreeeDropZone.prototype.isValidDropPoint 方法结束处理。这段代码的处理如下。

　　首先，先获得一个对 TreeDropZone.prototype.isValidDropPoint 的引用。之所以要这么做，是因为就算是目标 TreeDropZone 实例会重载这个 isValidDropPoint 方法，还是需要源 TreeDropZone 的 isValidDropPoint 方法的处理逻辑的。之所以用它，是因为它会给 TreeDragZone 创建的拖放数据对象添加一些重要属性。为了避免重复代码，会在鼠标到达合适位置处调用这个方法。

　　接下来，又获得了和投放节点相关的几个节点的引用❶，例如节点的 id、父节点文本、节点所属的树枝。同样，也取得了目标节点的引用❷。这些引用是判断目标节点是否为有效投放目的地的重要手段。

　　接下来就开始测试了，这里要测试投放的目标是否是根节点，判断依据是目标节点是不是有父节点。如果目标节点没有父节点，那它就是一个根节点。此外，还把被拖放节点所属的树和目标节点所属的树是否相同进行对比。只要有一个测试结果为 true，就返回 false❸。

　　接着，得到了目标节点的父节点的文本以及节点自己的文本❹。如果投放场景不同时，这两个都可能用于判断投放节点是否有效。

　　接着开始第一个重要的考验：被拖放节点和目标节点的父节点文本是否一样❺。这个测试用于把一个节点拖到相似的父节点的其他叶节点上。例如，把"Salinas，Erin"从他们公司的会计部门拖到我们公司的会计部门下的某个节点上就属于这种情况。如果是这种情况，调用 TreeDragZone 的 isValidDropPoint 继续处理投放并返回结果，最终很可能完成投放。

如果测试通不过，就要判断目标节点是否是一个分支节点，是否和 validDropPoints 数组中的某个投放点一致❻。这是根据 Ext.isArray 对投放节点的 validDropPoints 数组的验证结果进行判断的。❼

如果测试通过，接着就获取投放点。TreeDropZone 也要计算拖曳是发生在某个对象的上面还是下面，不过它判断的对象不是记录行，而是节点。由于一个节点可以被追加❽在目标分支的下面（appended），也可能放在目标节点的上面（above）或者下面（below），TreeDropZone 的 getDropPoint 方法就会返回相应的值。

这点很重要，因为当把一个节点拖到一个分支元素上面时，投放点是可上可下的，也就是说这个节点既可以投放到分支节点的上面，也可以是下面。如果允许这样，就可能有员工被放到部门之外，这可不好。

接着，对 validDropPoint 数组进行遍历，看看数组中是否有某个投放点与目标（部门）节点的文字相匹配。如果有，就把 TreeDragZone 的 isValidDropPoint 的返回值返回，表明可以进行成功的投放。

如果所有的测试都没能通过，那就返回 false，TreeDragZone 就知道不可以投放，进而对 StatusProxy 更新。

费了这么大劲，终于完成了。要使用这些代码，需要把 TreePanel 用 dropConfig 对象进行重新配置。

```
dropConfig : dropConfig
```

给 TreePanel 加上这个配置参数后，可以保证会创建一个 TreeDropZone 实例并将其绑定到 TreePanel。刷新页面，可以看到实际效果如图 14-15 所示。

可以拖一个部门节点检验一下约束逻辑。会发现无法完成拖动。这也就表明了 onBefore 重载方法确实起作用了。

接下来，再看看能把人员拖到什么地方，把鼠标放在某个人员节点的上面，会出现一个 ToolTip，它的文本就是 validDropPoints 数组的值。如果放在 Erin 上，可以看到能够将其拖到会计部门，但是不能拖动广告部。当把 Erin 拖到右边的 TreePanel 的会计部门时，StatusProxy 会显示一个代表有效投放的图标（见图 14-15），如果放在广告部门上，StatusProxy 会显示一个代表无效投放的图标。进一步，可以把 Erin 放到财务和工资部门，也会出现代表有效投放的图标。

还可以做一个测试，就是把一个人员拖到一个有效的部门上。可以测试一下把一个叶节点放在其他叶节点之后或者之下的效果。

现在，完成了两个树面板之间的拖放，还提供了一个尽管复杂不过还算灵活的投放限制系统。我敢担保经理肯定会对我们交付的东西高兴的。

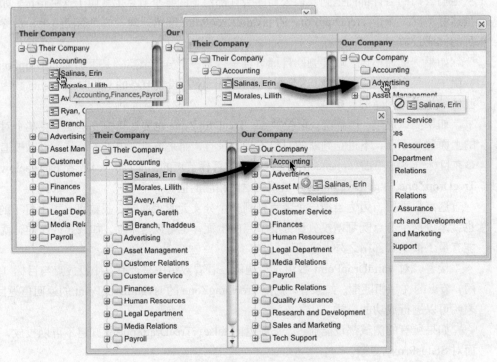

图 14-15　测试拖放目标限制逻辑

14.5　小结

　　在这一章中，花了大量的时间用不同的方法实现框架中最常用的 3 个控件的拖放，而且也学到了许多东西。

　　先给 DataView 实现了拖放功能，实现过程中需要配置 DragZone 和 DropZone 两个类。在这个实现过程中，还开发了一个自定义的、以更加实用的方式显示被拖曳的记录。

　　接着，学习了如何对 GridPanel 实现这个功能，只需要实现投放所需要的 Dropzone。同时，还解决了一个难题，就是根据节点的投放位置把记录插到想要的位置。

　　最后，研究了 TreePanel 的拖放。在这一部分，发现对 TreePanel 来说启用拖放是最简单的任务，而对投放动作所要的复杂限制才是最难的任务。

　　下一章，我们会学习插件、扩展及其工作方式。我们将要开始使用 JavaScript 的面向对象技术，会遇到很多有趣的事情。

第 15 章 扩展和插件

本章包括的内容：
- 理解原型继承的基础知识
- 开发第一个扩展
- 理解插件是如何工作的
- 开发一个真正的插件

可重用性问题是每个 Ext JS 开发人员都要面对的挑战。很多时候，应用程序中的一个组件需要在应用程序的生命周期中反复出现。对于很多大型应用来说，组件的可重用能力对于性能以及代码本身的可维护性至关重要。这也是为什么要通过框架的扩展和插件强调可重用性概念的原因所在。

这一章的第一节会学习 Ext JS 扩展（子类）的基本。我们会从学习用 JavaScript 创建子类开始，在此过程中将会看到如何利用语言本身的原生工具完成这个任务。这个过程会给我们提供必要的基础知识，然后用 Ext.extend 重构新建的子类，并实现两个流行的设计模式。

一旦熟悉了创建子类的基础知识，就会把注意力转移到对 Ext JS 组件的扩展上。在这里会学习框架扩展的基础知识，并通过一个扩展 GridPanel 控件的实战来解决一个真实的问题。

等完成了这个扩展之后，你会发现尽管扩展解决了某些问题，但是又会产生继承的问题，也就是说相似的功能遍布在多个部件中。一旦理解了扩展的局限性，就可以把扩展转换成为插件，可以很容易地在 GridPanel 及其任何一个后代中共享其功能。

15.1　Ext JS 的继承

JavaScript 完全支持类的继承，不过对于开发人员来说，必须通过手工步骤才能实现继承。结果就是一大堆啰嗦的代码。Ext 通过它的 Ext.extend 工具方法让继承变得更简单。在开始学习继承之前，要先创建一个基类。

为了便于学习，假设我们在为一家汽车代理商工作，这家代理商要卖两种汽车。第一种是普通款的，它是高级汽车的基类。这里不是用 3-D 模型描述这两种汽车模型，而是用 JavaScript 类。

提示：如果你是个 JavaScript 面向对象的新手，或者觉得有点跟不上，Mozilla 大本营里有一篇非常好的文章可以帮你提速。这篇文章的网址为：https://developer.mozilla.org/en/Introduction_to_Object-Oriented_JavaScript。

先构造一个类来描述汽车的基本信息，如代码 15-1 所示。

代码 15-1　构造一个基类

```
var BaseCar = function(config) {
    this.octaneRequired = 86;

    this.shiftTo = function(gear) {      ❶ 创建构造函数
        this.gear = gear;
    };

    this.shiftTo('park');
};

BaseCar.prototype = {
    engine    : 'I4',                    ❷ 原型对象赋值
    turbo     : false,
    wheels    : 'basic',
    getEngine : function() {
        return this.engine;
    },
    drive     : function() {
        return 'Vrrrrooooooom - I'm driving!';
    }
};
```

在代码 15-1 中，创建了 BaseCar 类的构造函数❶，实例化时它会设置实例本地的 this.octaneRequired 属性，增加 this.shiftTo 方法，并且调用这个方法，把本地的 this.gear 属性设置为'park'。接着，又配置了 BaseCar 的原型对象❷，它包含了描述 BaseCar 的 3 个属性和 2 个方法。

可以用下面的代码构造一个 BaseCar 的实例，并通过 Firebug 来检查这个实例的内容。

```
var mySlowCar = new BaseCar();
mySlowCar.drive();
console.log(mySlowCar.getEngine());

console.log('mySlowCar contents:');
console.dir(mySlowCar)
```

图 15-1 显示了这段代码在 Firebug 多行编辑器和控制台中的输出。

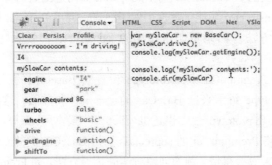

图 15-1　创建 BaseCar 的实例，并练习使用两个方法

设置好了这个 BaseCar 类之后，就可以把精力放在 BaseCar 类的子类上了。先用传统的方法来实现。这有助于以后使用 Ext.extend 时很好地理解背后究竟发生了什么。

15.1.1　JavaScript 的继承

用原生的 JavaScript 创建子类需要好几步。为了简化描述过程，下面会把这些步骤放到一起。代码 15-2 创建了 BaseCar 的子类 PremiumCar。

代码 15-2　用传统方式创建子类

```
var PremiumCar = function() {
    PremiumCar.superclass.constructor.call(this);     ❷ 调用超类
    this.octaneRequired = 93;                              构造函数      ❶ 配置子类
};                                                                          构造函数

PremiumCar.prototype   = new BaseCar();                              ❸ 设置子类原型
PremiumCar.superclass  = BaseCar.prototype;       ❹ 设置子类的
                                                     超类引用
PremiumCar.prototype.turbo  = true;

PremiumCar.prototype.wheels = 'premium';

PremiumCar.prototype.drive = function() {
   this.shiftTo('drive');
   PremiumCar.superclass.drive.call(this);
};

PremiumCar.prototype.getEngine = function() {
    return 'Turbo ' + this.engine;
};
```

要创建一个子类，先要创建一个新的构造函数，把它指派给 PremiunCar 引用❶。在这个构造函数中，调用了 PremiumCar.superclass 的 constructor 方法，用的作用域是将要创建的 PremiumCar 的实例（this）❷。

之所以要这么做，是因为 JavaScript 不同于其他面向对象语言，JavaScript 的子类不会原生地调用超类的 constructor❷。调用 superclass 构造函数的好处在于能够执行一些子类需要的特定 constructor 功能。就这个例子而言，调用 BaseCar 的 constructor 时会添加并调用 shiftTo 方法。如果不调用超类的 constructor，就意味着子类不能获得基类 constructor 所提供的好处。

接下来，把 PremiumCar 的 prototype 设置成 BaseCar 的一个新实例❸。这一步让 PremiumCar.prototype 继承来自 BaseCar 的全部属性和方法。这也叫做通过原型的继承（imheritance through prototyping），也是 JavaScript 中最常用、最强壮的创建类继承的方法。

再下一行，将 PremiumCar 的 supreclass 引用 BaseCar 类的 prototype❹。这样就可以用这个父类引用来做些事情，例如创建所谓的扩展方法，如 PremiumCar.prototype.drive。这个方法之所以叫做扩展方法，是因为它的内部调用了来自父类原型的同名方法，不过用的作用域又是子类实例自己的作用域。

技巧：所有的 JavaScript 函数都可以用两个方法强制执行作用域：call 和 apply。要更多地了解
　　　call 和 apply，参见 URL http://www.webreference.com/js/column26/apply.html。

有了这个新建的子类后，可以在 Firebug 编辑器中输入下面的代码创建这个 PremiumCar 的实例进行练习。

```
var myFastCar = new PremiumCar();
myFastCar.drive();

console.log('myFastCar contents:');
console.dir(myFastCar);
```

图 15-2 显示的就是在 Firebug 的多行编辑器和控制台中输出的效果。

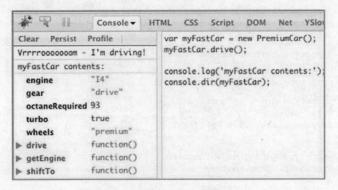

图 15-2　实际的 PremiumCar 子类

这个输出表明实现了这个子类的功能。从 console.dir 输出中，可以看到子类的构造函数把 octaneRequired 属性设置成 93，而扩展方法 drive 把 gear 方法设置成 "drive"。

这个练习演示了用原生 JavaScript 完成原型继承时，需要做的关键步骤。首先，必须创建子类的构造函数。然后，必须把子类的原型设置成基类的一个新实例。再接着，设置了子类的 superclass 引用。最后，给原型加上相应的方法。

已经看到，要想用原生语言创建子类需要若干步骤。接下来，就要演示 Ext.extend 是如何让子类的创建过程更加容易的。

15.1.2 Ext JS 的扩展

使用 Ext.extend 有两种常用的模式。首先是传统的方式，这种方法起源于框架的 1.0 版，也是首先创建子类的构造函数，然后调用 Ext.extend 完成剩下的工作。第二种方法更加现代一些，源自框架的 2.0 版，只用 Ext.extend 就能完成全部的工作。

先研究传统的 Ext.extend 方式。了解两种模式有助于我们阅读其他 Ext JS 开发者的扩展代码，不同的开发人员会使用不同的模式。这个例子中还是用之前创建的 BaseCar 类，如代码 15-3 所示：

代码 15-3　创建第一个扩展

```
var PremiumCar = function() {
    PremiumCar.superclass.constructor.call(this);
    this.octaneRequired = 93;
};

Ext.extend(PremiumCar, BaseCar, {
    turbo      : true,
    wheels     : 'premium',
    getEngine  : function() {

        return this.engine + ' Turbo';
    },
    drive      : function() {
        this.shiftTo('drive');
        PremiumCar.superclass.drive.call(this);
    }
});
```

① 创建 PremiumCar 构造函数

② 超类构造函数的调用

③ 扩展 BaseCar

在代码 15-3 中，创建了 PremiumCar 类，它是 BaseCar 类的扩展类（子类），用的是 Ext.extend 工具扩展。它的实现过程如下。

首先，给 PremiumCar 创建了一个构造函数❶。这个构造函数完全是之前创建的 PremiumCar 构造函数的复制。

在考虑对类进行扩展时，必须想清楚子类中的原型方法是否会和基类中的原型方法使用相同的名字。如果要使用相同的名字，必须考虑清楚到底是对方法进行扩展还是覆盖。

所谓扩展的方法就是子类中的某个方法和基类中的某个方法有相同的名字，而子类

中的这个方法内部又执行了基类的方法，这就是扩展。PremiumCar 的 constructor❷就是
BaseCar 构造函数的扩展，因为它的内部还调用了 BaseCar 构造函数方法。使用扩展方
法的原因是为了减少代码的复制，重用基类方法中的代码。

　　而覆盖的方法是指子类中的一个方法和基类中的某个方法的名字一样，但是子类方
法中没有执行基类中的同名方法。如果想要完全抛弃基类中的同名方法的代码，就可以
使用覆盖。

　　要完成扩展过程，我们调用了 Ext.extend❸，给这个方法传入了 3 个参数：子类、
基类以及一个被社区叫做 override object 的对象。下面就是它的作用原理。

　　Ext.extend 首先会把子类的原型设置为基类的一个新实例，这和手工创建子类时的
做法是一样的。接着 Ext.extend 会用 override object 的符号引用设置子类的 prototype。
这个 override object 中的符号引用会优先于基类中的 prototype。这和之前创建子类时手
工添加方法是一样的。

　　可以看出，扩展 BaseCar 类只需要两步：创建子类的构造函数，然后使用 Ext.extend
把其他的东西绑在一起。不仅我们负责的事情少了，而且代码的数量也少了，也更容易
消化理解。这就是使用 Ext.extend 的好处，创建子类时需要知道的更少。

　　通过 Ext.extend 配置好了 PremiumCar，可以用 Firebug 查看结果了。可以用之前手
工创建子类时的代码来做这个练习。

```
var myFastCar = new PremiumCar();
myFastCar.drive();

console.log('myFastCar contents:')
console.dir(myFastCar);
```

　　图 15-3 显示了在 Firebug 控制台中看到的内容。通过图 15-3，可以看到 Ext.extend
给子类添加了一些方便的引用。这些引用的是 constructor 和 superclass 方法，它们在子
类的实例中会很有用。如果想改变类的实例的成员，override 方法会很有用。

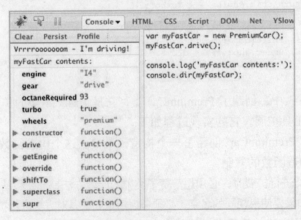

图 15-3　创建 PremiunCar 实例的效果

刚刚用所谓传统方法成功地扩展了一个类，包括创建一个构造函数，然后调用 Ext.extend 把基类的原型拷贝给子类，以及把重载对象用于子类的原型。这种扩展方式很好用，许多人都用这种方法，不过我们要用的是另外一个更现代的方式，这种方式在重载对象中提供构造函数，把扩展过程减少到只有一步操作。

代码 15-4 所示的就是用现代模式的 Ext.extend 实现相同的扩展。

代码 15-4　现代模式的 Ext.extend

```
var PremiumCar = Ext.extend(BaseCar, {
    turbo       : true,
    wheels      : 'premium',               重载中包括了构造
                                      ❶   函数
    constructor : function() {
        PremiumCar.superclass.constructor.call(this);
        this.octaneRequired = 93;
    },
    drive       : function() {
        this.shiftTo('drive');

        PremiumCar.superclass.drive.call(this);
    },
    getEngine   : function() {
        return this.engine + ' Turbo';
    }
});
```

这次用 Ext.extend 时，传入了两个参数。第一个是对基类的引用，第二个是用于子类 prototype 的重载对象。传统方式和这个方式的最大区别就在于，将 constructor 方法放在了重载对象中❶。Ext JS 很智能，知道用这个方法替我们创建一个构造函数。最后，注意 Ext.extend 方法调用的结果就是 PremiumCar 的引用。

现在，可能觉得奇怪，这种方式怎么就比第一个方法好了。唯一一个最具说服力的原因就是代码的可读性。对许多人来说，这种格式的代码更容易阅读和理解。正因如此，许多开发人员都会通过扩展 Object 创建类，而不再是先创建构造函数，然后再创建原型对象。

下面就是如何用这个新模式来创建一个简单的类。

```
var NewClass = Ext.extend(Object, {
    someProperty : 'Some property',
    constructor  : function() {
        NewClass.superclass.constructor.call(this);
    },
    aMethod      : function() {
        console.info("A method has executed.");
    }
});
```

现在，已经知道如何使用 Ext.extend 工具来创建子类了。也知道了 Ext.extend 提供的是一个比传统的 JavaScript 用更少的步骤创建子类的方法。还接触到了被 Ext JS 开发

人员最经常使用的两种 Ext.extend 模式。本书的余下部分，会使用现代模式。

接下来，要用这些新知识来学习如何扩展组件了。

15.2　扩展 Ext JS 的组件

为框架开发扩展是指在重用框架中已有类的基础上再添加新功能。对重用的追求驱动着框架的发展，如果利用得好，可以增强应用程序的开发能力。

许多开发人员提前配置好类，即把配置参数添到类里面，构造这些类主要是为了减少应用级别代码的数量。利用这种扩展可以减少应用级别的代码，不必管理很多的配置，只需要简单地实例化这么个类就可以了。这种类型的类的确不错，不过也仅适用于当不需要多个这个类的实例的情况。

其他的扩展还增加了例如工具方法或者在类里面嵌入行为逻辑的功能。例如，一个 FormPanel 可以在保存失败时自动弹出一个 MessagBox。我一般也是出于这种考虑才会在应用程序中创建扩展，这时的部件中会包含一些内置的业务逻辑。

我把这种我最喜欢的扩展类型叫做**复合**（composite）部件，用这种扩展方法可以把一个或者多个部件合并成一个类。例如，在一个 Window 中嵌入 GridPane，或者把一个 TabPanel 嵌入 FormPanel 中，这样表单的字段就能分布到多个面板上。

这也是要重点介绍的扩展类型，我们会把一个 GridPanel 和一个 Menu 组合在一起。

15.2.1　设想实现结果

当要着手创建一个扩展时，我通常先后退一步，先从各个角度把问题分析清楚，就像拼图一样。之所以要这么做，因为我觉得创建扩展就是为了要解决某个问题。有时这些问题可能相当复杂，例如创建一个动态的类似于向导的部件，这个部件可能要能够控制很多的流程规则。很多时候我会用扩展来解决重用问题。这也是本章余下部分所重点关注的内容。

对于开发过程中的常见任务，我经常会思考如何能够通过扩展的方法让这些任务更加容易些。最常想到的一个任务就是最终开发人员必须编写代码销毁松散耦合的部件，例如当父组件被销毁之后对 Menu 或 Window 的处理。

在研究 GridPanel 的创建时，就会体会到这个任务，那时会有一个 Menu，当网格的 contextmenu 事件被触发时会显示这个菜单。回忆一下，必须通过手工的配置实现在 GridPanel 销毁同时销毁 Menu。如果把这个任务扩展到整个应用程序，许多 GridPanel 都有要显示的 Menu，可以想象要复制的代码量。在开始编码之前，先花点时间对这个问题做个分析，然后再尽可能找出最好的解决办法。

为了减少代码复制，必须创建一个 GridPanel 的扩展，它可以自动地处理 Menu 的实例化和销毁工作。但是还需要给这个扩展增加哪些功能让它更加健壮呢？

首先想到的就是 RowSelectionModel 和 CellSelectionModel 的 getter 和 setter 方法的区别。RowSelectionModel 的方法是 selectRow 和 getSelected，而 CellSelectionModel 的方法是 selectCell 和 getSelectedCell。如果我们的扩展能处理 GridPanel 选择模型的差异就太好了。有了这个功能就能减少在应用层编写的代码数量。

现在，对要解决的问题有了清晰的画面了，可以开始打造第一个 Ext JS 扩展了。

15.2.2 扩展 GridPanel

要扩展 GridPanel 类，需要用到 Ext.extend 方法，我们用的是现代模型。为了让你对这个扩展有个整体了解，代码 15-5 就是创建扩展的模板。

代码 15-5 GridPanel 扩展的模板

```
var CtxMenuGridPanel = Ext.extend(Ext.grid.GridPanel, {
    constructor : function() {                          ❶ 构造函数扩展

    },
    onCellCtxMenu : function(grid, rowInx,
                        cellIndx, evtObj) {             ❷ 自定义上下文菜单
                                                           的事件处理方法
    },
    getSelectedRecord : function() {                    ❸ 方便的获得选择内
                                                           容方法
    },
    onDestroy : function() {                            ❹ 扩展 onDestroy 来进
                                                           行清理工作
    }
});
```

代码 15-5 是这里扩展的模板，给子类原型提供了 4 个方法。第一个就是 constructor❶，它是扩展 GridPanel 的媒介。要花点时间分析一下为什么要通过 constructor 方法扩展。这个主题很重要，下面要分析其中的差异，希望你在自己的项目中使用扩展时，能够做出一个专业的决定。

本书前面在讨论组件的生命周期时，我们学到了 initComponent 方法，它是用来扩展 constructor 的，这也是开发人员扩展组件的地方。前面介绍过 initComponent 会在 Component 类的 constructor 中被执行，但只是在完成了 Component 的几个关键配置之后调用的。这些任务包括缓存以及把配置对象的属性用于类的实例、基本事件的设置以及把 Component 的实例注册到 ComponentMgr 类。

有了这些知识后，就能对从哪开始扩展 Ext JS 的组件做出专业的决定了。在做出这个决定之前，必须先想清楚子类的配置实例是否需要通过 cloneConfig 工具方法进行复制。如果答

案是肯定的，则通过 constructor 进行扩展就是最好的选择。否则，通过 initComponent
方法扩展也可以。如果你不确定，那么就通过 constructor 扩展吧。还有一点很重要，所
有非 Component 类都没有 initComponent 方法，这样通过 constructor 进行扩展就是唯一
的选择了。

　　继续看扩展模板的余下部分，会看到这个重载配置对象中的其他 3 个方法。第一个
方法为 onCellContextMenu❷，它是对 cellcontextmenu 事件的响应方法，用于显示菜单。
之所以选择 cellcontextmenu 事件而不是 rowcontextmenu 事件，是因为在 cellcontextmenu
事件中，可以得到事件发生所在的行和列的坐标，这可以帮助扩展知道该如何选择一行
或者一个单元格。而 rowcontextmenu 事件只会提供事件发生所在的行，在使用
CellSelectionModel 时就派不上用场了。

技巧：可以在 Ext.grid.GridPanel API 文档中找到传给 onCellContextMenu 工具方法的参数，位
　　　于 cellcontextmenu 事件一节。

　　下一个模板方法为 getSelectedRecord❸，它是得到被选中的记录的工具，不管选中
的是行还是单元格，这个方法会根据选择模型，然后正确地利用选择模型的 getter 方法。
最后一个为 onDestroy❹方法，它扩展了 GridPanel 自己的 onDestroy 方法。这里也是编
写自动销毁 Menu 的地方。

　　现在模板类已经完成了，可以往里填代码了。先从 constructor 开始，如代码 15-6
所示。

代码 15-6　为我们的扩展添加 constructor

```
constructor : function() {
    CtxMenuGridPanel.superclass.constructor.apply(this, arguments);   ←
                                                              调用超类构造函数 ❶
    if (this.menu) {
        if (! (this.menu instanceof Ext.menu.Menu)) {
            this.menu = new Ext.menu.Menu(this.menu);                     智能地创建
        }                                                              ❷ Menu 的实例
        this.on({
            scope            : this,
            cellcontextmenu : this.onCellCtxMenu               ←   注册
        });                                                       cellcontextmenu
    }                                                          ❸ 事件处理程序
},
```

这个 constructor 扩展方法自动创建了 Menu 的实例，而且以一种智能的方式。第一
个任务就是执行 superclass（即 GridPanel）的 constructor 方法❶，作用域就是这个子类
的实例。

　　接下来，为了完成 Menu 部件的自动实例化，这个方法需要知道本地的 menu 引用
是否已经有所指，是否已经是一个 Ext.menu.Menu 的实例了❷。这个简单的测试已经充
分地考虑到了 3 种实现子类的方法。

可以传入一个 Menu 配置对象：

```
new CtxMenuGridPanel({
    // ... (other configuration options)
    menu : {
        items : [
                { text : 'menu item 1' },
                { text : 'menu item 2' }
            ]
        }
});
```

或者一个 MenuItem 配置对象的数组：

```
new CtxMenuGridPanel({
    // ... (other configuration options)
     menu :[
        { text : 'menu item 1' },
        { text : 'menu item 2' }
      ]
});
```

还可以是一个用于 menu 配置属性的 Ext.menu.Menu 的实例：

```
var myMenu = new Ext.menu.Menu({
items : [
    { text : 'menu item 1' },
    { text : 'menu item 2' }
    ]
});

new CtxMenuGridPanel({
    menu : myMenu
});
```

　　子类这种灵活多样的使用方式也体现了框架的文化。不过，这种灵活性也有一部分来自于 Menu 部件本身，它的构造方法可以接受一个配置对象，或者一个 MenuItem 配置对象的数组。同时还要注意的是，在创建了一个 Ext.menu.Menu 的实例之后，this.menu 这个引用就被覆盖掉了。

　　在 constructor 的最后，将本地的 this.onCellContextMenu 方法作为 cellcontextmenu 事件的处理方法❸。注意，这个事件处理方法的 scope 被设置成 this，或者说是设置为这个 GridPanel 子类的实例。因此，onCellContextMenu 需要本地的 this.menu 引用来管理 Menu 本身的显示。

　　接下来我们就构造一个事件处理方法，如代码 15-7 所示。

代码 15-7　onCellContextMenu 事件处理方法

```
onCellContextMenu : function(grid, rowIndex, cellIndex, evtObj) {

    evtObj.stopEvent();

    if (this.selModel instanceof          ❶ 选择模型方法调用
            Ext.grid.RowSelectionModel) {

        this.selModel.selectRow(rowIndex);
```

```
    }
    else if (this.selModel instanceof Ext.grid.CellSelectionModel) {
        this.selModel.select(rowIndex, cellIndex);
    }
    this.menu.showAt(evtObj.getXY());
},
```

　　为了能够正确地选中右键单击的单元格或者行，事件处理方法需要确定 GridPanel 用的是哪一种选择模型。可以通过 JavaScript 的 instaceof 操作符进行确认。如果选择模型是 RowSelectionModel，就用 selectRow 方法；如果是 CellSelectionModel，就用 select 方法。

　　在 contextmenu 事件处理程序中加上这样的逻辑，可以给这个扩展带来另一种灵活性。可以用同样的逻辑来确定使用哪一种 getter 方法，如代码 15-8 所示。

代码 15-8　getSelectdRecord 工具方法

```
getSelectedRecord : function() {
    if (this.selModel instanceof Ext.grid.RowSelectionModel) {
        return this.selModel.getSelected();
    }
    else if (this.selModel instanceof Ext.grid.CellSelectionModel) {
        var selectedCell = this.selModel.getSelectedCell();
        return this.store.getAt(selectedCell[0]);
    }
},
```

　　在这个 getSelectedRecord 工具方法中，返回的是当前被选中的单元格或者行所对应的记录。这里再一次用到了 instanceof 操作符，用于确定使用的是哪一种选择模型，并调用正确的 getter 方法返回结果。

　　到目前为止，只剩下一个方法没有完成了。最后一个方法是 onDestroy，它负责这个扩展的自动清理工作，如果有菜单，就调用它的销毁方法。

```
onDestroy : function() {
    if (this.menu && this.menu.destroy) {
        this.menu.destroy();
    }
    CtxMenuGridPanel.superclass.onDestroy.apply(this, arguments);
}
```

　　在这个扩展方法中，先检查是否存在 this.menu 引用，然后再检查它是否有一个 destroy 方法。如果两个条件都为真，就执行它的 destroy 方法，回忆一下，destroy 方法会触发 Component 生命周期的销毁阶段，清理 Menu 可能创建的 DOM 节点。最后，执行了 superclass 的 onDestroy 方法，作用域是 this，也就是子类的实例，这个扩展就完成了。

　　和所有的 Ext JS 部件一样，应该把这个扩展注册到 Ext.ComponentMgr 中，这样就可以通过 XType 对扩展进行延迟实例化。要完成这个注册，我们需要执行 Ext.reg，并传入一个 XType 字符串标识子类以及子类本身的引用。将这些语句放在每一个类创建的最后。

```
Ext.reg('contextMenuGridPanel', CtxMenuGridPanel);
```

完成了这个扩展后，接下来就可以使用它进行实战了。

15.2.3 扩展实战

在讨论 GridPanel 扩展的构造方法时，提到了 3 种不同的使用模式，在配置对象中的 menu 可以是 MenuItem 配置对象的数组、Menu 的实例或针对 Menu 实例的配置对象。在这些方法中，这里要用第一种方式，也就是 MenuItem 配置对象的数组。这样就有机会看到在扩展的 constructor 中那些 Menu 自动实例化代码的实际效果了。

代码 15-9 先从创建一个远程的 JsonStore 开始。

代码 15-9　为我们的扩展准备远程 JsonStore

```
var remoteProxy = new Ext.data.ScriptTagProxy({
    url : 'http://extjsinaction.com/dataQuery.php'
});

var recordFields = ['firstname','lastname'];

var remoteJsonStore = new Ext.data.JsonStore({
    proxy         : remoteProxy,
    id            : 'ourRemoteStore',
    root          : 'records',
    autoLoad      : true,
    totalProperty : 'totalCount',
    remoteSort    : true,
    fields        : recordFields
});

var columnModel = [
    {
        header    : 'Last Name',
        dataIndex : 'lastname'
    },
    {
        header    : 'First Name',
        dataIndex : 'firstname'
    }
];
```

接下来，给 MenuItem 创建一个通用的处理程序，这个处理程序会在扩展中用到。

代码 15-10　使用扩展

```
var onMenuItemClick = function(menuItem) {
    var ctxMenuGrid = Ext.getCmp('ctxMenuGrid');         ❶ 使用
    var selRecord = ctxMenuGrid.getSelectedRecord();        getSelectedRecord
    var msg = String.format(                                工具
        '{0}: {1}, {2}',
        menuItem.text,
        selRecord.get('lastname'),
        selRecord.get('firstname')
    );

    Ext.MessageBox.alert('Feedback', msg);
};

var grid = {                                             ❷ 使用扩展的
    xtype     : 'contextMenuGridPanel',                     XType
    columns   : columnModel,
    store     : remoteJsonStore,
    loadMask  : true,
    id        : 'ctxMenuGrid',
    selModel  : new Ext.grid.CellSelectionModel(),
    viewConfig : { forceFit : true },
    menu      : [
        {
            text    : 'Add Record',
            handler : onMenuItemClick
        },
        {
            text    : 'Update Record',
            handler : onMenuItemClick
        },
        {
            text    : 'Delete Record',
            handler : onMenuItemClick
        }
    ]
};
```

　　在代码 15-10 中，先为稍后就要配置的 MenuItem 创建了一个通用的事件处理程序。这个处理程序会提示我们成功地单击了一个 MenuItem。注意，它用这个扩展的 getSelectedRecord❶ 工具方法得到右键单击的记录的引用。

　　接下来，为这个扩展创建了一个 XType 配置对象，这是通过把这个通用对象的 xtype❷ 属性设置成'contextMenuGridPanel'实现的，这个字符串就是注册到ComponentMgr 中的那个字符串。所有的配置选项和 GridPanel 都是一样的。注意，这里用的是 CellSelectionModel 而不是默认的 RowSelectionModel。这样，就有机会同时测试 onCellContextMenu 事件处理方法和 getSelectedRecord 工具方法，看看它们是不是都使用了正确的 getter 和 setter 方法。

　　最后一个配置项目为 menu，它是一个对象数组。回忆一下，如果提供了这个配置，这个扩展的构造方法会自动地创建一个 Ext.menu.Menu 的实例。这也是第一次看到如何用这样的扩展节省解决问题的时间。

把这个扩展放到一个窗口中，看看渲染后的效果。

```
new Ext.Window({
    height : 200,
    width  : 300,
    border : false,
    layout : 'fit',
    items  : grid,
    center : true
}).show();
```

要想使用这个扩展，要做的就是用右键单击任何一个单元格。这会触发自动创建菜单的显示，并且把右键单击的单元格选中，这次用的是 onCellContextMenu 事件处理方法。接下来，单击任何一个 MenuItem，这又会触发通用 onMenuItemClick 处理方法。这又练习了扩展的 getSelectedRecord 工具方法。

被选中记录的内容会显示在消息框中，这段代码在 onMenuItemClick 处理方法中。效果如图 15-4 所示。

图 15-4　扩展的效果

有了这个扩展之后，就无须创建一个菜单实例，再通过事件处理程序显示这个菜单了。也不必配置菜单的销毁。扩展会替我们完成这些辛苦的工作，我们所需要的只是配置一个菜单项配置对象的数组而已。

已经看到这个扩展的实际效果了。很明显，我们解决了在一个大型应用程序中的代码复制问题。这个扩展解决了这个问题，并让我们的行为自动化。尽管扩展解决了代码复制的问题，但它还是有一些局限的，尽管这些限制可能不是很明显，不过也很重要。

15.2.4　扩展的局限性

考虑这样一个场景：应用程序要用到 GridPanel、EditorGridPanel 和 Property GridPanel。需要给它们中的每一个都加上上下文菜单。已经通过 GridPanel 的扩展很容易地完成了加载菜单的任务了。

那怎么样才能在其他类型的网格中容易地实现菜单功能呢？为了能够完整地说明，

图 15-5 显示了 GridPanel 类的层次，其中包括 ContextMenuGridPanel 扩展。

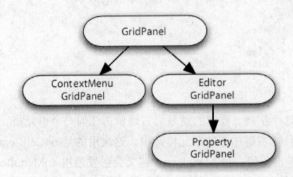

图 15-5　包括 ContextMenuGridPanel 扩展的 GridPanel 类的层次结构

图 15-5 说明 EditorGridPanel 和 ContextMenuGridPanel 都是扩展自 GridPanel。怎么解决这个问题呢？一个解决方法把 EditorGridPanel 和 PropertyGridPanel 也扩展加上这些功能。这样，类的层次结构如图 15-6 所示。

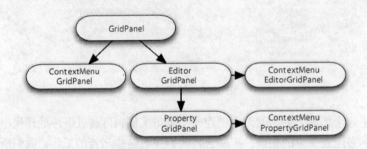

图 15-6　可能的类层次结构，可能会有代码拷贝

要想使用这个解决方法，需要复制代码，或者甚至可能得采取某种交叉继承的模型。不管用哪一种方法，都不会很优雅或者实用。

这个问题的唯一的真正解决办法就是插件。

15.3　插件

插件解决这个问题的方法是让开发人员能够在部件之间分配功能，而无须创建扩展；这个功能是从 Ext JS 的 2.0 版开始引入的。这个功能也使得插件变得非常强大，因为可以给一个组件添加任意数量的插件。

插件的基本结构是很简单的，只需要定义一个带有 init 方法的普通对象就可以了：

```
var plugin = {
    init : function(parent) {
    }
}
```

回忆一下组件生命周期中的初始化阶段，应该能想起来，在组件构造方法执行的最后阶段，会把所有配置的插件带进来。组件会执行每一个插件的 init 方法，并把它自己（this）作为唯一的参数传递进去。

从插件的角度来说，我喜欢把插件所归属的 Component 看做是插件的父元素。当第一次执行一个插件的 init 方法时，它会知道它的父 Component 是谁，这也是一个插件要想在它的父 Component 被渲染之前执行任何关键工作的关键时间点。例如，添加事件处理程序。

在将扩展转换成插件之前，先展示一个更加灵活强大的插件设计模式。

15.3.1 健壮的插件设计模式

在做插件开发的时候，我会用一个比前面这个简单实例更复杂且彻底的模式。之所以要这么做，是因为有时候需要给父组件本身添加一些方法。还有，编写清理动作的代码也是开发人员的责任，例如，销毁松耦合控件的工作。

在大规模使用这个模式之前，需要先看看这个模式的结构，如代码 15-11 所示。

代码 15-11 深入插件设计模式

```
var plugin = Ext.extend(Object, {
    constructor : function(config) {
        config = config || {};              ❶ 应用任何传入的
        Ext.apply(this, config);              配置
    },
    init : function(parent) {
        parent.on('destroy', this.onDestroy, this);   ❷ 设置自动
        Ext.apply(parent, this.parentOverrides);        清理
    },
    onDestroy : function() {
    },
    parentOverrides : {                     ❸ 将重载应用于
                                              父组件
    }
});

Ext.preg('myPlugin', plugin);
```

可以看到，这个模式从框架上就要比第一个更加复杂，不过也更加健壮。这里是从对 Object 的扩展开始的，并拥有了一个完整的构造方法，给它的配置属性都被用到类的

实例了❶。这个方式和框架中的类非常相似。

接下来就是 init 方法，它会自动地把本地的 onDestroyMethon 注册成父 Component 的 destroy 事件的处理方法❷。插件的清理代码应该放在 onDestroy 中。同时，把本地的 parentOverrides 对象❸应用给了父 Component。这意味着可以对父组件及时地扩展，或者给父组件添加方法和属性。不是所有的插件都会给父 Component 添加成员的，不过有了这个机制后，就可以在需要的时候添加成员。

提示： 所有应有到父 Component 的成员，都会在父 Component 的作用域内执行。

最后，我们执行的是 Ext.preg，它会用所谓的 PType 或者插件类型注册到 Ext.ComponentMgr 中，和 XType 是完全一样的。尽管对于插件的使用来说，这最后一步并不是必须的，不过它让框架能够进行延迟实例化。

现在已经了解了插件的基础知识，就可以开始把扩展转化成插件了。

15.3.2　开发一个插件

这里开发的插件要和之前的扩展具有同样的能力，包括创建菜单，并且给父组件加上 cellcontextmenu，以显示菜单。当父组件被销毁时，它还要负责管理菜单的销毁工作，可以用 getSelectedRecord 工具方法，这意味着要使用插件设计模式中提到的 parentOverrides 对象。

这里的许多代码都来自于之前创建扩展时的代码，因此只需要关注插件是怎么工作的就可以了。代码 15-12 就是要开发的插件的模板。

代码 15-12　插件的模板

```
var GridCtxMenuPlugin = Ext.extend(Object, {
    constructor : function(config) {

    },
    init : function(parent) {

    },
    onCellContextMenu : function(grid, rowIndex, cellIndex, evtObj) {

    },
    onDestroy : function() {

    },
    parentOverrides : {
        getSelectedRecord : function() {

        }
    }
});
Ext.preg('gridCtxMenuPlugin', GridCtxMenuPlugin);
```

在代码 15-12 这个插件模板中，添加了 onCellContextMenu 处理方法，和扩展一样，它负责处理菜单的显示和正确的选择。还给 parentOverride 对象添加了 getSelectedRecord 工具方法。这就有机会给父组件及时地添加一个方法。

模板已经就绪了。可以向里面添加方法了。我们从 constructor 和 init 方法开始，如代码 15-13 所示。

代码 15-13　给插件加上 constructor 和 init 方法

```
constructor : function(config) {
    config = config || {};
    Ext.apply(this, config);
},
init : function(parent) {                               ❶ 缓存父组件引用
    this.parent = parent;
    if (parent instanceof Ext.grid.GridPanel) {          确认插件和所有的
        if (! (this.menu instanceof Ext.menu.Menu)) {   ❷ GridPanel
            this.menu = new Ext.menu.Menu(this.menu);
        }
        parent.on({                                      添加应用程序事件
            scope            : this,                    ❸ 处理
            cellcontextmenu : this.onCellContextMenu,
            destroy          : this.onDestroy
        });

        Ext.apply(parent, this.parentOverrides);
    }
},
```

在 constructor 方法中，我们做法是把传进来的配置对象应用到插件实例上。这么做的用处是在使用这个插件时，可以用插件自己来配置菜单。

在 init 方法中，把本地的 this.parent❶设置成对父 Component 的引用。这么做对于那些属于插件自己的但又同时需要和 Parent Component 一起操作的方法来说是有必要的。

接下来是一个 if 块，它检查父 Component 是否是一个 GridPanel 部件的实例❷。这个检查保证了这个插件只能和 GridPanel 或者它的后代一起使用，这属于一种控制模式，可以限制把这个插件随意地用在本不是其设计目标的部件上。

在这个 if 块中，对 Menu 部件的创建以及相关的事件处理程序的注册与在扩展中类似。区别就在于多了一个 destroy 处理程序，这样插件就可以销毁菜单了。

前面两个方法已经填好了。代码 15-14 完成后面 3 个方法。

代码 15-14　给插件加上最后 3 个方法

```
onCellContextMenu : function(grid, rowIndex, cellIndex, evtObj) {
    evtObj.stopEvent();

    if (grid.selModel instanceof Ext.grid.RowSelectionModel) {
        grid.selModel.selectRow(rowIndex);
    }
```

```
        else if (grid.selModel instanceof Ext.grid.CellSelectionModel) {
            grid.selModel.select(rowIndex, cellIndex);
        }
        this.menu.stopEvent(evtObj.getXY());
    },
    onDestroy : function() {
        if (this.menu && this.menu.destroy) {
            this.menu.destroy();
        }
    },
    parentOverrides : {
        getSelectedRecord : function() {
            if (this.selModel instanceof Ext.grid.RowSelectionModel) {
                return this.selModel.getSelected();
            }
            else if (this.selModel instanceof Ext.grid.CellSelectionModel) {
                var selectedCell = this.selModel.getSelectedCell();
                return this.store.getAt(selectedCell[0]);
            }

        }
    }
```

这 3 个方法中的第一个为 onCellContextMenu，它是以这个插件的实例为作用域调用，这一点在 init 方法中的注册过程已经明确了。它和扩展中的同名方法看起来差不多，但它通过第一个参数引用的是父组件。

方法 toDestroy 同样是用插件实例的作用域来调用的，并相应地销毁菜单。parentOverrides 对象有一个 getSelectedRecord 工具方法，在插件的 init 方法中已经把这个工具方法应用到了父组件上。记住，这个方法会以父组件为作用域执行。

插件的构造工作就完成了，下面看看实际效果。

15.3.3　插件实践

为了体验一下插件的使用，我构建了一个 GridPanel，大部分代码来自于之前的 GridPanel。区别就在于这里配置的是插件，它包括了菜单的配置。GridPanel 中原来配置的菜单替换成了插件。

先创建一个数据存储器，如代码 15-15 所示。大部分工作都是重复代码，因此我们的进度可以稍微加快一些。

代码 15-15　构造数据存储器

```
var remoteProxy = new Ext.data.scriptTagProxy({
    url : 'http://tdgi/dataQuery.php'
});

var recordFields = ['firstname','lastname'];

var remoteJsonStore = new Ext.data.JsonStore({
    proxy        : remoteProxy,
```

```
        id            : 'ourRemoteStore',
        root          : 'records',
        autoLoad      : true,
        totalProperty : 'totalCount',
        remoteSort    : true,
        fields        : recordFields
    });
```

在代码 15-16 中，要创建一个通用的 MenuItem 处理方法，并要配置一个插件。

代码 15-16　MenuItem 处理方法和插件

```
var onMenuItemClick = function(menuItem) {
    var ctxMenuGrid = Ext.getCmp('ctxMenuGrid');
    var selRecord = ctxMenuGrid.getSelectedRecord();
    var msg = String.format(
        '{0} : {1}, {2}',
        menuItem.text,
        selRecord.get('lastname'),
        selRecord.get('firstname')
    );

    Ext.MessageBox.alert('Feedback', msg);
};
var ctxMenuPlugin = {
    ptype : 'gridCtxMenuPlugin',
    menu : [
        {
            text    : 'Add Record',
            handler : onMenuItemClick
        },
        {
            text    : 'Update Record',
            handler : onMenuItemClick
        },
        {
            text    : 'Delete Record',
            handler : onMenuItemClick
        }
    ]
};
```

在创建通用 MenuItem 处理方法的同时，我们使用一个 PType 配置对象配置插件。
Ext JS 会使用延迟实例化创建插件的实例，并用字符串"gridCtxMenuPlugin"进行注册。
这和组件的 XType 类似。

最后，创建要使用插件的 GridPanel，并在屏幕上显示出来，如代码 15-17 所示。

代码 15-17　配置显示 GridPanel

```
var columnModel = [
    {
        header    : 'Last Name',
        dataIndex : 'lastname'
    },
```

```
    {
        header    : 'First Name',
        dataIndex : 'firstname'
    }
];

var grid = {
    xtype       : 'grid',
    columns     : columnModel,
    store       : remoteJsonStore,
    loadMask    : true,
    id          : 'ctxMenuGrid',
    viewConfig  : { forceFit : true },
    plugins     : ctxMenuPlugin
};

new Ext.Window({
    height : 200,
    width  : 300,
    border : false,
    layout : 'fit',
    items  : grid,
    center : true
}).show();
```

在代码 15-17 中，配置了一个 GridPanel 的 XType 对象，并用到了之前配置的
ctxMenuPlugin，然后用一个 Ext.Window 显示出来。在这个过程中，只给 plugins 配置了
一个插件。如果有多个插件，可以这样配置一个插件数组 plugins：[plugin1,plugin2,]。

把这个渲染到屏幕上，可以看到它和 GridPanel 扩展具有完全相同的功能，如图 15-7
所示。

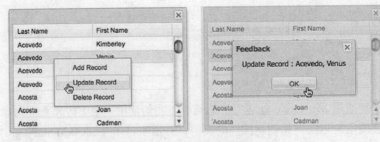

图 15-7 第一个插件

如果想看看其他插件的代码，可以查看 Ext JS SDK 的 examples/ux 目录，这里
面有几个插件的例子。使用的就是刚才使用的模式，这里面有我完成的两个插件。

第一个插件如图 15-8 所示，叫做 TbaScrollerMenu（TabScrollerMenu.js），这个插件
给滚动 TabPanel 增加了一个菜单，用户可以通过在菜单上的选择快速地定位到某个
TabPanel，这比滚动寻找 TabPanel 要容易些。要想看看这个插件的实际应用，在浏览器
中输入<自己的 extjs 目录>/examples/tabs/tab-scroll-menu.html。

Exercising scrollable tabs with a tabscroller menu
our first ta
Tab # 1
Tab # 2
Tab # 3
Items 1 - 5
Items 6 - 10
Items 11 - 15
Items 16 - 20
Items 21 - 23
Tab # 5
Tab # 6
Tab # 7
Tab # 8
Tab # 9

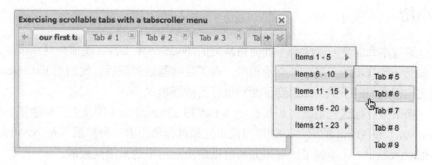

图 15-8 TabScrollerMenu

第二个插件如图 15-9 所示，叫做 ProgressBarPagingToolbar（ProgressBarPager.js），这个插件在分页工具栏上添加了一个动画效果的进度条，让分页工具栏看起来更漂亮些。要想看看这个插件的实际效果，在浏览器中输入<extjs 目录>/examples/grid/progress-bar-page.html。

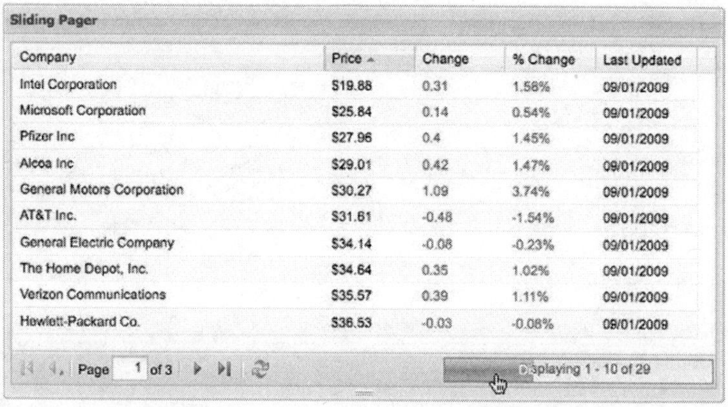

Sliding Pager
Company
Price
Change
% Change
Last Updated
Intel Corporation $19.88 0.31 1.58% 09/01/2009
Microsoft Corporation $25.84 0.14 0.54% 09/01/2009
Pfizer Inc $27.96 0.4 1.45% 09/01/2009
Alcoa Inc $29.01 0.42 1.47% 09/01/2009
General Motors Corporation $30.27 1.09 3.74% 09/01/2009
AT&T Inc. $31.61 -0.48 -1.54% 09/01/2009
General Electric Company $34.14 -0.08 -0.23% 09/01/2009
The Home Depot, Inc. $34.64 0.35 1.02% 09/01/2009
Verizon Communications $35.57 0.39 1.11% 09/01/2009
Hewlett-Packard Co. $36.53 -0.03 -0.08% 09/01/2009
Page 1 of 3
Displaying 1 - 10 of 29

图 15-9 在 PagingToolbar 上加上了一个动画效果的 ProgressBar 的插件

对于插件的探索就告一段落了。目前，我们已经具备了创建插件的必备知识了，可以应用到自己的项目中来增强功能。如果你对某个插件有点想法，但又不确定之前是不是已经有人做好了，可以在 Ext JS 论坛上咨询我们，http://extjs.com/forum。这个论坛里专门有一个版是针对用户的扩展和插件的，社区的成员在这里发布他们的产品，其中一些是完全免费使用的。

15.4   小结

通过本章的学习，学会了如何用基础的 JavaScript 工具实现原型继承模型。并练习了如何一步一步地实现这种继承模型。有了这些基础知识后，我们用 Ext.extend 工具方法重构了我们的子类，并用到了两种流行的扩展模式。

接下来，把这些基础知识用在一个 Ext JS 的 GridPanel 扩展上，创建了一个复合了 GridPanel 和 Menu 的组件。这里讨论了应该选择使用哪一种扩展，是 constructor 还是 initComponent，还学到了扩展是如何帮助解决应用中的重用问题的。

最后，又分析了当涉及多个部件时扩展的局限性。当想把这个新建的 GridPanel 中的新增功能添加到 GridPanel 的后代（例如 EditorGridPanel）时发现，不是很容易做到。为了解决这个问题，我们把 GridPanel 扩展的代码转化成了一个插件，插件可以应用到 GridPanel 或者它的任何后代。

下一步，将要学习怎么把本书目前为止的所有知识组织在一起，并了解打造一个复杂应用系统的商业秘密。

第五部分

构建应用程序

本书最后一部分关注的是如何利用框架来开发应用程序。这一部分不仅覆盖了代码重用及代码组织等关键主题，还探讨了有效编程的思想过程。

在第 16 章中，我们会学习采用重用思想开发程序的重要性，以及如何将其付诸实践。我们会研究一个应用程序的需求，包括讨论工作流。

第 17 章主要关注实现我们创建的部件，并把它们集中起来创建程序的结构。

这一部分结束时，你就掌握创建一个可扩展、可维护的 Ext JS 程序的基础。

第16章　可重用的开发

本章包括的内容：
- 学会采用可重用的思路开发
- 用命名空间组织代码
- 了解如何分层编码
- 回顾基本的应用需求
- 开发可重用的组件

　　对我来说，应用程序的开发更像是一门艺术，而不是一种技术。构造程序所选择的方法和模式会受到许多因素的影响，这些因素中有些可能已经完全超出我们的控制范围。

　　例如，需求中明确要求服务器端控制器必须按照安全规则包含或者排除一个或者多个 JavaSript 模块或者文件时，应该怎么办？在一个庞大的基于角色或者许可的应用程序中，这样的需求并不少见。用户角色的变化会导致用户看到的内容也会不同，这种需求引申开来会非常巨大。要是知道怎样构造一个随时都能很容易地修改的可扩展的应用程序，肯定能获得开发者和用户的好评。

　　在本章里，会用一种未来容易扩展或修改的模式开发一个相对庞大的程序。我们会学习 JavaScript 的命名空间和分段模式，为给应用程序的增长留出足够的空间。

　　在开始编码之前，会仔细研究一下需求，分析每一部分。我会带着你完成因为需要可重用的组件而使用程序命名空间的决策过程。

　　等把需求都消化理解了之后，就要开始打造可重用的组件了，有一部分是在这一章里完成的。在构造这些类的过程中，会尽量地抽象每一个可重用方法，以减少代码的复杂度和重复。

这一章相当长，代码也比之前遇到的要多。先从用 Ext JS 开发可扩展的应用程序背后隐藏的一些基本概念开始。可以从 http://app.extjsinaction.com/app.zip 下载整个应用程序，不要在下面代码的复制上浪费太多时间。

16.1   面向未来的开发

当用 Ext JS 开发应用程序时，我尽力贯彻框架所倡导的重用精神。不管应用程序有多大，我都尽量用模块化的模式，其他经验丰富 Ext JS 的开发者也是这么做的。模块化模式的基础也很简单——用命名空间来组织组件。

> ## 可重用性
> 大学就开始教我们要开发可重用的代码，这都是老生常谈了，不过知易行难。如果开发过程中，脑袋里没有可重用性这根弦，开发出来的应用程序肯定是很脆弱的，一点点改变都可能引起雪崩式的失败，浪费时间还让人崩溃。最终，即使一个简单的改变用户也不得不等上很长的时间。正因为如此，这一章里尤其强调可重用性。

对于许多 JavaScript 开发人员来说，**命名空间**（namespace）都是一个崭新的概念，有必要花点时间了解下它到底是什么，以及如何让我们在应用开发过程受益。

16.1.1   命名空间

由于 JavaScript 是一个"全局"语言，需要通过命名空间来减少和其他代码发生冲突的可能性。在使用其他团队开发的代码时，如果没有用命名空间，会有大量的函数或者变量名冲突发生，导致代码崩溃。

可能你还意识不到这一点，不过 Ext JS 本身就是用这种方式组织的。例如，框架中差不多所有的类都属于 Ext 命名空间。唯一例外的就是源于 JavaScript 语言本身的那些东西，例如 String.format。还有很多类按照功能的相似性进一步组织和分组。例如，所有用于图表展示的类都属于 Ext.chart 这个命名空间。同样，表单部件位于 Ext.form 这个命名空间。

> ## 命名空间
> JavaScript 中的命名空间就是把它的类用一个或者多个逻辑容器组织在一起的方法。简单地说，一个命名空间就是一个对象，它的键（key）指向了类或者其他对象的引用，也叫做包（package）。

在开发应用程序的时候，要给应用程序创建至少一个命名空间。这一点非常重要。如

果愿意的话，可以把这个命名空间用于整个应用程序。要想创建一个命名空间，我会用
Ext.ns 方法，它是 Ext.Namespace 的简写，它会自动地负责命名空间冲突之类的问题。

要想创建一个命名空间，使用下面的语法：

```
Ext.ns('MyApp');
```

然后，就可以添加类了：

```
MyApp.MyWindow    = Ext.extend(Ext.Panel, { /*...*/ });
MyApp.MyGridPanel = Ext.extend(Ext.grid.GridPanel, { /*...*/ }); // etc...
```

接着，可以实例化：

```
var myWindow = new MyApp.MyWindow({/*config params*/});
myWindow.show();
```

把类放在一个唯一命名的命名空间中可以减少冲突发生的可能性。如果开发的应用
程序很小，那么把全部的类都放到 MyApp 命名空间中还是比较容易的。如果管理一个
中型或者大型的应用程序，会发现这样就相当困难了，要把所有的类都放到一个命名空
间中可能会很麻烦。尽管从技术的角度来说，把大量的类放在一个命名空间中没有什么
不可以的，不过这会给项目的开发工作带来额外的组织负担。

恰当地将命名空间分段正好可以解决类的组织和开发问题。

16.1.2　命名空间的分段

对于中等规模的应用程序来说，建议是至少应该按照所扩展的部件类型对命名空间
进行分段。例如，假设我们有个应用程序，至少需要两个 GridPanel、FormPanel 或者 Panel
的扩展类，而且预计在第一版发布后还会有增加。

要想满足这个需求，需要如图 16-1 所示来安排命名空间。按照这个命名空间分段
对项目中的文件以及文件系统中的 JavaScript 文件进行了相应的组织。例如，为了创建
图中显示的两个 GridPanel 的扩展类，会在项目空间中创建一个叫做 MyApp 的目录，接
着创建一个叫做 grids 的子目录。在这个 grids 子目录中，创建了 WishlistGrid.js 和
CardGrid.js 文件。

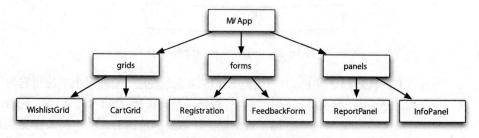

图 16-1　分段命名空间的示例

这是后台语言，例如 Java 中是一种常见的组织方式，这里把它用在 JavaScript 上了。尽管从技术上说，JavaScript 文件的位置并不影响浏览器的解析器，我还是鼓励这么做。

要想创建像这样的一个命名空间，我会在每个带着类的文件的顶部都加上 Ext.ns 声明。这就确保了在构造之前正确地定义每个类的命名空间。

例如，在 WishlistGrid.js 中，插入下面的内容：

```
Ext.ns("MyApp.grids");
MyApp.grids.WishlistGrid = Ext.extend(Ext.grid.GridPanel, { /*...*/});
```

通过把字符串"MyApp.grids"传给 Ext.hs，MyApp 和 MyApp.grid 两个命名空间都创建出来了。因为这个工具方法很聪明，知道对字符串进行切分，然后在全局池中创建必须的命名空间对象。

为了创建虚构的 CartGrid 类，会在 CartGrid.js 文件中添加下面的内容：

```
Ext.ns("MyApp.grids");
MyApp.grids.CartGrid = Ext.extend(Ext.grid.GridPanel, { /*...*/});
```

在使用 Ext.ns 时，可以传给它冗余的命名空间声明，它足够聪明，不会覆盖任何已有的命名空间对象。

对于小规模或者中等规模的应用程序来说，这种命名空间分段的方法很好用，这些程序中应用特有的代码（业务逻辑和工作流逻辑），可以和扩展类共存。不过，我发现对于大程序来说，这种方法就很麻烦了，对于这种应用程序，要简化开发和组织，把程序特有的逻辑分离出来是必不可少的。

这也是为什么说进一步的把代码分段有益于大型应用程序开发之所在了。

16.1.3　大型应用程序的命名空间分段

对于大型的应用程序，我会把应用程序的代码分成两层，用顶级命名空间进行逻辑上的划分。图 16-2 所示就是预想的 JavaScript 代码栈。

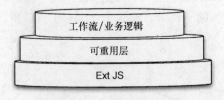

图 16-2　一个大程序的分层

因为所有的代码都是用 Ext JS，因此 Ext JS 位于最底层，它对于上层使用它的代码栈一无所知，当然它也不需要知道。我们所选择的基础框架（Ext JS、YUR、jQuery、Prototype、Scriptaculous）同样也属于这一层。任何全局范围的改动，例如修复框架的 bug 或者改变其原有行为，也都应该在这里进行。

中间的一层就是我们开发的可重用的层，它包含由 Ext JS 的类和组件扩展而来的自定义的部件。一些可以被顶层或者中间层使用的，能够增强应用程序的功能或者可用性的插件也应该放在这一层。这一层里只能有少许或者压根就没有应用程序特有的代码，而且这一层也看不见它上面的应用逻辑层。这一层中的所有扩展都应该提供事件支持，例如一个按钮被按下去了。

应用程序的逻辑是放在整个栈的最上面一层，它会利用底下的两层，这一层囊括了从启动应用程序到工作流特有逻辑的全部代码。

我很喜欢这种代码拆分和组织方式，我觉得这可以提供最好的灵活性。按照这个拆分方式，我们可以自然地只关注其中的特定部分。

例如，如果要给应用程序加上一个屏幕或者自定义的部件，我通常会先用一个不属于这个应用程序的普通的 HTML 页面来处理这些自定义部件。这样能集中精力避免受到应用程序的干扰。一旦完成了可重用组件的所有必须逻辑，我会再把它加到应用程序中，将它整合进应用程序/业务逻辑层。

这种方法的另一个好处是可以减少 JavaScript 文件的大小。如果把应用程序和工作流的逻辑都放在组件里面，类文件的代码行数很容易超过 1 000 行，不管是调试还是理解起来都会很困难的。

由于这些原因，应该用这种方法来开发应用程序，先从需求分析开始，然后再开发中间层。

16.2　分析应用需求

对本章的余下内容，我们需要一点想象力。假装我们是在一个项目组里工作，我们的任务就是开发一个全新的应用程序的前端部分。我们很幸运，后台 API 已经都做好了。提供给我们的需求也是高保真的原型。而且设计人员也熟知框架的功能，能提供基于 Ext JS 组件的设计原型。

在开发之前，先快速地回顾一下需求，这样就能对要构造和实现的可重用组件做到心中有数了。

16.2.1　可重用性的提取

要开发的这个应用程序是给一个缩写是 TKE 的小公司使用的，因此所有的可重用组件都要放在这个命名空间下。这个程序的目的就是让该公司能对部门和员工信息进行完全的 CRUD 操作。按照现有的文档说明，这个程序会完全利用浏览器的可见区域。它有 3 个主要的屏幕，都是 Ext.Window 的实例。

管理层说了，一旦产品的销量下降，他们就会扩展这个应用程序，因此只要是可以抽象出来的就要放在中间层。为了保证正确地完成任务，需要回顾一下设计团队所提供的界面。

当启动应用程序时，用户首先遇到的是一个登录界面，如图 16-3 所示。

我们把这个类叫做 UserLoginWindow。因为这个类太小了，不会在它的构建及代码上浪费太多时间。这样能保证我们以后把精力放在更大的类上。这个类的完整的代码可以在下载的源代码中找到。

因为这个部件会被放在可重用层，要给它加上 TKE 命名空间，把它封装到一个 window 包里，如图 16-4 所示。

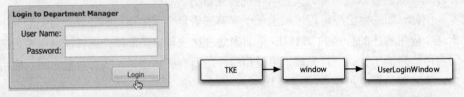

图 16-3   应用程序的登录窗口界面   图 16-4   TKE 命名空间中的 UserLoginWindow

接下来，要完成仪表盘（Dashboard）界面。

16.2.2   Dashboard 界面

用户成功登录后，登录窗口就会消失，出现应用程序的其他界面。这也是用户访问 3 个主要应用程序界面的地方。第一个界面就是一个 Dashboard（仪表盘），它有两个图表，如图 16-5 所示。

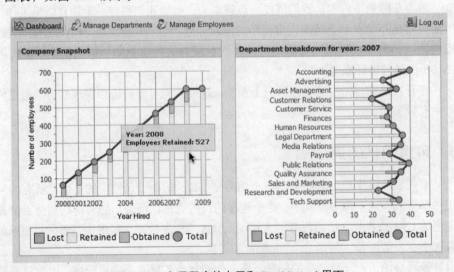

图 16-5   应用程序的布局和 Dashboard 界面

之前已经介绍过图表了，因此下面要讨论的是应用程序界面的布局和配置方法。

回忆一下，应用程序要占据浏览器窗口的全部可视区域。根据这个要求，首先浮现在我们脑海的想法就是要用 Viewport，完全正确。

设计者并不想墨守成规地用 TabPanel 让用户在界面中切换，而是精心设计一个工具栏按钮作为主要的导航元素。之所以要这样设计，是因为需求里提到了，无论什么时候，都必须要有一个退出按钮。设计者并不想因为一个按钮浪费整个工具栏的空间，因为实现这样一个 CardLayout 导航并不很费事。

由于 Viewport 是一个会完全占据浏览器的画布的容器，它本身没有提供工具栏，因此必须用一个 Panel 把应用程序的所有可见部分包装起来，然后再把这个 Panel 放在 Viewport 中去，这就会用到 FitLayout 布局。每个界面又属于这个 Panel 的一个孩子。

注意：观察仪表盘界面，发现它用了两个 Panel，每个 Panel 又各有一个 chart。这个界面用来给管理层提供关于公司成长情况的视图，包括的数据是员工录取、保留、流失的数量。

Company Snapshot 图表（左）描绘的是公司从创立直到当前的整个生命期。需求中说，每当单击 Company Snapshot 图表时，Department Breakdown 图表（右）就应该加载数据，给用户提供当年的、按照部门统计的下钻视图。

看一下这两个图表，可以看到一些可重用的迹象。首当其冲的就是样式，要给 Chart 定一个固定样式，还需要有一个基类，包括这两个 Chart 的可重用的工厂和工具方法。有了这些思想后，就可以在 TKE 命名空间中加上一个 chartpanel 对象，它会包含 3 个 Chart 类。

图 16-6 所示的就是这个效果。

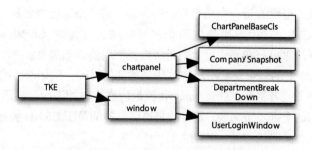

图 16-6　TKE.chartpanel 命名空间的配置

ChartPanelBaseCls 抽出构造 Ext.chart.Chart 实例，并将实例放在一个 FitLayout 布局的 Panel 中的过程。通过用这个基类封装将 Chart 放在 Panel 的操作，可以减轻应用程序层构造 Panel 的负担，从而也减少了应用层的代码数量。

这个基类还包括了所有可重用的样式和工具方法。用这种方法来配置 Chart 类可以确保复制的代码最少，并且更易于 TotalEmployees 和 DepartmentBreakDown 类构造，因为它们两个是从 ChartPanelBaseCls 继承来的。

如果用户想看 Manage Department 界面，所要做的就是单击相关的按钮。下面花点时间讨论这个界面，因为这个界面是整个应用程序中最常用到的。

16.2.3　Manage Departments 界面

要讨论的 Manage Department 界面如图 16-7 所示。

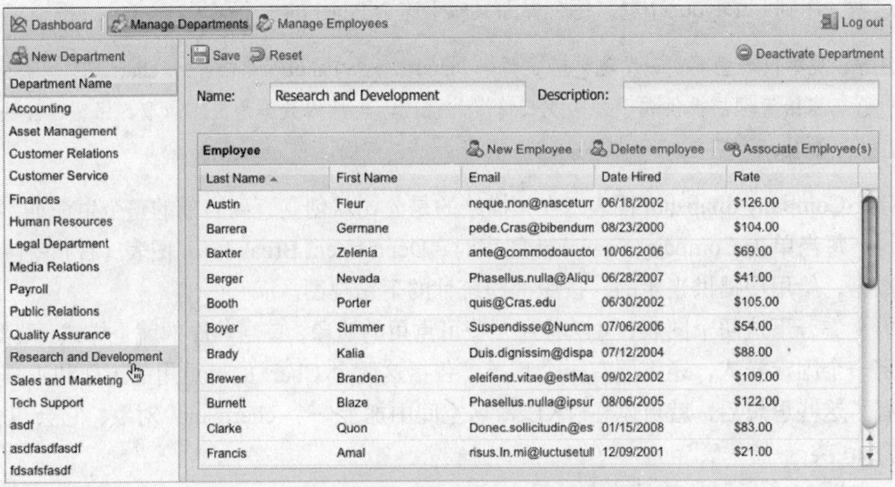

图 16-7　Manage Department 界面

设计人员所提供的是一个相当复杂的布局。这个布局使得更易于创建、更新、删除部门和员工记录。这个界面分成两个主要区域。左侧的 ListView 显示部门和一个 FormPanel。右侧的 GridPanel 显示的是所选择部门的详细信息。

中间 Panel 上的表单是给用户修改所选的部门用的，例如部门的名字、成立日期以及其他一些细节或者提示。GridPanel 优雅地嵌在表单的下面，显示了左侧的 ListView 中所选的部门的全部员工列表。其目的是提供完整的员工 CRUD 操作，以及和其他部门的已有员工进行关联（移动）的能力。

为了实现这个界面，要分别创建 3 个组件。这 3 个组件也都位于可重用层，它们分别是部门 ListView、员工 GridPanel 以及一个复合组件 DepartmentForm，它包含的是部门表单和员工 GridPanel。

图 16-8 所示为增加了 ListView、GridPanel 和 FormPanel 三个扩展类之后，TKE 命名空间的样子。

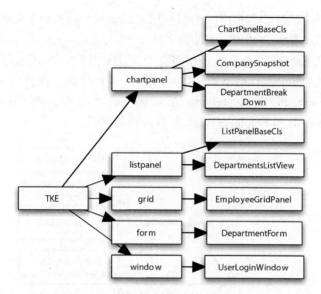

图 16-8   在 TKE 命名空间中添加 listpanel、grid 和 form 命名空间对象

为了适应 Manage Department 界面上的可重用组件，增加了 3 个全新的命名空间对象：listpanel、grid 和 form。观察一下 listpanel 对象，可以看到这个命名空间中有两个类，ListPanelBaseCls 和 DepartmentsListView。创建 ListPanelBaseCls 的原因和 ChartPanelBaseCls 完全相同，因此得到的好处也是一样的。

另外两个命名空间 grid 和 form 也是相关的可重用组件的容身之所。EmployeeGridPanel 扩展自 Ext.grid.GridPanel，而 DepartmentForm 扩展自 Ext.form.FormPanel，并使用了 EmployeeGridPanel 组件。

检查一下这个界面上的最后两个功能区，发现要想能够向某个部门中添加员工或者编辑某个部门的员工，用户可以单击 New Employee 按钮，或者双击 EmployeeGridPanel 的一个记录，这又会显示一个模式 Ext.Window 窗口，里面是员工信息的编辑表单，如图 16-9 所示。

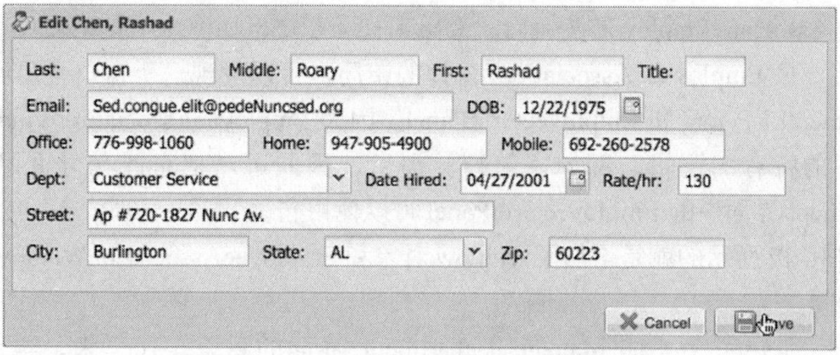

图 16-9   在一个 Window 中的员工编辑表单

显示了这个窗口之后,用户可以通过单击Cancel 或 Save 按钮来取消修改或者接受修改。根据这个需求,需要在我们的命名空间中添加一个可重用的 FormPanel 组件。不过,因为这个 Window 类里面有许多应用特有的逻辑,因此需要把它放在应用程序逻辑层中。

希望给 FormPanel 类添加一些可重用的工具方法,因此必须增加一个基类,DepartmentForm 和 EmployeeForm 都扩展自这个基类。图 16-10 就显示了添加 FormPanelBaseCls 和 EmployeeForm 后 TKE 命名空间。

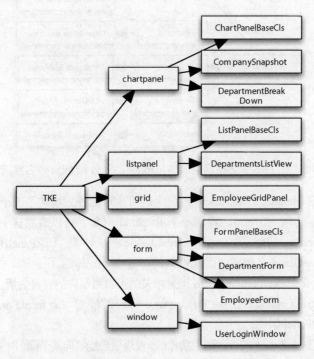

图 16-10　添加了 EmployeeForm 和 FormPanelBaseCls 类之后 TKE 命名空间

Manage Department 的最后一个需求是员工要关联到一个选定的部门。当单击工具栏上的 Associate Employee 按钮后,会出现一个窗口,如图 16-11 所示。

看一下 Employee Association 窗口的布局,可以发现这个窗口会用到之前创建的 DepartmentListView 和 EmployeeGridPanel。因为 EmployeeAssociationWindow 类没有应用程序的特有的逻辑,例如表单校验消息,因此可以把它放在可重用层,Manage Department 界面中的 EmployeeGridPanel 可以使用它。

图 16-12 所示的就是增加了 window 对象和 EmployeeAssociationWindow 类后的 TKE 命名空间。

这一部分完成了对 Manage Department 界面的封装。接下来,再看看 Manage Employees 界面,以及这个界面中是否有可以抽离出来的可重用组件。

图 16-11 员工关系窗口

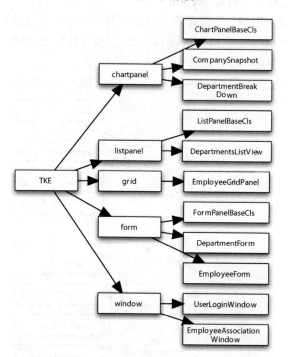

图 16-12 添加 widow 命名空间对象和 EmployeeAssociationWindow 类之后的 TKE 命名空间

16.2.4 Manage Employees 界面

员工管理（Manage Employee）界面用于对员工信息的快速 CRUD 操作。和部门管理界面不同的是，用户不能直接修改部门只可以修改员工数据。

图 16-13 所示的就是员工管理界面的效果。

图 16-13   员工管理界面

员工管理界面需要的工作流要比之前的部门管理界面相对简单些。用户是按照从左向右的方式和这个面板进行交互的，单击一个部门指定员工列表的上下文。单击一个员工记录会加载右边的 EmployeeForm。

检查一下这个布局，会发现这个屏幕中只有一个组件还没有开发。这个布局中有DepartmentListView（左）和 EmployeeForm 面板（右），这就意味着还需要为员工创建一个 ListView（中）。

图 16-14 就是新增了 EmployeeList 扩展后的 TKE 命名空间。

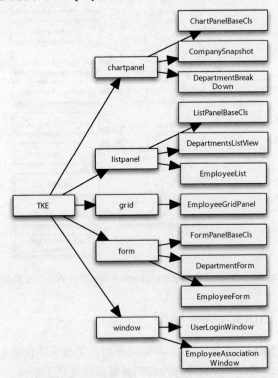

图 16-14   增加 EmployeeList 类之后的 TKE 命名空间

提示：这个应用程序中的类会使用在本书的第 12 章的图标 CSS 文件。在构造这个程序的 HTML
　　　内容时，需要把这些文件包含进来。

　　现在就完成了对程序需求的整体回顾，这就意味着已经准备好了开发 TKE 命名空
间下的类了。下面从图表这个命名空间开始。

16.3　构造 ChartPanel 组件

　　回忆一下，仪表盘界面需要两个 Chart，而且是用 Panel 封装起来的，共享相同的风
格和工厂方法，这就意味着要创建一个基类来容纳这些共享元素。

16.3.1　ChartPanelBaseCls

　　为了能够起到基类该有的作用，ChartPanelBaseCls 必须要考虑到创建扩展的简单性
和配置的最小化。为了确保扩展容易，基类需要有下面的特点：

- 创建 Chart、Store 以及所谓的访问器方法的存根方法或者模板方法；
- 提供 Chart 的全部样式；
- 对内部 Chart 的 itemclick 事件的中继能力；
- 一个可重用的 tip 渲染方法。

代码 16-1 为要创建的类提供了一个模板。

代码 16-1　打造 ChartPanelBaseClse

```
Ext.ns('TKE.chartpanel');

TKE.chartpanel.ChartPanelBaseCls = Ext.extend(Ext.Panel, {
    frame         : false,
    layout        : 'fit',                          ⬑ 静态 Panel
                                                    ❶ 配置
    chartExtraStyles : {},                          ⬑ Chart 样式配置
    seriesStyles     : {},                          ❷ 存根

    initComponent    : function() {},               ⬑ 这个类的
    buildChart       : function() {},               ❸ 方法
    buildSeries      : function() {},
    buildStore       : function() {},
    getChart         : function() {},
    getStore         : function() {},
    loadStoreByParams : function() {},
    tipRenderer      : function() {}
});
```

　　ChartPanelBaseCls 扩展自 Ext.Panel。把所有静态的 Panel 特有的配置以及 chart 特有的
样式❷都在放扩展的原型中❶。这么做是因为原型是被这个类的所有实例、子类、以及子
类的任何实例所共享的。位于 initComponet 扩展方法下面的就是必须的工厂方法和工具
方法❸，这些方法可以使扩展这个类更加容易。

在代码 16-2 中，我们的重点是完善 chart 样式配置对象，以及这个基类的所有方法。

代码 16-2　给 ChartPanelBaseCls 添加样式

```
chartExtraStyles : {
    xAxis : {
        majorGridLines : {color: 0x999999,  size  : 1}
    },
    yAxis: {
        titleRotation  : -90
    },
    legend : {
        display : "bottom",
        padding : 5,
        spacing : 2,
        font    : { color : 0x000000,  family : "Arial", size  : 12 },
        border  : { size : 1, color  : 0x999999 }
    }
},
seriesStyles : {
    red : {
        fillColor   : 0xFFAAAA,
        borderColor : 0xAA3333,
        lineColor   : 0xAA3333
    },
    yellow : {
        fillColor   : 0xFFFFAA,
        borderColor : 0xFFAA33,
        lineColor   : 0x33AA33
    },
    green : {
        fillColor   : 0xAAFFAA,
        borderColor : 0x33AA33,
        lineColor   : 0x33AA33
    },
    blue : {
        fillColor   : 0xAAAAFF,
        borderColor : 0x3333FF,
        lineColor   : 0x3333FF
    }
},
```

❶ chart 额外的样式对象

❷ in Charts 中的序列样式

这里的 chart 样式配置对象❶以及 chart 序列样式配置对象❷在创建 Chart 实例时会用到。由于这是一个抽象基类，需要等到扩展这个类时才能看到这些样式的作用。

来看代码 16-3，这里增加了 initComponent 扩展方法，以及模板和工具方法。

代码 16-3　给 ChartPanelBaseCls 添加方法

```
initComponent : function() {
    this.items = this.buildChart();
    TKE.chartpanel.ChartPanelBaseCls.superclass.initComponent.call(this);
    this.relayEvents(this.getChart(), ['itemclick']);
},
buildChart : function() {
    return {};
},
```

❶ 转发 Chart 的 itemclick 事件

```
buildSeries : function() {
    return [];
},
buildStore : function() {
    return {};
},
getChart : function() {
    return this.items.items[0];
},
getStore : function() {
    return this.getChart().store;
},
loadStoreByParams : function(params) {              ❷ store 加载器工具
    params = params || {};                             方法
    this.getStore().load({
        params : params
    });
},
tipRenderer : function(chart, record, index, series){    ❸ 可重用的
    var yearInfo = "Year: " + record.get('year');          tip 渲染器
    var empInfo  = 'Employees ' + series.displayName + ': '
        + record.get(series.yField);
    return yearInfo + '\n' + empInfo ;
}
```

代码 16-3 内容丰富。首先是 initComponent 方法，它把 this.items 的引用指向了 this.buildChart 存根方法的返回结果。它同时还转发了 Chart 组件的 itemclick 事件❶，这就意味着任何程序逻辑想要利用 Chart 或者它的某个子类的这个事件时，都可以设置一个 itemclick 事件监听器❷，就像这个事件是从 ChartPanelBaseCls 本身产生的一样。等到构造应用程序逻辑时，才会看到它的用法。

模板方法 buildChart 返回的是一个空对象。这么做是为了保证这个类可以被实例化，如果开发人员需要。就算在使用这个类时还没有任何 Ext.chart.Chart 的实例，至少它是可以被渲染到一个空 Panel 上的，不会抛出任何异常。尽管这个基类并没有调用 buildSeries 和 buildSotre 方法，它们还是可以提醒开发人员去实现这些存根方法。剩下的方法都是工具方法，只有可重用的 tipRenderer 方法不是❸，它是由子类实现的。

可以测试一下，在一个普通的页面中添加下面的代码，看看能否正常工作。

```
new Ext.Window({
    width  : 100,
    height : 100,
    layout : 'fit',
    items  : new TKE.chartpanel.ChartPanelBaseCls()
}).show();
```

这段代码在屏幕上渲染出一个只有一个空面板的窗口，没有任何异常抛出。这也证明了我们的抽象基类符合设计要求并且可以扩展，接下来要做的就要扩展这些抽象基类。

16.3.2　CompanySnapshot 类

刚刚完成了 ChartPanelBaseCls，为了让更容易地扩展这个类，我们煞费苦心。在这

一节，要创建一个 ChartPanelBaseCls 的扩展，用它可以很容易地配置一个显示公司成立以来的员工入职、在职、离职信息的图表，我们给它起了个名字 TotalCompany。

　　这是类的模板：

```
Ext.ns('TKE.chartpanel');
TKE.chartpanel.CompanySnapshot =
        Ext.extend(TKE.chartpanel.ChartPanelBaseCls, {
    url : 'stats/getYearlyStats,
    buildChart  : function() {},
    buildStore  : function() {},
    buildSeries : function() {}
});

Ext.reg('total_employees_chart', TKE.chartpanel.CompanySnapshot);
```

ChartPanelBaseCls 已经做了全部苦力，CompanySnapshot 扩展就只剩下创建内部 Chart 的 3 个存根方法了。我们要完成的就是这些。

　　首先，要配置的是 buildChart，如代码 16-4 所示。

代码 16-4　CompanySnapshot 类模板

```
buildChart : function() {
    return {
        xtype       : 'stackedcolumnchart',
        store       : this.buildStore(),
        xField      : 'year',
        tipRenderer : this.tipRenderer,
        series      : this.buildSeries(),
        extraStyle  : this.chartExtraStyles,
        xAxis       : new Ext.chart.CategoryAxis({
            title : 'Year Hired'
        }),
        yAxis : new Ext.chart.NumericAxis({
            stackingEnabled : true,
            title           : 'Number of employees'
        })
    };
},
```

　　方法 buildChart 返回了一个 Ext.chart.Chart 配置对象，ChartPanelBaseClse 的 initComponent 方法会调用它。为了简化这个方法，它会用 this.buildStore 和 this.buildSeries 两个工厂方法生成数据存储器和系列的配置。它还会配置 Chart 使用 ChartPanelBaseCls 和 chartExtraStyles 提供的 tipRender 方法。

　　代码 16-5 中，要完成 buildStore 和 buildSeries 两个工厂方法。

代码 16-5　完成 buildStore 和 buildSeries 工厂方法

```
buildStore : function() {
    return {
        xtype    : 'jsonstore',
        autoLoad : true,
        url      : this.url,
        fields   : [
```

```
                    'year','numFired', 'prevHired', 'total', 'newHires'
                ]
        };
    },
    buildSeries : function() {
        var seriesStyles = this.seriesStyles;

        return [
            {
                yField      : 'numFired',
                displayName : 'Lost',
                style       : seriesStyles.red
            },
            {
                yField      : 'prevHired',
                displayName : 'Retained',
                style       : seriesStyles.yellow
            },
            {
                yField      : 'newHires',
                displayName : 'Obtained',
                style       : seriesStyles.green
            },
            {
                type        : 'line',
                yField      : 'total',
                displayName : 'Total',
                style       : seriesStyles.blue
            }
        ];
    }
}
```

方法 buildStore 返回一个 Ext.data.JsonStore 的 XType 配置对象，以给内部的 Ext.char.Chart 使用。由于在整个程序中这个组件只有一个目的，因此我觉得把数据存储器的 URL 和系列的配置都配成是静态的也不错，这样就能减少应用层创建这个类的实例时的代码量。

这个类就算完成了，可以继续处理 ChartPanelBaseCls 的其他扩展了。

16.3.3 DepartmentBreakdown 类

构造 ChartPanelBaseClse 的第二个扩展和它的兄弟 CompanySnapshot 基本一样。不过这次是一次性地给出了类的全部代码，而不是先给出模板再一点点填好。

代码 16-6 DepartmentBreakdown 类

```
Ext.ns('TKE.chartpanel');
TKE.chartpanel.DepartmentBreakdown =
        Ext.extend(TKE.chartpanel.ChartPanelBaseCls, {

    url : 'stats/getDeptBreakdown,
    buildChart : function() {
        return {
            xtype       : 'stackedbarchart',
            store       : this.buildStore(),
            yField      : 'name',
            series      : this.buildSeries(),
            extraStyle  : this.chartExtraStyles,
```

```
                    xAxis        : new Ext.chart.NumericAxis({
                        xField          : 'newHires',
                        stackingEnabled : true
                    }),
                    yAxis        : new Ext.chart.CategoryAxis({
                        xField : 'newHires',
                        yField : 'name'
                    })
                };
            },
            buildStore : function() {
                return {
                    xtype    : 'jsonstore',
                    autoLoad : false,
                    url      : this.url,
                    fields   : [
                        'name','numFired', 'prevHired', 'total', 'newHires'
                    ]
                };
            },
            buildSeries : function() {
                var seriesStyles = this.seriesStyles;

                return [
                    {
                        xField      : 'numFired',
                        displayName : 'Lost',
                        style       : seriesStyles.red
                    },
                    {
                        xField      : 'prevHired',
                        displayName : 'Retained',
                        style       : seriesStyles.yellow
                    },
                    {
                        xField      : 'newHires',
                        displayName : 'Obtained',
                        style       : seriesStyles.green
                    },
                    {
                        type        : 'line',
                        xField      : 'total',
                        displayName : 'Total',
                        style       : seriesStyles.blue
                    }
                ];
            }
        });

Ext.reg('department_breakdown_chart', TKE.chartpanel.DepartmentBreakdown);
```

这些总结了 Chart 类的构造过程，通过这个练习，也看到了创建一个包括大量重用配置参数和实现扩展需要的步骤和繁重工作了。

根据同样的基类模式，还要创建属于列表面板命名空间的组件。

16.4 构造列表面板组件

回顾应用程序的需求，知道至少要用到两个 Ext.list.ListView 实例，而且这两个实例还是放在一个 Ext.Panel 的实例中的。这和应用对 Chart 的需求一样，这里会用相同的基类方法。

16.4.1 ListPanelBaseCls

这个基类的目的就是简化嵌在 Panel 中的 Ext.list.ListView 实例的创建。它还会转发内部 ListView 类的 click 事件，以及内部 Ext.data.Store 类的 load 事件。转发这些事件的目的是在使用这些类或子类时候能够容易地利用这些事件。

因为之前已经做过练习了，因此会把整个基类都展示出来。在代码 16-7 中，会看到许多和 ChartPanelBaseCls 类似的东西，例如视图的构造方法以及子元素的事件转发。

代码 16-7 ListPanelBaseCls 的构造

```javascript
Ext.ns('TKE.listpanel');

TKE.listpanel.ListPanelBaseCls = Ext.extend(Ext.Panel, {
    layout : 'fit',
    initComponent : function() {
        this.items = this.buildListView();

        TKE.listpanel.ListPanelBaseCls.superclass.initComponent.call(this);

        this.relayEvents(this.getView(), ['click']);
        this.relayEvents(this.getStore(), ['load']);
    },
    buildListView : function() {
        return {};
    },
    buildStore : function() {
        return {};
    },
    clearView : function() {
        this.getStore().removeAll();
    },
    createAndSelectRecord : function(o) {
        var view = this.getView();

        var record = new view.store.recordType(o);
        view.store.addSorted(record);
        var index = view.store.indexOf(record);
        view.select(index);
        return record;
    },
    clearSelections : function() {
        return this.getView().clearSelections();
    },
    getView : function() {
        return this.items.items[0];
    },
    getStore : function() {
        return this.getView().store;
    },
    getSelectedRecords : function() {
        return this.getView().getSelectedRecords();
    },
```

```
getSelected : function() {
    return this.getSelectedRecords()[0];
},
loadStoreByParams : function(params) {
    params = params || {};

    this.getStore().load({params:params});
},
refreshView : function() {
    this.getView().store.reload();
},
selectById : function(id) {
    var view = this.getView();
    id = id || false;
    if (id) {
        var ind = view.store.find('id', id);
        view.select(ind);
    }
}
}
});
```

正如 ChartPanelBaseCls 替 chartpanel 类完成了许多功能一样，ListPanelBaseCls 也替 listpanel 类完成了大量的任务，许多都是可重用的工具方法。

大部分工具方法都围绕着选择的管理、加载视图、清理选择记录或者根据 ID 选择记录。有些方法可以获得内部元素的引用，例如 getView 和 getStore。这些方法可以显著地减少应用层的代码数量。

通过创建这个基类的第一个扩展 DepartmentsListView，就会体会到这个基类到底完成了多少功能了，因为子类只需要实现两个工厂方法：buildListView 和 buildStore。

16.4.2 DepartmentListView 和 EmployeeList 类

DepartmentsListView 类扩展自 ListPanelBaseCls，显示的是企业中的部门。代码 16-8 就是整个 DepartmentsListView 类的代码。

代码 16-8 DepartmentListView 类

```
Ext.ns("TKE.listpanel");

TKE.listpanel.DepartmentsListView =
  Ext.extend(TKE.listpanel.ListPanelBaseCls, {
    url : 'departments/getList',

    buildListView : function() {
        return {
            xtype        : 'listview',
            singleSelect : true,
            store        : this.buildStore(),
            style        : 'background-color: #FFFFFF;',
            columns      : [
                {
                    header    : 'Department Name',
                    dataIndex : 'name'
                }
```

```
            ]
        };
    },
    buildStore : function() {
        return {
            xtype    : 'jsonstore',
            autoLoad : this.autoLoadStore,
            url      : this.url,
            fields   : [ 'name', 'id' ],
            sortInfo : {
                field : 'name',
                dir   : 'ASC'
            }
        };
    }
});
Ext.reg('departmentlist', TKE.listpanel.DepartmentList);
```

　　可以看到，扩展 ListPanelBaseCls 创建 DepartmentsListView 类相当简单，因为所需要做的就是重载 buildListView 和 buildStore 两个工厂方法，这两个方法返回预定的配置对象。

　　在代码 16-9 中，我们会构造 EmployeeList 类，它和刚刚创建的 DepartmentsListView 类的套路完全相同。

代码 16-9　EmployeeList 类

```
Ext.ns("TKE.listpanel");

TKE.listpanel.EmployeeList = Ext.extend(TKE.listpanel.ListPanelBaseCls, {
    url : 'employees/listForDepartment',
    buildListView : function() {
        return {
            xtype        : 'listview',
            singleSelect : true,
            store        : this.buildStore(),
            style        : 'background-color: #FFFFFF;',
            columns      : [
                {
                    header    : 'Last Name',
                    dataIndex : 'lastName'
                },
                {
                    header    : 'First Name',
                    dataIndex : 'firstName'
                }
            ]
        };
    },
    buildStore : function() {
        return {
            xtype    : 'jsonstore',
            autoLoad : this.autoLoadStore || false,
            url      : this.url,
            fields   : [ 'lastName', 'firstName', 'id'],
            sortInfo : {
                field    : 'lastName',
```

```
                direction : 'ASC'
            }
        };
    }
});
Ext.reg('employeelist', TKE.listpanel.EmployeeList);
```

已经创建了 listpanel 命名空间中的这 3 个类，所用的套路和之前的 chartpanel 命名空间完全一样。通过这个模式，我们有机会了解到如何架构一个命名空间，以及如何通过一个普通的抽象基类来有效地减少创建可实例化的类的工作。

要创建 EmployeeGridPanel 类，这是部门表单和员工关系窗口要用到的。

16.5   构造 EmployeeGridPanel 类

EmployeeGridPanel 组件是这个应用程序中 GridPanel 唯一的一个扩展。这也就意味着现在还不需要创建一个基类，它自己就有全部的方法和配置参数。它的构造方式考虑到了未来对公用方法和配置属性的抽象。

由于这个类很长，先通过代码 16-10 看看骨架，然后再逐步完善。

代码 16-10   EmployeeGridPanel 类

```
Ext.ns('TKE.grid');

TKE.grid.EmployeeGridPanel = Ext.extend(Ext.grid.GridPanel, {
    url            : 'employees/listForDepartment',
    viewConfig     : { forceFit : true },
    columns        : [],
    initComponent  : function() {},
    buildStore     : function() {},
    add            : function() {},
    loadData       : function() {},
    load           : function() {},
    removeAll       : function() {},
    remove         : function() {},
    getSelected    : function() {}
});
Ext.reg('employeesgridpanel', TKE.grid.EmployeeGridPanel)
```

代码 16-11 中，填的是列数组，Ext.grid.GridPanel 类会自动地创建 Ext.grid.ColumnModel 的实例，而这个实例会用到这个数组。

代码 16-11   列数组

```
columns        : [
    {
        header    : 'Last Name',
        dataIndex : 'lastName',
        sortable  : true
    },
```

```
    {
        header    : 'First Name',
        dataIndex : 'firstName',
        sortable  : true
    },
    {
        header    : 'Email',
        dataIndex : 'email',
        sortable  : true
    },
    {
        header    : 'Date Hired',
        dataIndex : 'dateHired',
        sortable  : true
    },
    {
        header    : 'Rate',
        dataIndex : 'rate',
        sortable  : true,
        renderer  : Ext.util.Format.usMoney
    }
],
```

接下来，完成这个类剩下的方法，如代码 16-12 所示。

代码 16-12　EmployeeGridPanel 类方法

```
initComponent : function() {
    this.store = this.buildStore();
    TKE.grid.EmployeeGridPanel.superclass.initComponent.call(this);
},
buildStore : function() {
    return {
        xtype    : 'jsonstore',
        url      : this.url,
        autoLoad : false,
        fields   : [
            'id', 'lastName', 'firstName', 'email',
            'dateHired', 'rate', 'departmentId'
        ],
        sortInfo : {
            field : 'lastName',
            dir   : 'ASC'
        }
    };
},
add : function(rec) {
    var store = this.store;
    var sortInfo = store.sortInfo;

    if (Ext.isArray(rec)) {
        Ext.each(rec, function(rObj, ind) {
            if (! (rObj instanceof Ext.data.Record)) {
                rec[ind] = new this.store.recordType(rObj);
            }
        });
    }
    else if (Ext.isObject(rec) && ! (rec instanceof Ext.data.Record)) {
        rec = new this.store.recordType(rec);
    }
```

```
        store.add(rec);
        store.sort(sortInfo.field, sortInfo.direction);
    },
    loadData : function(d) {
        return this.store.loadData(d);
    },
    load : function(o) {
        return this.store.load(o);
    },
    removeAll : function() {
        return this.store.removeAll();
    },
    remove   : function(r) {
        return this.store.remove(r);
    },
    getSelected : function() {
        return this.selModel.getSelections();
    }
}
```

　　因为这是一个 GridPanel 的扩展，因此对这个类的实例来说，GridPanel 的所有原生事件都是可以使用的，例如 rowdbclick。不过，要加几个方便的方法保证应用层简单，包括 getSelected、removeAll 和 load。

　　方法 add 有点复杂，它的目的是便于给数据存储器中添加一个或者多个记录。这个方法很灵活，既可以接收一个数组，也可以接收一个对象。如果收到的是一个数组，它就会检查数组的每个元素，把每个元素转换成一个 Ext.data.Record 的实例，然后插到数据存储器中去。同样，如果它发现收到的是一个普通对象，它就直接拿它创建一个 Ext.data.Record 的实例，然后加到数据存储器中去。要想保证这些记录在屏幕上的位置正确，需要手动调用数据存储器的 sort 方法。

提示：Ext.data.Store 的 addSorted 方法每次只处理一个记录。因为这个 add 方法可以接受多个
　　　元素，因此添加记录后手工调用 Store 的 sort 方法会更快。

　　接下来，要创建 EmployeeAssociationWindow 类，它用到了 EmployeeGridPanel 和 DepartmentsListView 两个类。

16.6　EmployeeAssociationWindow 类

　　回忆一下，设计 EmployeeAssociationWindow 这个复合部件的目的是为了让用户把员工从一个部门挪到另一个部门，它的布局是在窗口的左边显示 DepartmentListView，在窗口的右边显示 EmployeeGridPanel。因为 EmployeeGridPanel 这个类和用户在 DepartmentListView 中选择的部门密切相关，因此，需要有一些基本的事件处理机制。

　　这个类也很长，因此也先看框架，然后再把方法补充完整，如图 16-13 所示。

代码 16-13　EmployeeAssociationWindow 类

```
Ext.ns("TKE.window");
  TKE.window.EmployeeAssociationWindow = Ext.extend(Ext.Window, {
      width           : 600,
      height          : 400,
      maxWidth        : 600,
      maxHeight       : 500,
      modal           : true,
      border          : false,
      closable        : false,
      center          : true,
      constrain       : true,
      resizable       : true,
      departmentName : '',
      departmentId   : null,
      layout          : {
          type  : 'hbox',
          align : 'stretch'
      },
      initComponent           : function() {},

      buildButtons            : function() {},
      buildListViewPanel      : function() {},
      buildGridPanel          : function() {},
      onClose                 : function() {},
      onAddToDepartment       : function() {},
      onDepartmentListClick   : function() {},
      onDepartmentStoreLoad   : function() {}
});
```

❶ 自定义配置
参数

　　代码 16-13 中的 EmployeeAssociationWindow 类有许多来自基类 Ext.Window 的配置参数。需要注意的是有两个专有的配置属性 departmentName❶和 departmentId。

　　属性 departmentName 会自动地用作窗口的标题。同样，这个窗口也是和程序的 Manage Departments 界面中所选择的部门紧密相关的。这就意味着一旦这个窗口出现了，就加载它的 DepartmentsListView，我们会根据 departmentID 从 DepartmentManager 中自动去掉所选部门的记录。这能保证移动员工操作的源部门和目标部门不同。

　　在代码 16-14 中，完善了 initComponent 方法的细节，添加了 3 个工厂方法，它们是给 Window、DepartmentListView 和 EmployeeGridPanel 制造按钮的。

代码 16-14　initComponent 和工厂方法

```
initComponent  : function() {

  Ext.apply(this, {
      title   : 'Add employees to ' + this.departmentName,
      buttons : this.buildButtons(),
      items   : [
          this.buildListViewPanel(),
          this.buildGridPanel()
      ]
  });

  TKE.window.EmployeeAssociationWindow.superclass.initComponent.call(this);
```

```
    this.addEvents({
        assocemployees : true
    });
},
buildButtons : function() {
    return [
        {
            text    : 'Close',
            iconCls : 'icon-cross',
            scope   : this,
            handler : this.onClose
        },
        {
            text    : 'Add',
            iconCls : 'icon-user_add',
            scope   : this,
            handler : this.onAddToDepartment
        }
    ];
},
buildListViewPanel : function() {
    return {
        xtype         : 'departmentlist',
        itemId        : 'departmentList',
        title         : 'Departments',
        frame         : true,
        width         : 150,
        autoLoadStore : true,
        listeners     : {
            scope : this,
            click : this.onDepartmentListClick,
            load  : this.onDepartmentStoreLoad
        }
    };
},
buildGridPanel : function() {
    return {
        xtype    : 'employeegridpanel',
        itemId   : 'employeeGrid',
        loadMask : true,
        frame    : true,
        title    : 'Employees',
        flex     : 1
    };
},
```

① 添加自定义事件

　　代码 16-14 完成了 iniComponent 及相关工厂方法的内容。在继续下一步之前，有些内容需要强调一下，这样你才能理解这么设计的原因所在。

　　对 Button 的配置是要调用两个所谓的 on 方法，如果你忘性不大，这两个方法之所以要这么命名，是因为它们是在某个用户驱动或者系统驱动的事件发生之后被调用的。方法 onClose 会销毁这个类的实例，而 onAddToDepartment 方法会触发在 initComponent 中配置的 assocemployees 事件①。

　　应用层负责对这个组件实例化的类会监听这个事件。当有这个事件发生时，它会把在 EmployeeGridPanel 中选择的记录发出去，应用层的类就可以调用 Web 服务，如果移动员工的操作成功，删除了也就从 EmployeeGridPanel 中这条记录。从 EmployeeGridPanel 中删除记录是在用一种可视化的方式告诉用户，员工从一个部门到另外一个部门的移动请求成功了。

最后，方法 bulidListViewPanel 的代码配置的是 DepartmentListView 的实例，并对转发给它的 click 和 load 事件调用 this.onDepartmentListClick 和 this.onDepartmentStoreLoad。这些事件绑定后，使得当在 DepartmentsListView 中选择了一个部门时，EmpolyeeAssociation Window 加载 EmployeeGridPanel，并根据 this.departmentId 参数把员工移动的目标部门中的记录删除。

使用代码 16-15 继续完成类的余下部分。

代码 16-15　事件监听器方法

```
onClose : function() {
    this.close();
},
onAddToDepartment : function() {
    var employeeGrid = this.getComponent('employeeGrid');
    var selectedRecords = employeeGrid.getSelected();

    if (selectedRecords.length > 0) {
        this.fireEvent(
            'associates',
            selectedRecords,
            employeeGrid,
            this
        );
    }
},
onDepartmentListClick : function(listView) {
    var record = listView.getSelectedRecords()[0];
    var employeeGrid = this.getComponent('employeeGrid');
    employeeGrid.load({
        params : {
            id : record.get('id')
        }
    });

    employeeGrid.setTitle('Employees for department ' +
        record.get('name')
    );
},
onDepartmentStoreLoad : function(store) {
    var deptRecInd = store.find('id', this.departmentId);
    store.remove(store.getAt(deptRecInd));
}
```

这 4 个 on 方法会对多种事件作出响应。当单击 EmployeeAssociationWindow 的 close 按钮时就会调用 onClose，继而调用内置的 this.close 方法，它会销毁窗口实例以及所有子元素。OnAddToDepartment 方法会从内部的 EmployeeGridPanel 收集所选择的记录，只要有一个或者多个员工记录被选中，就会触发自定义的 assocemployees 事件。

用户一旦在内部的 DepartmentsListView 中选择了一个部门记录，就会执行

onDepartmentListClick，并会触发 EmployeeGridPanel 的数据存储器按照所选部门的 ID 进行数据加载，得到该部门的员工。还会根据用户所选部门动态地设置 EmployeeGridPanel 的标题。当然，对用户来说这个效果并不是必须的，不过有了也不错，所以还是尽可能加上吧。

最后，方法 onDepartmentStoreLoad 负责从 DepartmentManager 界面上删除当前所选的部门记录，这么做是为了避免用户总是在一个部门内移动员工。

EmployeeAssociationWindow 类现在就完全配置完了，接下来，要处理最后两个组件以及它们的基类，它们都属于 form 命名空间。

16.7　form 命名空间

在 form 命名空间内是两个扩展自 FormPanelBaseCls 的类：DepartmentForm 和 EmployeeForm。DepartmentForm 在它的布局中央用了一个 EmployeeGridPanel 实例，而 EmployeeForm 用到了几个表单元素和一个 Toolbar。两个类都挺长的，主要是因为表单元素的配置参数数量造成的。

先从 FormPanelBaseCls 开始，它有几个可重用的工具方法能减少代码的复制。

16.7.1　FormPanelBaseCls 类

代码 16-16 中的 FormPanelBaseCls 模板能帮助我们有效地减少一会要创建的两个子类 DepartmentForm 和 EmployeeForm 中的代码复制的数量。它的做法是在一个抽象类中实现静态的可重用方法，这个抽象类是不能直接使用的，只能扩展。

代码 16-16　FormPanelBaseCls 模板

```
Ext.ns('TKE.form');
TKE.form.FormPanelBaseCls = Ext.extend(Ext.form.FormPanel, {
    constructor : function(config) {
        config = config || {};                      ❶ 将 trackResetOnLoad
        Ext.applyIf(config, {                          添加到配置对象中
            trackResetOnLoad : true
        });
        TKE.form.FormPanelBaseCls.superclass
                            .constructor.call(this, config)
    },
    getValues : function() {
        return this.getForm().getValues();
    },
    isValid : function() {
        return this.getForm().isValid();
    },
    clearForm : function() {
        var vals    = this.getForm().getValues();
        var clrVals = {};
```

```
        for (var vName in vals) {
            clrVals[vName] = '';
        }

        this.getForm().setValues(clrVals);
        this.data = null;
    },
    loadData : function(data) {
        if (data) {
            this.data = data;
            this.getForm().setValues(data);
        }
        else {
            this.clearForm();
        }
    },
    setValues : function(o) {
        return this.getForm().setValues(o || {});
    }
});
```

代码 16-16 中构造的基类是从 Ext.form.FormPanel 扩展而来的，扩展了构造函数，加上了 4 个应用层能灵活使用的方法。这些工具方法的设计目的和之前构造的类一样，都是为了避免使用时直接和内部的 BasicForm 实例直接交互。

> **一个隐藏的陷阱**
>
> 我们在构造函数中把 trackResetOnLoad 用于 config 对象❶，这是因为 Ext.form. BasicForm 处理 reset 方法时会依赖这个属性。很多人扩展 FormPanel 时都不知道这个依赖关系。

clearForm 和 loadData 方法是手工地管理表单数据，要比框架的功能强得多。因为表单的数据可以随时改变，需要这种粒度的控制。当调用 loadData 方法时会设置 this.data，扩展能根据它来判断表单是用于一个新记录还是在修改一个已有记录。方法 clearForm 用于手工地清理表单数据并把 this.data 设为 null。

这个基类还是简单的。只是添加方法，不需要配置构造函数。记住，用这种方式扩展时，Ext.extend 会替我们处理这些。

既然完成了这个基类，就可以继续完成 DepartmentForm 类了，它扩展自这个类。

16.7.2 DepartmentForm 类

用户可以用 DepartmentForm 编辑部门信息，并且显示部门的员工列表。通过这个部件上的按钮就可以执行完成的员工 CRUD 操作，还同时把员工和部门关联在一起。所有有关员工的行为都是通过有着顶部工具栏的 EmployeeGridPanel 驱动的。每个按钮都能触发自定义的事件，于是应用层的代码就能做出相应的反应了。

这个类也很大，下面先看代码 16-17 中的模板，然后再不断把方法添进来。

代码 16-17　DepartmentForm 类模板

```
Ext.ns("TKE.form");

TKE.form.DepartmentForm = Ext.extend(TKE.form.FormPanelBaseCls, {
    style  : 'border-top: 0px;',
    layout : {
        type  : 'vbox',
        align : 'stretch'
    },
    initComponent : function() {},
    buildGeneralInfoForm         : function() {},          ←❶ 工厂方法
    buildTbar                    : function() {},
    buildGeneralInfoFormLeftHalf : function() {},
    buildEmployeeGrid            : function() {},

    onGridRowDblClick     : function() {},                 ↖ 事件监听器
    onSave                : function() {},                 ❷ 方法
    onReset               : function() {},
    onNewEmployee         : function() {},
    onEditEmployee        : function() {},
    onAssociateEmployees  : function() {},
    onDeleteEmployees     : function() {},
    onDeleteDepartment    : function() {},

    loadData                 : function() {},              ←❸ 工具方法
    loadEmployeeGrid         : function() {},
    addRecordsToEmployeeGrid : function() {},
    getEmployeeGridSelections : function() {},
    reset                    : function() {}
});

Ext.reg('dept_form', TKE.form.DepartmentForm);
```

　　为了减少 initComponent 方法的大小，用了 4 个工厂方法❶。除了这些工厂方法，还有 8 个事件驱动的方法❷和 5 个工具方法❸，所有这些方法都是为了使用这个复合控件，让应用能更加的容易。

　　因为这个类很大，我们对这些方法分而治之，首先是 initComponent 和 buildGeneralInfoForm 工厂方法，如代码 16-18 所示。

代码 16-18　initComponent 和 buildGeneralInfoForm 方法

```
initComponent : function() {
    this.items = [
        this.buidGeneralInfoForm(),
        this.buildEmployeeGrid()
    ];

    TKE.form.DepartmentForm.superclass.initComponent.call(this);

    this.addEvents({
        save            : true,
        newemployee     : true,
        editemployee    : true,
        deleteemployee  : true,
        deletedepartment : true
    });
},
```

```
buidGeneralInfoForm : function() {
    var leftHalf = this.buildGeneralInfoFormLeftHalf();

    var rightHalf = {
        xtype      : 'container',
        title      : 'Description',
        flex       : 1,
        bodyStyle  : 'padding: 1px; margin: 0px;',
        layout     : 'form',
        labelWidth : 70,
        items      : {
            xtype      : 'textarea',
            fieldLabel : 'Description',
            name       : 'description',
            anchor     : '100% 100%'
        }
    };

    return {
        tbar        : this.buildTbar(),
        layout      : 'hbox',
        height      : 100,
        bodyStyle   : 'background-color: #DFE8F6; padding: 10px',
        layoutConfig : { align : 'stretch' },
        border      : false,
        items       : [
            leftHalf,
            rightHalf
        ]
    };
},
```

在 initComponent 方法中，this.items 属性被设置为包括了 this.buildGeneralInfoForm 和 this.buildEmployeeGrid 方法的结果，以及 5 个自定义事件的数组。当用户单击了工具栏上的按钮时，会相应地触发 save、newemployee、deleteemployee 和 deletedeparment 事件。当双击 EmpolyeeGridPanel 中的一行时，会触发 editemployee 事件。

This.buildGeneralInfoForm 方法会构造表单输入元素以及容器和布局，将这些元素一个挨一个地显示。因为配置数量很多，这里将对表单的构造和工具栏项目的构造拆分到各自的工厂方法中去，这样用起来更容易些。

代码 16-19 中，就要构造这些表单元素和工具栏的配置。

代码 16-19 buildTbar 和工厂方法

```
buildTbar : function() {
    return [
        {
            text    : 'Save',
            iconCls : 'icon-disk',
            scope   : this,
            handler : this.onSave
        },
        {
            text    : 'Reset',
            iconCls : 'icon-arrow_undo',
            scope   : this,
```

```
                    handler : this.onReset
            },
            '->',
            {
                text    : 'Deactivate Department',
                iconCls : 'icon-delete',
                scope   : this,
                handler : this.onDeleteDepartment
            }
        ];
    },
    buildGeneralInfoFormLeftHalf : function() {
        return {
            xtype       : 'container',
            layout      : 'form',
            flex        : 1,
            labelWidth  : 60,
            defaultType : 'textfield',
            defaults    : { anchor: '-10' },
            items       : [
                {
                    xtype       : 'hidden',
                    name        : 'id'
                },
                {
                    fieldLabel : 'Name',
                    name       : 'name',
                    allowBLank : false,
                    maxLength  : 255
                },
                {
                    xtype      : 'datefield',
                    fieldLabel : 'Activated',
                    name       : 'dateActive'
                }
            ]
        };
    },
```

　　buildTbar 方法返回的是配置项数组，这些配置项会被解析成 Ext.Toolbar.Button 的实例和一个 Ext.Toolbar.Fill。注意，每个按钮的处理程序都设置成本地方法。方法 buildGeneralInfoFormLeftHalf 构造了一个有 3 个字段的容器，有一个是隐藏的。

　　现在表单就配置完了，接下来代码 16-20 就要继续完成网格的工厂方法了。

代码 16-20　buildEmployeeGrid 工厂方法

```
buildEmployeeGrid : function() {
    var tbar = [
        '<b>Employees</b>',
        '->',
        {
            text    : 'New Employee',
            iconCls : 'icon-user_add',
            scope   : this,
            handler : this.onNewEmployee
```

```
        },
        '-',
        {
            text    : 'Edit Employee',
            iconCls : 'icon-user_edit',
            scope   : this,
            handler : this.onEditEmployee
        },
        '-',
        {
            text    : 'Delete employee',
            iconCls : 'icon-user_delete',
            scope   : this,
            handler : this.onDeleteEmployee
        },
        '-',
        {
            text    : 'Associate Employee(s)',
            iconCls : 'icon-link_add',
            scope   : this,
            handler : this.onAssociateEmployee
        }
    ];

    return {
        xtype    : 'employeegridpanel',
        itemId   : 'employeeGrid',
        flex     : 1,
        loadMask : true,
        tbar     : tbar,
        style    : 'background-color: #DFE8F6; padding: 10px',
        listeners : {
            scope        : this,
            rowdblclick  : this.onGridRowDblClick
        }
    };
},
```

这个方法返回的是刚创建的 EmployeeGridPanel 类的一个配置对象。它会添加一个有文本项和按钮的 TopToolbar，用户可以在这个类的作用域内和部件交互。每个按钮的处理程序都是本地方法，这些方法会触发事件。

这样，完成了工厂方法，可以继续构造那些 on 方法了。现在完成前面 4 个，如代码 16-21 所示。

代码 16-21　前面 4 个 on 方法

```
onGridRowDblClick : function(grid, rowIndex) {
    var record = grid.store.getAt(rowIndex);
    this.fireEvent('editemployee', this, grid, record);
},
onSave : function() {
    if (this.getForm().isValid()) {
        this.fireEvent('save', this, this.getValues());
    }
},
onReset : function() {
    this.reset();
},
```

```
onNewEmployee : function() {
    var employeeGrid = this.getComponent('employeegrid');
    if (this.data) {
        this.fireEvent('newemployee', this, employeeGrid);
    }
},
```

在代码 16-21 中，完成了 4 个 on 方法。onGridRowDbClick 方法是在 EmployeegridPanel 自己的 rowdbclick 事件时触发，它会得到事件发生所在的记录，并触发自定义的 editemployee 事件。

提示: 我们可以转发网格的 rowdbclick 事件，不过这里通过触发一个自定义的事件，是想用户说明需要的行为，对于使用层来说意义更明显。这也是为什么要对简单的用户驱动行为，例如工具栏上的一个按钮单击使用自定义事件的原因。

看看剩下的方法，onSave 和 onNewEmployee 会触发自己的事件，而 onReset 会重置表单的状态。回忆一下，在 FormPanelBaseCls 构造函数中设置了 trackResetOnLoad 属性，它会启用 BasicForm 的 reset 方法，把用户的修改恢复成表单的初始状态。

还剩下 4 个 on 方法，如代码 16-21 所示。

代码 16-22　最后 4 个 on 方法

```
onEditEmployee : function() {
    var employeeGrid = this.getComponent('employeeGrid');
    var selectedEmployeeRec = employeeGrid.getSelected()[0];
    if (selectedEmployeeRec) {
        this.fireEvent('editemployee', this,
                employeeGrid, selectedEmployeeRec);
    }
},
onAssociateEmployees : function() {
    var selectedRecords = this.getEmployeeGridSelections();

    if (this.data && this.data.id) {
        var empSelectionWindow =
          new TKE.window.EmployeeAssociationWindow({
            departmentId   : this.data.id,
            departmentName : this.data.name
        });

        this.relayEvents(empSelectionWindow, ['assocemployees']);
        empSelectionWindow.show();
        empSelectionWindow = null;
    }
},
onDeleteEmployees : function(btn) {
    var selectedRecs = this.getEmployeeGridSelections();
    var employeeGrid = this.getComponent('employeegrid');
    if (selectedRecs.length > 0) {
        this.fireEvent(
            'deleteEmployees',
            selectedRecs,
            employeeGrid,
            this
        );
```

```
    }
},
onDeleteDepartment : function() {
    if (this.data) {
        this.fireEvent('deletedepartment', this.data.id);
    }
},
```

在代码 16-22 中，完成了最后 4 个事件处理方法，先是 onEdit。这个方法绑定到位于 EmployeeGridPanel 的顶部工具栏的 Edit Employee 按钮上，一旦被调用，只要在 EmployeeGrid 中选择了记录，onEditEmployee 就会触发自定义的 editemployee。如果选择的不止有一条记录，也只有会修改第一个。

onAssociateEmployees 也是在相关的工具栏按钮被单击时调用的。这个方法会创建一个 EmployeeAssociationWindow 的新实例，并把 departmentId 和 departmentName 作为当前加载的部门参数传递给它。只有用继承的 loadData 方法正确加载的表单才会这么做。在这个新的 EmployeeAssociationWindow 显示之前，把它的 assocemployees 事件进行了转发。有了这个转发事件后，所有使用它的逻辑就都能有机会执行一个 Ajax 请求，把员工和当前加载的部门关联起来。

最后两个方法，onDeleteEmployees 和 onDeleteDepartment 都会触发对应的事件，每个事件同时会发送请求的数据。只有 grid 中有记录被选中时，才会触发 onDeleteEmployees 事件，单击 Delete Department 按钮时会出触发 onDeleteDepartment 事件。

代码 16-23 是关于工具方法的，先从管理数据的方法开始。

代码 16-23　管理数据工具方法

```
loadData : function(data) {
    TKE.form.DepartmentForm.superclass.loadData.apply(this, arguments);
    this.loadEmployeeGrid();
},
loadEmployeeGrid : function(data) {
    if (this.data && this.data.id) {
        this.getComponent('employeegrid').load({
            params : {
                id : this.data.id
            }
        });
    }
},
addRecordsToEmployeeGrid : function(records) {
    this.getComponent('employeegrid').add(records);
},
getEmployeeGridSelections: function() {
    return this.getComponent('employeegrid').getSelections();
},
reset : function() {
    this.getForm().reset();
}
```

代码 16-23 完成了这个类的剩下的方法。如果应用层的代码发现用户从 DepartmentsListView 中选择了一个部门，就会调用 loadData 方法。它除了会调用 superclass.loadData，还会执行 EmployeeGridPanel 的加载。

loadEmployeeGrid 方法会调用 EmployeeGridPanel 的 load 工具方法。回忆一下，给 EmployeeGridPanel 加上 load 方法的目的就是为了避免直接调用它的数据存储器实例的方法。

类似地，getEmployeeGridSelections 也是 EmployeeGridPanel 的 getSelections 的工具方法。这种工具方法也是为了避免直接调用 EmployeeGridPanel 的方法。

DepartmentForm 这个复合部件的构造就是这样的。在这个练习中，研究了如何构造一个复合部件，以及如何添加事件处理方法和工具方法，好让它更容易使用。再接下来，我们要看最后一个类 EmployeeForm，它比其他的自定义部件需要更多的配置。

16.7.3　EmployeeForm 类

EmployeeForm 主要是表单输入元素配置代码，它主要是由需要的字段数量以及设计的字段摆放样式决定的。图 16-15 就是放在一个窗体中的 EmployeeFrom 的效果，这是第 17 章完成应用层逻辑时要创建的。

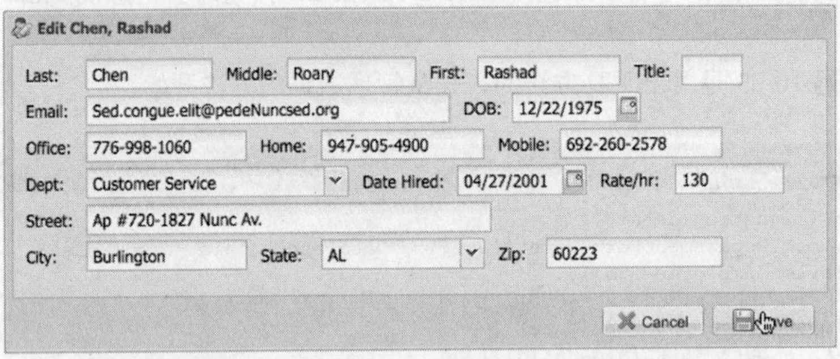

图 16-15　嵌在一个 Window 中显示的 Edit Employee 表单

这是另一个庞大的类，先分析代码 16-24 中类的模板。

代码 16-24　EmployeeForm 类模板

```
Ext.ns("TKE.form");

TKE.form.EmployeeForm = Ext.extend(TKE.form.FormPanelBaseCls, {
    border         : true,
    autoScroll     : true,
    bodyStyle      : 'background-color: #DFE8F6; padding: 10px',
    labelWidth     : 40,
    defaultType    : 'textfield',
    defaults       : {
```

```
    width     : 200,
    maxLength : 255,
    allowBlank : false
},
initComponent                 : function() {},

buildTbar                     : function() {},
buildFormItems                : function() {},
buildNameContainer            : function() {},
buildDepartmentInfoContainer  : function() {},
buildEmailDobContainer        : function() {},
buildCityStateZipContainer    : function() {},
buildPhoneNumbersContainer    : function() {},

onNew                         : function() {},
onSave                        : function() {},
onReset                       : function() {},
onDelete                      : function() {},

loadFormAfterRender           : function() {}
});

Ext.reg('employee_form', TKE.form.EmployeeForm);
```

看一下 EmployeeForm 类模板，可以看到有 7 个工厂方法、4 个事件处理方法和 1 个工具方法。每个工厂方法用于构造表单中的一行；这些方法就占了这个类的一大块。这么设计类的目的是为了保证我们的代码易于理解和修改。

例如，假设未来需求有了变化，要把表单第一行的 Last（姓）和 First（名）两个字段对调。需要做的就是修改 buildNameContainer 方法，把返回的对象做相应的调整。

我们发现开发人员经常会创建一个巨大的配置对象，可能满满的几页纸（即使是很小的字体）。我强烈建议不要这么做，因为这样的代码维护相当困难，要想调整控件的布局顺序也更耗时：来来回回地也找不到哪里错了。因此我建议还是考虑使用工厂方法。

先从 initComponent 和 buildTbar 方法开始构造这个类，如代码 16-25 所示。

代码 16-25　initComponent 和 buildTbar 方法

```
initComponent : function() {
    Ext.applyIf(this, {
        tbar  : this.buildTbar(),
        items : this.buildFormItems()
    });

    TKE.form.EmployeeForm.superclass.initComponent.call(this);

    this.addEvents({
        newemp  : true,
        saveemp : true,
        delemp  : true
    });

    if (this.record) {
        this.on({
            scope  : this,
            render : {
                single : true,
                fn     : this.loadFormAfterRender
            }
```

```
                });
            }
        },
        buildTbar : function() {
            return [
                {
                    text    : 'Save',
                    iconCls : 'icon-disk',
                    scope   : this,
                    handler : this.onSave
                },
                '-',
                {
                    text    : 'Reset',
                    iconCls : 'icon-arrow_undo',
                    scope   : this,
                    handler : this.onReset
                },
                '-',
                {
                    text    : 'New Employee',
                    iconCls : 'icon-user_add',
                    scope   : this,
                    handler : this.onNew
                },
                '->',
                {
                    text    : 'Delete Employee',
                    iconCls : 'icon-user_delete',
                    scope   : this,
                    handler : this.onDelete
                }
            ];
        },
```

initComponent 方法做了大部分准备工作。如果类的 items 和 tbar 参数没有配置，就用 Ext.applyIf 进行设置。这样在使用它时就可以通过 items 或者 Toolbar 调整其行为。尽管通常不会修改其 items，但会需要没有顶部工具栏的实例，后面会见到。

调用了 superclass 的 initComponent 方法后，接着增加了 4 个新的事件，每个都是被一个按钮事件处理方法触发的。最后，如果设置了 Record 属性，就会给内部的 render 事件注册一个事件处理方法 this.loadFormAfterRender。这个方法确保内部 BasicForm 是在渲染之后进行加载的。

代码 16-26 中，看到了 buildFormItems 方法，它会利用其他的一些工厂方法。

代码 16-26   buildFormItems 方法

```
buildFormItems : function() {
    var nameContainer            = this.buildNameContainer(),
        departmentSalaryContainer = this.buildDepartmentInfoContainer(),
        emailDobContainer        = this.buildEmailDobContainer(),
        cityStateZip             = this.buildCityStateZipContainer(),
        phoneNumbers             = this.buildPhoneNumbersContainer();

    return [
```

```
    {
        xtype : 'hidden',
        name  : 'id'
    },
    {
        xtype : 'hidden',
        name  : 'departmentId'
    },
    nameContainer,
    emailDobContainer,
    phoneNumbers,
    departmentSalaryContainer,
    {
        fieldLabel : 'Street',
        name       : 'street',
        width      : 300
    },
    cityStateZip
    ];
},
```

这个方法返回的是一个元素数组，这些元素会渲染到表单中。因为 FormPanel 默认
用的是 FormLayout 布局，这个数组中的每个元素都会自己占据一行，但 hidden 例外，
它只是插到 DOM 中，但是用户看不见。

接下来要完成余下的工厂方法。这些方法都很大，因此我们的策略是每次完成一个，
可以稍微加快点，因为它们所做的就是配置表单输入元素的容器。

先从 builidNameContainer 方法开始，如代码 16-27 所示。

代码 16-27 buildNameContainer 方法

```
buildNameContainer : function() {
    return {
        xtype        : 'container',
        layout       : 'column',
        anchor       : '-10',
        defaultType  : 'container',
        defaults     : {
            width      : 150,
            labelWidth : 40,
            layout     : 'form'
        },
        items        : [
            {
                items        : {
                    xtype      : 'textfield',
                    fieldLabel : 'Last',
                    name       : 'lastName',
                    anchor     : '-10',
                    allowBlank : false,
                    maxLength  : 50
                }
            },
            {
                items        : {
                    xtype      : 'textfield',
```

```
            fieldLabel : 'Middle',
            name       : 'middle',
            anchor     : '-10',
            maxLength  : 50
        }
    },
    {
        labelWidth : 30,
        items      : {
            xtype      : 'textfield',
            fieldLabel : 'First',
            name       : 'firstName',
            anchor     : '-10',
            allowBlank : false,
            maxLength  : 50
        }
    },
    {
        labelWidth : 30,
        width      : 90,
        items      : {
            xtype      : 'textfield',
            fieldLabel : 'Title',
            name       : 'title',
            anchor     : '-10',
            maxLength  : 5
        }
    }
    ]
    };
},
```

　　框架的性质就决定，要想用列的方式配置表单输入元素，需要把它们封装到用 FormLayout 的容器里。这能保证 filedLabel 在表单元素的旁边，这样标签元素和输入元素之间的正确关系才有保证。这个类剩下的工厂方法用的也是这个模式。

　　代码 16-28 是构造 buildDepartmentInfoContainer 方法。

代码 16-28   buildDepartmentInfoContainer 方法

```
buildDepartmentInfoContainer : function() {
    return {
        xtype       : 'container',
        layout      : 'column',
        anchor      : '-10',
        defaultType : 'container',
        defaults    : {
            width : 200,
            layout : 'form'
        },
        items       : [
            {
                labelWidth : 40,
                width      : 250,
                items      : {
                    xtype       : 'combo',
                    fieldLabel  : 'Dept',
                    hiddenName  : 'departmentId',
```

```
                    displayField  : 'name',
                    valueField    : 'id',
                    triggerAction : 'all',
                    editable      : false,
                    anchor        : '-10',
                    store         : {
                        xtype  : 'jsonstore',
                        url    : 'departments/getList',
                        fields : [ 'name', 'id' ]
                    }
                }
            },
            {
                labelWidth : 65,
                width      : 175,
                items      : {
                    xtype      : 'datefield',
                    fieldLabel : 'Date Hired',
                    anchor     : '-10',
                    name       : 'dateHired'
                }
            },
            {
                labelWidth : 50,
                width      : 145,
                items      : {
                    xtype           : 'numberfield',
                    fieldLabel      : 'Rate/hr',
                    name            : 'rate',
                    allowDecimals   : true,
                    anchor          : '-10',
                    decimalPrecision : 2
                }
            }
        ]
    };
},
```

在代码 16-28 中，创建了一个工厂方法，与前面一样，我们构造的是有一行容器的容器，容器里是一个用 FormLayout 的表单数组字段。还剩下 3 个这种工厂方法要完成。

接下来完成 buildEmailDobContainer 方法，如代码 16-29 所示。

代码 16-29 buildEmailDobContainer 方法

```
buildEmailDobContainer : function() {
    return {
        xtype       : 'container',
        layout      : 'column',
        defaultType : 'container',
        anchor      : '-10',
        defaults    : {
            layout : 'form'
        },
        items    : [
            {
                labelWidth : 40,
```

```
        width     : 325,
        items     : {
            xtype     : 'textfield',
            fieldLabel : 'Email',
            name      : 'email',
            anchor    : '-10',
            maxLength : 50
        }
    },
    {
        width     : 140,
        labelWidth : 30,
        items     : {
            xtype     : 'datefield',
            fieldLabel : 'DOB',
            name      : 'dob',
            allowBlank : true,
            anchor    : '-10'
        }
    }

    ]
    };
},
```

现在应该能看出这些工厂方法的套路了，我们创建的是一个代表一行的容器。这个容器中又是另一个用 FormLayout 显示 field 元素的容器。

FormLayout 会替我们创建 Filed 元素，并把单击和 form 元素获得焦点关联起来，因此能这样层层嵌套容器。这样的布局处理还能得到自动的选项卡索引顺序，用户按 Tab 键时，浏览器的焦点会从左向右的按照定义顺序转移。

代码 16-30 实现了 buildCityStateZip 方法。

代码 16-30　buildCityStateZip 方法

```
buildCityStateZipContainer : function() {
    return {
        xtype     : 'container',
        layout    : 'column',
        defaultType : 'container',
        anchor    : '-10',
        defaults  : {
            width     : 175,
            labelWidth : 40,
            layout    : 'form'
        },
        items     : [
            {
                items : {
                    xtype     : 'textfield',
                    fieldLabel : 'City',
                    anchor    : '-10',
                    name      : 'city'
                }
            },
            {
```

```
        items   : {
            xtype         : 'combo',
            fieldLabel    : 'State',
            name          : 'state',
            displayField  : 'state',
            editable      : false,
            valueField    : 'state',
            triggerAction : 'all',
            anchor        : '-10',
            store         : {
                xtype  : 'jsonstore',
                url    : 'states/getList',
                fields : ['state']
            }
        }
    },
    {
        labelWidth : 30,
        items        : {
            xtype     : 'numberfield',
            fieldLabel : 'Zip',
            name      : 'zip',
            anchor    : '-10',
            minLength : 4,
            maxLength : 5
        }
    }
    ]
};
},
```

最后一个是 buildPhoneNumbersContainer 方法，如代码 16-31 所示。

代码 16-31　buildPhoneNumbersContainer 方法

```
buildPhoneNumbersContainer : function() {
    return {
        xtype       : 'container',
        layout      : 'column',
        anchor      : '-10',
        defaultType : 'container',
        defaults    : {
            width      : 175,
            labelWidth : 40,
            layout     : 'form'
        },
        items    : [
            {
                items : {
                    xtype      : 'textfield',
                    fieldLabel : 'Office',
                    anchor     : '-10',
                    name       : 'officePhone'
                }
            },
            {
                items : {
                    xtype      : 'textfield',
                    fieldLabel : 'Home',
```

```
                anchor      : '-10',
                name        : 'homePhone'
            }
        },
        {
            items : {
                xtype       : 'textfield',
                fieldLabel  : 'Mobile',
                anchor      : '-10',
                name        : 'mobilePhone'
            }
        }
    ]
};
},
```

工厂方法完成了。接下来是 4 个 on 方法和 1 个工具方法，然后这个类就完成了，如代码 16-32 所示。

代码 16-32　EmployeeForm 类的最后 5 个方法

```
onNew : function() {
    this.clearForm();
    this.fireEvent('newemp', this, this.getValues());
},
onSave : function() {
    if (this.isValid()) {
        this.fireEvent('saveemp', this, this.getValues());
    }
},
onReset : function() {
    this.reset();
},
onDelete : function() {
    var vals = this.getValues();
    if (vals.id.length > 0) {
        this.fireEvent('delemp', this, vals);
    }
},
loadFormAfterRender : function() {
    this.load({
        url    : 'employees/getEmployee',
        params : {
            id : this.record.get('id')
        }
    });
}
```

这一章的最后，构造的是 EmployeeForm 类的最后 5 个方法。和我们构建的其他类一样，这些 on 方法是在单击工具栏上的按钮时执行的。还有，loadFormAfterRender 方法会通过表单自己的 load 方法发起一个 Ajax 加载。回忆一下，只有设置了 this.record 时，initComponent 里才会注册 loadFormAfterRender。

可重用层的最后一个也是最大一个类就构造完成了。尽管这里没有太多类特有的逻辑或者工具方法，不过有许多的表单元素的配置，对于类似的大表单都会这样。因为这个类已经有了这么多的配置，我们可以放心，它用起来需要的代码更少，应用层的代码能够更专注于用户交互和工作流程。

16.8 小结

在这一章中，学习了许多有关如何构造一个易于维护和扩展的应用程序的内容。

我们从 JavaScript 的命名空间开始讲起，谈到了用 Ext JS 开发不同大小规模的应用程序会用到的几种模式。对于我们要建的这个程序，选择的是分段的命名空间模式，这样可以针对可重用部件创建一个层，为应用程序逻辑创建一个层。之所以这么做，是因为我们的可重用部件有了专门的地方，免得和应用逻辑混在一起。

在开始开发代码之前，先对应用需求做了深入的分析，并对可重用层的命名空间进行了决策。在这个练习过程中，学会了如何决定何时创建抽象类、减少代码的复杂性和重复。

审查完需求之后，我们构建了应用层的全部类。我们学到了如何创建能生成自己的事件以及转发内部部件实例的事件的类。我们也获得了构建基类的经验，还学到了能够提升这一层的可重用能力的创建类的两种不同模式。

最后一章，我们会在构建应用层的时候把所有这些东西都组合到一起，到时读者会看到它们的合作。

第 17 章　应用层

本章包括的内容：
- 布局应用层命名空间
- 开发工作流组件
- 完成应用程序

在第 16 章中，我们讨论了如何通过对代码分层和对命名空间进行分段来开发一个可扩展和可维护的 Ext JS 应用程序架构。我们研究了应用程序的原型，找出了所有的可重复使用的小挂件，并创建完成，将它们都放在应用程序栈的可重用层。

在这一章，我们会利用这些可重用的组件，并体会把这些可重用的组件从工作流组件中分离出来的好处。我们会快速回顾应用程序界面，确定要创建的类，并设计规划应用层的命名空间架构。这能让我们对应用程序栈的构造有一个整体的认识，并指导我们的开发过程。

完成了对应用程序的分析之后，我们会按层开发应用程序，根据需求中希望的交互模式对每一个界面进行深入的分析。我们要根据这些认识并利用我们的可重用类完成工作流逻辑。

最后，我们会开发自己的自定义导航和验证控制器把这一切整合在一起。这一章会是迄今为止最有挑战性的一章。但这一章也是最有价值的，我们会亲身体验到上一章所做的一切是如何让我们能把精力集中在应用程序工作流的配置上，这也是应用层代码的主体部分。

如果这个过程中你想暂停下来看看最终效果，可以访问这个程序的在线站点：http://app.extjsinaction.com。

17.1　开发应用程序命名空间

开始之前，先简单地回顾一下应用程序界面原型。这个过程有助于我们很好地理解应用程序命名空间的布局，加深记忆。

17.1.1　回顾应用程序界面

用户一旦成功地登录之后，欢迎他们的是公司的 Dashboard 界面，如图 17-1 所示。这个界面用到了 ChartPanel 的自定义实现类 CompanySnapshot 和 DepartmentBreakdown。我们会在构造每个界面之前先做一个深度分析。我们把这个类叫做 Dashboard。

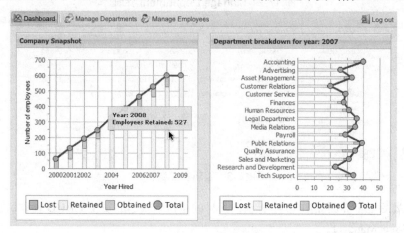

图 17-1　Dashboard 界面

用户可以通过单击顶部工具栏上的按钮在界面间导航。这个工具栏上还有一个按钮让用户退出应用程序。要想访问其他两个界面，用户必须单击工具栏上对应的按钮。

图 17-2 显示的是 Manage Department 界面。

用户在这个界面上可以进行完整的员工 CRUD 操作，并且可以把员工从其他部门移到（关联）在左边选择的部门。这个类命令为 DepartmentManager。

如果用户想要创建员工或者更新员工的记录，系统会显示一个带有 EmployeeForm 的窗口，如图 17-3 所示。

第 16 章在讨论这个部件时说过，因为它涉及了工作流逻辑，例如字段检查，因此我们决定把它放在应用层里。这个部件也有自定义事件，这样 DepartmentManager 界面才能知道何时创建或者更新员工了，继而在 EmployeeGridPanel 中创建记录或者更新记录。这个类叫做 EmployeeEditorWindow。

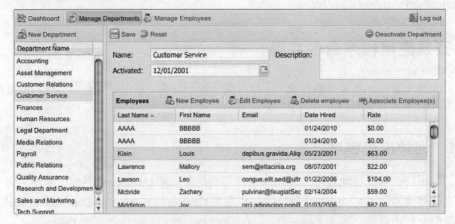

图 17-2　Manage Department 界面

图 17-3　编辑员工窗口

最后一个界面如图 17-4 所示，其目的是执行快速的员工 CRUD 操作，这个类叫做 EmployeeManager。

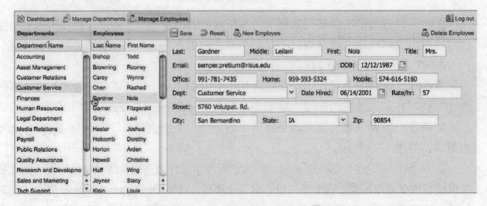

图 17-4　Manage Employees 界面

　　这个界面用到了 3 个可重用的部件，并且隐含着从左向右的一个工作流，这就意味着我们必须添加几个事件监听器才行。这个界面提供的每个功能都是在这个界面本身的范围内发挥作用的。

17.1.2　设计应用程序的命名空间

　　这个程序的目的是维护公司的部门和员工关系，因此根据业务命名为 Company Manager。我个人一般喜欢用程序的名字来对应用程序的命名空间进行命名，因此应用程序的命名空间叫做 CompanyManager。

　　根据回顾程序时收集到的信息，能够得到正确的命名空间布局，如图 17-5 所示。

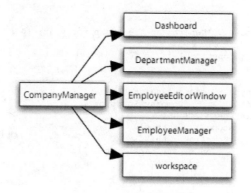

图 17-5　应用命名空间布局

　　每个程序界面都有一个类。此外，workspace 类管理 3 个主要界面的展示、导航和验证。因为这个类是把整个程序粘在一起的胶水，我们把它放在最后处理。

　　现在已经对应用程序命名空间的组织形式有了很好的认识了，下面从 Dashboard 这个界面开始打造应用程序。

17.2　构造 Dashboard 界面

　　回忆一下，用户成功登录后就会出现这个 Dashboard 界面。它用到了两个 ChartPanel 扩展类，左边是 CompanySnapshot，右边是 DepartmentBreakdown。这个界面上除了这两个部件外就再没有其他的东西了，因此会用一个 HBoxLayout 布局的容器。

　　根据需求，用户可以单击 CompanySanpshot 系列上的一点来看某年的部门统计数据。这就是说，需要配置一个 itemclick 事件监听器，促使加载 DepartmentBreakdown 数据存储器。

既然理解了 Dashboard 界面的 UI 需求和工作流程，就可以构造这个 Dashboard 类了，如代码 17-1 所示。

代码 17-1　Dashboard 类

```
Ext.ns('CompanyManager');

CompanyManager.Dashboard = Ext.extend(Ext.Container, {
    border : false,
    layout : {
        type  : 'hbox',
        align : 'stretch'
    },
    defaults : {
        style : 'background-color: #DFE8F6; padding: 10px',
        flex  : 1
    },
    msgs : {
        deptBreakdown : 'Department breakdown for year: {0}'
    },
    initComponent : function() {
        this.items =  [
            {
                xtype : 'companysnapshot',
                title    : 'Company Snapshot',
                listeners : {
                    scope      : this,
                    itemclick : this.
                        onCompanySnapshotItemClick
                }
            },
            {
                xtype  : 'departmentbreakdown',
                itemId : 'departmentbreakdown',
                title  : 'Department Breakdown'
            }
        ];

        CompanyManager.Dashboard.superclass.initComponent.call(this);
    },
    onCompanySnapshotItemClick : function(evtObj){
        var record = evtObj.component.store.getAt(evtObj.index);
        var dptBrkDwnChart = this.getComponent('departmentbreakdown');

        dptBrkDwnChart.loadStoreByParams({
            year : record.get('year')
        });

        var msg = String.format(
            this.msgs.deptBreakdown,
            record.get('year')
        );
        dptBrkDwnChart.setTitle(msg);
    }
});
Ext.reg('dashboard', CompanyManager.Dashboard);
```

❶ Itemclick
事件处理方法

❷ 加载
Chart Store

代码 17-1 就是整个 Dashboard 类。这是第一次体会到一个设计良好的可重用层带来的好处。要创建 Dashboard 类，只需要通过 XType 配置对象把已经配好的 CompanySnapshot 和 DepartmentBreakdown 类用起来。除了这两个类的布局，我们还配置了 itemclick 事件处理方法❶，这个处理方法会让 DepartmentBreakdown 使用在 Company Snapshot 上单击的年份向服务端发送一个请求❷。

就是这些内容。这段代码之所以这么短是有原因的。首先，ChartPanelBaseCls 已经替 Chart 完成了许多繁重的工作。其次就是 CompanySnapshot 和 DepartmentBreakdown 类已经预先都配好了，因此我们的应用层才清清爽爽的。最后，这个界面和它的兄弟一样，没有太多的交互。

提示: 如果想在浏览器中测试这个界面，可以把它放在一个 FitLayout 的 Ext.Viewport 中。

再接下来的这个界面我们会看到，如果程序中需要强调一些工作流，用户交互代码的编写是很麻烦的。我们会通过 Manage Employees 界面继续构建我们的程序，因为它的流程要比 Manage Department 界面少一些。

17.3 Manage Employees 界面

Manage Employees 的设计是为了便于员工记录的 CRUD 操作。在开始编码之前，需要理解这个界面的 UI 工作流程。这样才能正确地决策后对 UI 交互操作进行编码，例如不同控件之间的上下文联系。

17.3.1 讨论工作流程

Manage Employees 界面是一个常见的从左到右的工作流程，最右边的两个部件是受最左边控制制约的。图 17-6 所示为这个界面的选择流程。

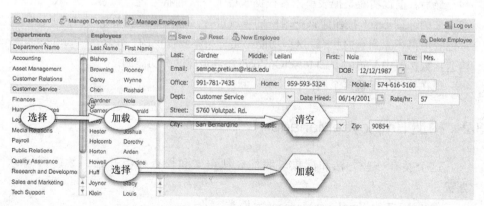

图 17-6 Manage Employees 界面的上下文关系

这个界面出现时，DepartmentsListView（左）会进行数据加载，得到公司内的部门列表，而 EmployeeList（中）和 EmployeeForm（右）会清空加载的数据。要想加载或者创建一个员工记录，用户必须先选择一个部门。这设置第一个上下文环境，对部门的选择会触发 EmployeeList 类的加载，在左侧显示选择部门的全部员工。

接下来，用户可以在 EmployeeList 中选择一个员工记录进行更新或者删除了。选择员工记录设置了第二个上下文环境，会触发 EmployeeFrom 从远程获取加载所选员工的数据。

除了这 3 个部件的事件模型，还必须关注员工记录成功的 CRUD 操作。例如，当给某个部门加了一个新的员工后，会用 createAndSelectRecord 工具方法（在 ListPanelBaseCls 里定义的）创建一个新的 data.Record 并设置对应的值，而不是重新加载 EmployeeList。这才能保证和服务器间的交互最少，并能够实现快速界面响应。

编辑员工记录或者删除记录时也同样。更新记录前，用户必须从 EmployeeList 中选择一个员工，然后在表单里修改，再单击 Save。如果保存成功，会用新的数据刷新记录。当用户删除一个员工时，记录从 EmployeeList 的数据存储器中删除，表单中的数据也要清除。

每当用户的修改已经成功地在服务器端提交了，需要给用户一个修改成功的提示。这能让用户明确地知道修改成功了。

提示: 有些开发人员喜欢 CRUD 操作时界面上没有明显的变化，不过我喜欢通过对话框给用户反馈。这样才能确保用户知道请求的状态。

用户要删除一个员工时，会给他一个确认对话框。由于这个程序没有回退功能，因此提示用户对删除操作进行确认是很有必要的，这样用户就有机会检查他们要删除的确实是他们想删除的员工。

最后，重置功能是把表单内容根据表单上一次的状态进行重置。例如，如果数据是加载来的，按 reset 按钮应该把用户的修改进行回退。如果表单是空白的，重置时就应该把表单再还原到空白状态。这些功能都是框架本身提供的，第 16 章 FormPanelBaseCls 构造函数扩展中配置的 trackResetOnLoad 就是实现这个功能的。

现在就开始配置这个组件。

17.3.2   构造 EmployeeManager

这个类有一些方法和配置。我们先从定义和检查模板开始，然后再编写一堆方法。

代码 17-2 为 EmployeeManager 界面类。

代码 17-2　EmployeeManager 界面类

```
Ext.ns("CompanyManager");

CompanyManager.EmployeeManager = Ext.extend(Ext.Panel, {
    border : false,
    layout : {
      type  : 'hbox',
      align : 'stretch'
    },
    msgs           : {},                                    ❶ 可重用消息对象
    initComponent : function() {},

    buildDepartmentListView : function() {},                ❷ 工厂方法
    buildEmployeeListView   : function() {},
    buildEmployeeForm       : function() {},

    onDepartmentListClick     : function() {},              ❸ 事件处理
    onEmployeeListClick       : function() {},                 方法
    onEmployeeFormLoadFailure : function() {},
    onNewEmployee             : function() {},
    onDeleteEmployee          : function() {},
    onConfirmDeleteEmployee   : function() {},
    onAfterDeleteEmployee     : function() {},
    onSaveEmployee            : function() {},
    onEmpFormSaveSuccess      : function() {},
    onEmpFormSaveFailure      : function() {},

    setDeptIdOnForm : function() {},                        ❹ 工具方法
    clearMask       : function() {},
    cleanSlate      : function() {}
});

Ext.reg('employeemanager', CompanyManager.EmployeeManager);
```

在代码 17-2 中，我们看到了一个 msgs 配置对象❶，还有典型的工厂方法❷、事件句柄❸和工具方法❹。Msgs 对象的目的是放一些能重复利用的字符串，这些字符串都带有占位符，用 String.format 工具方法能填充这些占位符，知道这个方法的人不多。我们在处理 CRUD 操作流程时已经体会到了，利用这种集中统一存放的消息，就不用手工的拼写字符串了、代码也能更清晰些。

最后，这个类用的是 HBoxLayout 布局，配置的是 align:'stretch'. 继续，代码 17-3 中是 msgs 对象和 initComponent 方法。

代码 17-3　msgs 对象和 initComponent 方法

```
msgs : {
    immediateChanges : 'Warning! Changes are'
        + '<span style="color: red;">immediate</span>.',
    errorsInForm     : 'There are errors in the form.'       ❶ 消息字符
        + 'Please correct and try again.',                      串模板
    empSavedSuccess  : 'Saved {0}, {1} successfully.',
    fetchingDataFor  : 'Fetching data for {0}, {1}',
    couldNotLoadData : 'Could not load data for {0}, {1}!',
    saving           : 'Saving {0}, {1}...',
    errorSavingData  : 'There was an error saving the form.',
    deletingEmployee : 'Deleting employee {0}, {1}...',
```

```
        deleteEmpConfirm : 'Are you sure you want to delete'
            + 'employee {0}, {1}?',
        deleteEmpSuccess : 'Employee {0}, {1} was deleted successfully.',
        deleteEmpFailure : 'Employee {0}, {1} was not deleted'
            + 'due to a failure.'
    },
    initComponent : function() {
        this.items = [
            this.buildDepartmentListView(),          ←—❷ 工厂方法
            this.buildEmployeeListView(),
            this.buildEmployeeForm()
        ];
        CompanyManager.DepartmentManager.superclass.initComponent.call(this);
    },
```

代码 17-3 中就是 msgs 对象和 initComponent 方法。看看 msgs 对象的内容❶，可以看到这些字符串中有所谓的令牌，String.format 就是根据这些标记把字符串补充完整的。

技巧：Ext JS 的 String 类有一些工具方法，在管理字符串的格式时很有用，要了解这些方法还是看文档，其网站地址为 http://www.extjs.com/deploy/dev/docs/?class=String。

initComponent 方法中调用了 3 个工厂方法❷，构造 EmployeeForm、DepartmentsListView 和 EmployeeListView 的配置，并把它们作为本地 this.items 数组的内容。

代码 17-4 就是之前提到的 3 个工厂方法。

代码 17-4   3 个工厂方法

```
buildDepartmentListView : function() {
    return {                                      ❶ DepartmentsListView 的
        xtype    : 'departmentlist',          ←—    XType 对象
        itemId   : 'departmentList',
        width    : 190,
        border   : false,
        style    : 'border-right: 1px solid #99BBE8;',
        title    : 'Departments',
        listeners : {
            scope : this,                         ❷ 转发的 click
            click : this.onDepartmentListClick ←— 事件监听器
        }
    };
},
buildEmployeeListView : function() {              ❸ EmployeeListView 的
    return {                                      ←— XType 配置
        xtype    : 'employeelist',
        itemId   : 'employeeList',
        width    : 190,
        border   : false,
        style    : 'border-right: 1px solid #99BBE8;',
        title    : 'Employees',
        listeners : {
            scope : this,                         ❹ 转发的 click
            click : this.onEmployeeListClick   ←— 事件监听器
        }
```

```
        };
    },
    buildEmployeeForm : function() {
        return {
            xtype     : 'employeeform',          ❺ EmployeeForm 的
            itemId    : 'employeeForm',              XType 对象
            flex      : 1,
            border    : false,
            listeners : {                        ❻ CRUD 操作的
                scope   : this,                      监听器
                newemp  : this.onNewEmployee,
                delemp  : this.onDeleteEmployee,
                saveemp : this.onSaveEmployee
            }
        };
    },
```

代码 17-4 中是 3 个工厂方法，这些方法配置的是这个界面中用到的 3 个自定义部件。这 3 个方法都是用的是同一个模式、配置组件及注册监听器。

buildDepartmentListView 方法配置的是 DepartmentsListView 的 XType 对象❶，它的宽度是静态的，有对转发的单击事件的监听器❷。事件触发时，onDepartmentListClick 方法负责加载 EmployeeListView 和清空 EmployeeForm。

同样的模式，buildEmployeeListView 配置了一个 EmployeeListView 的 XType 对象❸，注册了转发的单击事件处理方法 onEmployeeListClick。这个方法让 EmployeeForm 通过 Ajax 进行远程数据加载。

最后，buildEmployeeForm 方法配置了 EmployeeForm❺，并分别为 CRUD 操作注册了 3 个监听器❻。onNewEmployee 是清空表单，onSaveEmployee 是提交表单的数据，onDeleteEmployee 有点特别，它用 Ext.MessageBox.confirm 要求用户的确认。稍后会看到，一旦用户单击了 Yes，就会用回调方法 onConfirmDeleteEmployee 执行 Ajax 请求。

这些工厂方法完成后，可以继续开发 10 个事件处理方法了。首先要处理 ListView 的单击事件处理方法，onDepartmentListClick，如代码 17-5 所示。

代码 17-5　onDepartmentListClick

```
onDepartmentListClick : function() {
    var selectedDepartment =                            加载列表并
        this.getComponent('departmentList').getSelected();   清理表单

    this.getComponent('employeeList').loadStoreByParams({
        id : selectedDepartment.get('id')
    });
    this.getComponent('employeeForm').clearForm();
    this.setDeptIdOnForm(selectedDepartment);
},
```

代码 17-5 中实现了从左向右的流程，并且处理 EmployeeForm 加载过程中可能会遇到的异常。

回忆一下,当单击 DepartmentsListView 并选中了一个记录后,onDepartment ListClick 就会被调用。通过上一章里构造的 ListPanelBaseCls 的 getSelected 方法,根据 ListView 的选择模型就得到了所选择的部门记录。

一旦取到了这个记录,就用 ListPanelBaseClass 中的另一个工具方法 loadStoreByParams 对 EmployeeListView 进行加载,我们传递的是只有一个属性的对象,这个属性就是所选部门的 id。这就让 EmployeeListView 实例的数据存储器去请求所选择部门的员工数据,并刷新视图。

最后,这个方法调用了 EmployeeForm 的 clearForm 方法,把所加载的数据清除。然后调用 this.setDeptIdOnForm,这个方法能把所选择的部门和当前日期都填上。这样,用户只要选择一个部门就可以创建一个新用户,一键搞定。

代码 17-6 处理的是 EmployeeListView 的单击流程。

代码 17-6　处理 EmployeeListView 的单击和 EmployeeFrom 加载失败

```
onEmployeeListClick : function() {
    var record = this.getComponent('employeeList').getSelected();
    var msg = String.format(
        this.msgs.fetchingDataFor,              遮盖页面并加载
        record.get('lastName'),                 表单        ❶
        record.get('firstName')
    );
    Ext.getBody().mask(msg, 'x-mask-loading');

    this.getComponent('employeeForm').load({
        url     : 'employees/getEmployee',
        scope   : this,
        success : this.clearMask,
        failure : this.onEmployeeFormLoadFailure,
        params  : {
            id : record.get('id')
        }
    });
},                                              ❷处理加载
onEmployeeFormLoadFailure : function() {          异常
    var record = this.getComponent('employeeList').getSelected();
    var msg = String.format(
        this.msgs.couldNotLoadData,
        record.get('lastName'),
        record.get('firstName')
    );

    Ext.MessageBox.show({
        title   : 'Error',
        msg     : msg,
        buttons : Ext.MessageBox.OK,
        icon    : Ext.MessageBox.WARNING
    });

    this.clearMask();
},
```

当用户单击某个员工记录时,onEmployeeListClick❶会负责 EmployeeForm 的数据

加载。它通过 getSelected 方法得到被选中员工的记录。用这个记录动态地构造一个字符串，这个字符串会把整个内容区域遮盖起来，这样用户就知道现在表单正在进行数据加载的工作。由于是对整个区域进行遮盖，这也能保证用户不能再单击界面上其他的东西，否则会导致另外的 Ajax 请求，可能会出现异常。

调用 EmployeeForm 的 load 方法时传递了一个对象，它有一个典型的 success 和 failure 处理方法。Success 指向的是本地的 this.clearMask 方法，稍后会构造这个方法。Failure 方法 onEmployeeLoadFailure❷比较复杂，数据的加载请求失败时要给用户一个友好的异常提示。

现在 ListView 的事件处理程序就完成了。接下来还要创建 CRUD 操作处理方法。先从创建、删除两个操作开始，如代码 17-7 所示。

代码 17-7　onNewEmployee 和 onDeleteEmployee

```
onNewEmployee : function(selectedDepartment) {              为新员工做
    this.getComponent('employeeList').clearSelections();  ❶ 准备
    this.prepareFormForNew();
},
onDeleteEmployee : function(formPanel, vals) {
    var msg = String.format(
        this.msgs.deleteEmpConfirm,
        vals.lastName,
        vals.firstName
    );
                                                          ❷ 显示删除
    Ext.MessageBox.confirm(                                   确认
        this.msgs.immediateChanges,
        msg,
        this.onConfirmDeleteEmployee,
        this
    );
},
```

对于创建一个员工而言，onNewEmployee❶方法做了两件事。首先，让 Employee ListView 清理选中的节点。这样一来我们就知道 EmployeeForm 到底是在做什么（是新建还是更新），才能对成功的保存请求做后续处理。

其次就是清空表单的值，设置 departmentId 和 dateHired 两个字段，这也是待开发的 perpareFormForNew 方法的功能。清空表单的过程中也清除了隐藏字段 ID，这样服务器端的代码就知道这是一条新记录。设置 departmentId 可以让新的员工记录正确地关联到正确的部门，设置 dateHired 字段也是方便用户。在用户通过 Save 按钮保存数据之前，表单一直保持在创建模式。

回忆一下，onDeleteEmployee 绑定到了顶部工具栏的 Delete 按钮。它用 MessageBox.confirm❷给用户显示一个自定义的确认对话框。为了保证收到用户的响应并相应地做出后续处理，我们还传递了回调方法 this.onConfirDeleteEmployee，以及作用域 this 作为 MessageBox.confirm 方法的第二个和第三个参数。

接下来，我们就编写回调方法 onConfirmDelete 和 onAfterDeleteEmployee 的代码，如代码 17-8 所示，这是删除员工的 Ajax 请求成功时的回调方法。

代码 17-8   onConfirmDeleteEmployee 和 onAfterDeleteEmployee

```
onConfirmDeleteEmployee : function(btn) {
    if (btn === 'yes') {
        var vals = this.getComponent('employeeForm').getValues();

        var msg = String.format(
            this.msgs.deletingEmployee,
            vals.lastName,
            vals.firstName
        );

        Ext.getBody().mask(msg, 'x-mask-loading');
        Ext.Ajax.request({                                        ❶ 请求删除
            url          : 'employees/deleteEmployee',               用户
            scope        : this,
            callback     : this.workspace.onAfterAjaxReq,
            succCallback : this.onAfterDeleteEmployee,
            params       : {
                id : vals.id
            }
        });
    }
},
onAfterDeleteEmployee : function(jsonData) {
    var msg,
        selectedEmployee = this.getComponent('employeeList').getSelected();

    if (jsonData.success === true) {                    ❷ 删除后的变化
        msg = String.format(
            this.msgs.deleteEmpSuccess,
            selectedEmployee.get('lastName'),
            selectedEmployee.get('firstName')
        );

      Ext.MessageBox.alert('Success', msg);

        selectedEmployee.store.remove(selectedEmployee);
        this.getComponent('employeeForm').clearForm();

    }
    else {
        msg = String.format(
            this.msgs.deleteEmpFailure,
            selectedEmployee.get('lastName'),
            selectedEmployee.get('firstName')
        );

        Ext.MessageBox.alert('Error', msg);
    }

    this.clearMask();
},
```

onConfirmDeleteEmployee 检查传入的按钮 ID（btn）是否等于'yes'。如果等于，就组织一条内容友好的消息并用这个消息遮盖整个页面。接着执行一个 Ajax 请求❶，请求服务器执行删除操作，并把员工 id 作为唯一一个参数传递。

Ajax 请求时要节省代码

　　传给 Ajax.request 方法的回调方法执行的是一个自定义的两阶段检查，用来确保 Web 事务确实成功了，只有当返回的是有效的 HTTP 状态码以及有效的 JSON 数据流时，定制的 succCallback 方法才会被调用，执行请求后续的流程。执行这样的检查可以避免对每个 Ajax 请求进行前面这些检查时重复使用相同的代码。

　　如果服务器端返回了有效的 JSON 流，就会调用 onAfterDeleteEmployee。只要返回内容里有 {success:true} ❷，就会展示一个提示对象框，告诉用户删除操作成功了。紧接着，该条员工记录会从数据存储器中删掉，并通过 clearForm 方法把表单中的值也清除掉。如果由于某种原因，服务器端返回的是有效的 JSON 数据，但是 success 等于 false，那么我们就应该用一个内容友好的消息通知用户删除操作失败了。

提示: 在开发服务器端的代码时，有必要对失败原因提供一个字符串或者失败代码。可以在返回的 JSON 流的 message 放一些消息字符串，然后再在 onAfterDeleteEmployee 的 else 部分用 jsonData.message 提醒用户。

　　创建和删除部分就完成了。要想更新或保存一个新记录，还需要保存功能，这也是我们接下来要做的，如代码 17-9 所示。

代码 17-9　处理保存工作流程

```
onSaveEmployee : function(employeeForm, vals) {
    if (employeeForm.getForm().isValid()) {
        var msg = String.format(
            this.msgs.saving,
            vals.lastName,
            vals.firstName
        );

        Ext.getBody().mask(msg, 'x-mask-loading');

        employeeForm.getForm().submit({
            url     : 'employees/setEmployee',
            scope   : this,
            success : this.onEmpFormSaveSuccess,
            failure : this.onEmpFormSaveFailure
        });
    }
    else {
        Ext.MessageBox.alert('Error', this.msgs.errorsInForm);
    }
},
onEmpFormSaveSuccess : function(form, action) {
    var record = this.getComponent('employeeList').getSelected();
    var vals = form.getValues();

    var msg = String.format(
        this.msgs.empSavedSuccess,
```

❶ 如是验证通过，提交表单

```
        vals.lastName,
        vals.firstName
    );
    if (record) {
        record.set('lastName', vals.lastName);
        record.set('firstName', vals.firstName);
        record.commit();
    }
    else {
        var resultData = action.result.data;
        this.getComponent('employeeList').createAndSelectRecord(resultData);
        this.getComponent('employeeForm').setValues(resultData);
    }
    Ext.MessageBox.alert('Success', msg);

    this.clearMask();
},
onEmpFormSaveFailure : function() {
    this.clearMask();
    Ext.MessageBox.alert('Error', this.msgs.errorSavingData);
},
```

❷ 更新现有记录，如果有的话

❸ 创建新的员工记录

代码 17-9 中有 3 个方法，处理的是新记录或者已有员工记录的保存操作。触发 EmployeeForm 的 saveemp 事件时会调用 onSaveEmployee。如果 EmployeeForm 的数据有效，会进行数据提交操作❶。如果表单数据无效，会用一个友好的消息提示用户，不会进行任何提交的尝试。我们同时设置了成功和失败回调方法来处理服务器端返回的响应。

onEmpFormSaveSuccess 是提交成功的回调方法。这个方法要判断出到底是一个新记录还是一个原有的员工记录，并对应着有两种分支逻辑。它的工作方式如下。

使用对自己有利的流程

这部分逻辑根据 EmployeeListView 中被选的记录来判断编辑的到底是不是已有记录。回忆一下，要想编辑一个员工的信息，用户必须在 EmployeeListView 中选则一个记录，而新建员工时，EmployeeListView 中的所有选择都会被之前创建的 onNewEmployee 方法清除掉。

如果是原有的员工，需要做的就是更新 EmployeeListView 中的记录数据。而对于新员工来说，事情就有点棘手了，如果一个记录创建之后马上又要编辑，有可能会出现重复的记录，需要避免这种情况。

对于新员工的情况，需要借助服务器端返回的数据，里面有数据库中新建的员工记录的 ID。我们没有刷新 EmployeeListView，而是用 createAndSelectRecord 工具方法，并把得到的结果数据传给它。这会创建记录❸并在视图中选中它。接下来，又用同样的数据来设置表单。这就把服务器端对数据做的修改也带过来了，例如对于非法词汇的过滤。

最后一个方法是 onEmpFormSaveFailure，它会处理服务器端返回的任何错误。这也就意味着使用 JSON 返回的不管是失败的 HTTP 状态码还是成功的 HTTP 状态码都会带着{success:false}。由于我们的后台目前还不支持智能的错误消息，我们都是展示给用户一个静态的错误消息。

如代码 17-10 所示的保存数据的代码也完成了。现在可以继续开发 3 个工具方法了，这样这个界面就结束了。

代码 17-10 完整的保存处理

```
prepareFormForNew : function(selectedDept) {
    selectedDept = selectedDept ||
            this.getComponent('departmentList').getSelected();

    if (selectedDept) {
        this.getComponent('employeeForm').setValues({
            departmentId : selectedDept.get('id'),
            dateHired    : new Date()
        });
    }
},
clearMask : function() {
    Ext.getBody().unmask();
},
cleanSlate : function () {
    this.getComponent('departmentList').refreshView();
    this.getComponent('employeeList').clearView();
    this.getComponent('employeeForm').clearForm();
}
```

❶ 为新员工准备表单

代码 17-10 中的两个方法已经之前的代码中多次用到了，还有一个是给主程序控制器 workspace 用的，这也是这一章最后要开发的内容。

之前我们讨论过，onNewEmployee 会调用 prepareFormForNew❶，负责在准备新用户数据时设置 departmentId 和 dateHired 的值。只有当 DepartmentsListView 中选择了一个部门时才会这么做。

clearMask 方法用于从 document.body 元素上去掉遮罩，上面的代码中有几个地方调用了它。最后，每次要显示这个界面的时候，工作区都会调用 clearSlate 方法，因为这个方法负责刷新 DepartmentsListview，并清理 EmployeeListView 和 EmployeeForm。

提示: 这么做是为了满足程序的整体需求，一般来说，要显示 Manage Employees 和 Manage Departments 界面时都需要一个干净的状态。

Manage Employees 界面的开发就是这些内容。我们学到如何利用重用层的三个类、异步流程绑定以及它们的限制。我们还看到了在创建动态文本字符串时是如何通过 String.format 这样的工具使代码清爽，而不是一堆乱糟糟的字符串拼接。

接下来，要完成这个应用中最复杂的一个界面了，即 Manage Departments，我们会学到如何利用在 EmployeeManager 类中工作流绑定。我们还会更进一步，看看如何把两个自定义的窗口绑定到这个界面，其中一个是第 16 章中创建的，还有一个要在 DepartmentManager 类之后处理。

17.4　Manage Departments 界面

在这个应用的所有界面中，Manage Departments 是工作逻辑最多的一个。因为用户可以在这里进行部门记录和员工记录的 CRUD 操作，并且可以把员工从一个部门移（调）到另一个部门。

经过 Manage Employees 界面的开发，已经熟悉了复杂的 CRUD 工作流的代码，Manage Departments 中的大部分都是相同的技术，因此我们就不在复习代码了，下面会借助工作流流程图讨论流程的逻辑是什么样的。

先从部门的 CRUD 工作流开始。

17.4.1　导航和部门 CRUD 工作流

回忆一下，图 17-7 就是 Manage Department 界面的实际效果。

图 17-7　Manage Departments 界面

导航和创建部门工作流两个都会到达同一点，一个可以让用户录入部门数据或者编辑部门数据的界面。不过，新部门的流程会有一点复杂，界面上也有一些变化。为了便于讨论，图 17-8 中给出了流程图，到这个图可很容易地理解导航和新部门工作流的操作。

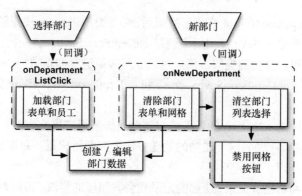

图 17-8　Manage Department 导航和新部门的工作流

　　导航工作流是由 onDepartmentListClick 管理的，当用户在 DepartmentsListView 中选择一个部门时会调用它。这个动作会触发 DepartmentForm 的加载，用户就可以对所选部门的数据进行编辑了。

　　用户单击 New Department 按钮会调用 onNewDepartment，并且清理 DepartmentForm 的全部数据。因为用户创建了一个部门，DepartmentsListView 就会把所有的选择都清空掉，EmployeeEditorGrid 的工具栏按钮也会被禁用。

　　这两个工作流最后的界面都是允许用户创建内容和编辑内容。在这里，用户可以保存修改。图 17-9 显示的是保存工作流的具体过程。

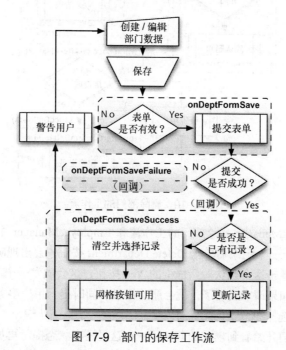

图 17-9　部门的保存工作流

用户在 DepartmentForm 修改了数据后，必须要单击 Save 按钮触发图 17-9 所演示的保存工作流。单击了 Save 按钮后会调用 onDeptFormSave，首先检查表单的有效性。如果数据无效，用户会得到提醒，用户可以返回表单继续编辑数据。如果表单数据有效，表单就被提交，onDeptFormSaveSuccess 和 onDeptFormSaveFailure 分别是成功和失败的处理方法。

onDeptFormSaveFailure 的任务简单，就是提醒用户提交失败，而 onDeptFormSaveSuccess 就要复杂一些。这个成功的处理方法要判断用户是不是编译一个已有的记录，并进行相应的处理。

如果是在编辑已有记录，所选的记录就会做相应的修改。否则，DepartmentsListView 创建一个记录并把它选中，此外 EmployeeGridPanel 工具栏按钮也会启用。这些都是在通知用户保存成功了。

最后一个工作流是关于部门删除的，如图 17-10 所示。

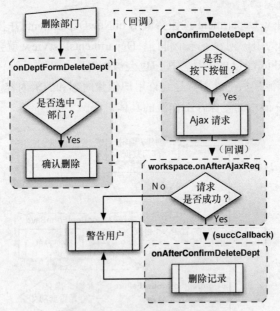

图 17-10　删除部门的工作流

DepartmentManager 删除部门的工作流和 EmployeeManager 中删除员工的工作流一样，只有选择了一个记录后单击 Delete Department 按钮才会出现确认对话框。要完成删除，用户必须单击这个确认对话框上的 Yes 按钮，这会触发一个 Ajax 请求，要求后台删除该部门。如果请求成功了，就会删除记录的同时提示用户事务成功了。否则，会提示用户失败，选择的记录仍然保持不变。

现在，我们开始看到模式的演变了，在这里还有状态提示再加上 UI 的变化会让用户的界面更有吸引力。员工的 CRUD 工作流也是用的相同的模式。不过由于创建和编辑用的都是外部编辑器，有必要先了解它的工作方式。

17.4.2 员工 CRUD 工作流

Manage Department 界面的设计是让用户无须切换到 Manage Employees 界面就能进行员工的 CRUD 操作。为了实现这个目的，EmployeeGridPanel 上的 3 个按钮嵌到了 DepartmentForm 中，每个对应一个 CRUD 操作。

让 Manage Department 界面具有创建和更新员工信息功能的类是 Employee EditorWindow，它的创建和编辑工作流程与 Manage Employees 界面中的类似，不过进行了精简。

提示：为了节省时间，EmployeeEditorWindow 已经开发好了，下载的源代码里就包括了。

图 17-11 显示的就是 EmployeeEditorWindow 在界面上看起来的效果。

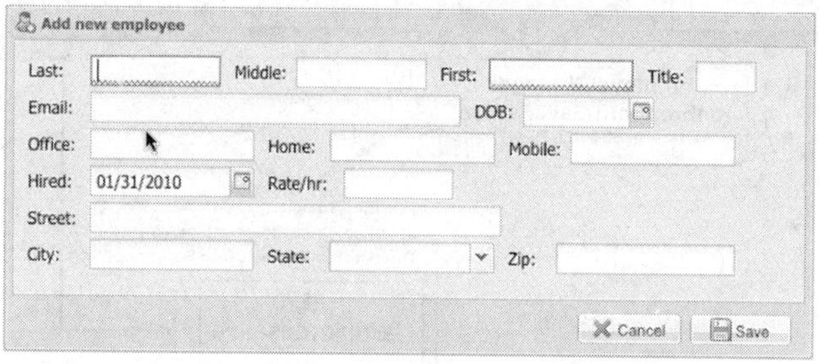

图 17-11　EmployeeEditorWindow 实际效果

用户创建员工时，数据库中必须要有部门，并且 DepartmentsListView 中选中了该部门。当单击 New Employee 按钮时，EmployeeEditorWindow 类会显示一个空的 EmployeeForm，等着用户输入新员工记录的数据。要想编辑员工信，用户双击记录，或者选中记录然后单击 Edit Employee 按钮，EmployeeEditorWindow 也会显示数据。

图 17-12 显示的就是这个用户交互的流程图。

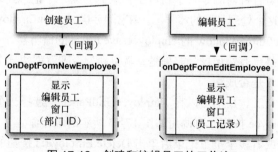

图 17-12　创建和编辑员工的工作流

从图 17-12 中可以看到，创建员工和编辑员工的动作都会导致显示 EmployeeEditorWindow 窗口，不过还是有些微妙的差别。区别就在于 EmployeeEditorWindow 实例化时的两个配置属性，EmployeeEdtorWindow 需要知道所选部门的 ID（创建）或者所选员工的记录（编辑），才能知道该如何显示内嵌的表单。

由于这个部件要负责保存新建或者已有的员工数据，需要快速地梳理一下它的内部工作流，如图 17-13 所示。

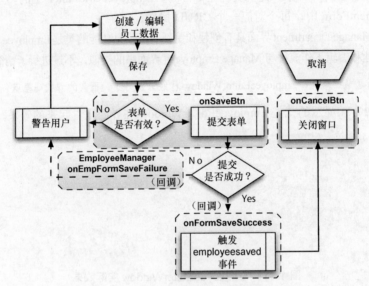

图 17-13   保存员工信息

如果用户单击 Save 按钮时表单数据有效，就会通过 EmployeeForm 提交数据。对于成功的提交，窗口会触发一个自定义的 employeesaved 事件，DepartmentManager 监听这个事件。

这个事件触发时，EmployeeEditorWindow 就自动消失了，DepartmentManager 会判断这个保存操作是否针对的是一个新员工，从而创建一个记录还是更新一个现有记录。

图 17-14 是这个处理过程的流程图。在图 17-14 中，onEmployeeWindowSaveSuccess 方法是 EmployeeEditorWindow 的 employeesaved 事件的监听器，一旦被调用，它会判断动作是否针对的是已有的记录。如果是，就更新，否则就创建一个新的记录。每个方法用户都能知道修改是否成功。

要删除一个员工，用户可以在 EmployeeGridPanel 中选择一个或者多个记录，然后单击 Delete Employee 按钮，再调用如图 17-15 所示的工作流。

选择了一个或者多个员工记录后单击 Delete Employees 按钮的动作会出现一个确认对话框。如果用户单击了 Yes 按钮，就会触发一个删除数据库中的员工记录的 Ajax 请求。如果服务器返回肯定的结果，就从 EmployeeGrid 中删除所选择的记录，告诉用户请求成功了。如果服务器端返回的是否定的结果，就会通知用户操作失败了。这个工作流和删除部门的工作流差不多一样，区别在于它处理的是在一个表格中选择的一条或多条记录。

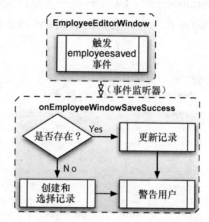

图 17-14　DepartmentManager 的员工保存工作流

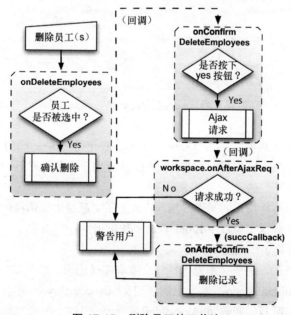

图 17-15　删除员工的工作流

员工的 CRUD 工作流就结束了。接下来，要处理的是 Manage Departments 界面中的最后一个工作流，用户把一个或者多个员工从一个部门调到另一个部门。

17.4.3　员工调动工作流

Manage Departments 界面的最后一个功能就是把员工从一个部门调动到另一个部门去。用户必须从 DepartmentsListView 中选择一个部门，然后单击 EmployeeGridPanel 中的 Associate Employee(s) Record。这会显示 AssociateEmployeeWindow，如图 17-16 所示。

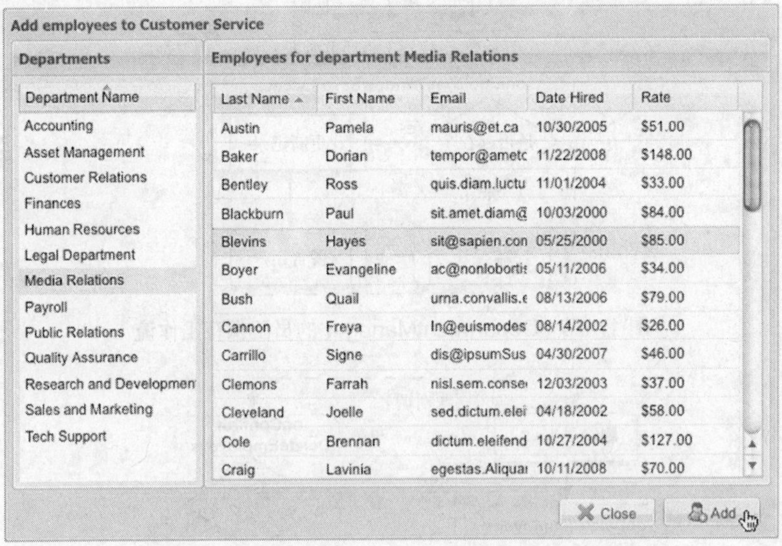

图 17-16　AssociateEmployeeWindow 的效果

当这个界面出现时，除了 DepartmentManager 中选中的部门之外，它会用另一个 DepartmentsListView 实例显示所有的部门。这有助于避免用户不小心把员工从在原来的部门调到同一个部门去。

这个窗口和其他窗口的工作流相同，其上下文都是由所选择的部门决定的。对部门的选择会触发加载这个窗口中 EmployeeGridPanel。

图 17-17 就是工作流逻辑。

要想调动员工，用户必须先选择一个或者多个记录，然后单击 Add 按钮。这会让 EmployeeAssocaitionWindow 触发它的自定义 assocemployees 事件，DepartmentManger 有这个事件的监听器，叫做 onAssociateEmployees。这个方法执行时，会显示一个确认对话框。

只有当用户单击了 Yes 按钮后，DepartmentManager 会给服务器端发送一个 Ajax 请求，要求把员工调到新的部门。如果服务器的答复是肯定的，调动是一个移动操作，

DepartmentManager 会从 EmployeeAssociationWindow 中的 EmployeeGridPanel 中删除记录，然后把它们添加到 DepartmentForm 的 GridPanel 中。

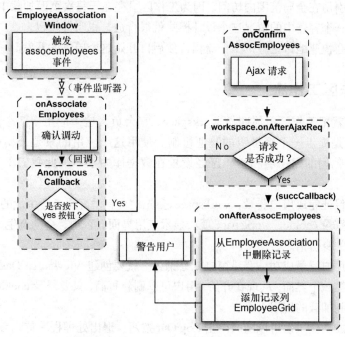

图 17-17　员工调动的逻辑工作流

最后，会通知用户操作成功了，EmployeeAssociationWindow 继续保持活跃状态，用户可以继续调动其他员工。和 EmployeeEditorWindow 不同的是，EmployeeAssociationWindow 不会自己关闭，用户必须单击窗口底部按钮条上的 Close 按钮它才会消失。它的这种设置是为了让用户能够更容易地重复使用这个工作流。

有关 DepartmentManager 工作流的讨论就是这些了。可以看到，这个界面的功能很多，因此需要更多逻辑才能完成。我们要继续开发一个单体的工作区控制器把这 3 个界面绑到一起，这个控制器可以处理全局应用程序工作流，包括导航和一般的验证。

17.5　整合

现在就要到达终点了，压轴戏就要上场了，现在我们要把这些程序片段整合到一起，当作一个完整的应用来处理。为了实现这个目标，需要创建一个能够启动这个应用程序的单体，它要利用目前已经做好的这些界面以及控制导航的流程。

为什么工作空间的类要用单体呢?

回忆一下,所谓单体是 JavaScript 的一个设计模式,一个类只能实例化一次,可以通过一个引用在全局范围内访问。因为工作区只存在于每次页面加载中,对于把所有逻辑都放在一个容器中的情况这个设计模式就很合适,也叫做闭包。

我们会快速地讨论各个工作流程,然后再开始这个单体的开发。

17.5.1 工作区工作流

以后就把工作区单体叫做 workspace,它会负责这个应用中两个简单但重要的部分。首先是提供一个轻量级的验证机制。使用这个应用的只是公司内有限的一些固定用户,他们的用户名和密码已经设置在数据库中了,因此我们不需要再搞个注册页面了。

为了保证完成用户登录,workspace 会先检查有没有服务器生成的登录 cookie。如果有这个登录 cookie,workspace 就会显示应用界面。否则,会动态生成一个登录窗口,要求用户的身份信息。

一旦用户登录成功,登录窗口就会销毁,就要创建 Viewport,Dashboard 界面会作为程序的第一个界面。从现在开始,用户可以刷新页面,只要登录 cookie 还在浏览器中,用户能看到加载的应用页面。

用户成功登录后可以随时单击 Log Out 按钮。退出处理程序首先会要用户确认。如果用户做了确认,Viewport 以及全部内容和登录 cookie 就都会被销毁,显示的就又会是登录窗口。

似曾相识的登录

这里讨论的这个验证工作流看起来似曾相识。因为我们模拟的就是桌面应用中的验证模式。

导航是 workspace 提供的另一个主要功能。我们没有用 TabPanel 作主控制器,而是用一个普通面板,面板有带按钮的顶部工具栏,单击某个按钮都会切换到绑定的界面。为了实现这个目标,我们使用了 CardLayout。

讨论了这些工作流后,就可以创建 workspace 了。

17.5.2 构造工作区单体

这是我们第一次接触这样的类,得看代码。下面先看这个类的模板,然后在编写各个工厂方法、工作流方法和工具方法的代码,最后完成这个工作区单体。

代码 17-11 workspace 类模板

```
CompanyManager.workspace = function() {
    var viewport, cardPanel, loginWindow,          ❶ 可重用变量
        cookieUtil = Ext.util.Cookies;

    return {
        init : function() {},                       ❷ 应用程序启动
                                                        方法
        buildLoginWindow : function() {},
        buildViewport    : function() {},

        onLogin          : function() {},
        onLoginSuccess   : function() {},
        onLoginFailure   : function() {},

        onLogOut         : function() {},
        doLogOut         : function() {},
        onAfterLogout    : function() {},

        onSwitchPanel    : function() {},
        switchToCard     : function() {},

        onAfterAjaxReq   : function() {},
        destroy          : function() {}
    };
}();

Ext.onReady(CompanyManager.workspace.init,          ❸ 启动应用
    CompanyManager.workspace);                          程序
```

看看代码 17-11，这个单体的最上面有 4 个变量❶。这些都是私有变量，下面对象返回的方法中会使用这些变量。

返回的对象中有 init 方法❷，它是整个应用的启动方法，而且还在 Ext.onReady❸中进行了登记。与 init 方法和工厂方法一起的还有登录、退出、导航控制方法。另外还有两个工具方法，一个是 onAfterAjaxReq，应用层会频繁地用到这个方法。

先看看代码 17-12 示出的相对较短的 init 和 buildLoginWindow 方法，然后要继续开发 bulidViewport，这个方法就相当的长了。

代码 17-12 工作区的 init 方法

```
init : function() {
    if (! cookieUtil.get('loginCookie')) {
        if (! loginWindow) {
            loginWindow = this.buildLoginWindow();
        }
        loginWindow.show();
    }
    else {
        this.buildViewport();
    }
},
buildLoginWindow : function() {
    return new TKE.window.UserLoginWindow({
        title   : 'Login to Department Manager',
        scope   : this,
        handler : this.onLogin
    });
},
```

Init 方法负责启动应用程序，它首先检查是否有一个有效的'loginCookie'。如果没有这样的 cookie，就要创建一个 loginWindow 并显示。否则，就会调用 buildViewport 方法，这个方法就构造程序的主体界面并显示。

工厂方法 buildLoginWindow 创建并返回 TKE.window.UserLoginWindow 的实例，这个已经完成的类做了一些特别的事情，它把表单输入字段的回车键和传给它的处理方法（this.onLogin）绑定到一起。

这能方便用户的使用，不管输入焦点在哪一个元素的时候，用户都可以通过单击回车键提交表单的内容。我喜欢对登录表单这么处理，所有的表单都可以这么处理。UserLoginWindow 还把处理方法和窗口底部工具栏的 Login 按钮绑定在一起。

登录窗口做好后，就可以构造工作区视窗了，如代码 17-13 所示。这部分代码较长，不过大部分都是配置，也很容易读。

代码 17-13 工作区的 buildViewport 方法

```
buildViewport : function() {
    cardPanel = new Ext.Panel({                              ❶ 使用 CardLayout
        layout      : 'card',                                   创建 Panel
        activeItem  : 0,
        border      : false,
        defaults    : { workspace : this },
        items       : [
            { xtype : 'dashboard'          },
            { xtype : 'departmentmanager' },                 ❷ 初始化
                                                                子组件
            { xtype : 'employeemanager'   }
        ],
        tbar        : [
            {
                text         : 'Dashboard',
                iconCls      : 'icon-chart_curve',
                toggleGroup  : 'navGrp',
                itemType     : 'dashboard',                   ❸ 将按钮和屏幕
                enableToggle : true,                            进行绑定
                pressed      : true,
                scope        : this,
                handler      : this.onSwitchPanel
            },
            '-',
            {
                text         : 'Manage Departments',
                iconCls      : 'icon-group_edit',
                itemType     : 'departmentmanager',
                toggleGroup  : 'navGrp',
                enableToggle : true,
                scope        : this,
                handler      : this.onSwitchPanel
            },
            '-',
            {
                text         : 'Manage Employees',
                iconCls      : 'icon-user_edit',
```

```
                    itemType     : 'employeemanager',
                    toggleGroup  : 'navGrp',
                    enableToggle : true,
                    scope        : this,
                    handler      : this.onSwitchPanel
                },
                '->',
                {
                    text     : 'Log out',                    ← ❹ 退出按钮
                    iconCls  : 'icon-door_out',
                    scope    : this,
                    handler  : this.onLogOut
                }
            ]
        });

        viewport = new Ext.Viewport({                        ← ❺ 创建 Viewport
            layout : 'fit',
            items  : cardPanel
        });
        Ext.getBody().unmask();
    },
```

　　代码 17-13 中，buildViewport 工厂方法中大部分内容都是在做配置。之所以这么做是，为了减少 workspace 单体的复杂度。它的处理方式如下。

　　这个方法首先构造程序的主面板 cardPanel❶，也就是程序本身，用的是 CardLayout 布局方式。这个面板也会创建每个界面的实例作为它的子元素❷，并且带着 3 个导航按钮的顶部工具栏及退出按钮❹。

提示: 我们把所有工作区属性都设置成 this，也就是 workspace。这样所有的子元素就都可以使
　　　用 workspace 的 onAfterAjaxReq 工具方法，减少了代码的复制。

　　因为 Dashboard 界面是用户看到的第一个界面，因此要保证让关联按钮看起来是选中状态。要做到这一点，将关联按钮的 pressed 选项设置为 true。

　　所有与界面相关的按钮都和 onSwitchPanel 方法绑定到一块❸，这个方法也是主导航控制器。我们需要用某种方法告诉 onSwitchPanel 每个按钮关联的是哪个类。因为 xtype 是个保留选项，必须换个思路，因此我选了 itemType。

　　这个 itemType 属性到了 onSwitchPanel 会转换成一个 xtype 属性，当单击这些界面相关的按钮时，onSwitchPanel 就会用 itemType 到 cardPanel 的子元素中查找，找到类名是 itemType 属性的实例。如果有这样的类，就会切换当前活动的选项卡。否则，会创建 itemType 所指的类的实例，并把它作为当前活动的选项卡。

　　这个工厂方法的最后一个任务是创建一个 Viewport 的实例，它的唯一一个子元素是 cardPanel。为了让这个 cardPanel 能占满浏览器的视窗空间，Viewport 用了 FitLayout 布局方式。

　　这些就是这个程序中构建、配置部件和界面的内容。接下来的代码 17-14 中，要处理登录工作流。

代码 17-14　工作区的登录工作流

```
onLogin : function() {
    var form = loginWindow.get(0);
    if (form.getForm().isValid()) {
        loginWindow.el.mask('Please wait...', 'x-mask-loading');

        form.getForm().submit({                     ❶  提交登录
            success : this.onLoginSuccess,              表单
            failure : this.onLoginFailure,
            scope   : this
        });
    }
},
onLoginSuccess : function() {
    loginWindow.el.unmask();

    if (cookieUtil.get('loginCookie')) {           ❷  登录
        this.buildViewport();                         成功
        loginWindow.destroy();
        loginWindow = null;
    }
    else {
        this.onLoginFailure();
    }                                              ❸  登录失败的
},                                                     处理方法
onLoginFailure : function() {
    loginWindow.el.unmask();
    Ext.MessageBox.alert('Failure', "Login failed. Please try again");
},
```

代码 17-14 中的登录工作流从逻辑上分成了 3 个方法。首先是 onLogin，它同时绑定了登录表单的字段和包含的窗口按钮。它的任务就是把登录窗口遮盖起来，如果表单数据有效就提交登录表单❶。另外的两个方法是处理提交相应的回调方法。

onLoginSuccess 会去掉窗口的遮罩，检查是否有登录 cookie。如果有，就调用 this.buildViewport，登录窗口也销毁，引用置为 null。否则，调用 this.onLoginFailure ❸方法。这样配置这个回调方法是因为服务器可能返回最小的响应（{"success":true}），即响应中没有 loginCookie。而有 cookie 是代表登录真正成功的唯一标识。

另一方面，onLoginFailure 有一个简单的任务，提醒用户登录失败了。因为登录窗口已经在那里了，它需要做的就是去掉遮罩，好让用户能重新尝试登录。

登录的工作流就结束了，可以继续处理退出工作流，如代码 17-15 所示。

代码 17-15　工作区退出工作流

```
onLogOut : function() {
    Ext.MessageBox.confirm(
        'Please confirm',
        'Are you sure you want to log out?',         ❶  来自用户的
        function(btn) {                                  请求确认
            if (btn === 'yes') {
                this.doLogOut();
            }
```

```
        },
        this
    );
},
doLogOut : function() {
    Ext.getBody().mask('Logging out...', 'x-mask-loading');        ❷ 请求退出
                                                                        用户
    Ext.Ajax.request({
        url          : 'userlogout.php',
        params       : { user : cookieUtil.get('loginCookie') },
        scope        : this,
        callback     : this.onAfterAjaxReq,
        succCallback : this.onAfterLogout
    });
},                                                             ❸ 退出后调用
onAfterLogout : function(jsonData) {                              destroy
    this.destroy();
},
```

代码 17-15 中的退出工作流相当简单，onLogout 绑定到 Logout 按钮，调用时会要
求用户确认❶。如果用户单击了 Yes 按钮，就会调用 this.doLogout。

doLogout 会把文档内容区都遮起来，然后调用一个 Ajax 请求❷，让后台清理用户
会话。后台会返回一个过期的 cookie 和{"success":true}，最终会调用 onAfterLogout❸。
afterLogout 很简单，它会调用 this.destroy 销毁 Viewport，并重新初始化应用的工作区。

这样，退出工作流就结束了，下面要开发导航工作流以及工具方法的代码，结束这个
类，如代码 17-16 所示。

代码 17-16　工作区的导航工作流

```
onSwitchPanel : function(btn) {
    var xtype    = btn.itemType,                            ❶ 使用按钮的
        panels   = cardPanel.findByType(xtype),                itemType
        newPanel = panels[0];
                                                            ❷ 搜寻匹配的
    var newCardIndex = cardPanel.items.indexOf(newPanel);     子元素
    this.switchToCard(newCardIndex, newPanel);             ❸ 添加新组件
},
switchToCard : function(newCardIndex, newPanel) {       ❹ 设置对 panel 的引用
    var layout       = cardPanel.getLayout(),
        activePanel  = layout.activeItem,
        activePanelIdx = cardPanel.items.indexOf(activePanel);
                                                                    ❺ 切换到
    if (activePanelIdx !== newCardIndex) {       ❻ 获得活动子元        新索引
        layout.setActiveItem(newCardIndex);         素的索引

        if (newPanel.cleanSlate) {
            newPanel.cleanSlate();
        }
    }
},
```

代码 17-16 中是从一个界面切换到另一个界面的逻辑。回忆一下，onSwitchPanel 绑
定了 3 个导航按钮。因为按钮已经把它们自己的引用（btn）传给了单击处理程序，我们

就可以通过它的 itemType 属性❶得到要显示的界面的 xtype。

接下来用容器的 findByType 方法搜索它的 MixedCollection，在它的子元素中查找 xtype 和被单击按钮相匹配的元素❷。如果找不到匹配的子元素，就会按照 xtype❸给 cardPanel 加一个新元素，并通过 newPanel 引用它❹。最后，要得到新加子元素或者原有子元素的索引，把它传给 this.switchToCard❺，同时传递的还有要显示的子元素。

switchToCard 负责得到当前活动界面的索引，然后检查当前活动界面的索引（activePanelIdx）是否和目标界面的索引（newCardIndex）一样。如果不一样，就调用 CardLayout 的 setActiveItem 方法切换到目标选项卡。最后，如果这个界面有 cleanSlate 方法，还要调用这个方法，把这个界面放到一个干净的状态。

这些就是导航流程。代码 17-17 中，要处理的是工作区的两个工具方法。

代码 17-17　工作区的工具方法

```
onAfterAjaxReq : function(options, success, result) {          ❶ 事务成功吗？
    Ext.getBody().unmask();
    if (success === true) {
        var jsonData;
        try {
            jsonData = Ext.decode(result.responseText);        ❷ 试着把文本转换为 JSON
        }
        catch (e) {
            Ext.MessageBox.alert(
                'Error!',
                'Data returned is not valid!'
            );
        }
        options.succCallback.call(options.scope,              ❸ 调用自定义 SuccCallback
            jsonData, options);
    }
    else {
        Ext.MessageBox.alert('Error!', 'The web transaction failed!');
    }
},
destroy : function() {                                        ❹ 销毁 viewport 并清理
    viewport.destroy();
    viewport = null;
    cardPanel = null;
    this.init();                                             ❺ 显示登录窗口
}
```

在代码 17-17 中，我们完成了这个单体的最后两个方法，完成了 workspace 的收尾工作，这两个是工具方法。onAfterAjaxReq 在 Manage Employees 和 Manage Department 界面以及 workspace 的退出工作流中经常用到，它对程序中的任何一个 Ajax 请求执行两个阶段检查。它的工作过程如下。

在解除了对于文档内容体的遮罩后，它要查看 success 属性是否等于 true❶。有时服务器的响应就是否定的，即返回的 HTTP 状态码不等于 200。对这种情况根本不需要其他的处理。我们知道肯定出了什么问题，因此就给用户一个"Web 事务失败"的警告即可。

如果事务成功了（success===true），就会用一个 try/cache 块尝试着把收到的字符串数据转换成 JSON 对象❷。如果没有异常，会调用自定义的 options.succCallback 方法会，传给它的是转换后的 jsonData 以及交给 Ajax.request 对象的 options。我们用的是 succCallback❸而不是 success，因为 success 是 Ajax 请求中的保留字。

最后一个方法是 destroy，它负责的是退出工作流结束以后对应用进行清理。为了做到这一点，它销毁了 Viewport❹，并把 Viewport 和 cardPanel 引用都设置为 null，因为它们都已经没用了。最后，它调用了工作区的 init 方法，相当于重启应用程序，于是登录窗口又出现了❺。

这些就是 workspace 类和应用剩下的一点内容了。恭喜！因为我们现在有了一个可插式框架，再有什么改进或者变化都非常容易实现。例如，要想再加一个界面，我们就用创建可重用组件时一样的模式，把它加到可重用层去。然后，再在应用层使用它，最后再添加一个定义了相关的 itemType 属性的按钮，就把它插到工作区里就可以了。

17.6　小结

在这一章中我们学到了如何利用可重用层，这使得我们可以集中精力完成应用层的业务逻辑代码。我们开发了 3 个界面、自定义的导航、验证和工作区控制器。

我们的开发从 Dashboard 界面开始，体会到了把大部分复杂任务放在重用层实现的好处。接下来，开发了 Manage Employees 界面。也就是在这里，通过对工作流的深入分析知道要开发导航和 CRUD 流程都需要做什么。在讨论到 Manage Departments 界面时，我们了如何利用 EmployeeManager 可重用的 CRUD 模式。

接着我们把所有东西与用于导航和验证的 workspace 单体整合在一起。在开发这个类的时候，学到了如何配置基本验证和启用应用程序。

就是这些内容了，我们完成了一个用 Ext JS 实现的应用程序。